国外电子与通信教材系列

精通 LabVIEW 教程
——由浅入深的范例学习
（第二版）

Hands-On Introduction to LabVIEW for
Scientists and Engineers, Second Edition

［美］ John Essick 著

邓 科 等译

电子工业出版社
Publishing House of Electronics Industry
北京·BEIJING

内 容 简 介

本书是一本"围绕练习来学习"的图书,特别适合作为大专院校的实验教材或者是自学用书。全书涉及的内容除了 LabVIEW 的基本编程概念和方法之外,还有大量的章节讨论 DAQ 的使用及 LabVIEW 的应用。全书共分 13 章,内容包括 While 循环和波形图表、For 循环和波形图、MathScript 节点和 XY 图、DAQ 辅助数据采集、数据文件与字符串、移位寄存器、条件结构、数据依赖性和顺序结构、VI 分析、使用 DAQmx 的数据采集与生成、PID 温度控制项目、独立仪器的控制等。每一章都给出相应的习题和一个综合项目练习,帮助读者掌握相关的概念与技巧并完成上机练习。

本书可以作为普通高等学校虚拟仪器与 LabVIEW 程序设计相关课程的实验教材,也可作为工业界使用 LabVIEW 作为测试测量系统开发工具的工程师的参考书。

Copyright © 2013, 2009 by Oxford University Press.

"Hands-On Introduction to LabVIEW for Scientists and Engineers, Second Edition" was originally published in English in 2012. This translation is published by arrangement with Oxford University Press, and is for sale only in the territories of Mainland China not including Hong Kong SAR, Macau SAR and Taiwan.

本书中文简体版专有出版权由美国 Oxford University Press 授权电子工业出版社。未经出版者预先书面许可,不得以任何方式复制或抄袭本书的任何部分。此版本仅限在中国大陆发行与销售。

版权贸易合同登记号　图字:01-2014-0751

图书在版编目(CIP)数据

精通 LabVIEW 教程:由浅入深的范例学习:第二版/(美)约翰·艾希克(John Essick)著;邓科等译.
北京:电子工业出版社,2017.1
书名原文:Hands-On Introduction to LabVIEW for Scientists and Engineers, Second Edition
国外电子与通信教材系列
ISBN 978-7-121-30498-9

Ⅰ.①精… Ⅱ.①约… ②邓… Ⅲ.①软件工具-程序设计-高等学校-教材 Ⅳ.①TP311.56

中国版本图书馆 CIP 数据核字(2016)第 288005 号

策划编辑:冯小贝
责任编辑:冯小贝
印　　刷:涿州市京南印刷厂
装　　订:涿州市京南印刷厂
出版发行:电子工业出版社
　　　　　北京市海淀区万寿路 173 信箱　邮编　100036
开　　本:787×1092　1/16　印张:24.5　字数:627 千字
版　　次:2017 年 1 月第 1 版(原著第 2 版)
印　　次:2017 年 1 月第 1 次印刷
定　　价:65.00 元

凡所购买电子工业出版社图书有缺损问题,请向购买书店调换。若书店售缺,请与本社发行部联系,联系及邮购电话:(010)88254888,88258888。

质量投诉请发邮件至 zlts@phei.com.cn,盗版侵权举报请发邮件至 dbqq@phei.com.cn。
本书咨询联系方式:fengxiaobei@phei.com.cn。

译 者 序

LabVIEW 是开发虚拟仪器的最主要的开发环境，它在智能仪器、自动控制及其他数据采集分析处理系统中都有广泛的应用。使用 LabVIEW 开发虚拟仪器，相比传统的开发工具和开发方法，其开发速度快，编码过程简洁流畅，而且简单易学。关于本书的指导思想、使用对象及内容安排，作者在前言中已经有详细的介绍，这里就不再重复了。

本书的主要特色有三点：其一是作者手把手地教你一步一步进行 LabVIEW 编程，基本上重要的步骤都有详细的附图。这个特点非常适合读者自学，而且作者还以非常亲切的话语来引导你进行思考，很像一位老朋友在和你谈心，并和你进行愉快的交流。其二是本书所涵盖的内容非常广泛，除了一般 LabVIEW 教材所涉及的数据采集之外，本书还涉及了数据分析及独立仪器控制。本书还讲授了一个温度控制系统的制作，这对于培养学生的兴趣及扩大学生的视野和知识等方面是很有帮助的。其三是书中介绍了大量的 LabVIEW 编程技巧。LabVIEW 本身有一些缺陷，但也有一些应对的技巧。本书给出了很多这种技巧，如 MathScript 节点、使用数据依赖的顺序结构等，这对于以后将从事 LabVIEW 编程工作的人来说是很重要的。

以下硕士生参与了本书的翻译工作，他们是陈若昱、王昭、崔建飞、高苗、李丹阳、惠小珏、柳震洋。在这里对他们辛勤的工作表示诚挚的感谢。最后向本书策划编辑冯小贝表示衷心的感谢，没有她的帮助，本书将难以完成。

英文原书中的绝大部分图形没有编号，为了方便读者阅读，我们在翻译版中增加了相关的编号。原书的大部分图形都没有引用出处，为了便于阅读，在某些段落后面增加了引用，表示图形应该出现的位置。原书所使用的 LabVIEW 为英文版，为了便于读者阅读，我们将中文版对应的术语和菜单等放在英文版后面的括号中。另外，由于本书涉及的知识面非常广泛，限于译者的水平和不可避免的主观片面性，翻译不当或者表述不清楚之处在所难免，恳请广大读者及专家不吝赐教，提出修改意见，我们将不胜感激。

前　言

本书提供了一种通过动手学习的方法来获得在日常实验中基于计算机的编程技巧。这本书并不是一本 LabVIEW 手册，它通过使用这个强大的实验工具实现有趣并相关的项目来引导读者掌握 LabVIEW。本书假定读者并不具备计算机编程的经验或 LabVIEW 背景，通过前几页的阅读就可以编写出有意义的程序。

本书可以作为大学相关实验课程的指导教材，也可以作为科研人员的自学读物。这本书设计成可以灵活使用，这样读者可以根据自己意愿来选择阅读的范围和深度。开始的 4 章奠定了学习的基础，这些内容适合所有的读者，主要围绕 LabVIEW 编程的基础和使用 NI（美国国家仪器有限公司）的 DAQ（数据采集）设备来进行基于计算机的实验而展开的。这些章节可用于讲解基于 LabVIEW 的数据采集课程（3 周左右的时间）。后面的章节则尽可能独立，以使教师或自学者按照需求来组织教学与学习过程。通过学习本书，可以使读者在基于计算机的数据采集和分析方面达到中级水平。

本书包括如下的主题：

- 第 1 章 ~ 第 3 章：LabVIEW 图形编程语言基础。LabVIEW 的核心特性包括控制循环结构、图形显示、数学函数及基于文本的 MathScript 命令，并且完成一个数字化波形的仿真程序。
- 第 4 章：基本的数据采集。包括：数字采样的概念，如分辨率、采样频率及混叠；接着使用 LabVIEW 的高层 Express VI，在 NI DAQ 设备上编写并运行了模数变换、数模变换、数字输入/输出程序；建立了基于计算机的仪器，例如 DC（直流）电压计、数字示波器、DC 电压源、波形发生器及闪烁的 LED 阵列。
- 第 5 章 ~ 第 8 章：更多的 LabVIEW 编程基础。包括：数据文件的输入/输出实现、局部存储、条件分支，同时完成了一些有用的程序，例如电子表格存储，数字积分和微分；还学习了用于计算机编程的 LabVIEW 控制流方法。
- 第 9 章 ~ 第 10 章：数据分析。研究了 LabVIEW 的曲线拟合和快速傅里叶变换的合理使用。使用 Express VI 来控制一个 DAQ 设备，建立了两个基于计算机的仪器——一个数字温度计和一个频谱分析仪。
- 第 11 章：中级的数据采集。使用传统的 DAQmx 编写了模数变换、数模变换、数字计数器的程序。与之前的高层 Express VI 相比，这种底层的方法可以利用 DAQ 设备的所有特性。建立了一个 DC 电压计、DC 电压源、频率计，还基于状态机构架建立了一个复杂的数字示波器。
- 第 12 章：温度控制项目。使用了大量的从本书获得的 LabVIEW 技巧构造了一个比例-积分-微分（PID）温度控制系统。附录 A 给出了一个本项目所需的硬件设计。
- 第 13 章：独立仪器的控制。使用 LabVIEW 的 VISA 驱动，研究通过 GPIB（通用仪器总线）和 USB 控制一个独立仪器。使用一台 Agilent 34410A 数字万用表演示了在 PC 和独立仪器之间的接口总线通信的基本概念。

本书的关键特性包括：强调解决现实世界的问题；方便地介绍数据采集硬件的使用；每章结束都有一个 DIY 项目；每章都有适当的练习。

现实世界的问题解决：每章的主题和练习都提供了科学家和工程师在实验室中是如何解决经常碰到的问题的示例。在解决这些问题的过程中介绍了 LabVIEW 的特性及相关的数学背景，所提供的"最实用"的策略（比如模块化和数据独立性）使读者可以最优化他们的 LabVIEW 应用。

贯穿始终的数据采集应用：LabVIEW 的 Express VI 使得涉及 DAQ 硬件的练习可以比较早且规律地出现在本书中。Express VI 将常用的测量任务打包在一个单一的图标中，这样读者可以用最少的付出就可以写出程序。紧跟着本书开始仅使用软件的有关 LabVIEW 基础的三章，第 4 章使用了 DAQ 设备进行数据采集。对于一个仅愿意花大约 3 周时间来了解基于计算机的数据采集的教师或自学者来说，第 1 章～第 4 章提供了所需的全部内容。对于那些计划更深入学习 LabVIEW 的读者来说，基于 Express VI 分别在第 9 章和第 10 章构建了一个基于计算机的数字温度计和频谱分析仪。第 11 章介绍了使用更高级的 DAQmx 图标来控制一个 DAQ 设备。与 Express VI 相比，DAQmx 图标可以使用户利用 DAQ 设备的所有特性。在第 12 章中，读者使用一个 DAQ 设备精确地控制一个铝块的温度。在第 13 章，通过 GPIB 和 USB 接口总线，从一个远端的独立仪器中获取数据。

自己动手项目：为了让读者可以确定他对本书内容的了解程度，每章的末尾都有一个自己动手项目。每一个项目都提出了一个有趣的问题，并粗略地指导读者应用本章的材料去找到一个解法。在某些章节中，这个项目包括编写一个模拟秒表的程序（第 1 章），或者测量一个人的反应时间（第 8 章）；在其他章节中，读者需要构造一个基于计算机的仪器，如数字温度计（第 9 章）、频谱分析仪（第 10 章）和频率计（第 11 章）。

每章结束前的习题：每章结束前都有一些作业式的练习，这样有兴趣的读者可以进一步加强他们的 LabVIEW 技巧。在一些习题中，读者通过将本章的主题应用到其他领域（如伯德图）来测试他们的理解程度。在其他习题中，读者需要编写程序来探究重要的实验要点（如 FFT 的频率分辨率）。最后，很多习题将给读者介绍一些本书没有涵盖的 LabVIEW 相关特性（如二进制的数据存储）。

第二版的新特性

新版本包含如下的提升之处：

- 所有的章节都更新到 LabVIEW 的最新版本。这一版解释了新的探针观察窗口（Probe Watch Window，第 2 章）和图标编辑器（第 3 章）的功能。
- 覆盖了 MathScript 节点的在线帮助，以及基于数据类型的自动整理格式功能（第 3 章）。
- 强调使用低成本的 DAQ 硬件，它通常用于指导性的实验和自学中，包括 USB-6009、my-DAQ、PCI-6251 和 ELVIS II（第 4 章）。
- 每章开始的"快速举例"小节简单地介绍了 MathScript 节点、移位寄存器和条件结构（第 3、6、7 章）。
- 在早期的章节中介绍了属性节点（第 7 章）。
- 使用最新的 Agilent 34410A 数字计数器来实现 GPIB 和 USB 的仪器控制。这种控制方法也适用于老的 Agilent 34401A 数字计数器（第 13 章）。
- 作为对老师设计课程的一个帮助，本书提供了一个将以前的程序变成一个例程的引用部分（附录 B）。
- 在 www.oup.com/us/essick 有每章习题的偶数题目的答案，对采用本书作为教材的教师，全部习题答案可以从牛津大学出版社获取[①]。

本书对于 LabVIEW 的完全版和学生版都是适用的。教师可以考虑引导学生购买低成本的学生版软件（学生版可以用很低的价格买到，不需要购买非常昂贵的一个软件包）。有了自己的 LabVIEW 软件，学生可以在计算机上完成与硬件无关章节的学习和作为课外作业的章节习题。

非常欢迎读者对本书提出任何建议和错误更正，请将它们发送到 John Essick, Reed Colledge, 3203 SE Woodstock Boulevard, Portland, OR 97202, USA 或者 jessick@ reed. edu。

本书的更新、FAQ 以及辅助性的材料可以从 www.reed.edu/physics/faculty/essick 上获取。

在准备本书的过程中，感谢牛津大学出版社的 John Challice、Caroline DiTullio、Claire Sullivan 和 Dan Pepper 及 NI 公司的 Mark Walters 和 Adam Foster 的建议与帮助。还要感谢如下评论者提供的有帮助的建议：

Geoffrey Brooks, 佛罗里达州立大学

Eric Landahl, 德保罗大学

Mark Budnik, 瓦尔帕莱索大学

Jed Marquart, 北俄亥俄大学

Shannon Ciston, 纽黑文大学

Casey Miller, 南佛罗里达大学

Juan I. Collar, 芝加哥大学

David Roach, 莫特（Mott）社区学院

James Hetrick, 密歇根-迪尔伯恩大学

William DeGraffenreid, 加利福尼亚州立大学, Sacramento

David Pellett, 加利福尼亚大学, Davis

Marty Johnston, 圣托马斯大学

Ian Robinson, 伊利诺伊大学, Urbana-Champaign

David Loker, 宾夕法尼亚州 Erie

Perry Tompkins, 桑佛德（Samford）大学

Hakeem Oluseyi, 佛罗里达理工学院

最后，感谢我的家庭，在我准备这本书的过程中，谢谢你们的爱和支持。

John Essick
波特兰，俄勒冈州

[①] 教辅获取方式请联系 te_service@phei.com.cn。

目　　录

第 1 章　While 循环和波形图表 … 1
- 1.1　LabVIEW 编程环境 … 1
- 1.2　使用 While 循环和波形图表绘制正弦波 … 1
- 1.3　编辑程序框图 … 2
- 1.4　LabVIEW 帮助窗口 … 11
- 1.5　前面板编辑 … 13
- 1.6　快捷菜单 … 15
- 1.7　完成编程 … 17
- 1.8　程序执行 … 18
- 1.9　程序改进 … 19
- 1.10　数据类型的表示 … 25
- 1.11　自动生成特征 … 27
- 1.12　保存程序 … 28
- 自己动手 … 30
- 习题 … 30

第 2 章　For 循环和波形图 … 34
- 2.1　For 循环基础 … 34
- 2.2　使用 For 循环和波形图绘制正弦波 … 34
- 2.3　波形图 … 35
- 2.4　所属标签和自由标签 … 36
- 2.5　使用 For 循环创建正弦波 … 36
- 2.6　复制程序框图的图标 … 38
- 2.7　自动索引功能 … 40
- 2.8　运行 VI … 42
- 2.9　波形图 x 轴的校准 … 42
- 2.10　使用 While 循环和波形图绘制正弦波 … 46
- 2.11　数组显示控件和探针观察窗口 … 48
- 自己动手 … 54
- 习题 … 56

第 3 章　MathScript 节点和 XY 图 … 60
- 3.1　MathScript 节点基础 … 60
- 3.2　MathScript 节点使用示例：绘制正弦波 … 62
- 3.3　根据错误列表调试 … 66

3.4	运用 MathScript 节点和 XY 图进行波形仿真	68
3.5	创建一个 *xy* 簇	71
3.6	运行 VI	72
3.7	MathScript 交互窗口	72
3.8	为 Waveform Simulator 添加形状选项	75
3.9	枚举类型控件	75
3.10	完成程序框图	77
3.11	运行 VI	80
3.12	控件和指示簇	81
3.13	用图标编辑器创建一个图标	85
3.14	设计图标	86
3.15	接线端分配	89
自己动手		92
习题		93

第 4 章 使用 DAQ 助手实现数据采集 96

4.1	数据采集 VI	96
4.2	数据采集硬件	97
4.3	模拟输入模式	99
4.4	范围与分辨率	100
4.5	采样频率与混叠效应	100
4.6	测量及自动化浏览器(MAX)	101
4.7	在直流电压下简单地模拟输入操作	105
4.8	数字示波器	111
4.9	模拟输出	117
4.10	直流电压源	118
4.11	软件定时的正弦波发生器	122
4.12	硬件定时的波形发生器	124
4.13	在框图上放置一个定制的 VI	125
4.14	完成并执行 Waveform Generator(Express)	126
4.15	改进的波形发生器	128
自己动手		129
习题		130

第 5 章 数据文件与字符串 135

5.1	ASCII 文本与二进制数据文件	135
5.2	在电子数据表格的格式文件中存储数据	136
5.3	存储一维数据数组	136
5.4	转置选项	139
5.5	存储二维数据数组	140
5.6	控制存储数据格式	143

5.7　路径常量与平台可移植性 ··· 144
5.8　基本文件 I/O VI ·· 145
5.9　为一个电子表格文件添加文本标签 ······································· 149
5.10　反斜杠码(转义码) ·· 151
自己动手 ·· 153
习题 ·· 155

第6章　移位寄存器 ·· 161
6.1　移位寄存器 ·· 161
6.2　快速移位寄存器示例：整数相加 ··· 162
6.3　使用移位寄存器的数值积分和微分 ······································ 164
6.4　幂函数模拟器 VI ·· 165
6.5　基于梯形法则的数值积分 ·· 169
6.6　使用单个移位寄存器的梯形法则 VI ···································· 170
6.7　梯形法则的收敛性 ·· 176
6.8　使用多个移位寄存器的数值微分 ··· 179
6.9　模块化和自动子 VI 创建 ··· 183
自己动手 ·· 186
习题 ·· 186

第7章　条件结构 ·· 191
7.1　条件结构的基础知识 ··· 191
7.2　有关快速条件结构的示例：使用属性节点的运行时选项 ········· 192
7.3　使用条件结构的数值积分 ·· 198
7.4　基于辛普森准则的数值积分 ··· 199
7.5　使用布尔条件结构的校验因子 ·· 200
7.6　使用数值条件结构的部分和之程序 ····································· 204
7.7　使用布尔条件结构的梯形法则贡献 ····································· 206
7.8　顶层的 VI——Simpson's Rule ·· 207
7.9　梯形法则和辛普森准则之间的对比 ····································· 209
自己动手 ·· 211
习题 ·· 212

第8章　数据依赖性和顺序结构 ·· 217
8.1　数据依赖性和顺序结构基础 ··· 217
8.2　使用顺序结构的事件计时器 ··· 219
8.3　使用数据依赖性的事件计时器 ·· 223
8.4　高亮执行 ··· 226
自己动手 ·· 227
习题 ·· 228

第9章　分析 VI：曲线拟合 ··· 233
9.1　热敏电阻阻抗-温度数据文件 ·· 233

9.2　使用热敏电阻的温度测量 ····· 234
9.3　线性最小二乘法 ····· 236
9.4　使用前面板控件将数据输入到 VI ····· 237
9.5　通过从磁盘读取文件将数据输入到 VI ····· 240
9.6　切分多维数组 ····· 242
9.7　使用线性最小二乘法的曲线拟合 ····· 246
9.8　残差图 ····· 250
自己动手 ····· 252
习题 ····· 254

第 10 章　分析 VI：快速傅里叶变换 ····· 259
10.1　傅里叶变换 ····· 259
10.2　离散采样和奈奎斯特频率 ····· 259
10.3　离散傅里叶变换 ····· 260
10.4　快速傅里叶变换 ····· 261
10.5　频率计算器 VI ····· 261
10.6　正弦信号的 FFT ····· 263
10.7　将 FFT 应用到多种正弦输入 ····· 265
10.8　复值幅度的模 ····· 266
10.9　观察（频谱）泄漏 ····· 269
10.10　泄漏的分析 ····· 272
10.11　使用卷积理论描述泄漏 ····· 274
10.12　加窗 ····· 277
10.13　估计频率和幅度 ····· 281
10.14　混叠 ····· 283
自己动手 ····· 284
习题 ····· 285

第 11 章　数据采集与使用 DAQmx VI 产生数据 ····· 289
11.1　DAQmx VI ····· 289
11.2　直流电压下简单的模拟输入操作 ····· 290
11.3　数字示波器 ····· 294
11.4　Express VI 自动代码生成 ····· 299
11.5　Express VI 的限制 ····· 300
11.6　使用状态机架构来改善数字示波器 ····· 301
11.7　模拟输出操作 ····· 309
11.8　波形发生器 ····· 310
自己动手 ····· 312
习题 ····· 313

第 12 章　PID 温度控制项目 ····· 317
12.1　电热设备的基于电压控制的双向电流驱动 ····· 317

  12.2 PID 温度控制算法 ……………………………………………………………………… 318
  12.3 PID 温度控制系统 ……………………………………………………………………… 319

第 13 章 独立仪器的控制 …………………………………………………………………… 321
  13.1 使用 VISA VI 进行仪器控制 …………………………………………………………… 321
  13.2 VISA 会话 ………………………………………………………………………………… 322
  13.3 IEEE 488.2 标准 ………………………………………………………………………… 324
  13.4 通用的命令 ……………………………………………………………………………… 325
  13.5 状态报告 ………………………………………………………………………………… 325
  13.6 设备特有的命令 ………………………………………………………………………… 328
  13.7 本章所用的特有硬件 …………………………………………………………………… 329
  13.8 测量及自动化浏览器(MAX) …………………………………………………………… 330
  13.9 简单的基于 VISA 的查询操作 ………………………………………………………… 335
  13.10 消息结束 ………………………………………………………………………………… 338
  13.11 使用属性节点来获得和设置通信属性 ………………………………………………… 339
  13.12 在接口总线上测量 ……………………………………………………………………… 341
  13.13 同步方法 ………………………………………………………………………………… 344
  13.14 基于串行池方法的测量 VI ……………………………………………………………… 348
  13.15 基于服务请求方法的测量 VI …………………………………………………………… 353
  13.16 创建一个仪器驱动 ……………………………………………………………………… 357
  13.17 使用仪器驱动来编写一个应用程序 …………………………………………………… 367
  自己动手 …………………………………………………………………………………………… 371
  习题 ………………………………………………………………………………………………… 372

附录 A 温度控制系统的构建 ………………………………………………………………… 373
附录 B 程序交叉索引表 ……………………………………………………………………… 377

第1章 While 循环和波形图表

1.1 LabVIEW 编程环境

欢迎来到 LabVIEW 的世界，它是一个旨在促进计算机控制的数据采集和分析的创新的图形编程系统。在这个世界中，你——一个 LabVIEW 使用者——将在一个与许多的其他编程系统（例如 C 和 BASIC 计算机语言）所提供的不一样的编程环境中操作。在 LabVIEW 中，你将通过选择并正确形成图标集合的方式对编程思想进行编码，而不是像程序设计语言一样通过编写基于文本的语句行来创建程序。

一个 LabVIEW 程序由两个窗口组成：前面板（front panel）和程序框图（block diagram）。一旦完成一个程序，前面板表现为一个已设计的包括旋钮、开关、电流表、曲线图和带状图表的实验室仪器面板。前面板是程序的用户界面，也就是当它运行时，通过给程序提供输入并观测其输出来为交互提供方便。

程序框图是实际的 LabVIEW 程序代码。在这里存储着图形化的代码，它们很可能是从 LabVIEW 预留的图标库中选择出来的。每个图标代表一段潜在的可执行代码，并执行一种特定用途的功能。我们的编程任务就是使用一种称为连线的方法来恰当地连接这些图标，这样使得数据在图像中流动来实现所需要的目的。因为图标库是为考虑科学家和工程师的需要而专门设计的，所以 LabVIEW 使你——现在的实验者——去编写执行所有满足最先进研究需要的实验任务程序，包括仪器控制、数据采集、数据分析、数据展示及数据存储。

为了开始开发读者在 LabVIEW 图形编程方面的技能，第 1 章中将通过逐步创建一个 LabVIEW 程序来指导读者。同时，我们将编写一个程序，它可以系统地增加正弦函数的参数，并绘图产生随着时间推进的正弦波。在编写这个程序的过程中，我们将学习 LabVIEW 的四种基本程序控制结构之一的 While 循环（While Loop），以及三种普遍使用的 LabVIEW 的绘图模式之一的波形图表（Waveform Chart）。

1.2 使用 While 循环和波形图表绘制正弦波

找到 LabVIEW 可执行程序（可能会有一个桌面图标或者在一个称为 National Instruments、LabVIEW 或者 LabVIEW Student Edition 的文件夹，这取决于特定的计算机系统），双击它的图标或名字进入该程序。

随后，出现一个 **Getting Started**（启动）的窗口。将鼠标光标放在 **Blank VI**（空白 VI）处，选择并单击它。在屏幕的最显著位置，将会出现一个未命名的前面板，在它的背后还有一个位置上稍有偏移的程序框图。此外，一个有一排下拉菜单的、包括 LabVIEW 程序编辑条目的菜单条将出现在这个窗口的顶部（见图 1.1）。

这里有三种方法使程序框图在前面、后面之间切换：

- 从 **Window**（窗口）下拉菜单中选择 **Show Block Diagram**（显示程序框图）（当程序框图

在后面时)或者 **Show Front Panel**(显示前面板)(当程序框图在前面时)。
- 当前在后面窗口的一个可见区域(程序框图或前面板)单击鼠标光标。
- 使用键盘快捷方式,键入 < Ctrl + E >。

请练习使程序框图在前面和后面之间切换的这三种方法。

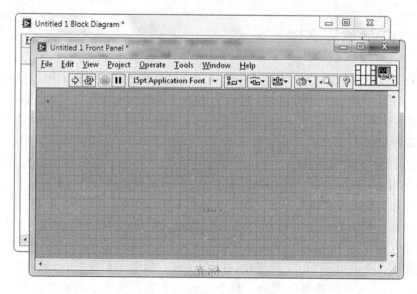

图1.1　前面板及程序框图

1.3　编辑程序框图

为了开始编程,应让程序框图处于前面。在编写 LabVIEW 程序时,需要放在程序框图的目标可以在一个称为 Functions Palette(函数选板)的库里找到。如果一个函数选板不是可见的,可以通过从 **View**(查看)菜单选择 **Functions Palette** 来激活它(见图1.2)。

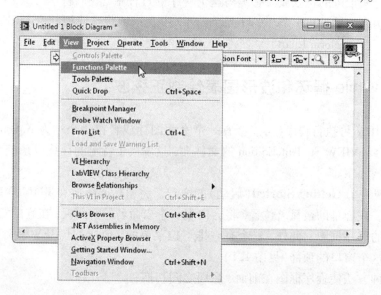

图1.2　函数选板的选择

此时，一个浮动的函数选板将出现在屏幕上，可以通过单击和拖动标题栏将它放在适当的位置。

函数选板是一个有组织的各种分类（比如 Programming、Express 和 Mathematics）的集合，每个分类包括一个相关编程目标的选板。函数选板可以使用很多方法来配置，特定的配置将取决于 LabVIEW 系统以前用户的选择（如果有）。

对于我们的工作，将函数选板的外观配置如下：

- 点击函数选板靠近右上角的 **Customize**（定制）按钮 ![Customize]（对一些老的 LabVIEW 版本，则称为 **View** 按钮）。在出现的菜单中，选择 **Change Visible Palettes...**（改变可视选板）。在接下来的对话框窗口中，单击 **Select All**（选择全部），然后单击 **OK** 按钮。
- 还是单击 **Customize** 按钮。这次，在菜单中单击 **Options...**（选项），在出现的对话框窗口中，选择 **Controls/Functions Palettes**（控件/函数选板），然后在 **Formatting**（格式）下面选择 **Category**(**Standard**)[类别（标准）]作为 **Palette** 选项。最后，单击 **OK** 按钮。

现在，函数选板已经配置好了。一个特定分类的选板可以通过单击它的名字在可视（打开的）和隐藏（关闭的）状态之间切换。打开 **Programming**（编程）选板，然后关闭其他所有窗口，这样函数选板如图 1.3 所示（如果读者的系统有一些可选的 LabVIEW 扩展，列在函数选板上的分类也许和这个描述稍有区别）。

请向自己介绍编程选板的内容。通过将鼠标光标放在这个选板的每个按钮上，按钮的名字将出现在一个称为 tip strip（提示框）的小框里，如图 1.4 所示。

现在把光标放在 **Structures**（结构）按钮上然后单击，结构子选板将会如图 1.5 所示。为了关闭这个子选板并转向编程选板，只需单击 **Programming** 项即可。

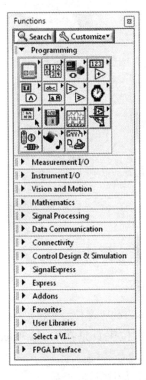

图 1.3　函数选板

图 1.4　提示框

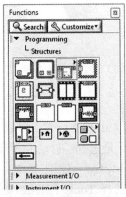

图 1.5　结构子选板

将光标移到结构子选板的对象上,观察它们出现在提示框中的名字。通过将光标放在相关的对象上(看起来像灰色箭头弯成一个正方形的形状),可以单击鼠标从子选板中选择 **While Loop** 结构。一旦完成这个选择,当把它放在程序框图窗口中时,光标将表现为 While 循环结构的一个缩略图 。为了将一个 While 循环放到框图中,可以在想要放置循环的左上角位置单击。然后,按住鼠标按钮,拖动光标去定义循环的大小(见图1.6)。

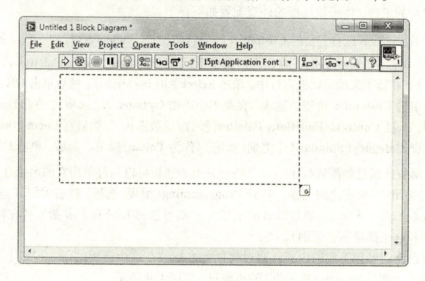

图1.6　自定义 While 循环的大小

当释放鼠标按钮时,While 循环将如图1.7所示。

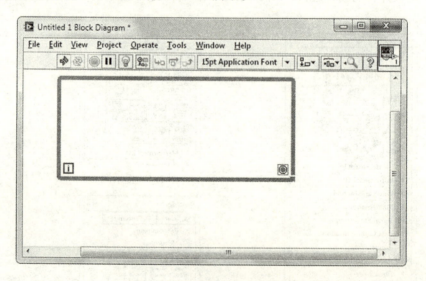

图1.7　程序框图中的 While 循环

如果对 While 循环的大小并不满意,可以使用 Positioning Tool(定位/调整大小/选择工具) 来修正,这个 的作用就是选择、移动和调整目标大小。定位工具是在 Tools Palette(工具选板)显示的几个可用的 LabVIEW 编辑工具之一,此时未必可见。

在 **View** 下拉菜单中选择 **Tools Palette** 来激活工具选板,如图1.8所示。

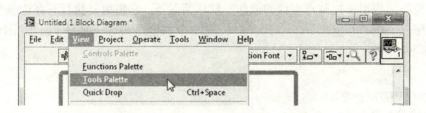

图 1.8 选择 **Tools Palette**

浮动的工具选板将会如图 1.9 所示,就像函数选板一样。可以通过单击和拖动它的标题栏,将其放到一个合适的位置。

定位工具可能已经在工具选板中选择过了,参见图 1.9 所示的方式。如果不是,现在用鼠标光标选择它。可以通过将光标放在每个工具的按钮上,从出现的提示框中获知这十种工具中每一种的简短描述,如图 1.10 所示。

图 1.9　工具选板　　　　　图 1.10　工具的提示框

定位工具可以按以下步骤改变 While 循环大小。将光标放在循环的任意一角上。在这个角上,光标将变成一个调整大小的手柄。单击和拖动这个光标,重新定义 While 循环的大小。当释放鼠标按钮时,将出现我们所期望的 While 循环的尺寸,如图 1.11 所示。

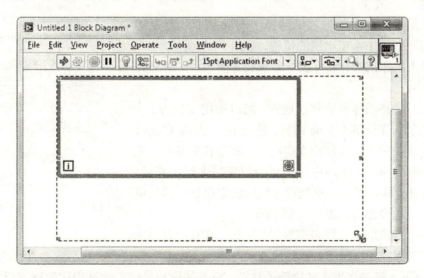

图 1.11　调整 While 循环的大小

While 循环结构用来控制重复性的操作。默认情况下，它将重复执行写在边框里的子程序[称为子程序框图(subdiagram)]，直到一个指定的布尔值不再为 FALSE(假)。因此，这个结构等价于如下代码：

Do
　　执行子程序(设定条件)
直到条件为假

在 While 循环中有循环计数接线端 ▣ 和循环条件接线端 ◉，用来设置 **Stop if True** (停止，如果这是真的)为默认状态。在每个循环重复的最后，LabVIEW 检查循环条件接线端 ◉ 的值。如果这个值是假的，循环计数接线端 ▣ 的值将加 1，之后循环开始新一轮的执行；如果值是正确的，循环将停止执行。循环计数接线端 ▣ 的初值(在 While 循环的第一次重复期间)是零。因此，在一个循环条件接线端 ◉ 一直是 FALSE，直到在第十次重复期间变为 TRUE 的 While 循环中，循环将执行十次，循环计数接线端 ▣ 的最终值将变为 9。在这一章中，通过把循环条件接线端 ◉ 连接到通常是 FALSE 的布尔控制接线端来创建一个多次重复执行的 While 循环。

现在，让我们编写一个程序来绘制一个正弦波形。在一个程序框图中已经有 While 循环的情况下，从函数选板中选择 **Sine**(正弦)图标。为了找到它，首先通过单击 **Mathematics**(数学)分类打开 Mathematics 选板，如图 1.12 所示。然后，选择 **Elementary & Special Functions**(基本与特殊函数)子选板，然后从中选择 **Trigonometric Functions**(三角函数)。从现在开始，这样一个选择顺序将表示如下：**Functions ≫ Mathematics ≫ Elementary & Special Functions ≫ Trigonometric Functions**(函数 ≫ 数学 ≫ 基本与特殊函数 ≫ 三角函数)。

一旦从函数选板中单击鼠标选择了 **Sine** 图标，将鼠标光标放在程序框图中希望出现的位置，如图 1.13 所示。

然后单击鼠标，这样 **Sine** 图标就放在那里了，如图 1.14 所示。

如果随后想将图标移到其他地方，可以使用定位工具 ▶ 来实现。用鼠标光标单击 **Sine** 图标，选好后，该图标将通过一个移动的虚线边界的选框而变得高亮。按下鼠标按钮，拖动高亮的图标到 While 循环中所期望的位置。选好位置后，释放鼠标按钮，即可将光标移到程序框图的空白处。然后单击鼠标来取消选择图标，如图 1.15 所示。

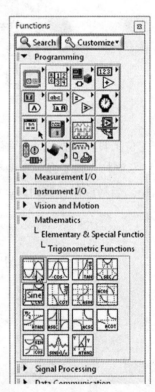

图 1.12　Sine 图标的选择步骤

一旦一个对象的选取框高亮显示，还有一些其他方便的移动技巧。如果按下 <Shift> 键然后拖动对象，LabVIEW 仅仅允许水平或垂直移动。同样，也可以按 <Arrow> 键来产生小的精确的移动，而不是拖动鼠标。尝试用这两种技巧来移动 **Sine** 图标。

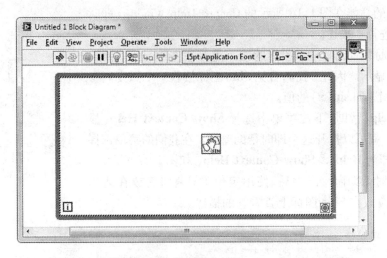

图 1.13　Sine 图标的放置

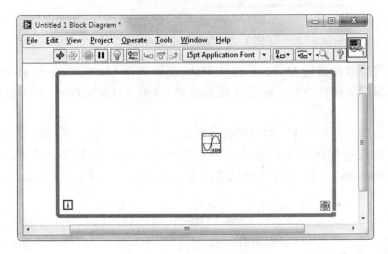

图 1.14　Sine 图标放置完成

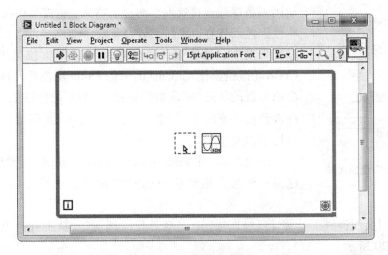

图 1.15　图标的移动

Sine 图标的功能在图 1.16 所示的 Context Help Window（即时帮助窗口）中进行了描述。

在一个即时帮助窗口中，图标的输入连接在左边显示，而输出连接在右边显示。因此，我们看见 Sine 图标接收一个弧度制参数 x，在输出端返回 sin(x) 的值。

通过从 Help（帮助）下拉菜单中选择 Show Context Help（显示即时帮助），就可以打开这个即时帮助窗口。在我们的菜单选择简写方式中，即为 Help ≫ Show Context Help，如图 1.17 所示。

在这个即时帮助窗口出现后，使用定位工具 将它放在适当位置。然后把 放在 Sine 图标上查看它的描述。

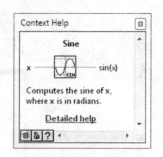

图 1.16 即时帮助窗口

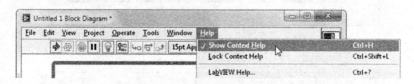

图 1.17 显示即时帮助窗口

如果不再需要即时帮助窗口，可以在 Help 菜单选择 Show Context Help 命令关掉它。作为一种使用鼠标的替代方法，尝试使用快捷键 <Ctrl + H> 在打开/关闭即时帮助窗口之间切换。

现在让我们编写一个程序，按照正弦函数值产生一系列的点。首先，需要配置 While 循环，使它重复执行框里所定义的操作。一种简单的实现方式如下：从 Functions ≫ Programming ≫ Boolean（函数 ≫ 编程 ≫ 布尔）菜单中选择一个 False Constant（假常量），如图 1.18 所示。

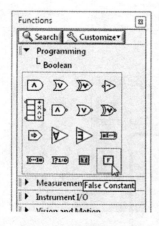

图 1.18 假常量的选择

将 False Constant 图标 F（在老的 LabVIEW 版本中显示为 F）放在靠近 While 循环的循环条件接线端 的地方。如果将 F 放得很靠近循环条件接线端，LabVIEW 的自动连接特性将自动用一条绿线连接这两个图标。将来，也许可以用到这个省力的特性。然而现在，我们正努力获取手动连接两个图标的经验，所以如果发生自动连接，请在 Edit（编辑）下拉菜单中选择 Undo Create（撤销操作）。LabVIEW 的 Undo 功能将使程序框图恢复到之前最近的状态（即添加假常量）。然后，可以把一个新的 F 图标放到程序框图中，离循环条件接线端 稍远一些，使得自动连接不再发生。

注意，请记住 Edit ≫ Undo 编辑技巧，快捷键是 <Ctrl + Z>。这是一种当发生错误时去除编辑错误的简单方法，如图 1.19 所示。

现在，我们要用连线工具 将 F 连接到循环条件接线端 。从工具选板单击选择连线工具，如图 1.20 所示。

将 工具放在 False Constant 图标 F 上，这样图标就开始闪烁。然后单击鼠标，现在已经将连线的一端固定到 F，如图 1.21 所示。

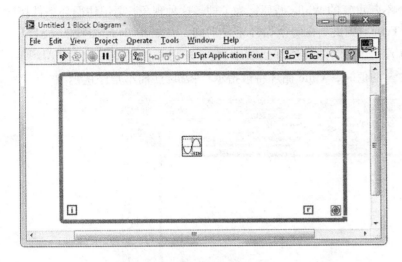

图 1.19 撤销连线

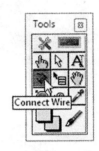

图 1.20 连线工具的选择

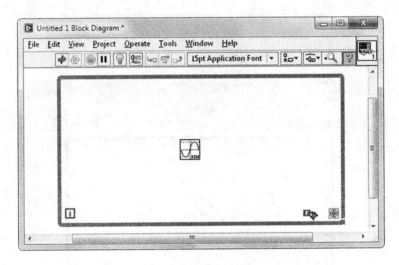

图 1.21 使用连线工具

平滑地向右移动连线工具,直到循环条件接线端 也在闪烁,然后单击鼠标。

如果进行顺利,我们将看到一条绿色的点线连接着 和 。这样一条绿线是 LabVIEW 对于布尔数据在两个编程对象之间的指示方法,在这个特定的例子中是指从 **False Constant** 到循环条件接线端 ,如图 1.22 所示。

这里有两种连线特征,它们将在图 1.23 中展示:

- 首先,当使用连线工具 时,如果出现错误并尝试形成一个在两个目标之间的不恰当连接,则将导致出现断线,它表现为一条黑色虚线,中间有一个符号 。这种错误可以通过选择 **Edit ≫ Remove Broken Wires**(编辑 ≫ 删除断线)而去除,或者更简单地使用快捷键 <Ctrl + B>。或者,可以使用定位工具 高亮显示断线,然后通过按下 <Delete> 键来擦除它。
- 第二,当使用连线工具 时,如果希望在某个位置直角弯曲连线,则在这个位置单击鼠标后移动连线工具 到希望的(垂直的)方向即可。

目前，我们完成的是一个不断重复的 While 循环。为了理解这种现象，请记住循环条件接线端设置为默认状态 **Stop if True**。因此，在每个循环重复期间，一个 Boolean 类型的 FALSE 值将从连线的 **False Constant** 端 F 流向循环条件接线端 ⊙，并将条件接线端设为 FALSE。LabVIEW 在每次重复后检查 ⊙ 的值时，While 循环将被指示重新执行（而不是停止）。

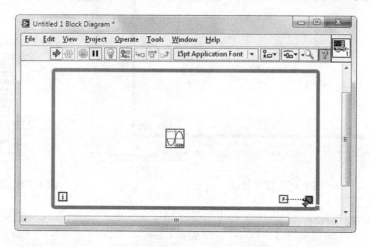

图 1.22 完成连线

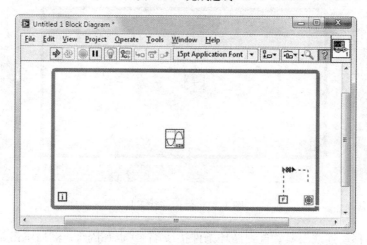

图 1.23 连线断开示例

现在，我们要用 While 循环的循环计数接线端 i 作为正弦函数不断增长的参数 **x** 的一个来源。将定位工具 ▶ 放在 **Sine** 图标旁边的 i 处，然后把 i 连接到 **Sine** 图标的输入变量 **x**。

这里有一种产生合适连线的方式。首先，按下快捷键 <Ctrl + H>，激活即时帮助窗口。然后，将该窗口放在一个方便、不占位的位置。现在从工具选板选择连线工具 ✎，将它放在循环计数接线端 i 上直到这个图标加亮，然后单击鼠标，固定连线的一边为 i，平滑地移动连线工具 ✎ 到接线端 **Sine** 的输入变量 **x**，可以使用即时帮助窗口来指导操作，如图 1.24 所示。当连线工具放置正确时，输入 **x** 的接线端将在程序框图和即时帮助窗口中开始加亮。为了进一步确认关于正在进行的连线的接线端特性，这个接线端的名字将显示在一个提示框中。单击鼠标完成连线。作为一个额外的连线帮助，从每个输入和输出出现的"须"（whisker）作为连线工具紧靠近图标。这些"须"在连接多输入和多输出的图标时尤其有用。

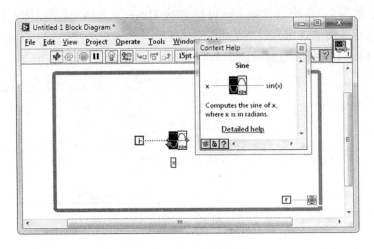

图 1.24　输入端的连线

如果操作正确,一个彩色的线将连接循环计数接线端 [i] 到输入 **x**,表明数值数据将在这两个目标之间传送。记住,如果出现错误,非法连线将导致出现黑色虚线,这可以很容易用 **Remove Broken Wires** 命令的快捷键 <Ctrl + B> 来擦除。

在 LabVIEW 中,一条携带数值数据的线的颜色显示了这个数字的所属种类。蓝色的线和图标表示整数,包括 1、2、4 和 8 字节变量。橙色的表示单精度(4 个字节)和双精度(8 个字节)浮点型数字。不久我们将了解怎样控制一个特定数值的精确格式化。现在,注意 [i] 和从它散出的线是蓝色的,表明它是整数值。不过,一个红色的强制转换点出现在蓝色线连接到 **Sine** 图标输入的位置,表示 **Sine** 图标是将这个整数值输入自动转换到输入参数 **x** 所要求的浮点格式(见图 1.25)。

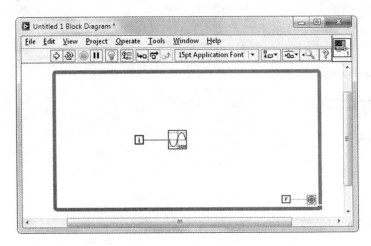

图 1.25　连接完成

1.4　LabVIEW 帮助窗口

为了获得一个特定图标内部工作的更详细的信息,可以通过单击蓝色的 **Detailed Help**(详细帮助信息)超文本链接或图标即时帮助窗口底部的 Question Mark [?] 来获得在线参考资源

LabVIEW Help，如图 1.26 所示。或者，可以选择 **Help ≫ LabVIEW Help...**（帮助 ≫ Lab-VIEW 帮助），然后寻找描述感兴趣图标的帮助窗口。

Sine 图标的 LabVIEW 帮助窗口如图 1.27 所示。

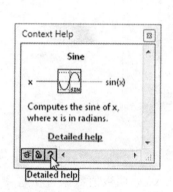

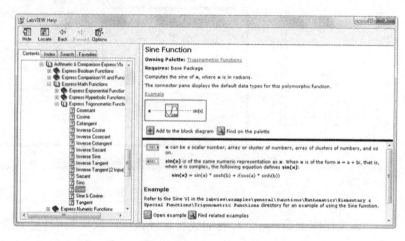

图 1.26　获取详细帮助信息　　　　　　　　图 1.27　Sine 图标的 LabVIEW 帮助窗口

这个窗口告诉我们输入 **x** 的默认数据类型[称为它的代表（representation）]是双精度 [DBL]，也就是双精度浮点数字。然而，我们也知道正弦函数是一个多态函数。多态的定义可以通过单击 **Index**（索引）选项卡找到，输入关键字 **polymorphic**，然后选择子标题 **functions** 即可，如图 1.28 所示。

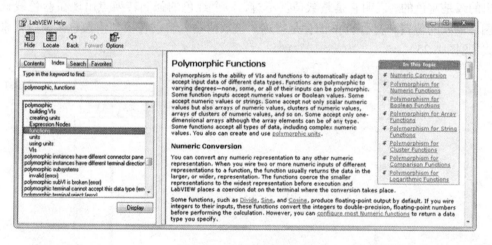

图 1.28　查看多态的定义

阅读这个窗口的相关部分，我们发现一个多态函数可以匹配（从自己的默认设置）接收输入端的多种类型的数据。对于正弦函数（默认输入表示为 [DBL]）这类数值三角函数，输出图标总是和输入图标有相同的表示。所以，一个单精度浮点型输入将产生一个单精度浮点型输出。唯一的例外是整数输入，它的输出是一个双精度浮点型数字。

在以后的工作中，应该经常使用即时帮助窗口，偶尔才需要 LabVIEW 帮助窗口获取更详细的信息。因此，可以简单地将即时帮助窗口称为"帮助窗口"，不过在引用 LabVIEW 帮助窗口时还是用它的全称，即"LabVIEW 帮助窗口"。

1.5 前面板编辑

现在,让我们指挥 LabVIEW,使得在每次 While 循环重复产生一个新值时来绘制正弦函数的图。图属于用户界面的通用类别,位于前面板区域。使用快捷键 <Ctrl + E> 可切换到前面板。

用户通常希望通过提供输入和观测输出来与程序进行交互。在 LabVIEW 中,这些操作通过在 Controls Palette(控件选板)中广泛地选择旋钮、开关、刻度盘和图表来实现。如果它还不是可见的,则可以在 **View** 下拉菜单中选择 **Controls Palette** 来激活它。一旦被激活,当前面板在前台时,控件选板也将出现。当程序框图被切换到前台时,控件选板将由函数选板所替换。如果控件选板中只有一些类别是可见的,则可以单击靠近右上角的 **Customize** 按钮,然后选择 **Change Visible Palettes... ≫ Select All**(改变可视选板 ≫ 选择所有)来显示所有类别。同样,也可以选择 **Customize ≫ Options... ≫ Controls/Functions Palettes ≫ Formatting ≫ Palette ≫ Category (Standard)**[定制 ≫ 选择 ≫ 控件/函数选板 ≫ 格式 ≫ 分类(标准)]。控件选板如图 1.29 所示。

当编辑前面板时,后续的 LabVIEW 版本可以从 **Modern**(新式)或者 **Silver**(银色)选板获取需要的编程对象(称为控件)。这两类选板中类似控件的功能是相同的,仅仅是外观有区别。**Modern** 控件在许多 LabVIEW 版本中都可以找到,但是 **Silver** 控件是作为庆祝 LabVIEW 面世 25 周年而被引进的,它拥有圆边框和光滑阴影的现代外观。由于不是所有读者都有最新版本的 LabVIEW,我们将在全书中使用 **Modern** 控件。不过如果读者的版本很新,也可以使用等价的 **Silver** 控件来代替。

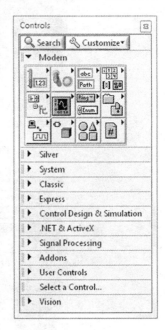

图 1.29 控件选板

在 **Controls ≫ Modern ≫ Graph**(控件 ≫ 新式 ≫ 图形)菜单中,选择 **Waveform Chart**(波形图表),如图 1.30 所示。作为 LabVIEW 中三种普遍使用的图形模式之一,波形图表就像实验室的带状纸,当每个新数据点产生时,将生成一幅实时的图形。与此相反,**Waveform Graph**(波形图)和 **XY Graph**(XY 图)(后续将会学到)展示之前产生的全部数据。

单击鼠标将 **Waveform Chart** 放在前面板上之后,如果不继续单击鼠标,则默认文本 Waveform Chart 的高亮区域将出现在绘图区的左上角,如图 1.31 所示。

这个高亮区域是图表的标签,可以用键盘给这幅图输入一个描述性的名字,但在这个程序中,我们继续用默认的 Waveform Chart 来表示。通过单击前面板左上方的输入按钮 ✓,按数字小键盘的 <Enter> 键,或者只需简单地在前面板的空白区域单击鼠标,即可以保留该标签。如果将来无意地单击鼠标,导致在能修改名字之前这个标签的高亮状态消失了,则可以使用工具选板中的 Labeling Tool(标签工具) A 来重新将其高亮显示(见图 1.32)。

图 1.30 波形图表的选择

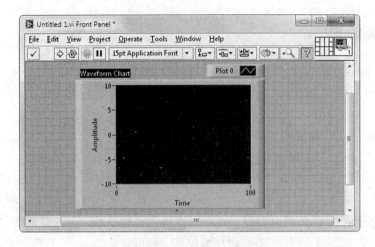

图 1.31　默认文本 Waveform Chart 高亮显示

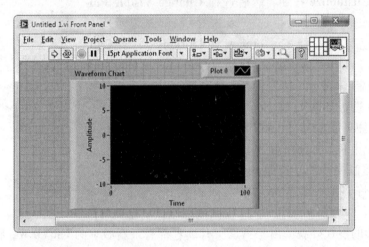

图 1.32　高亮区消失

除了图表区域和标签，波形图表还包括 Plot Legend（曲线图例）。正如我们即将看到的，曲线图例允许控制图的风格。通过曲线图例可以选择一些绘图特征，例如数据是按点还是按内插线绘制，以及数据点的形状（如果有）。

下面分析怎样重新定位和调整波形图表。首先，使用定位工具高亮整个波形图表（包括图表区域、标签、曲线图例），将放在图表区域，出现选取框并单击。按下鼠标按钮，拖动高亮对象到期望的位置。一旦放置好，释放鼠标按钮并移动光标到框图的空白处。然后单击鼠标取消对象选定。另外，标签和曲线图例可以独立地移动。为了演示这一特性，可以将放置在曲线图例上并单击，用选取框使其高亮显示。然后就能拖动这个单一对象到适当的位置。最后调整图表区域，将放在波形图表的某个角落。在这个角落，将变成调整手柄。单击并拖动这个光标，重新定义图表区域的尺寸。请读者练习一下，将发现可以既调整实际图表区域又可以调整它的背景框架。

一个更重要的调整是坐标轴缩放的方式。后面我们将在波形图表的 y 轴绘制正弦波形的值，因此这个轴需要准备从 -1.0 到 $+1.0$ 的图表数据。注意，波形图表 y 轴的数据范围的默认设置是从 -10.0 到 $+10.0$。

Operating Tool(操作工具) 的功能是改变前面板和程序框图中的数值。在工具选板中选择该工具,然后按以下步骤改变 y 轴默认设置的数据范围。首先,使用 高亮 y 轴数据范围的上限。高亮显示后,输入期望的新值,在这个例子中是 1.0,然后单击确定输入 (或者在前面板的开阔区域单击鼠标)。接着,使用相似的方式,定义 y 轴数据范围的下限为 −10。LabVIEW 将自动重新定义 y 轴的中间值标记,如图 1.33 所示。

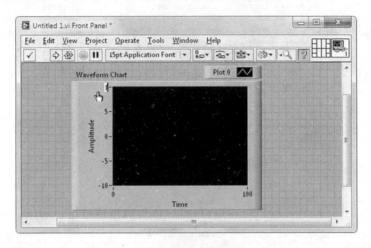

图 1.33　改变 y 轴的数据范围

为了保存重新定义的 y 轴标记方案,只需选择 **Edit** ≫ **Make Current Values Default**(编辑≫设置当前值为默认值)菜单,如图 1.34 所示。

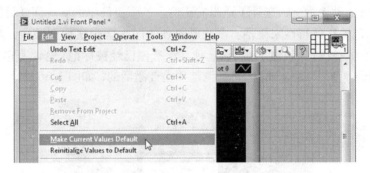

图 1.34　**Make Current Values Default** 菜单的选择

1.6　快捷菜单

下面,读者将进入一个隐蔽的世界,并且作为一个 LabVIEW 程序设计员而上升到一个更高水平。奥秘在此:几乎每个 LabVIEW 对象都有它自己相关的快捷菜单(pop-up menu,即弹出菜单),对于缺乏经验的人,它是被隐藏起来的。通过获取使用快捷菜单的权利,程序设计员将被授权控制相关对象的功能。怎样才能取得使用快捷菜单的权利呢?即通过对对象执行简单的"弹出"操作。为了对某一对象执行弹出操作,只需将鼠标光标放在它的上面,然后单击鼠标右键(右击)即可。也可以使用工具选板中的弹出工具(也称为对象快捷菜单工具) 对对象执行弹出操作。

可以在 **Waveform Chart** 的图表区弹出快捷菜单。作为使用快捷菜单控制对象特征的第一个例子，可以选择 **Visible Items** ≫ **Label**（显示项 ≫ 标签）菜单来切换标签显示的开和关。当某一特性如标签被激活（"开"）时，在弹出的快捷菜单的名字旁边将出现一个打勾标记，如图 1.35 所示。

图 1.35　勾选标签

现在，使用波形图表上弹出的快捷菜单来帮助我们适当地调整 y 轴比例。之前，我们已经使用操作工具手动地为 y 轴选择了适当的比例。一个更简单的实现同样目标的方式是通过波形图表的自动调整比例特性来激活：在波形图表的图表区弹出快捷菜单，查看 **Y Scale** ≫ **Autoscale Y**（Y 标尺 ≫ 自动调整 Y 标尺）选项。该选项已经被标记，这说明它已被激活。默认情况下，波形图表 y 轴（不是 x 轴）的自动调整项是被激活的，如图 1.36 所示。

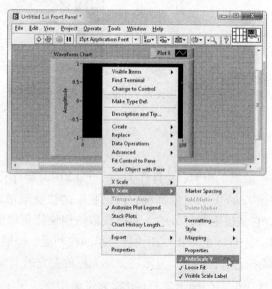

图 1.36　选择 **Autoscale Y**

最后，让我们用弹出的快捷菜单激活波形图表还未出现的特性之一。在图表区弹出并选择 **Visible Items** ≫ **Scale Legend**（显示项 ≫ 标尺图例）菜单，标尺图例将出现在波形图表的下面，允许访问如确定 x 和 y 坐标的标尺与标签的几种有用功能，如图 1.37 所示。

在默认情况下，x 和 y 轴分别标记为 Time（时间）和 Amplitude（幅值）。因为我们将绘制 $\sin(x)$ 随 x 变化的图，因此这些默认标签对我们的绘图并不是合适的选择。使用操作工具高亮显示 Time 文本，用 x(radians) 代替它并按下 <Enter> 键。类似地，可以用 sin(x) 代替 Amplitude。

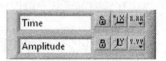

图 1.37　标尺图例

另外，标尺图例提供了一种激活自动调整坐标轴的简单方式。只需用操作工具单击所希望的轴的 **Scale Lock**（缩放锁定）按钮。当 是打开时，自动调整是关闭的。当 关闭时，自动调整是一直打开的。如果只需要自动调整，例如调整 x 轴一次（即非连续的），可以单击 Autoscale 按钮。当激活自动调整时，在 Autoscale 按钮上出现的绿色小指示符会变亮。

1.7　完成编程

最后一步，我们准备好运行第一个 LabVIEW 程序。使用快捷键 <Ctrl+E> 返回到程序框图中，在那里将找到波形图表的图标接线端（icon terminal）。这个图标接线端是波形图表的框图入口，也就是它接收绘制在前面板的波形图表中的框图数据。这个图标接线端包含一幅小的有绘图数据的图片（表明它与波形图表有关），并且有写着文本 DBL 的橙色边界，指示输入的数据应该是双精度浮点型数字。可以利用前面板上的 Waveform Chart 标签来进一步确认，通过在图标接线端弹出快捷菜单并选择 **View as Icon**（作为图标查看），这个接线端将变成它的数据类型接线端（data-type terminal）的外观。如果需要保存框图，那么更小的尺寸是有帮助的。为了切换到图标接线端形式，只需从弹出的快捷菜单中选择 **View as Icon**。贯穿本书，在框图中将总是使用图标接线端，当然也可以在框图中随意使用数据类型接线端。

使用定位工具将波形图表的图标接线端放在靠近 Sine 图标的 sin(x) 输出端的位置，然后使用连线工具连接二者，如图 1.38 所示。记住，可以用快捷键 <Ctrl+H> 激活即时帮助窗口来获得连线操作的帮助。

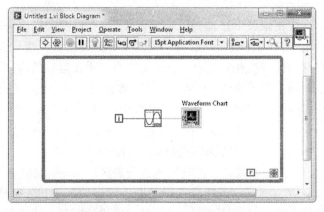

图 1.38　sin(x) 输出端的连接

1.8 程序执行

现在转向前面板，可以在图 1.39 所示的工具栏的帮助下运行我们的程序。

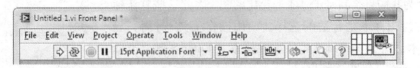

图 1.39 工具栏

工具栏中最左边的按钮是 **Run**（运行）按钮，只需单击该按钮即可运行程序。随着程序的执行，将在波形图表中观察到一个类似锯齿状的正弦波形以带状图表的方式产生，如图 1.40 所示。

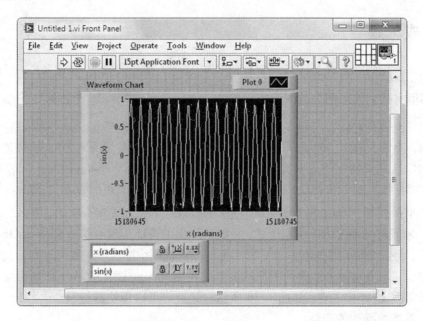

图 1.40 波形产生

在通过波形图表观察正弦波形移动一段时间之后，读者可能会提出一些问题。例如，波形图表的框图图标只提供 y 轴（正弦波形）的值，那么波形图表怎么产生相关的 x 轴的值呢？什么因素决定正弦波形移动的速度呢？还有，怎样关闭当前正在运行的程序？

首先回答第一个问题。简单地说，x 轴表示绘图数据的计数索引。也就是波形图表记录它所接收到的数据，并且将每个数据与一个计数索引相联系。对于第 i 个数值，绘图显示一个 (x, y) 点，在这里 $x = i$，$y =$ 实际的数值。在它的默认设置里，波形图表的 x 轴的值是最近 101 个提供给其框图图标的 y 轴（在本例中指正弦波形）的值的索引。

关于第二个问题，正弦波形以怎样的速度通过图表区域移动，取决于产生每一个新的数据点所必需的计算时间延迟。所以这个速度仅仅反映程序框图的 While 循环每次迭代所花费的时间。因为我们允许这个程序自由地运行，所以每次迭代的时间取决于计算机的处理器速度，运算速度（极有可能）是很快的。对于作者所用的计算机，x 轴的值大约在 10 秒运行 1500 万次的水平上。因此，每次迭代的时间近似是 $10 \text{ s}/(15 \times 10^6) \approx 7 \times 10^{-7} \text{ s} = 0.7 \text{ μs}$。

最后，怎样关闭程序呢？程序框图中，在每个循环迭代的结尾处，While 循环的循环条件接线端读取的布尔值总是 FALSE，所以程序将一直运行下去。由于在程序中不能自动终止执行，因此唯一的办法是单击工具栏中的 **Abort Execution**（中断执行）按钮，如图 1.41 所示。单击 **Abort Execution** 按钮即可停止程序的运行。

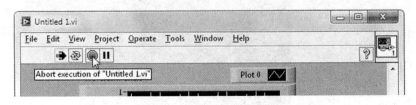

图 1.41　Abort Execution 按钮

现在读者已经学会了使用 **Abort Execution** 按钮，但是经常这样做是个坏习惯。在激活这个按钮时，会使计算机立刻停止程序的操作。对于目前的程序，这个行为可能没有造成什么影响。然而，在更复杂的程序中，当从一个文件读取数据或者在与计算机相连的数据采集装置通信时，在错误的时间按下 **Abort Execution** 按钮，可能停止执行这些操作。这种情况可能导致数据损坏及其他的不良影响。因此，最好在程序中编写一个内置的停止机制。

1.9　程序改进

基于之前的观察结果，让我们按照下面的三步来更新相关的程序：(1) 提供一个前面板按钮，当按下它时，允许程序完成当前的 While 循环迭代，然后停止操作；(2) 对 While 循环迭代的速度提供一种控制；(3) 提升所产生的正弦波形的分辨率。

1.9.1　前面板开关

LabVIEW 提供了许多的前面板开关，可以帮助程序平稳地停止，以便编辑它的前面板。在 **Controls ≫ Modern ≫ Boolean**（控件 ≫ 新式 ≫ 布尔）菜单中，选择 **Stop Button**（停止按钮），如图 1.42 所示。

使用定位工具，将该按钮放在前面板中的一个适当的位置。**Stop Button** 的默认布尔值是 FALSE（见图 1.43）。

LabVIEW 的布尔开关在按下时可以表现出六种模式。这些模式列在开关上弹出的快捷菜单中 **Mechanical Action**（机械动作）选项的下面。在 **Stop Button** 上弹出快捷菜单并且选择 **Mechanical Action**，可以看出这个开关被默认设置为 **Latch When Released**（释放时触发），如图 1.44 所示。在这种模式中，用户在 **Stop Button** 开关上放置操作工具并且按住鼠标按钮。然后，

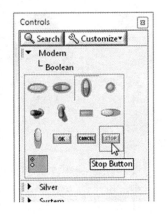

图 1.42　选择 Stop Button

在稍后当用户释放鼠标按钮时，这个开关从它的默认值改变为相反的布尔值。这个开关保持（"触发"）该新值直到这个程序再次读取它，这样开关会转向它的默认设置。通过选择 **Help ≫ LabVIEW Help…** 菜单，然后寻找 **Mechanical Action**，可以得到每种模式的详细解释。

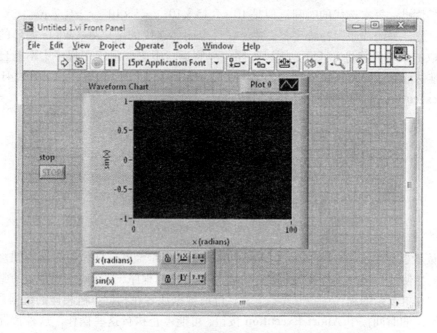

图1.43 完成 **Stop Button** 的添加

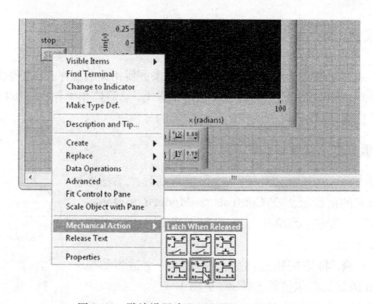

图1.44 默认设置为 **Latch When Released**

现在切换到程序框图。图标接线端 将前面板 **Stop Button** 的值反馈到程序框图。我们的计划是将 连接到 While 循环的循环条件接线端 。为了实现这一目的，通过使用定位工具 在 **False Constant** 上单击，选择 到循环条件接线端的连线。一旦它伴随选框高亮显示，可以通过按下键盘上的 <Delete> 键来删除这条线，如图1.45所示。

使用类似的办法删除 **False Constant** 。现在拖动停止按钮的图标接线端 靠近循环条件接线端 ，并且将两个对象连接到一起。因为 默认是 FALSE，所以程序开始时

While 循环将持续循环下去。之后,在 While 循环迭代周期的某一时刻,按下停止按钮然后释放,这样就可以改为 TRUE 状态。因为 While 循环只在每次迭代结束时检查循环条件接线端 ⊙ 的值,所以在停止操作之前,循环将在最后的迭代周期完整执行它的运算。一旦读取到停止按钮的 TRUE 值,它将恢复到默认值 FALSE,这样程序就为下次运行做好了准备。

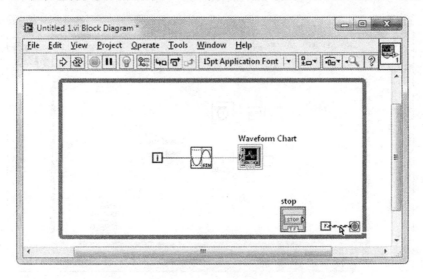

图 1.45　删除 **False Constant** 到循环条件接线端的连线

1.9.2　控制迭代速率

在程序框图中,可以控制 While 循环的迭代速率。利用一个称为 **Wait**(**ms**)[等待(ms)] 的图标,LabVIEW 提供了一种操作方式,可以把程序延迟一个给定的时间周期。在图 1.46 所示的 **Wait**(**ms**) 的帮助窗口中,通过在这个图标的输入中指定一个数值常数,可以使程序等待指定的毫秒数。

在 **Functions ≫ Programming ≫ Timing**(函数 ≫ 编程 ≫ 定时)中,选择 **Wait**(**ms**) 图标并且将它放在 While 循环中。在上面的帮助窗口中,来自 **milliseconds to wait** 输入的蓝线表示这个接线端应该连接到一个整数值。从 **Functions ≫ Programming ≫ Numeric** 选择一个 **Numeric Constant**(数值常量)。当首次选择 **Numeric Constant** 后,它的内部会高亮显示并且为用户输入数值做好准备。如果这时单击鼠标,高亮显示将会消失。为了恢复高亮显示,可以使用操作工具 ⌘。向 **Numeric Constant** 输入整数 100,按

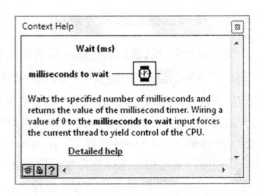

图 1.46　**Wait**(**ms**)的即时帮助窗口

下 <Enter> 键(或者单击框图的空白区域),然后将该图标与 **Wait**(**ms**) 的输入端相连(见图 1.47)。

上面的程序框图会让人考虑一个明显的问题。在每次循环迭代期间,等待是出现在正弦波形图之前还是之后?惊人的答案是,LabVIEW 有效地同时处理这两个操作。也就是说,等

待和正弦波形绘图同时开始,并且当这两个操作完成时循环迭代结束。因此,一次迭代的时间由两者中最慢的一个决定。之前我们发现,当 While 循环中只有正弦波形绘制时,循环迭代比每秒 10 次要快得多。因此,通过包含一个 100 ms 的延迟,这种等待操作应该提供"限速间隔"来限定每次迭代的时间。

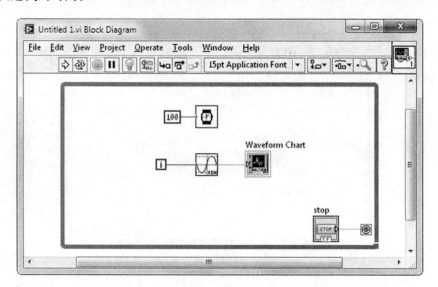

图 1.47　连接 Wait(ms)图标的输入端

现在转向前面板,并且通过按下运行按钮 来运行改进后的程序。因为 Wait(ms)图标,你将发现正弦波形现在以一种容易观察的方式产生。利用前面板的 Stop Button 平稳地停止程序。在停止该程序之后,如果需要清除绘图,可以在波形图表上弹出快捷菜单并且选择 **Data Operations** ≫ **Clear Chart**(数据操作 ≫ 清除图表)(这个弹出的快捷菜单在程序运行时会有所变化,但是"运行时"的菜单同样允许清除图表)。

1.9.3　提高正弦波形的分辨率

为了分析为什么我们的正弦波形有锯齿状的外观,可以在波形图表的 **Plot Legend**(曲线图例) Plot 0 的黑色区域弹出快捷菜单。在 **Interpolation**(插值)选项下,我们发现默认情况下波形图表以一种"连接点"的方式呈现数据,如图 1.48 所示。也就是一条直线通过从每个数据点到它的相邻点连线这种方式来绘制,并且这些连线完整收集起来用于描绘该波形。同样,默认的 **Point Style**(点样式)是 **None**(无),也就是没有符号放置在每一个数据点。然而,我们可以通过相关选择使得实际数据点可见,例如用于 **Point Style** 的一个大的 **Solid Dot**(实点)。读者可以按照自己的需要选择各种各样的 **Point Style**(点样式)、**Line Style**(线条样式)、**Interpolation**(插值)、**Color**(颜色)。

由于数据点现在可见,我们看见正弦波形的每个周期只由一些采样点来描绘。当在邻近数据点之间插入连线时,就是这种稀疏采样导致了锯齿状的波形外观,如图 1.49 所示。

由于把正弦函数的参数 x 当做 While 循环的循环计数接线端 的值,因此每个采样周期内只有少量的点。因为 一步一步地递增,并且正弦函数完成每个新的周期时,每次 x 以 $2\pi \approx 6$ 增加,所以在每个正弦波形循环期间仅有 6 个位置被采样。

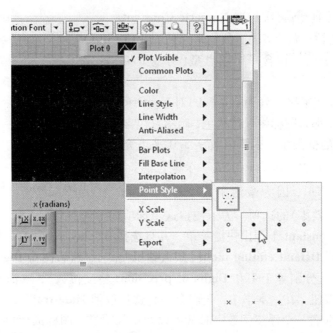

图 1.48　点样式

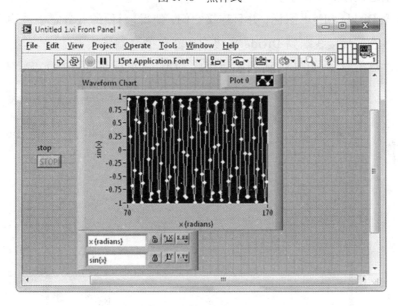

图 1.49　锯齿状波形

为了以更高的采样速率采样正弦函数，让我们把 x 变为 的值的五分之一，而不是简单地为 的值。然后就需要使用五倍的 While 循环迭代次数，这样每个周期有五倍或更多的采样点。为了完成这个操作，可以从 Functions ≫ Programming ≫ Numeric（函数 ≫ 编程 ≫ 数值）中选择 Divide（除法）图标，并且将该图标放在程序框图里（见图 1.50）。

然后，同样从 Functions ≫ Programming ≫ Numeric 中，获得一个 Numeric Constant（数值常量）。在第一次将 Numeric Constant 放置在框图上（在下一次鼠标单击之前）时，它是一个蓝色边框的、内部高亮显示的矩形框，表示准备好接收用户选择（记住，如果鼠标被无意单击，可以通过操作工具 🖐 再次加亮 **Numeric Constant** 内部)的数值。接着输入数字5.0。数值常量的边界将从蓝色变为橙色，表明它包含一个浮点型(与整型相对)数字。

相反，假如已经使用数字5(而不是5.0)对 **Numeric Constant** 进行编程，那么图标将保持蓝色，暗示它包含一个整型。在我们的框图中，尽管用数字5.0来填充 **Numeric Constant**，但它可能会显示成一个橙色的 5 而不是一个橙色的 5.0，因为激活了一个称为 **Hide tailing zeros**(隐藏无效零)的选项。为了使得这个选项无效，在 **Numeric Constant** 上弹出快捷菜单，并且选择 **Display Format...**（显示格式)。在出现的对话框中，选择 **Default editing mode**(默认编辑模式)，然后使得 **Digits**(位数)和 **Precision Type**(精度类型)分别等于 **1** 和 **Digits of precision**(精度位数)，取消 **Hide trailing zeros** 框，最后单击 **OK** 按钮。在这本书中，我们会一直选择取消 **Hide trailing zeros** 选项，这样当 **Numeric Constant** 包含一个浮点型数字时就可以变得很明显。图标的蓝色或橙色边框可以指明这是一个整型还是浮点型数字。

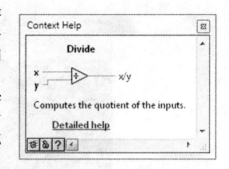

图1.50　**Divide** 图标的即时帮助窗口

合理地放置 **Divide** 和 5.0 图标，并且连接它们，使得 i 值的五分之一被输入到正弦函数的 **x** 输入端。注意迭代接线端到 **Divide** 连接中的红色的强制转换点。这个点表示来自 i 的整数被转化成浮点型数字，如图1.51所示。因此，**Divide** 图标执行一个浮点除法操作。

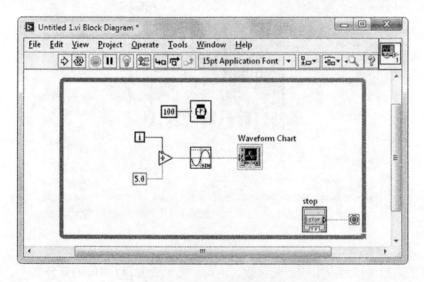

图1.51　**Divide** 图标的连接

现在转向前面板，还需要确定 x 轴的刻度。如果不进行修改，绘制在 x 轴的数量将是与 y 轴每个正弦波形值相关的计算索引。前面已经修改过程序，对于一个特定数据点的正弦函数，自变量现在是计算索引值 i 除以5，我们看到计算索引不再与弧度制参数 **x** 相等，因此错误的参数将绘制在 x 轴上。然而，这个轴可以调整为每个计算索引乘以0.2，这样就得到了弧度制的 **x**。在使用波形图表时，这样的常数倍乘是一种普遍需要，因此 LabVIEW 提供了实现它的方法。可以在 **Waveform Chart** 上弹出快捷菜单并选择 **Properties**（属性），在出现的 **Chart Properties**（图表属性）对话框中，单击 Scales（标尺）选项卡。然后，在 **x**(**radians**)(**X-Axis**)菜单下面，设置 **Multiplier**（缩放系数）为 0.2，然后单击 **OK** 按钮，如图 1.52 所示。

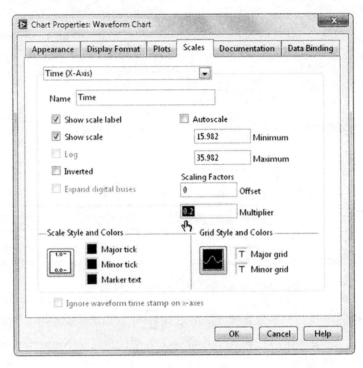

图 1.52 **Multiplier** 的选择

运行最后的程序，可以看到生成了漂亮的正弦波形。在运行程序时，可以想象为了完成这个实时的正弦波形的绘制和生成吸引人的用户界面，我们使用基于文本的语言比如 C 来编写必要的代码的工作量，这时就会认同基于图形的 LabVIEW 编程语言是非常简单且功能强大的。

1.10 数据类型的表示

在我们的程序框图完成之前，还有最后一个令人困惑的细节问题需要解决。读者也许已经注意到，一个强制转换点出现在 **Wait**(**ms**)图标的输入中，表明数字格式不匹配，尽管表面看来我们已经将必需的整型数字连接到输入端。这个困惑可以通过咨询 LabVIEW 帮助窗口来解决，通过单击 **Wait**(**ms**)帮助窗口的 Detailed help 图标来获取帮助（见图 1.53）。

Wait(**ms**) 的 LabVIEW 帮助窗口如图 1.54 所示。

这里，我们看到 **milliseconds to wait** 输入端被配置为接收一个无符号型的四字节（或 32 位）整

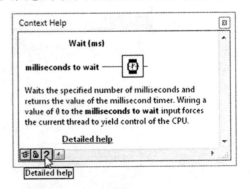

图 1.53 选择 Detailed help 图标

数,即一种简写名称为 **U32** 的数据类型。这种类型的整数总是正数,并且可以在 0 到 $(2^{32}-1) = 4\ 294\ 967\ 295$ 之间取值。无符号型的整数数据类型与有符号型的整数相比,它使用位数中的一位作为正、负号。例如,对于四个字节的有符号型整数,一种称为 **I32** 的格式可以在 -2^{31} 到 $+(2^{31}-1)$ 之间取值。

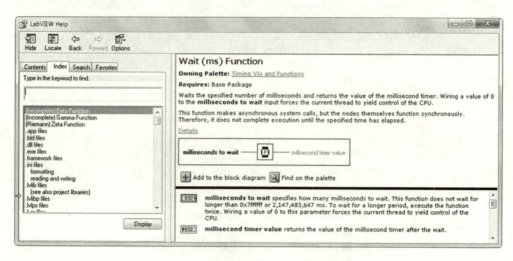

图 1.54　Wait(ms)图标的 LabVIEW 帮助窗口

为了在程序框图中找到整数数据类型,可以在 100 上弹出快捷菜单,然后从中选择 **Representation**(表示法)选项。你将看到这个整数是 **I32** 型的,它是 **Numeric Constant** 的默认整数数据类型,如图 1.55 所示。

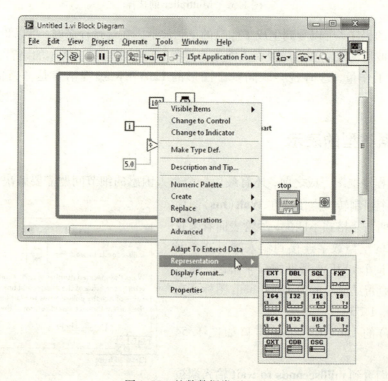

图 1.55　整数数据类型 **I32**

从 **Representation** 选板中选择 **U32**，将这个数字的数据类型变为一种无符号型整数，如图 1.56 所示，接着就会看到强制转换点消失了。

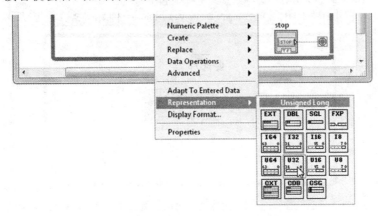

图 1.56　选择 U32 数据类型

1.11　自动生成特征

现在，读者理解了常量到图标接线端连接的一些微妙之处，这里有一种节省时间的快捷方式。首先，从程序框图中删除数值常量 100 和它的连线。然后，在 **Wait**(ms) 的 **milliseconds to wait** 输入端放置连线工具，弹出快捷菜单并从出现的菜单里选择 **Create** ≫ **Constant**（创建 ≫ 常量），如图 1.57 所示。

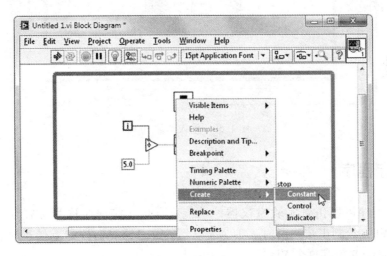

图 1.57　创建常量

如同魔法一样，一个已经连线的正确数据类型（在本例中为 U32）的 **Numeric Constant** 将会出现，并且它的内部高亮显示（见图 1.58）。

下面需要做的是从键盘输入期望的整数 100，并按下 < Enter > 键，如图 1.59 所示。

自动生成"适合接线端"对象是 LabVIEW 图标的一个普遍特征。这些省时的"生成"选项可以从所有程序框图图标的输入和输出接线端上弹出的快捷菜单获得，它们的使用将加快程序开发的周期。

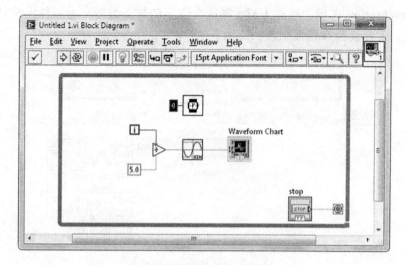

图 1.58　高亮显示的数值常量

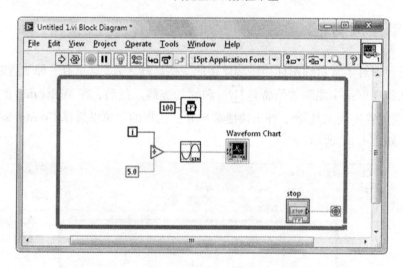

图 1.59　输入整数 100

1.12　保存程序

LabVIEW 程序可以仿真实验室仪器的功能,因此这些程序称为虚拟仪器(VI)。基于 While 循环的 VI 在绘制正弦波形时表现为带状图,所以让我们按如下描述性名字 Sine Wave Chart(While Loop)来保存这个 VI。

在 **File**(文件)的下拉菜单中选择 **Save**(保存)选项,它将激活如下所示的 **Name the VI**(命名该 VI)对话框。因为在未来的 LabVIEW 学习中会编写或者保存很多的 VI,首先让我们创建一个文件夹用于保存这些文件。利用 **Save in**:(保存在:)框在计算机系统中选出所期望的存储位置(例如,Desktop、Documents 文件夹,或者是外接存储设备),然后单击 **Create New Folder**(新建文件夹)按钮,如图 1.60 所示。

在紧挨文件夹图标出现的高亮选框中,命名新建的文件夹(YourName)或自定义,然后单击 **Open** 按钮打开该文件夹,如图 1.61 所示。

图 1.60　新建文件夹

图 1.61　命名新建的文件夹

前面我们编写的 VI 与本书的第 1 章相关，因此在 YourName 文件夹中，创建一个名为 Chapter 1 的子文件夹，并按如下保存该 VI：在打开 YourName 文件时，单击 **Create New Folder** 按钮。在紧挨文件夹图标出现的高亮选框中，命名新建的文件夹 Chapter 1，然后单击 **Open** 按钮打开该文件夹。最后在 **File name:** 框中输入 Sine Wave Chart(While Loop)，然后单击 **OK** 按钮完成操作。这样 VI 将保存在 Chapter 1 文件夹中，该文件夹位于 YourName 文件夹（表示为 YourName\Chapter 1 的位置）中且名字中含有扩展名 .vi。新建 VI 的前面板如图 1.62 所示。

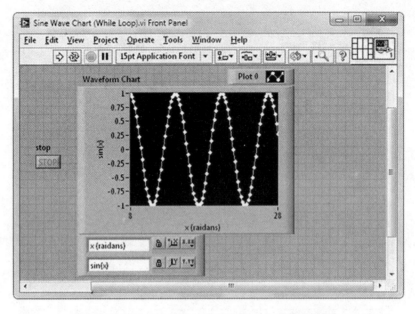

图 1.62 Sine Wave Chart(While Loop).vi 的前面板

自己动手

编写一个名为 Stopwatch 的 VI,它的功能是作为一个精度为 0.01 秒的秒表。设计 Stopwatch 使它可以不断显示从按下 **Run** 按钮到按下 **Stop Button** 所经历的时间。Stopwatch 的前面板应该表示如下:所经过的时间显示在名为 Elapsed Time (second) 的 **Numeric Indicator**(数值显示控件)(通过 **Controls** » **Modern** » **Numeric** 菜单找到)中。恰当地选择 **Stop Button** 的 **Mechanical Action** 项(见图 1.63)。

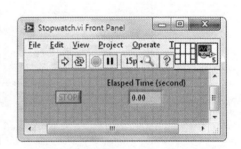

图 1.63 Stopwatch 的前面板

习题

1. 编写一个名为 Greater Than Ten 的 VI,当它的程序框图中的某一 While 循环计数接线端值大于 10 时,可以在它的前面板中点亮一个 **Round LED** 显示控件(通过 **Controls** » **Modern** » **Boolean** 找到)。可以找到如下有用的图标:通过 **Functions** » **Programming** » **Comparison**(比较)找到 **Select**(选择)和 **Greater?** (大于?)。
2. 编写一个名为 Single Sine Cycle 的 VI,当它的程序框图中的 While 循环迭代 1000 次之后自动停止程序。当 While 循环执行这 1000 次后,波形图表恰好绘制了正弦波形的一个周期(在这里最终数据点是正弦波形初始点的等效点)。可以找到如下有用的图标:通过 **Functions** » **Programming** » **Comparison** 找到 **Equal?** (等于?)及通过 **Functions** » **Programming** » **Numeric** » **Math & Science Constants**(数学与科学常量)找到 **Pi Multiplied By 2**(Pi 乘以 2)。

3. 在 Sine Wave Chart(While Loop)的程序框图中,在 While 循环的循环条件接线端弹出快捷菜单并且选择其 **Continue if True**(为真时继续)模式。然后,按照所需修改该程序,使它按最初的方式来执行(也就是绘制正弦波形直到用户按下 **Stop Button** 后停止)。

4. 编写一个名为 Metronome 的 VI,其前面板包括一个名为 Beats Per Minute 的 **Numeric Control**(通过 **Controls** ≫ **Modern** ≫ **Numeric** 找到),如图1.64所示。当运行时,构建 Metronome 使得它每分钟产生 N 次哔哔声,直到按下 **Stop Button**。N 是在 Beats Per Minute 中输入的值,一次哔哔声是持续 100 ms 的 264 Hz 的声波。为了创建哔哔声,使用 **Beep.vi**,通过 **Functions** ≫ **Programming** ≫ **Graphics & Sound**(图形与声音)找到,并且其 **use system alert?** 输入设置为 FALSE。

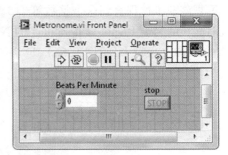

图 1.64　Metronome 的前面板

5. 奇数定义为 $2i+1$($i=0,1,2,\cdots$),编写一个名为 Odd Integer Search 的程序来回答以下问题:能被3整除,并且对其三次方后所得值大于 4000 的最小奇数是什么?在前面板的 **Numeric Indicator** 中列出该问题的答案。可以在下面的模板中找到有用图标:**Functions** ≫ **Programming** ≫ **Numeric**[例如 **Quotient & Remainder**(商与余数)],**Functions** ≫ **Programming** ≫ **Comparison**,**Functions** ≫ **Programming** ≫ **Boolean**,以及 **Functions** ≫ **Mathematics** ≫ **Elementary & Special Funcitons** ≫ **Exponential Functions**(函数 ≫ 数学 ≫ 基本与特殊函数 ≫ 指数函数)。

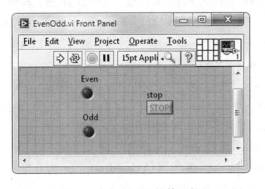

图 1.65　EvenOdd 的前面板

6. 创建一个名为 EvenOdd 的 VI,其前面板有两个 **Round LED** 显示控件和一个 **Stop Button**(通过 **Controls** ≫ **Modern** ≫ **Boolean** 找到它们)。两个显示控件分别命名为 Even 和 Odd,如图1.65所示。在程序框图中放置一个 While 循环且每 0.5 秒循环一次,然后在其中创建一个子程序使得在循环期间循环计数接线端 ![i] 的值为偶数时 Even 显示控件被点亮(Odd 不亮),循环接线端的值为奇数时 Odd 显示控件被点亮(Even 不亮)。下面的图标也许能够帮助你:**Functions** ≫ **Programming** ≫ **Comparison** 中的 **Select** 和 **Equal To 0?** 及 **Functions** ≫ **Programming** ≫ **Numeric** 中的 **Quotient & Remainder**。

7. 分析在 While 循环执行中 CPU 使用情况的影响。在显示器的底部,右击任务栏的一片空白区域,打开 Windows Task Manager(Windows 任务管理器),然后选择 **Start Task Manager**(开始任务管理)或者按下 <Ctrl + Shift + Esc> 快捷键。这样 **Task Manager** 将在其窗口的底部显示 CPU 的使用率(表示为计算机的最大值的百分比)。

   (a) 打开 Sine Wave Chart(While Loop)程序,使用编好的 **Wait**(**ms**)产生一个每隔 100 ms 循环一次的 While 循环来运行该 VI。程序运行时 CPU 使用率的近似增长是多少?

   (b) 接下来,编程 **Wait**(**ms**)产生循环周期为 1 ms 的 While 循环,然后运行 VI。现在程序运行时 CPU 使用率的近似增长是多少?

(c)最后,从该 VI 的程序框图中删除 **Wait**(**ms**),这样在计算机系统中 While 循环将会尽可能快地迭代(比如每秒数百万次的迭代),然后运行该程序。现在程序运行时 CPU 使用率的近似增长是多少?[请注意应该避免这种"内存占用",除非程序正在执行一个高速任务(也就是这种情况下不仅仅只是更新一个图形)。]

8. 编写一个名为 Iterations Until Integer Equals Five 的程序,它随机产生 1 到 10 中的一个整数,重复该随机过程直到这个整数等于 5。直到随机产生的整数为 5 时所需的迭代次数,显示在前面板的名为 Required Iterations 的 **Numeric Indicator**(通过 **Functions** ≫ **Programming** ≫ **Numeric** 找到)中(见图 1.66)。

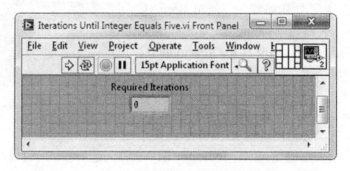

图 1.66 Iterations Until Integer Equals Five 的前面板

为了创建一个取值范围为 1 到 10 的随机整数,使用 **Random Number**(**0 – 1**)[随机数(0 – 1)]图标产生范围为 0 到 1 但不包含 1 的一个随机浮点型数字,将该数乘以 10,然后使用 **Round Toward + Infinity**(正无穷大)图标将该数进行四舍五入到相邻的最高整数(注意,**Round Toward + Infinity** 将 x.000 四舍五入到 x)。所有这些图标可以通过 **Functions** ≫ **Programming** ≫ **Numeric** 找到。仔细考虑怎样确定 Required Iterations 的值。另外,需要使用 **Equal?** 图标,可通过 **Functions** ≫ **Programming** ≫ **Comparison** 找到。

如果知道整数是随机产生的(也就是每次循环产生 1 至 10 的整数是等可能的),那么 Required Iterations 的平均值应为多少? 运行 20 次 Iterations Until Integer Equals Five.vi,记录下每次运行所得的 Required Iterations 值。这 20 次的平均值与预想的值接近吗?

9. 波形图表的特性可以通过程序中的 **Property Node**(属性节点)来得到控制。
(a)在本章中,使用 **Properties** 对话框窗口,设置波形图表的 **X-Axis Multiplier** 为 0.2。接下来,波形图表的这一属性可以在程序框图中通过如下的属性节点来设定:当 Sine Wave Chart(While Loop)程序打开时,在波形图表的图标接线端弹出快捷菜单,并选择 **Create** ≫ **Property Node** ≫ **X Scale** ≫ **Offset and Multiplier**(偏移量与缩放系数)≫ **Multiplier**,然后在程序框图中放置产生的属性节点。这个属性节点被创建为一个显示控件,黑色向外的小箭头在其右边。通过在它的下面部分弹出快捷菜单并选择 **Change To Write**(转换为写入),可以将这个图标变为一种输入控件。这个黑色箭头将会朝向左侧。使用 **Create** ≫ **Constant** 连接数值 0.2 和 **XScale.Multiplier** 属性输入控件,如下所示。

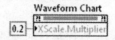

运行 Sine Wave Chart(While Loop)程序,并且确保属性节点确实正在将 **X-Axis Multiplier** 设置为 0.2。

(b) 编程 Sine Wave Chart(While Loop)，使其波形图表在每次运行开始时被清除。通过选择 **Create ≫ Property Node ≫ History Data** 来构建合适的属性节点。通过在其弹出的快捷菜单中选择 **Change to Write**，将该属性节点变为一种输入控件之后，**Create ≫ Constant** 操作将生成所需的名为 **Empty Array** 的输入，如下所示。

为了在每次程序执行开始时清除图表(即一旦按下运行按钮)，该属性节点应该放在 While 循环的里面还是外面？成功地运行 Sine Wave Chart(While Loop) 几次，证明属性节点如预想的那样执行。

(c) 在运行时按以下方式改变 Sine Wave Chart(While Loop) 程序的波形图表的背景颜色：通过 **Create ≫ Property Node ≫ Plot Area ≫ Colors ≫ BG Color**(背景颜色)把一个属性节点放在 While 循环中，然后通过在其弹出的快捷菜单中选择 **Change To Write** 来将该属性节点变为一种输入控件。在前面板中放置一个 **Framed Color Box**(带边框颜色盒)图标，可以通过 **Controls ≫ Modern ≫ Numeric** 找到。然后，在程序框图中将其接线端连接到属性节点。运行 Sine Wave Chart(While Loop) 程序，并且证明波形图表的背景颜色可以通过操作工具来控制。

第 2 章 For 循环和波形图

对于本书的剩余部分，只会显示写在程序框图里面的代码，而不是显示整个框图窗口，但是前面板窗口会被全部显示。此外，前面板的控件将会使用 **Modern**(新式)风格。如果读者喜欢使用 **Silver**(银色)风格，可通过选择 **File ≫ VI Properties ≫ Category ≫ Editor Options ≫ Control Style for Create Control/Indicator ≫ Silver Style**(文件 ≫ VI 属性 ≫ 类别类 ≫ 编辑器选项 ≫ 创建输入控件/显示控件的控件样式 ≫ 银色风格)来设置。这样在执行 LabVIEW 的自动生成功能时，便会产生 **Silver** 风格的控件(而不是 **Modern** 风格的)。

2.1 For 循环基础

LabVIEW 编程语言提供了两种循环结构来控件程序中的重复操作。在前一章中，我们探讨了 While 循环(While Loop)。这种循环方式(默认)重复执行其边框内的子程序，直到连接到控件接线端的布尔值为 TRUE。也就是说，While 循环将不断执行，直到指定的条件不再为假。现在，我们将关注另一种 LabVIEW 中可用的循环结构——For 循环(For Loop)。相比于由特定条件的值控制的 While 循环，For 循环可以简单地在指定次数内重复执行边框内的子程序。这种循环结构可以在菜单 **Functions ≫ Programming ≫ Structures**(函数 ≫ 编程 ≫ 结构)中找到，并且会在程序框图中显示为图 2.1 所示。

在这个图形结构中，"迭代"子程序会被写在边框内的当前空白区。一旦完成子程序，循环总数接线端 N 的值就决定了 For 循环将会重复进行的总次数。循环总数接线端是通过连接一个 **Numeric Constant**(数值常量)(位于循环以外)到 N 来进行设置。For 循环的其他内部图标与第 1 章的 While 循环类似。正如在 While 循环中，循环计数接线端 i 的值表示当前完成的循环次数。在首次循环时，i 的值为 0，第二次循环时为 1……最后一次循环时为 $N-1$。即 For 循环相当于遵循以下文本代码：

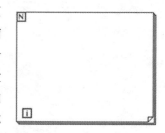

图 2.1 For 循环结构图

    For $i = 0$ to $N - 1$
        执行子程序

在这一章中，我们将编写一个基于 For 循环的正弦波绘制程序。在编写 VI 的过程中，我们将学习到 LabVIEW 中以数组的形式储存数值的方法并学习操作波形图(Waveform Graph)。波形图是 LabVIEW 中三个常用的图形选项中的一种。此外，读者将进一步锻炼自己的 LabVIEW 编辑技巧。

2.2 使用 For 循环和波形图绘制正弦波

通过在 **Getting Started**(启动)窗口选择 **Blank VI**(空白 VI)来创建一个新的 VI，如果 LabVIEW 程序已经打开，则可以通过选择 **File ≫ New VI**(文件 ≫ 新建 VI)来创建。

这里有一个启动控件选板的快捷方式,如果它没有显示,则可以在前面板的空白处弹出快捷菜单(右击鼠标按钮),控件选板就会出现。这个选板是暂时的,因为一旦释放鼠标按钮,它就会消失。然而,可以通过把鼠标光标放置在窗口左上角的图钉上来固定这个选板,然后释放鼠标按钮既可。通过单击和拖动控件选板标题栏来将其放置在一个方便的位置。而且,可以利用这种方式使得任何常用的控件和函数选板持续可见。

通过选择 **Controls ≫ Modern ≫ Graph**(控件 ≫ 新式 ≫ 图形),可在前面板上放置一个 **Waveform Graph** 图标。通过键盘单击 < Enter > 键来确保使用默认标签 Waveform Graph,使用 拖动来将整个图形放置在前面板的合适位置。在波形图上单击右键弹出快捷菜单并选择 **Visible Items ≫ Scale Legend**(显示项 ≫ 标尺图例)。接下来我们将创建一个绘制 $\sin(x)$ 和 x 的程序,并(在 的帮助下)使用标尺图例来分别将 x 轴和 y 轴标记为 x(radians)(弧度)和 sin(x)。

对于波形图而言,x 轴和 y 轴的自动缩放功能都是激活的。可以通过两个坐标轴的 **Scale Lock**(游标锁定)按钮是关闭的 来证实。不需要任何改变,可以保持坐标轴自动缩放,并通过在波形图上弹出快捷菜单选择 **Visible Items ≫ Scale Legend** 来切换标尺图例的显示和隐藏。

在目前情况下,不需要使用标尺图例,只需使用 x 和 y 轴的标签。可以使用工具面板中的标签工具 来简单地标记每个轴,直接输入所需文字。可以尝试这种节省时间的技巧(见图 2.2)。

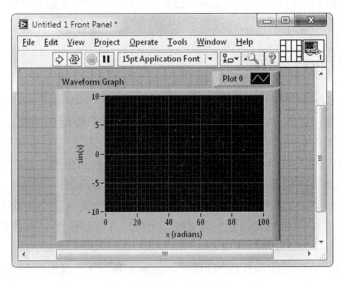

图 2.2 波形图的前面板

2.3 波形图

什么是波形图?它和波形图表有什么不同?在以前的工作中,我们看到波形图表可以作为实时数据绘图仪。当程序框图产生每个新的数据点时,这个单一数值会被传递到波形图表的接线端,然后立即显示在前面板上。这个新的数据点会被添加到已经存在的数据图形中,所以可以在已有先前值的环境下查看到当前值。

与波形图表交互的绘制方法相对比,波形图(如现在还未研究的 XY 图)接收先前产生的所有数据。波形图把数据当做一个有 N 个数值元素的一维(1D)数组,其元素的索引顺序从 $0 \sim N-1$。例如,一个10个元素的数组有表2.1所示的形式。

表2.1　10个元素的数组显示

索引号	0	1	2	3	4	5	6	7	8	9
数组	1.20	1.30	1.40	1.50	1.60	1.70	1.80	1.90	2.00	2.10

波形图假定每个元素的数值是要绘制的数值点的纵坐标值。每个绘制点的 x 值被认为是一维数组中该点的索引值。也就是说,对于数组中的第 i 个元素,其 x 值为 i,其 y 值为第 i 个元素的数值。因此波形图中假定数值点沿 x 轴均匀分布,这种情况在实际情况中经常存在。例如,一个模拟信号的时变性质通常使用一组离散数据点来表示,通过在时间上等间隔分开来进行数字化("采样")。你将发现使用XY图绘制数组可用于更一般的情形,即不均匀分布的数值点(正如多值图形,如圆形)的绘制。

再回到程序框图中,这时将会发现波形图的接线端用图标 来表明,其标签就在附近。注意到图标接线端包含绘制数据的一个独特的小图片(表明它与波形图相关),以及一个带有文本 **DBL** 的橙色边框,表示它的输入数据应该为双精度浮点型数值。如果右击该图标并选择 **View As Icon**(显示为图标),接线端将会变为数据类型 的形式。我们可以观察到,双精度数据类型的说明符由一对方括号框住。这个方括号表明波形图接线端应该连接到一个数组,而不是如以前波形图表中讨论的单一数值。在弹出的快捷菜单上选择 **View As Icon**,将会切换回图标接线端显示。

2.4　所属标签和自由标签

下面转而讨论 LabVIEW 标签。当前程序框图(包含文本"Waveform Graph")中波形图的标签就是所谓的"所属标签"(owned label)。一个所属标签属于特定的对象(在这种情况下指波形图的接线端),并随着对象移动。为了证明这一点,可以用 来高亮接线端,然后将它拖到程序框图的其他位置。注意,图标上的标签也会随即移动到新的位置。通过在程序框图空白处单击来释放此图标,然后单击标签的顶端。这时在标签处将会出现一个选区,也可以仅拖动标签到相对于原来图标的所需的位置。通过在所属标签上弹出的快捷菜单中选择 **Visible Items** ≫ **Label**(显示项 ≫ 标签),可以将其设置为可见或不可见。在程序框图中不断实验,直至理解所属标签的功能。

LabVIEW 注释的另外一种形式称为自由标签(free label)。自由标签不属于任何对象,可以被独立地创建、移动或处理。自由标签可以用做前面板和程序框图的解释说明。为了创建一个自由标签,可以从工具面板中选择标签工具 并单击该标签的所需位置。这时就出现一个小框,等待接收文本输入。输入文本信息后,单击 <Enter> 键,一个自由标签即可创建完成。请读者试着在程序框图中创建自由标签。在成功创建了自由标签后,可以用 单击并删除它。

2.5　使用 For 循环创建正弦波

现在通过 **Functions** ≫ **Programming** ≫ **Structures**(函数 ≫ 编程 ≫ 结构)来选择 **For Loop**

(For 循环),并将其添加到程序框图中(函数选板可以通过单击程序框图的空白区域来激活)。如果不满意最初选择的大小,可以将 ▶ 放置在 For 循环边框的角落里,它会变为调整大小手柄,允许改变循环边框的大小。

程序设计如下:使用 For 循环来创建一个包含数据点的一维数组,它表示了正弦函数的几个周期,然后将这个数组传递到波形图接线端来绘制图形,并显示在前面板上。因为需要在 For 循环完成最终循环时,数据才被传递到图形接线端,所以必须把波形图接线端放置到循环边框的外部区域。使用 ▶ 来创建如图 2.3 所示的程序框图。

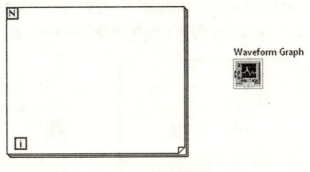

图 2.3 For 循环框图

现在我们来编写代码,在 For 循环内创建正弦波的值。为了达到这个目的,通过选择 **Functions》Mathematics》Elementary & Special Functions》Trigonometric Functions**(函数》数学》基本和特殊函数》三角函数)来获取 **Sine**(正弦)图标,并将它放置到 For 循环里,如图 2.4 所示。

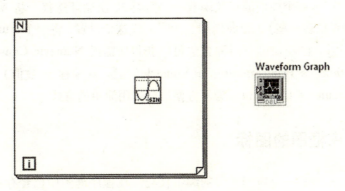

图 2.4 添加 Sine 图标的 For 循环框图

现在,通过选择 **Functions》Programming》Numeric**(函数》编程》数值)来使用 **Divide**(除法)图标,按照如图 2.5 所示的方式编写正弦波代码。在框图中放置 **Divide** 图标以后,单击图标底部的输入并选择 **Create》Constant**(创建》常量)来创建 **Numeric Constant** 5.0(如果常量显示为橙色的 5,可以在弹出的快捷菜单中使用 **Display Format...** 将其变到 5.0)。接下来,用线将 i 连接到 **Divide** 的顶部,接着用线将 **Divide** 的输出连接到正弦波的输入端。如果放弃将 5.0 和 i 连接到 **Divide** 的命令,**Numeric Constant** 将自动创建为一个整数而不是浮点数[可以通过在数值常量的弹出菜单中选择 **Representation》DBL**(表示法》DBL)来修改](见图 2.5)。

下面学习另外一种编辑技巧。当编辑一个程序框图时，你将会发现最常用的工具是 ▶（定位）和 ❥（连线）。通过在键盘中按下 < Spacebar > 键（空格键），就不需要每一次都在工具面板中来回切换它们。每次单击 < Spacebar > 键，鼠标光标就会在定位和连线工具中来回切换。此外，单击靠近工具选板顶部的 **Automatic Tool Selection**（自动选择工具）按钮 ▨▨，它的绿色 LED 指示灯就会点亮，表示自动选择工具已经激活。接着，当把光标移动到程序框图（或前面板）上的位置时，LabVIEW 将会自动选择该位置最合适的工具。当这个选项被激活时（以绿色 LED 显示来表明），可以通过单击 **Automatic Tool Selection** 按钮来关闭。最终，在关闭自动选择工具之后，键盘上的 < Tab > 键可以用来进行手动选择。随着重复按下 < Tab > 键，鼠标光标将会周期性地在工具面板的 ✋ 到 ▶ 到 Ⓐ 到 ❥ 之间来回切换。

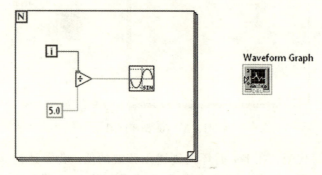

图 2.5　For 循环显示图

现在需要说明 For 循环中执行的循环次数 N。从第 1 章中编写类似框图代码的经验中，我们知道程序框图中产生一个周期的正弦函数一般需要 30 次循环迭代。将 N 设置为 100，因此可以产生 3 个（或者稍多一些）正弦波周期。为了完成这个设置，将一个 **Numeric Constant**（定义为 100）连接到 Ⓝ。已经知道有两种方法可以获得所需的 **Numeric Constant** 图标，稍难的方式是选择 **Functions** ≫ **Programming** ≫ **Numeric**（函数 ≫ 编程 ≫ 数值），简单的方式是单击 Ⓝ 然后选择 **Create** ≫ **Constant**。为了方便最好采用简单的方式。

2.6　复制程序框图的图标

复制（cloning）是最后一个应当学习的编辑技巧。在程序框图中已经存在一个等价的图标时，可以直接复制而产生一个数值常量（连接到 Ⓝ）。如果要在程序框图中复制一个已经存在的数值常量 [5.0]，可以将定位工具放在此图标上（见图 2.6）。

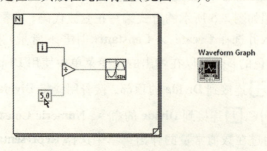

图 2.6　单击需要复制的图标

现在，在单击鼠标按钮的同时按下键盘上的 < Ctrl > 键，按住按钮的同时移动鼠标，便可得到一个复制的图标（见图 2.7）。原始图标依旧停留在原处。当将新的图标移动到所需位置时释放鼠标按钮，复制好的图标就会停留在那里（如果把 5.0 放置在 N 的自动连线范围内，则系统会自动生成连线来连接 N 和 5.0）。

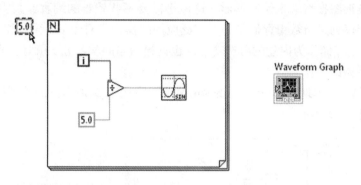

图 2.7　将复制的图标放在程序框图中

使用操作工具将该数值常量调整到 100 并用线连接到 N 上，如图 2.8 所示。

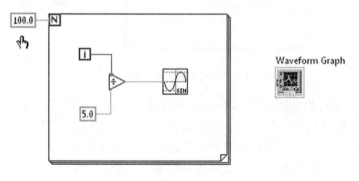

图 2.8　连接数值 100 和 N

For 循环的计数接线端设置为接受 **I32** 的数值格式（即四字节的整数，也被称为长整型）。数值格式可以自动调整为 **I32**，也可以不调整，这取决于 **Display Format...** 选项是怎样设定的。如果不是自动调整，一个表示数据类型不匹配的红色强制转换点将出现在框图中。这个强制转换点可以通过右击该数值常量并选择 **Representation ≫ I32**（表示法 ≫ I32）来消除，如图 2.9 所示。

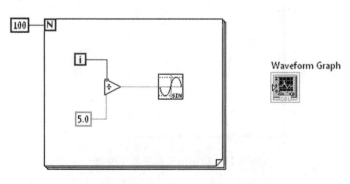

图 2.9　调整数值 100 的格式后的显示效果

2.7　自动索引功能

最后，我们需要存储由 For 循环产生的 100 个元素的数组所形成的正弦函数值序列，从而可将它传递到波形图接线端来绘制图形。这似乎需要一些较难的编程？其实不然。对由循环结构产生的数字序列进行数组存储是一个广泛应用的操作。对于 For 循环和 While 循环，LabVIEW 均提供数组存储作为内建的可选功能。也许最简单的学习方法就是首先实现该功能，然后再解释我们所做的工作。

使用 🖱 工具，简单地将 Sine 图标的 sin(x) 输出端连接到波形图的绘制接线端，就可以实现该功能，如图 2.10 所示。

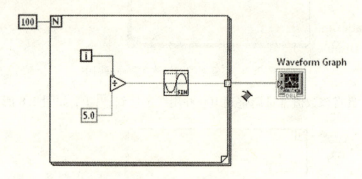

图 2.10　Sine 图标连接至波形图接线端

这里使用 For 循环的自动索引（auto-indexing）功能完成了我们的目标。通过这种方式，当 For 循环产生每次循环迭代的新值时，这个新值便被记入索引，同时会加到循环边框的数组中。当完成最终的迭代后，该数组便从循环传递到波形图接线端。需要注意的是，在 For 循环的内部区域内，从正弦的输出端传出来的线是细的，表明每次循环此图标仅产生一个单一的数值。然而，当线穿过循环边框的黑色方块▣（隧道图标）时，线会变粗。在 LabVIEW 中，这种粗线表示一维数值数组。

让我们进一步分析自动索引功能。首先，注意到隧道图标▣中的一对方括号。这对方括号在 LabVIEW 中表示一维数组。因此，这个方括号是图形显示控件，表明随着 For 循环的重复，在隧道中创建一维数组（即激活自动索引功能）。

将定位工具放置在 For 循环边框的隧道上，如图 2.11 所示。

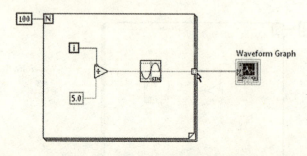

图 2.11　将定位工具放置于隧道上

然后，右击隧道图标，弹出快捷菜单，如图 2.12 所示。

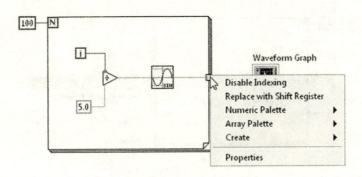

图 2.12　右击隧道显示快捷菜单

这个菜单提供了开启和关闭自动索引的切换功能。正如前面我们推测的，For 循环的默认设置是 **Enable Indexing**（启用索引），因此这个菜单现在提供了 **Disable Indexing**（禁用索引）的选择，可以选择 **Disable Indexing** 来关闭自动索引功能，如图 2.13 所示。

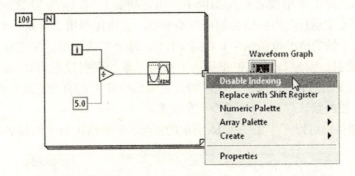

图 2.13　禁用索引

现在，不同于将所有循环的迭代值累积到一个数组中，隧道仅传递单一的值，这个值是最后一次循环迭代确定的正弦函数值。为了反映隧道的这一功能变化，图标中的那对方括号将由实心的颜色所替换。如图 2.14 所示，随着自动索引功能的禁用，断线将出现在与波形图接线端的连接处，因为波形图接线端需要得到整个数组，而不只是一个单一的数值。

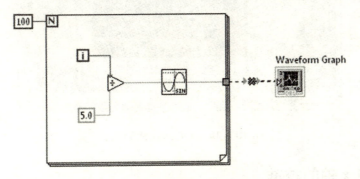

图 2.14　禁用索引后出现断线

为了完整地编程，通过右击隧道，在快捷菜单中选择 **Enable Indexing** 来恢复自动索引功能，如图 2.15 所示。

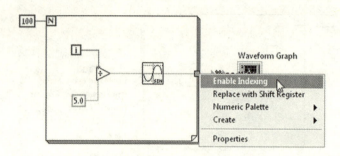

图 2.15　启用索引

2.8　运行 VI

接下来测试程序是否工作。回到前面板上，如前所述，波形图的坐标轴都默认为自动缩放（也可以在波形图的弹出菜单或者标尺图例中关闭此功能）。在运行 VI 之前，最好先暂停一下，设想一下程序正常运行时坐标轴会如何自动缩放。这段代码用来绘制一个离散采样 100 点的正弦波。因此，y 轴的值的范围从 -1.0 到 $+1.0$。每个正弦波值的 x 坐标值即为通过数据点的一维数组的索引。因为 LabVIEW 把第一个数组元素的索引设定为 0，最后一个数组元素的索引为 99，所以 x 轴的值的范围是从 0 到 99。如果 LabVIEW 的自动缩放功能将 100 作为 x 轴的上限（这是波形图的默认值），也许会令人更满意。

运行程序，期待它可以产生如图 2.16 所示的图形，坐标轴正如我们预期的那样进行标识。

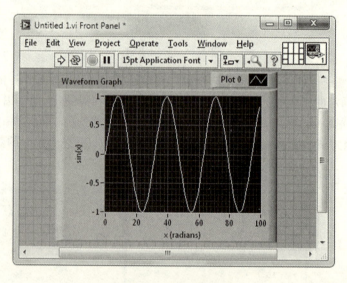

图 2.16　正弦函数的波形

2.9　波形图 x 轴的校准

这是一个非常好的程序吗？还有一件事情仍未解决，这就是 x 轴的校准问题。正如显示的那样，坐标轴的数字标签反映了从存储数据的数组中获得的整数索引。而文本标签表明该轴用于绘制正弦函数（在 y 轴上画出的）的弧度参数。记住，我们的程序把数组索引值 i 除以 5

作为正弦函数的特定参数。通过将每一个数字标签乘以 0.2，x 轴便可以用弧度来标记刻度。也就是在默认情况下，波形图假定 x 轴相邻数据点之间的间距为 1，可以通过设定数据的间距为 0.2 来完成校准。

当使用波形图时，经常需要这种乘以数值常量的校准方式。因此，LabVIEW 为这种过程提供了相关的操作机制。在第 1 章，我们在 **Chart Properties**（波形图表属性）对话框中定义乘数因子而完成波形图表的 x 轴校准。这种方式同样可以应用到波形图中。在这里，我们将介绍另一种校准方法，它将出现在程序框图中。该校准机制涉及一个新的 LabVIEW 处理过程：把几个对象捆绑为一个簇（cluster）。由此产生的簇不是一个数学对象，而是一个 LabVIEW 所提供的便利机制。通过将多个对象组合成一个簇，可以使用数据簇的连线来传输大量的数据。因此，簇这种机制大大简化了程序框图的外观和可读性。

回到框图中，将鼠标光标放置在波形图接线端，并打开帮助窗口，如图 2.17 所示。

帮助窗口分为顶部和底部。在顶部，我们可以发现通过简单地将数组连接到波形图接线端，产生的波形图默认数据点的间距为 1（$\Delta x = 1$）。这是我们之前使用波形图的方式。通过将一维数组的数据传递给波形图接线端，可以产生一个单一波形图。注意，通过将二维数组连接到接线端，两个（或更多）的波形可以在波形图中同时显示。帮助窗口的底部显示，如果使用合适的簇，波形图会在前面板上产生 x 轴正确校准的波形。合适的簇由组合以下对象序列形成：x 轴的初始值 x_0，x 轴的数值间距 $\Delta x = 1$，以及作为波形图 y 轴数值的数组。

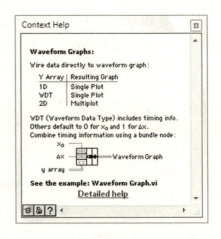

图 2.17　即时帮助窗口

接下来讨论如何在代码中添加适当的簇。首先，删除连接到波形图的数组连线。使用定位工具，单击该连线产生一个选取框，如图 2.18 所示。

然后按下键盘上的 <Delete> 键删除该连线。

从 **Functions** ≫ **Programming** ≫ **Cluster, Class, & Variant**（函数 ≫ 编程 ≫ 簇, 类与变体）选择 **Bundle**（捆绑）图标。**Bundle** 图标用来将几个输入对象聚集到一个簇中，如图 2.19 所示。

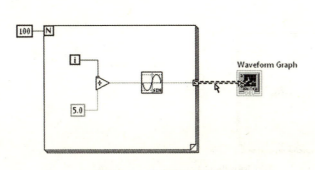

图 2.18　准备删除连线

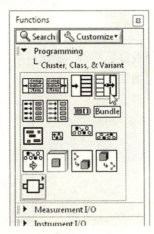

图 2.19　选取捆绑操作

接着将 **Bundle** 图标放置在程序框图中，可以发现它的左侧默认包含两个输入。这里我们需要三个输入，所以必须调整图标，如图 2.20 所示。

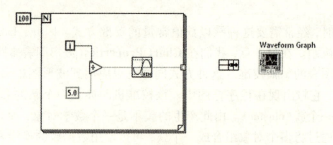

图 2.20　选取捆绑操作后的显示图

为了将 **Bundle** 图标调整到可以带有三个输入，可以将 ↖ 放置到图表底部的中心（或顶部的中心），使定位工具变成一个可调整大小的手柄，如图 2.21 所示。

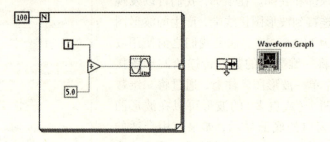

图 2.21　捆绑可调手柄操作前的显示图

然后拖动手柄直到出现合适的输入个数，如图 2.22 所示。

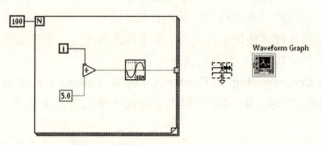

图 2.22　捆绑可调手柄操作后的显示图

释放鼠标按键，确认所需输入的个数。如图 2.23 所示，使用定位工具来放置 **Bundle** 图标和波形图接线端。

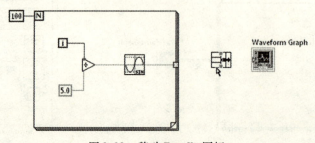

图 2.23　移动 **Bundle** 图标

将 For 循环隧道连接到 **Bundle** 图标底部的输入上。一旦连接好，输入端会显示表示数组数据类型的方括号作为图形说明符，如图 2.24 所示。

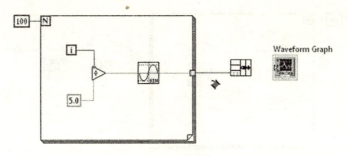

图 2.24　连线示例

现在将 **Numeric Constant** 0.0 和 0.2 分别连接到 **Bundle** 顶部的输入和中间的输入来设定 x_0 和 $\Delta x = 1$。可以看到输入端出现未被括号括住的 **DBL**，表明每个数值都由单个（即非数组）的双精度浮点数组成，如图 2.25 所示。

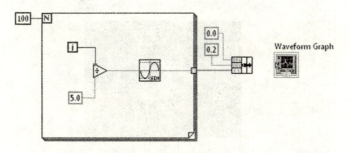

图 2.25　捆绑左侧连线

Bundle 图标在左侧接收了三个输入并把它们聚集在一起，然后在右侧输出产生的簇。下面将簇输出连接到波形图接线端，如图 2.26 所示。

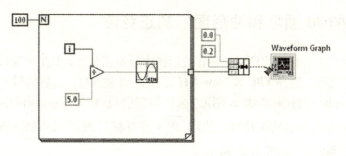

图 2.26　捆绑右侧连线

一旦连接好，波形图接线端的数据类型说明符将从浮点类型说明符 ![] 转变为簇说明符 ![]。此外，从簇输出端连接到波形图接线端的连线变为粉红色的带状，用来表示簇数据，如图 2.27 所示。

现在返回前面板，并运行最终的程序。注意到 x 轴使用弧度来标注。

通过 **File** ≫ **Save**（文件 ≫ 保存）菜单，在 **YourName** 文件夹下创建一个名为 Chapter 2 的文

件夹，然后将该 VI 命名为 Sine Wave Graph(For Loop)并保存在 YourName\Chapter 2 文件夹下（运行结果见图 2.28）。

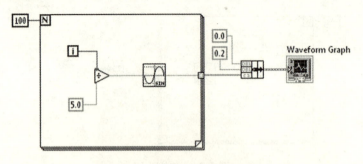

图 2.27　连线完毕后的程序框图

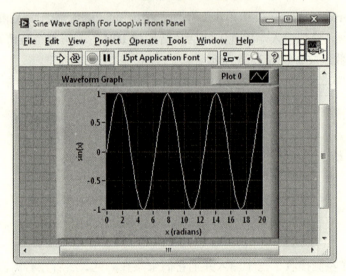

图 2.28　前面板显示图

2.10　使用 While 循环和波形图绘制正弦波

让我们试着完成本节标题的目标——在波形图中绘制正弦波，但此次我们使用 While 循环而不是 For 循环产生数组。选择 **File** ≫ **New VI**（文件 ≫ 新建 VI），然后将波形图［通过 **Controls** ≫ **Modern** ≫ **Graph**（控件 ≫ 新式 ≫ 图形）选择］及其默认标签 Waveform Graph 放置在前面板上。坐标轴的自动缩放功能默认开启。使用 [A]（或者标尺图例）分别将 x 轴和 y 轴的标签标记为 x(radians) 和 sin(x)，如图 2.29 所示。

转换到程序框图中并编写代码，如图 2.30 所示。

通过 **Functions** ≫ **Programming** ≫ **Comparison**（函数 ≫ 编程 ≫ 比较）找到 **Equal?**（等于?）图标，可以通过帮助窗口解释这个图标的功能，如图 2.31 所示。记住，总是可以通过类似的帮助窗口来获得提示，可以单击 **Help** ≫ **Show Context Help**（帮助 ≫ 显示即时帮助）打开帮助窗口，或者更简单地通过键盘的快捷键 <Ctrl + H> 来实现。

停止执行前，While 循环会产生 100 个正弦函数值。通过前面学习的 While 循环的详细操作知识，读者能解释一下这是为什么吗？特别是为什么在比较语句中，数值常量的合适取值是 99（而不是 100）？

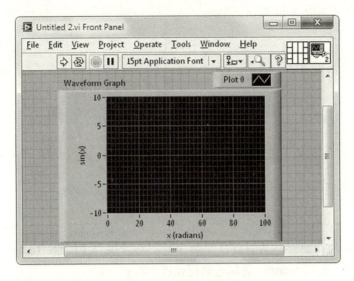

图 2.29 前面板显示图

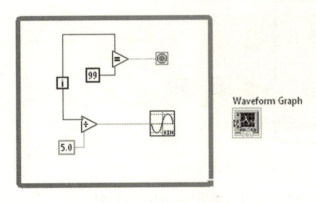

图 2.30 程序框图显示图

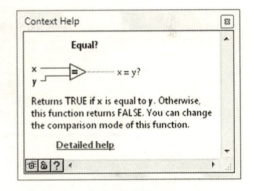

图 2.31 Equal? 图标的帮助窗口

现在需要在一维数组中存储 100 个正弦函数值,并将此数据块传递到波形图接线端用以在前面板绘制图形。使用循环结构的自动索引功能,我们仅需要将 **Sine 图标的 sin(x)** 输出连接到波形图接线端,如图 2.32 所示。

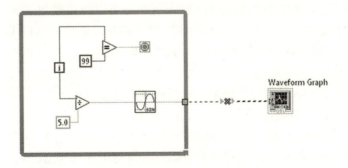

图 2.32 连线演示图

我们发现这个看似简单的连接产生了断线。为了找出原因,可以在 While 循环边框的隧道上弹出快捷菜单,如图 2.33 所示。

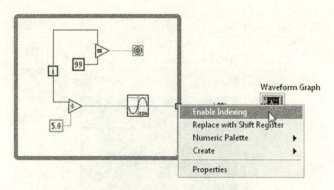

图 2.33　在隧道上弹出快捷菜单

在隧道的弹出菜单中，会给出激活循环的自动索引功能的选项。因此我们看到，与 For 循环不同，While 循环的自动索引功能默认是关闭的。通过选择 **Enable Indexing** 来实现自动索引。如图 2.34 所示，包括 **Bundle** 图标也是用弧度来标识 x 轴。

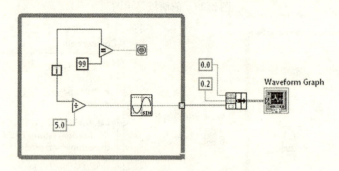

图 2.34　激活自动索引后的连线图

这样程序就已经完成了，回到前面板并运行它。可以使用键盘的快捷键 < Ctrl + R > 来实现 **Run** 命令。

2.11　数组显示控件和探针观察窗口

读者可能会质疑，产生的数组是否有 100 个元素？可以使用数组显示控件（Array Indicator）观察数组来验证这个事实。数组显示控件按如下的方式创建。通过 **Controls ≫ Modern ≫ Array，Matrix & Cluster**（控件 ≫ 新式 ≫ 数组，矩阵与簇）来选择 **Array** 框架。下面将会描述 **Array** 框架，它可以工作在两种模式：从前面板到程序框图输入数组或者从程序框图到前面板输出数组，如图 2.35 所示。

把 **Array** 框架放置在前面板上，然后输入标签 Array，Array 框架包含左侧的指数显示和右侧的空白区域。空白区域会被合适的对象填充（称为显示的元素），可以选择 **Array** 框架作为输入或输出设备。在当前情况下，我们希望构建一个数组显示控件来将数组输出到前面板上。因此选择显示的元素为 **Numeric Indicator**（数值显示控件）。如果我们希

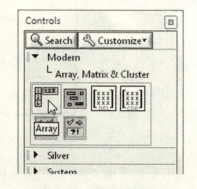

图 2.35　寻找数组图标

望建立一个向程序框图输入数据的数组控件，则可以使用 **Numeric Control**（数值输入控件）。前面板如图 2.36 所示。

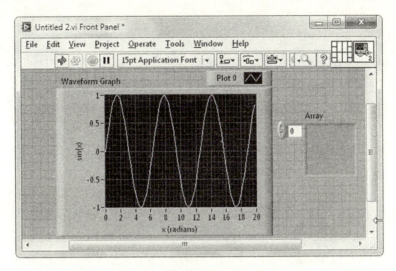

图 2.36　添加数组图标后的前面板

为了在 **Array** 框架中设置 **Numeric Indicator**，可以在 **Controls** ≫ **Modern** ≫ **Numeric**（控件 ≫ 新式 ≫ 数值）中选择 **Numeric Indicator**，如图 2.37 所示。

然后，把光标放在 **Array** 框架的空白区域，如图 2.38 所示。

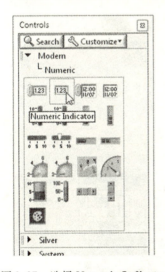

图 2.37　选择 **Numeric Indicator**

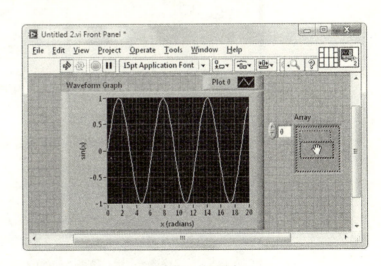

图 2.38　放置光标

单击鼠标按钮后，就可以完成数组显示控件的设置，如图 2.39 所示。

现在返回程序框图并将数组显示控件的接线端放置到合适的位置。在这个程序中，While 循环创建了一个一维数组。使用连线工具，从表示一维数组的粗线上的任意位置连接到数组显示控件接线端，如图 2.40 所示。

返回前面板并运行程序。VI 执行完成后，可以通过数组显示控件来检验产生的数组（使用 来调整大小）。使用 查看数组中的各个元素。为了扫描数组，可以通过不断单击索引显示中向上或者向下的箭头来逐步增加或者减少索引数。另外，如果需要查看特定的数组元素，则可以使用 👆 来高亮显示索引，通过键盘输入所需元素的索引值，然后按下 <Enter> 键或单击 ✓，结果如图 2.41 所示。

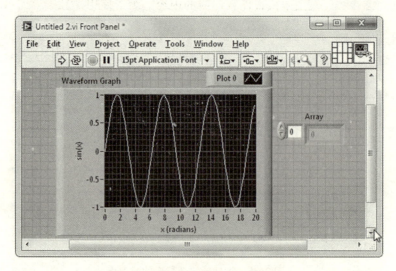

图 2.39　数组显示控件设置完成

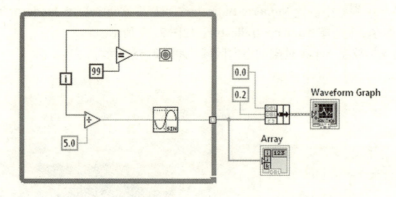

图 2.40　在程序框图上连线

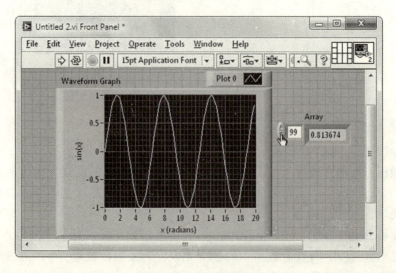

图 2.41　前面板操作

通过这样的检索，可以发现我们的数组包含 100 个元素，索引是从 0 到 99。

LabVIEW 的探针观察窗口(Probe Watch Window)提供了检查数组内容的另一种方法。这个方便的特性允许在程序框图中检查任意连线的内容。为了使用探针观察窗口来检查正弦波的数组元素，可以将鼠标光标放在携带这些数据的连线上，如图 2.42 所示。

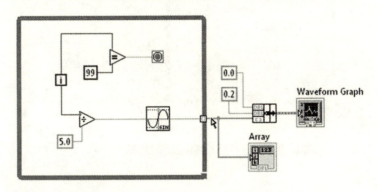

图 2.42　在程序框图中单击连线

然后右击该连线，在弹出的快捷菜单中选择 **Probe**(探针)选项，如图 2.43 所示。

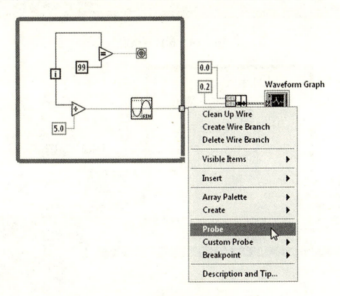

图 2.43　选择 **Probe** 选项

探针观察窗口将会出现，其包含一个选定的探针。程序框图中会出现一个包含相关数据的矩形框，表示该连线正在被探测中。也可以单击工具面板中的探针工具 ，选择感兴趣的连线来激活探针观察窗口，如图 2.44 所示。

如果想要同时探测另外一条连线，例如载有循环接线端值的连线，则可以简单地选择该连线，右击鼠标选择 **Probe** 选项(或者用 单击该连线)，该连线的探针也会添加到探针观察窗口中，如图 2.45 所示。

运行程序，然后在探针观察窗口中单击 [**1**]**Probe**(一号探针)来选择载有正弦数组元素的连线的探针。在探针显示区域中，探针的数组显示控件可以用来观察正弦波的数组元素。

通过类似的方式，可以观察其他探针，以及在运行过程中查看迭代接线端的当前值。当 VI 运行完毕后，将会显示最终的迭代值，如图 2.46 所示。

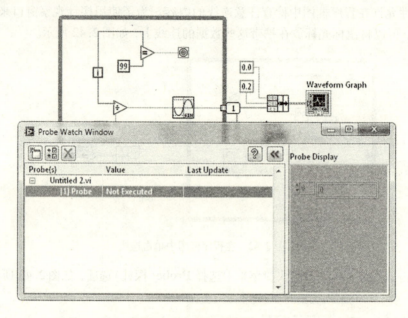

图 2.44　探针观察窗口

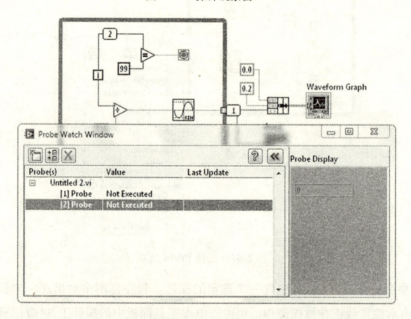

图 2.45　添加两个探针的探针观察窗口

在探针观察窗口中，可以右击鼠标使用快捷菜单的相关功能，例如在[1]**Probe** 的快捷菜单中，可以选择删除该探针或者打开自己的独立窗口。在探针观察窗口的工具栏中，这些选项同样可用，如图 2.47 所示。

在完成操作时关闭探针观察窗口，程序框图上与它相关的已编号矩形框也会消失。对于调试那些能够运行但会产生问题或者结果不理想的 LabVIEW 程序来说，探针观察窗口是非常有用的工具。

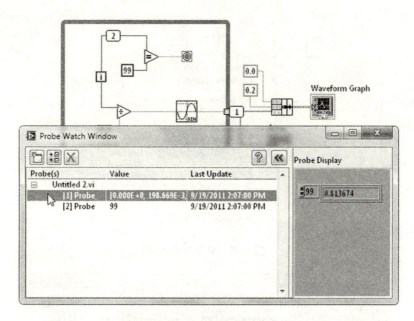

图 2.46　显示最终的迭代值

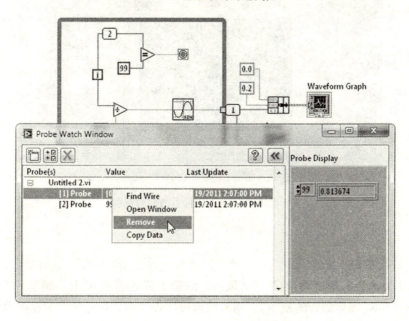

图 2.47　关于探针操作的快捷菜单

最后，读者可以尝试使用"无痛"的方式产生一个数组显示控件。例如，右击载有 While 循环输出的正弦数组的橙色粗线(或隧道)，然后从快捷菜单中选择 **Create** ≫ **Indicator**(创建 ≫ 显示控件)，如图 2.48 所示

现在查看前面板，可以找到一个自动生成的数组显示控件。执行相关的程序并观察它是否按照预期工作。

使用 **File** ≫ **Save** 菜单，将这个 VI 保存在 YourName\Chapter 2(即 Chapter 2 文件夹是在 YourName 文件夹下)文件夹，命名为 Sine Wave Graph(While Loop)，如图 2.49 所示。

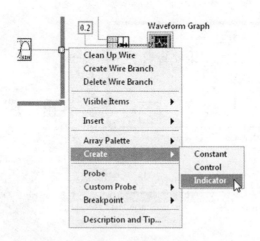

图 2.48　创建显示控件

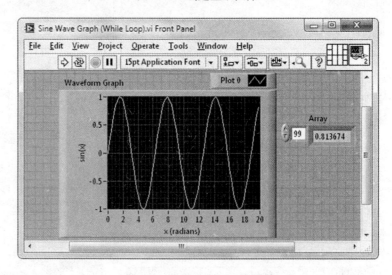

图 2.49　保存文件后的前面板

自己动手

掷一枚硬币时会出现两种可能的结果：正面朝上或是背面朝上。编写一个 VI，命名为 Four Flipping Coins（四个翻转的硬币），同时模拟掷四枚硬币，研究有多少枚硬币是正面朝上。

（a）首先，如图 2.50 所示建立 Four Flipping Coins 实验的前面板。通过选择 **Controls** ≫ **Modern** ≫ **Boolean**（控件 ≫ 新式 ≫ 布尔），每个硬币的状态用一个 **Round LED**（圆形指示灯）布尔显示控件来表示。灯亮指示着正面朝上，灯灭指示着背面朝上。同时包含一个命名为 Number of Heads（正面朝上的次数）的 **Numeric Indicator**（数值显示控件），用以指示硬币头像朝上的次数。

在程序框图中，选择 **Functions** ≫ **Programming** ≫ **Numeric**（函数 ≫ 编程 ≫ 数值），利用一个 **Random Number(0 – 1)** 图标（随机数 0 – 1 图标）来模拟硬币翻转情况。运行程序，如果这个图标的数值输出大于等于 0.5，表明相应的硬币是正面朝上，否则表明硬币是背面朝上。记录四枚硬币的投掷结果，确定硬币正面朝上的次数，并将该数据输出到 Number of Heads 前面板显示控件。注意,会有五种可能的结果:0 次,1 次,2 次,3 次,4 次。在设计程序框图时,下面的图标可能会有用:选择 **Functions** ≫ **Programming** ≫ **Comparison**(函数 ≫ 编程 ≫ 比较),找到 **Greater or Equal?**(大于等于?)图标;选择 **Functions** ≫ **Programming** ≫ **Boolean**(函数 ≫ 编程 ≫ 布尔)可找到 **Boolean To(0,1)** [布尔值至(0,1)转换];通过选择 **Functions** ≫ **Programming** ≫ **Numeric**,可找到 **Compound Arithmetic**(复合运算)图标。

运行 Four Flipping Coins 实验,验证它是否能正常工作。

图 2.50　Four Flipping Coins 实验的前面板(Ⅰ)

(b) 框图中的当前代码模拟了四枚硬币同时翻转的实验。下面不断重复该实验。把这段代码放在 For 循环中,这样可以执行 N 次实验。通过前面板上标记为 Total Number of Trials(实验总次数)的 **Numeric Control**(数值输入控件)来指定 N 的值。使用 For 循环的自动索引功能,将每次实验中正面朝上的次数存储在一个数组中。当 N 次实验完毕后,在波形图中绘制一个直方图,显示正面朝上次数分别为 0 次、1 次、2 次、3 次、4 次的实验次数。选择 **Functions** ≫ **Mathematics** ≫ **Probability & Statistics**(函数 ≫ 数学 ≫ 概率与统计),找到 **Histongram.vi**(直方图)图标来绘制直方图。输入区间设定为 5(因为 Number of Heads 显示控件有五种可能的结果)。这时 Four Flipping Coins 实验的前面板如图 2.51 所示。

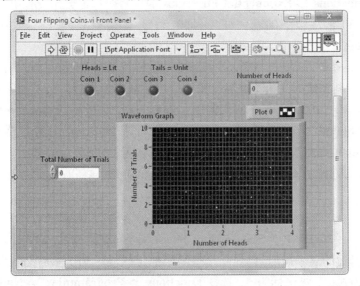

图 2.51　Four Flipping Coins 实验的前面板(Ⅱ)

对于 Total Number of Trials 选取不同的值，运行 Four Flipping Coins 程序。在波形图的 **Plot Legend**（曲线图例）中，右击鼠标，在弹出的快捷菜单中选择 **Bar Plots**（柱状图）选项。利用统计分析，当 N 足够大时，实验结果为 0 次或者 4 次正面朝上的结果为 $N\left(\frac{1}{2}\right)^4 = \frac{1}{16}N$。实验结果为 2 次正面朝上的结果为 $N\frac{4!}{2!\,2!}\left(\frac{1}{2}\right)^4 = \frac{3}{8}N$。你的结果是否与预期的结果一致？

习题

1. 我同意雇用你 30 天。第一天我给你一个便士，第二天给你两个便士，并且持续隔天付你双倍的工资，直到（包含）第 30 天。月末最终你赚了多少钱？编写一个程序获得这个问题的结果，命名为 Month's Total Pay（月工资总额）。可以选择 **Functions** » **Programming** » **Numeric**，找到 **Add Array Elements**（数组元素相加）选项，这项功能比较有用。或者选择 **Functions** » **Programming** » **Mathematics** » **Elementary & Special Functions** » **Exponential Functions**（函数 » 编程 » 数学 » 基本和特殊函数 » 指数函数）子面板中的一些图标，也会比较有用。

2. 一个 n 项的有限几何级数由下式给出：

$$y_n = 1 + x + x^2 + x^3 + \cdots + x^{n-1}$$

其中 $|x| < 1$。众所周知，当 $n = \infty$ 时，$y_\infty = \dfrac{1}{1-x}$。

(a) 编写一个基于 For 循环的 Finite Geometric Series（有限几何级数）程序。通过前面板的数值输入控件输入 n 和 x，输出 y_n，并计算与 y_∞ 的百分偏差，并把它们的结果显示在数值显示控件上。可以选择 **Functions** » **Programming** » **Numeric** 找到 **Add Array Elements** 选项。或者选择 **Functions** » **Programming** » **Mathematics** » **Elementary & Special Functions** » **Exponential Functions** 的一些图标也会比较有用。

(b) 通过你的 VI 解决以下问题：如果 $x = 0.5$，并且期望 y_n 与 $y_\infty = 2.000\cdots$ 的偏差小于 0.1%，那么 n 的最小值为多少？

3. 编写一个程序，命名为 Chirp（啁啾）。该程序将会输出 N 个快速的连续声波，每一个声波都有特定的频率，其持续时间为 2 毫秒。第一个声波频率到最后一个声波频率遵循以下规律：1000 Hz，1010 Hz，1020 Hz，…，2990 Hz，3000 Hz。通过 **Functions** » **Programming** » **Graphics and Sound**（函数 » 编程 » 图形和声音），找到 **Beep.vi**（蜂鸣器）图标用来表示声波，其 **use system alert?**（使用系统报警？）选项设置为 FALSE。

4. 一个振幅为 1 的方波 $y(t)$ 大约可以表示为以下三个正弦波之和：

$$y(t) \approx \frac{4}{\pi}\left\{\sin[x] + \frac{1}{3}\sin[3x] + \frac{1}{5}\sin[5x]\right\}$$

其中 x 为弧度。编写一个名为 Sum of Three Sines（三个正弦之和）的 VI，计算从 $x = 0$ 到 $x = 6\pi$ 范围（即正弦函数的三个周期）内 300 个等间距的正弦波之和。然后绘制出结果图，横坐标为 x，其单位为弧度，纵坐标为 y。选择 **Functions** » **Programming** » **Numeric**，找到 **Compound Arithmetic** 选项，或者选择 **Functions** » **Programming** » **Numeric** » **Math & Scien-**

tific Constants(函数》编程》数值》数值与科学常量),子面板中的图标都会比较有用。运行该程序,前面板如图2.52所示。

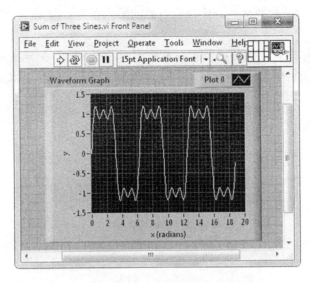

图2.52 Sum of Three Sines 的前面板

5. 编写一个名为 Wait Test(等待测试)的 VI,连续执行 N 次以下任务:执行 **Wait**(**ms**),等待时间设置为1毫秒,然后存储 **millisecond timer value**(毫秒定时器)的当前值(即从计算机开启时到现在过去的毫秒数)。经过 N 次操作后,编程绘制 **millisecond timer value** 的当前 N 元素数组。同时,使用称为 Array 的数组显示控件显示该数组(该显示控件可以通过 来改变大小)。Wait Test 程序的前面板如图2.53所示。

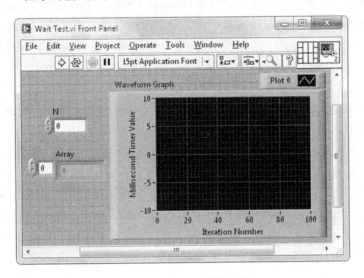

图2.53 Wait Test 的前面板

(a) 当 Wait Test 程序运行时,绘制结果应该是一条直线。该直线的期望斜率是多少?
(b) 将 N 设置为20,在不同的操作条件下运行该程序(在 LabVIEW 运行时实现其他操作,如按住键盘上的一个键、移动鼠标等)。是否在多数情况下,结果图还是以期望斜率显示的直线?

(c) 观察由于运行 Wait Test 程序的同时进行其他操作所产生的绘制异常情况,我们称之为延误(lapse)。如果你使用 **Array**(数组)观察一些延误,请确定一个延误的典型长度(用毫秒计)。延误的出现频率是否依赖于当时的操作条件?如果是,哪些条件可以提高延误发生的概率?

6. 这是搬家的一天,你拖着沉重的梳妆台在新公寓楼的地板上以恒定的速度移动,如图 2.54 所示。你施加在梳妆台的力的大小为 F,与水平地面的夹角为 θ。梳妆台的质量为 W,它与地板之间的动摩擦系数是 μ。

图 2.54　搬家示意图

可以使用牛顿定律来表示:

$$F = \frac{\mu W}{\cos\theta + \mu\sin\theta}$$

或者,将其除以梳妆台质量(即 $F' = F/W$),

$$F' = \frac{\mu}{\cos\theta + \mu\sin\theta}$$

(a) 编写一个基于 For 循环的程序,命名为 Dragging Dresser(拖梳妆台)。通过标记为 Coefficient of Kinetic Friction 的数值输入控件给定动摩擦系数 μ。从 $\theta = 0°$ 到 $\theta = 90°$,每隔 1°计算 F' 的值,然后在波形图上显示 F' 的数组值,同时显示在数组显示控件上,标记为 Force(力)。

(b) 运行 Dragging Dresser,动摩擦系数 μ 分别设为 $\mu = 0.1$,$\mu = 0.4$,$\mu = 1.0$。确定每次使得 F' 为最小值的角度 θ_{min}(即当 μ 给定时,θ_{min} 是每次所需恒速拉动梳妆台的最小力的角度)。

7. (a) 编写一个程序,命名为 Mean of Random Array(随机序列平均值),其产生一个范围为 0 到 1 的包含 100 个双精度浮点数的随机数组,然后计算该数组元素的平均值。在前面板显示控件上将该均值标记为 Mean(平均值),其 **Digits of precision**(精度)设置为 3。以下两个图标会有所帮助:选择 **Functions》Programming》Numeric** 找到 **Random Number(0 − 1)**图标;或者选择 **Functions》Mathematics》Probability & Statistics**,找到 **Mean. vi** 图标。

(b) 预计 Mean 的标称值为 0.500。连续运行 N 次 Mean of Random Array 程序,其中 $N = 10$,由于数组产生的随机性,平均值大多数都会落在 0.500 ± Δx 内。你观察到的 Δx 值为多少?此数据的均值波动百分比又是多少?其中波动百分比定义为 $\frac{\Delta x}{0.500} \times 100\%$。

(c) 使这个过程自动执行。放置一个称为 Number of Times(次数)的前面板控件,这个控件允许使用者输入 N 的值。运行时,VI 会计算 100 个随机数元素数组的平均值 N 次,并且将这些平均值存储到一个 N 元数组中。平均值的波动定义为该平均值数组的标准偏差 σ。选择 **Functions》Mathematics》Probability & Statistics**,使用 **Std Deviation and Vari-**

ance. vi(标准偏差和方差)图标来决定 σ,并在前面板显示控件中显示,标记为 Fluctuation(波动)。保存并运行 VI, N 值设为 10。波动值符合你在(b)中确定的 Δx 吗?

8. 第 1 章的习题 8 描述了如何完成以下任务:从 1 到 10 中随机产生一个整数,并重复此随机过程直到整数等于 5。所需的重复次数作为输出量,称为 Required Iterations(所需次数)。把载有以上描述任务的代码作为子程序放置在 For 循环中,这样在执行时 For 循环将会重复 N 次任务,并且将 Required Iterations 的 N 个值存储在一个数组中。然后,使用 **Mean. vi**(通过 **Functions ≫ Mathematics ≫ Probability & Statistics** 找到)来计算 Required Iterations 的 N 个值的平均值,并把它显示在前面板显示控件中,其标记为 Average Number of Required Iterations(所需次数的平均值)。然后将 N 的值设为 1 000 000,保存 VI,命名为 Iterations Until Integer Equals Five(For Loop)(直至整数值为 5 的循环次数)。

运行 Iterations Until Integer Equals Five(For Loop),程序产生的 Average Number of Required Iterations 与你预期的值一样吗?

9. 波形数据类型提供了另一种产生 x 轴正确校准的波形图的方法,假定 x 轴是时间轴。为了探讨这种数据类型的使用,我们编写一个程序,命名为 Sine Wave Graph(Waveform),用来绘制函数 $y = \sin(2\pi t)$,其中 t 从 $t = 0$ 到 $t = 0.99$ 以 $\Delta t = 0.01$ 递增。程序框图如图 2.55 所示。可以选择 **Functions ≫ Programming ≫ Waveform**(函数 ≫ 编程 ≫ 波形),找到 **Build Waveform**(创建波形)选项来组合初始时间 **t0**(称为一个时间戳)、采样时间增量 **dt** 及 y 值数组。**Build Waveform** 必须调整到有三个输入。时间戳是使用 **Get Date/Time In Seconds**[获取时间/日期(秒)][选择 **Functions ≫ Programming ≫ Timing**(函数 ≫ 编程 ≫ 定时)]和 **Pi Multiplied by 2**(Pi 乘以 2)(选择 **Functions ≫ Programming ≫ Numeric ≫ Math & Scientific Constants**)创建的。

运行 Sine Wave Graph(Waveform)程序,并验证是否能按照预期执行。

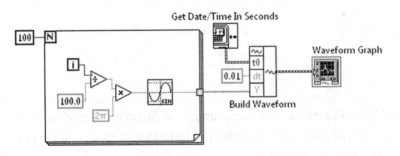

图 2.55 Sine Wave Graph(Waveform)的程序框图

第3章　MathScript 节点和 XY 图

本章将介绍 LabVIEW 的 **MathScript Node**(Mathscript 节点)。如果 MathScript 节点没有出现在 **Functions** ≫ **Programming** ≫ **Structures**(函数 ≫ 编程 ≫ 结构)子选板中,可以重新运行 LabVIEW 的安装光盘,当出现选择程序安装选项的窗口时,选择 MathScript RT Module(MathScript RT 模块)。如果安装包里没有包含 MathScript RT Module,可以从 NI 的网站(http://www.ni.com)上下载 MathScript RT Module 的 30 天免费试用版本。

3.1　MathScript 节点基础

在前面的章节中,我们已经看到 LabVIEW 编程语言的图形特性极大地简化了编写所需计算机程序代码的难度。然而,当程序中需要对数学关系进行编码时,图形语言较文本语言更加复杂。因此,LabVIEW 提供了 MathScript 节点,即一个可以调整大小的方框,可以利用它直接在框图中输入基于文本的数学公式。为了说明 MathScript 节点的用法,请考虑这个相对简单的方程:$y=3x^2+2x+1$。如果利用 LabVIEW 中的数学运算图标[选择 **Functions** ≫ **Programming** ≫ **Numeric**(函数 ≫ 编程 ≫ 数值)],那么程序框图将如图 3.1 所示。

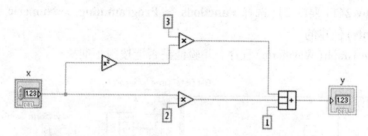

图 3.1　使用数学运算符号描述方程

或者,可以选择 **Functions** ≫ **Programming** ≫ **Structures**(函数 ≫ 编程 ≫ 结构)中的 MathScript 节点来编写同样的方程,结果程序框图如图 3.2 所示。正如我们所看到的那样,MathScript 节点很方便编写,也容易读懂。

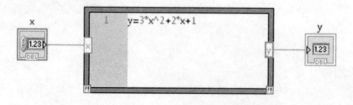

图 3.2　使用 MathScript 节点描述方程

另一个(但功能相对较弱)基于文本的结构称为 Formula(公式)节点,它同样可以在 **Functions** ≫ **Programming** ≫ **Structures** 子选项卡中找到。Formula 节点和 MathScript 节点很相似,它们都可以执行普通的数学运算,包括对三角函数和对数函数求值,也可以执行布尔逻辑运算、比较和条件分支语句。但是它们在一些方面也有区别,Formula 节点只能处理这些相对简单的任务,我们可以看到 MathScript 节点使用一种高级计算机编程语言(称为 MathScript),它在数字信号处理和数据分析方面具有强大的处理能力。

为了说明基于 MathScript 编程的强大功能,我们考虑编程解决前面章节的问题:当 x 是从 $x=0$ 到 $x=99/5=19.8$ 的范围内等间距分布的 100 个值时,求 x 的函数 $\sin(x)$ 的值。如果单独使用图形语言编程,我们可以看到这个问题的解决方案如图 3.3 所示。

MathScript 语言含有基于文本的正弦函数 $\sin(x)$,所以可以使用 MathScript 节点将以上编码为图 3.4 所示的形式。

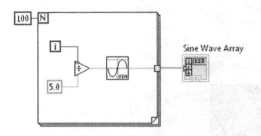 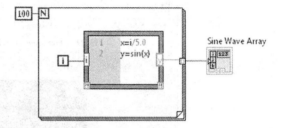

图 3.3 使用图形语言求 $\sin(x)$ 的函数值　　　　图 3.4 使用 MathScript 节点求 $\sin(x)$ 函数值

上面的程序的确可以如我们所愿地执行,但是它没有发挥出 MathScript 语言的全部功能。在 MathScript 中,$x = start:step:stop$ 这条命令生成了一个 x 值的一维矩阵,以 $\Delta x = step$ 为间隔,x 值在从 $x = start$ 开始到 $x = stop$ 为止的区间上均匀分布。另外,假定 x 是一个含有 N 个元素的数组,那么命令 $y = \sin(x)$ 将会计算出这 N 个 x 值所对应的正弦函数,并将结果返回在含有 N 个元素的数组 y 中。因此,当我们运用 MathScript 节点解决以上问题时,图形语言中的 For 循环是不需要的,如图 3.5 所示的解决方法就足够了。

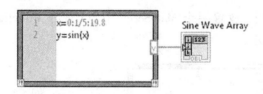

图 3.5 $\sin(x)$ 函数值更为简便的求法

如果读者想知道 MathScript 的更多功能,可以选择 **Help ≫ LabVIEW Help...**(帮助 ≫ 搜索 LabVIEW 帮助)菜单,当 LabVIEW 的帮助窗口打开的时候,单击 **Index**(索引)选项卡,可以寻找 MathScript 的相关选项。在 MathScript 标题下,读者可以找到很多可能感兴趣的主题,包括 Classes of Functions(函数分类),其中系统地列出了可用的函数(超过 800 个),同时也给出使用这些函数的语法规则。

在本章中,我们将使用 MathScript 节点重写 Sine Wave Graph(正弦波形图)的 VI。下面将会用到这个子程序块为 XY 图(XY Graph)提供数据,XY 图是三种最常用的图形之一。这个程序将是 Waveform Simulator(波形仿真器)的基础,Waveform Simulator 是一个可以直接产生模拟的采样数据的 VI。在将来的工作中,读者将会用它进行文件输入/输出、波形生成、快速傅里叶变换等工作。最后,我们将学到如何创建一个自定义的图标,它可以作为一个子 VI 应用在更高层级的程序中。

3.2 MathScript 节点使用示例：绘制正弦波

为了学习使用 MathScript 节点进行编程，我们首先编写刚刚讨论过的程序[对从 $x=0$ 到 $x=19.8$ 区间上均匀分布的 100 个 x 值求 $sin(x)$ 函数的值]。打开一个新的 VI，然后在前面板上放置一个 **Waveform Graph**（波形图），使用 ![A] （或者波形图的 **Scale Legend**），将 x 轴和 y 轴分别标为 x(radians) 和 sin(x)，默认情况下，两个坐标轴都会自动缩放，如图 3.6 所示。

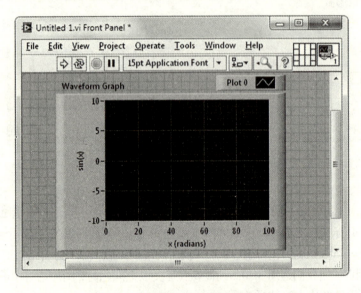

图 3.6 在前面板上放置波形图控件

切换到程序框图面板，放置一个 MathScript 节点（选择 **Functions** ≫ **Programming** ≫ **Structures**），如图 3.7 所示。

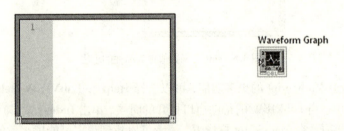

图 3.7 在程序框图中放置 MathScript 节点

现在，使用基于文本的命令和公式为 MathScript 编程，它将产生我们所期望的正弦波数据。当在 MathScript 节点中编写命令和公式时，可以在以下规则的限制下命名变量：一个合法的变量名必须以字母开头，之后只能由字母、数字和下画线构成。变量名区分大小写（也就是说，一个字母的大写和小写是不同的），并且如果需要，变量名可以非常长（最长可到 60 个字母），当然长变量名会占据较大的框图空间。对于我们目前的工作来说，需要两个变量，一个用来表示正弦函数的参数，另一个用来表示正弦波形值。让我们给这两个变量起普通的短名称来节省宝贵的框图空间，暂且称为 x 和 y。

使用 或者 ，单击 MathScript 节点内部并输入以下两行文本代码：
$$x = 0:1/5:19.8$$
$$y = sin(x)$$

这两行代码可以生成两个一维矩阵 x 和 $y = sin(x)$。待输入完成后将光标放在 MathScript 之外并单击鼠标以确认输入，如图 3.8 所示。

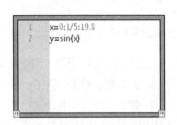

图 3.8　在 MathScript 中输入代码

接下来，我们需要从 MathScript 节点输出正弦值一维矩阵 y 来绘图。为了创建这个输出，首先将 放置在 MathScript 节点的右边框上，如图 3.9 所示。

图 3.9　将光标放置在 MathScript 右边框上

然后使用鼠标右键单击(右击)边框，在 MathScript 节点弹出的快捷菜单中选择 **Add Output ≫ y**(添加输出 ≫ y)，如图 3.10 所示。

一个关于 y 输出的显示控件将会以矩形框的形式出现在 MathScript 节点的边框(对于早期版本的 LabVIEW，y 标记必须使用 手动添加)，如图 3.11 所示。

MathScript 节点边框上的输出变量支持很多种数据类型(例如实数和复数，实数数组和复数数组)。默认情况下，LabVIEW 根据相关变量在 MathScript 节点中的用法为输出自动指定变量类型。为自动实现数据类型的分配，LabVIEW 会求解出输出变量的所有可能值。例如，当参数 x 为负时，变量 $z = \sqrt{x}$ 会赋为复数类型。然而，如果 $z = \sqrt{x}$ 中的 x 恒为正时，则希望避免 LabVIEW 自动分配数据类型，防止因处理复数而将问题复杂化。

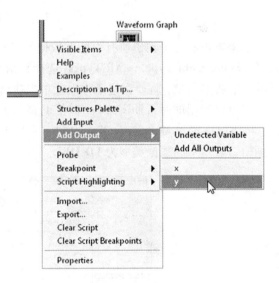

图 3.10　右击边框选择添加 y 输出

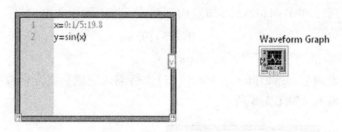

图 3.11　将输出标记为 y

在程序框图中，可以看到"y"符号是橙色的，这代表 LabVIEW 已经正确地推测出 y 是浮点型的数据。如果要查看 LabVIEW 所有可分配的数据类型，可以右击 y 输出，在弹出的快捷菜单中选择 **Choose Data Type**（选择数据类型）。在弹出的窗口中，你会发现 **Auto Select Type**（自动选择类型）是默认选项（用对勾标记），LabVIEW 自动选择的数据类型（用星号标记）是 **DBL 1D**（双精度一维数组）。也就是说，LabVIEW 选择了双精度浮点型的一维数组，它可以很好地表示变量 $y=\sin(x)$，如图 3.12 所示。

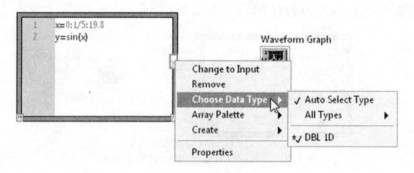

图 3.12　选择数据类型

如果要查看这个输出所有可能的数据类型选项，可以右击输出端，并在弹出的快捷菜单中选择 **Choose Data Type** ≫ **All Types**（选择数据类型 ≫ 所有类型）。如果需要覆盖 LabVIEW 选择的 y 的数据类型，就要在这个弹出菜单中执行上述操作。

也可以使用即时帮助窗口（简称帮助窗口）来检查 y 的数据类型。按下 <Ctrl + H> 快捷键，再将鼠标置于 MathScript 节点内的 y 变量上，即可激活即时帮助窗口。如图 3.13 所示的帮助窗口显示 y 的数据类型为 **1D DBL**。

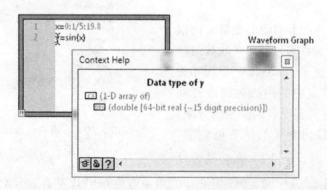

图 3.13　帮助窗口显示 y 的数据类型

另外，帮助窗口可以用来获取 MathScript 节点内其他条目的有用信息。例如，把鼠标置于 sin(x) 之上，帮助窗口将会显示 MathScript 的功能，如图 3.14 所示。

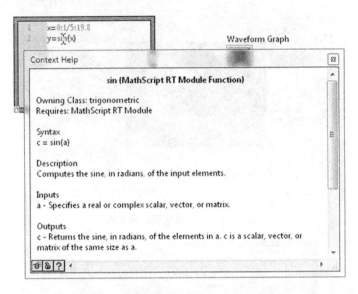

图 3.14　帮助窗口显示 sin(x) 的信息

最后，按照图 3.15 所示完成框图的设置。在 **Functions ≫ Programming ≫ Cluster, Class, & Variant**(函数 ≫ 编程 ≫ 簇，类与变体)中找到 **Bundle**(捆绑)选项。右击数组连线后，在快捷菜单中选择 **Create ≫ Indicator**(创建 ≫ 显示控件)，可以创建 y array 显示控件。如果出现无法连接 y 输出的情况，则可以右击该对象，确定选择了正确的数据类型并确定它是一个输出(而不是无意中创建的输入)。

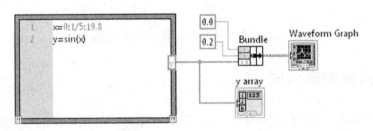

图 3.15　完成的程序框图

回到前面板，选择菜单 **File ≫ Save**，在 YourName 文件夹中创建一个新的文件夹 Chapter 3，然后将这个名为 Sine Wave Graph(MathScript Node)的 VI 保存到 YourName\Chapter 3 目录下。

现在运行这个程序。面板上应该会显示出正弦函数的波形，如图 3.16 所示，也可以用 **y array** 显示控件查看正弦函数的实际数值。

如果读者感兴趣，可以使用探针来观察这个 VI 使用 MathScript 创建的数组。若要激活这个工具，可以返回框图面板，在 MathScript 节点中的任意位置单击鼠标右键，然后在弹出的快捷菜单中选择 **Probe**(探针)即可，如图 3.17 所示。

在 MathScript 探针的窗口出现之后，运行 VI。这个工具可以用于查看数组的信息和它的绘图特征。

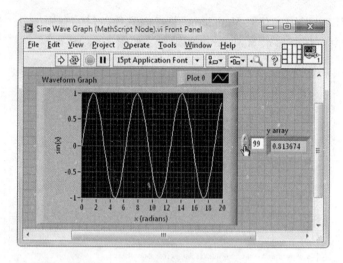

图 3.16　运行程序后显示的波形

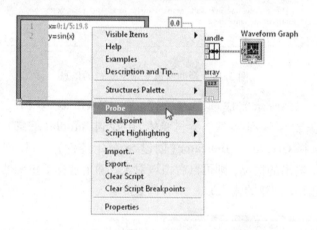

图 3.17　在 MathScript 中选择 **Probe**

3.3　根据错误列表调试

让我们暂时偏离主题，研究一下 LabVIEW 的程序调试功能。我们可以故意设置一个错误：右击框图中 MathScript 节点的 y 输出，在弹出的快捷菜单中选择 **Choose Data Type ≫ All Types ≫ Scalar ≫ DBL**（选择数据类型 ≫ 所有类型 ≫ 标量 ≫ DBL），如图 3.18 所示。

现在查看工具栏，就会发现 **Run**（运行）按钮的图标断裂，这表明程序中有错误。但这并不是出现错误后唯一可用的帮助。图 3.19 显示了程序中出现了错误。

单击（此时会出现一个提示条，它提醒此动作会产生一个程序错误列表），然后出现一个对话框，列出程序中的所有错误。目前的例子中存在两个错误，都与数据类型的不匹配有关，也就是使用了一个标量类型的连线来接收数组，如图 3.20 所示。

在 **Details**（详情）框中会给出中间的错误指示框中被选中条目的详细说明。若要选中其他的错误，只要在中间的框中单击相应的错误即可。单击 **Show Error**（显示错误）按钮则会指出程序框图中错误出现的位置（通过滚动的选取框标记），然后可以进行必要的修改。这些问题都可以在网上获取帮助，所以在通常情况下，调试 LabVIEW 程序时不必查询用户手册。

第 3 章 MathScript 节点和 XY 图

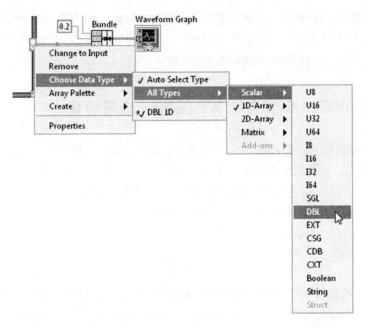

图 3.18　选择 **DBL** 数据类型

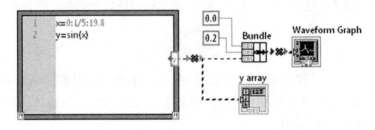

图 3.19　程序框图中出现断线

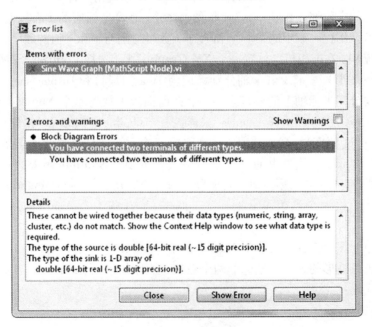

图 3.20　程序错误列表

通过右击 y 输出，在弹出的快捷菜单中选择 **Data Type ≫ All Types ≫ 1D-Array ≫ DBL 1D**（数据类型 ≫ 所有类型 ≫ 一维数组 ≫ DBL 1D），可以修改 VI 中的错误。这时，注意到 **Run** 按键 ⇨ 变完整了，说明程序现在可以运行。

3.4 运用 MathScript 节点和 XY 图进行波形仿真

在前面学习的内容中，我们需要一个数据仿真 VI，即能在现实的实验环境中将数据获取设备（或数字示波器）所获得的数据数字化的程序。在一个实验室的典型实验中，将一个时变模拟（连续的）信号 $x(t)$ 输入仪器，并用这个仪器在 N 个等间隔的时间 t_i 中测量（"采样"）此信号。如果 Δt 是采样间隔，那么 $t_i = i\Delta t$，其中 $i = 0,1,2,\cdots,N-1$。因为在每个采样间隔 Δt 内都有一个数据被采样，所以采样频率定义为

$$f_s = \frac{1}{\Delta t} \qquad [1]$$

在这一节中，我们将基于 MathScript 节点进行数据仿真。这里假定我们所研究的物理系统的位移是随时间变化的正弦函数 $x(t) = A\sin(2\pi f t)$，其中 f 和 A 分别是正弦波的频率和幅度。假定这个模拟信号被输入到一个可将信号数字化的仪器中，它以 $f_s = 1/\Delta t$ 的速率等时间间隔采样 N 次并输出结果。定义 x_i 是在时间 t_i 的采样值，那么结果的集合将会由以下两个公式给出：

$$t_i = i\Delta t \qquad [2]$$

$$x_i = A\sin(2\pi f t_i) \qquad [3]$$

其中，$i = 0,1,2,\cdots,N-1$。注意，第一个和最后一个采样数据分别是在 $t_0 = 0$ 和 $t_{N-1} = (N-1)\Delta t$ 获得的。接下来我们的目标是要编写一个程序来建立式[2]和式[3]描述的数据集合，然后仿真上述数字化设备的 (t,x) 输出。

若要显示 VI 的输出，则会用到 XY 图。XY 图是产生直角坐标系下绘图的一个通常选择。每个点在绘图上的定位都依靠其 (x,y) 坐标值。整个 (x,y) 坐标值的集合以两个一维数组组成簇的形式提供给该例程。簇中的第一个和第二个数组分别与 x 和 y 值的顺序相对应。

打开一个新 VI，在前面板上放置一个 **XY Graph** 图标[选择 **Controls ≫ Modern ≫ Graph**（控件 ≫ 新式 ≫ 图形）]。将 x 和 y 轴分别标记为 Time（时间）和 Displacement（位移），默认情况下程序会自动分配坐标轴上的刻度。最后，在前面板上放置 4 个 **Numeric Control**（数值输入控件），分别命名为 Number of Samples（采样数）、Sampling Frequency（采样频率）、Frequency（频率）、Amplitude（幅度）。默认情况下，这些数值输入控件是双精度浮点型数据类型 **DBL**。右击 Number of Samples，从弹出的快捷菜单中选择 **Representation ≫ I32**（表示法 ≫ 长整型 I32），将其数据类型改为长整型。单击其他数值输入控件并确定 **Representation ≫ DBL** 是被选中的状态。最后，将这个名为 Waveform Simulator 的 VI 保存在 YourName\Chapter 3 目录下（见图 3.21）。

切换到程序框图界面并编写基于 MathScript 的代码来通过式[3]求式[1]的值。为了生成描述产生时变正弦波形的 x 和 y 坐标的两个数组（分别称为 t 和 x），我们需要在 MathScript 节点中输入以下代码：

$$delta\_t = 1/f\_s$$
$$start = 0$$

第 3 章 MathScript 节点和 XY 图

$$step = delta\_t$$
$$stop = (N-1)*delta\_t$$
$$t = start : step : stop$$
$$x = A * \sin(2 * pi * f * t)$$

输入完代码之后，程序框图应该如图 3.22 所示。

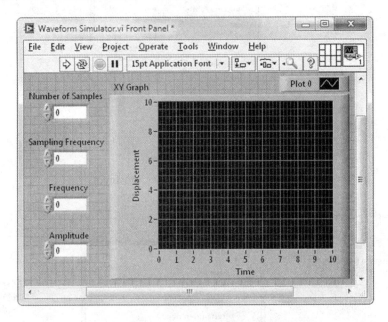

图 3.21 保存后的 Waveform Simulator 前面板

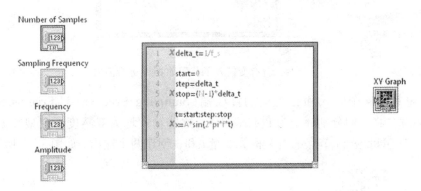

图 3.22 输入完代码后的程序框图

包括指定的输入变量的每一行会出现 ✖ 图标。首先，为变量 N（在 MathScript 节点中代表采样数）创建一个输入，右击 MathScript 节点的左边框，在弹出的快捷菜单中选择 **Add Input**，如图 3.23 所示

接着将会出现一个输入显示控件，它的内部是高亮的，正在等待用户为这个公式变量键入一个由字符构成的名称。如果高亮消失（例如因为无意中单击了鼠标），使用 ✋ 可重新为其更改名称。将此输入标记为"N"并将它和 **Number of Samples** 接线端用线连接起来。此时输入显示控件会变为蓝色的，说明它已经做好从 **Number of Samples** 接线端接收整型数据（**I32**）的准备。同时，在含有 N 的代码行前，✖ 图标会消失，如图 3.24 所示。

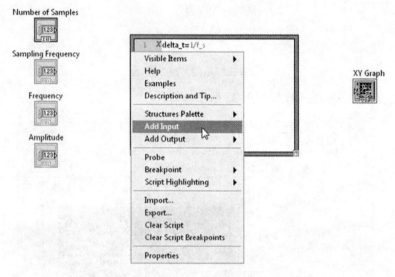

图 3.23　右击左边框后选择 **Add Input**

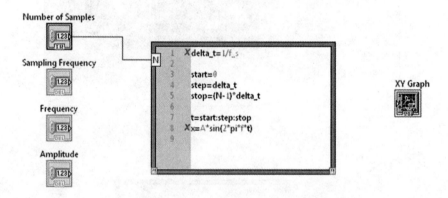

图 3.24　含有变量 N 的代码前✖图标会消失

同样，将其他三个输入和相对应的接线端（**Sampling Frequency**、**Frequency** 和 **Amplitude**）连接起来，将它们分别标记为 f_s、f 和 A。这些输入均为双精度浮点型数据（显示为橙色）。最后，在 MathScript 节点的右边框为变量 t 和 x 创建两个输出，如图 3.25 所示。

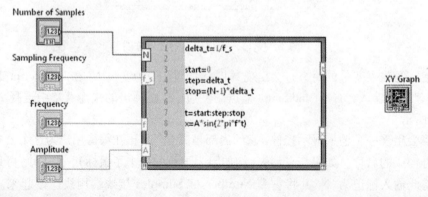

图 3.25　为变量 t 和 x 创建输出

3.5 创建一个 xy 簇

为了确定 XY 图需要哪种类型的输入,可以将光标置于 XY 图的图标接线端 上再按下 < Ctrl + H > 快捷键激活帮助窗口,如图 3.26 所示。

这个帮助窗口说明,为了绘制一个单独的波形图,XY 图期望有一个簇作为输入。这个簇包括了波形的 x 和 y 数组并且在窗口上使用 **Bundle** 图标显示。我们可以将这个波形中 x 和 y 数组的捆绑称为"xy 簇"。

为了以后的参考,帮助窗口还告诉我们,N 个波形可以同时绘制在一个 XY 图中。在这种情形下,数据以"簇数组"的形式传递给 XY 图的接线端。为了达到这个目的,必须首先依照上述过程创建每个波形的 xy 簇。然后,使用将要深入研究的 **Build Array**(创建数组)图标创建一个 N 个元素的数组,其中每个元素都是特定波形的 xy 簇。

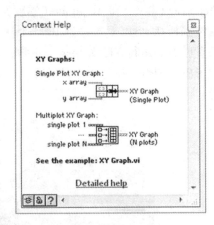

图 3.26 激活帮助窗口

回到程序框图,在这里会找到 XY 图的接线端标志 。我们看到与波形图相似,这个接线端有一个簇数据类型显示控件(在底部中央),但与波形图不同的是,它的边界是棕色的(而不是粉色)。棕色说明在默认情况下数据的输入有以下特殊的格式要求:是一个簇数组,每一个簇都由纯数字标量组成。在使用 XY 图的过程中,我们必须遵循帮助窗口的指示,输入一个比默认格式更加通用的数组的簇。

按照图 3.27 完成程序框图的连线,使用"簇"图标(选择 **Functions** ≫ **Programming** ≫ **Cluster**)创建正弦波形的 xy 簇。当这个簇连接到 **XY Graph** 图标的接线端时,图标边界的颜色由棕色(特殊簇)变为粉色(一般簇)。可以在连线上的合适位置右击鼠标,然后在弹出的快捷菜单中选择 **Create** ≫ **Indicator**(创建 ≫ 显示控件),即可创建时间和数组显示控件(见图 3.27)。

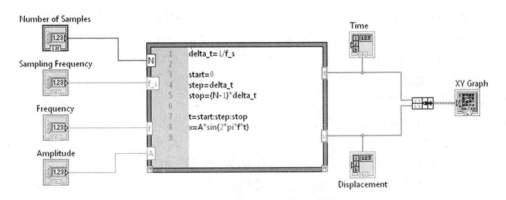

图 3.27 完成程序框图连线

3.6 运行 VI

回到前面板，在合适的位置放置 Time（时间）和 Displacement（位移）显示控件，然后保存此 VI。设置 Number of Samples（采样数）和 Sampling Frequency（采样频率）分别为 100 和 1000，Frequency（频率）和 Amplitude（幅度）分别设为 50 和 5。选择这些参数可以模拟对 50 Hz 的正弦波采样 0.1 秒（对于每秒 1000 个样本的采样速率则有 100 个样本），这样能够输出 5 个周期的正弦波。运行 VI，如果运行正常，那么能够观察到 5 个周期（见图 3.28）。读者会对创建的波形感到惊奇，并且会意识到通过改变 MathScript 节点中的公式，也可以简单地创建其他的图形（所做的工作几分钟内就能完成）。

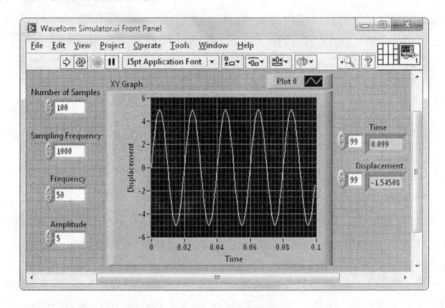

图 3.28 运行结果

3.7 MathScript 交互窗口

开发基于 MathScript 的代码有一个非常有用的工具——MathScript 交互窗口（MathScript Interactive Window）。让我们花费几分钟来学习这个工具的用法。当有 VI 处于打开状态或在 LabVIEW 的 **Getting Started**（开始）窗口中时，选择 **Tools** ≫ **MathScript Window...**（工具 ≫ MathScript 窗口）菜单，可以打开 MathScript 交互窗口。当窗口打开时，注意在左下角可以找到命令窗口，在那里可以使用键盘输入相关的 MathScript 命令。在命令窗口中输入命令后，可以按下键盘的 <Enter> 键来执行命令，其结果会直接显示在输出窗口中。

利用在创建仿真波形程序（Waveform Simulator）时执行命令的类似方法，我们测试一下 MathScript 交互窗口。在命令窗口中输入 $t = 0:0.01:0.99$，然后按下 <Enter> 键。在输出窗口，首先会看见刚刚输入的指令，然后其下方是执行结果，在此例中，结果是含有 100 个从 $t = 0$ 到 $t = 0.99$ 的等差 t 值的数组，如图 3.29 所示。

接下来，在命令窗口中输入（输入命令并按下 <Enter> 键）$x = 5*sin(2*pi*4*t)$。在输出窗口中可以看到频率为 4、幅度为 5 的正弦波由前面命令所创建的 100 个等差的 t 值采样。

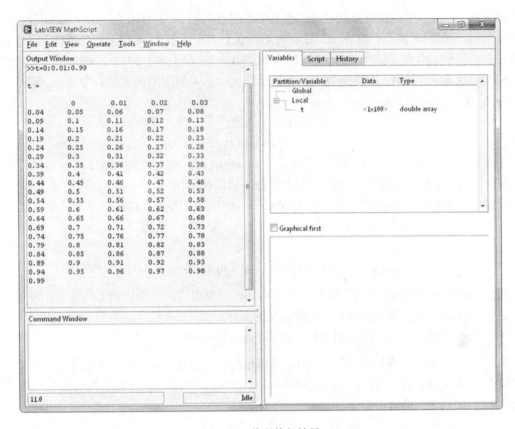

图 3.29 代码执行结果

最后,如果要查看这个正弦波,可以在命令窗口输入 $plot(t,x)$。一个以 t 为横轴、x 为纵轴的绘图窗口将显示给定正弦波的 4 个周期,如图 3.30 所示。

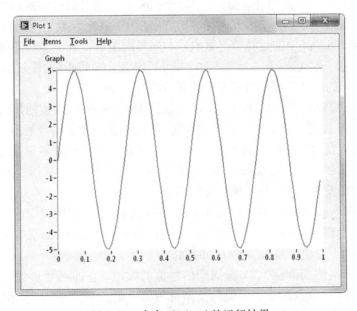

图 3.30 命令 $plot(t,x)$ 的运行结果

接下来，考虑一个稍微复杂的任务：在三个时间点 $t=1,2,3$ 时求表达式 $x=t\sin(t)$ 的值。在 Waveform Simulator 的程序框图中，我们将正弦函数与一个标量 A 相乘；在这里，要将正弦函数与一个变量 t 相乘。三个期望所得的 x 值是 $1\times\sin(1)=0.841$，$2\times\sin(2)=1.819$，$3\times\sin(3)=0.423$。其中，正弦函数的自变量是弧度。从我们刚刚完成的程序可知，对于执行这个任务，看似正确的代码是

$$t = 1:1:3$$
$$x = t * sin(t)$$

在命令窗口中输入 $t=1:1:3$，然后输入 $x=t*sin(t)$。但是在输出窗口中，令人吃惊的是，你会收到一个与所需操作中矩阵类型不相符的错误提示。

要理解这个问题，我们必须深入探究 MathScript 语言的语法。在执行所输入指令的过程中，MathScript 产生了如下两个行向量：

$$t = [1\ 2\ 3]$$
$$sin(t) = [sin(1)\ sin(2)\ sin(3)] = [0.841\ 0.909\ 0.141]$$

然后，依照 MathScript 的语法规则，命令 $t*sin(t)$ 要求这两个行向量必须作为矩阵整体相乘。也就是该命令会被解释为如下的矩阵相乘的操作：

$$[1\ 2\ 3]\times[0.841\ 0.909\ 0.141]$$

两个 1×3 的矩阵相乘是不合法的操作，所以输出窗口会显示错误提示。要表达一个合法的矩阵操作（不是上述任务），请输入 $x=t*transpose(sin(t))$，然后，程序将会执行以下 1×3 行向量与 3×1 列向量相乘的合法操作：

$$x=\begin{bmatrix}1 & 2 & 3\end{bmatrix}\times\begin{bmatrix}0.841\\0.909\\0.141\end{bmatrix}=(1)(0.841)+(2)(0.909)+(3)(0.141)=3.08$$

我们不想执行上述的矩阵操作，而是让 MathScript 将三元素的行向量 t 和 $sin(t)$ 相乘得到一个三个元素的行向量，它的第 i 个元素是原始行向量中第 i 个元素相乘的结果。此操作称为元素相乘，它在 MathScript 中的运算符号是点号和星号的组合。在命令窗口输入 $t=1:1:3$ 和 $x=t.*sin(t)$，记住星号前的点号非常重要。这个指令可以完成前面阐述的任务，即求 $x=t\ sin(t)$ 的值。类似地，元素间的除法和幂运算可分别用运算符 "./" 和 ".^" 实现。

MathScript 交互窗口还可以帮助用户方便地认清 MathScript 中函数的用法。这些函数（超过 800 种）分类为 40 多种（例如基本的数学函数，统计函数，数字信号处理）。如果要查看所有类别的列表，可以在命令窗口中输入 *help classes*。如果要查看 dsp（数字信号处理）类别中的所有函数，可以在命令窗口中输入 *help dsp*，在那里可以看到许多 dsp 类别的函数，包括很多执行复杂的滤波、波形发生、频谱分析操作等的函数。

为了获得 MathScript 中函数的一些使用方法，让我们尝试着使用周期信号发生器（Periodic Signal Generator），简称 gensignal。在命令窗口中输入 help gensignal，出现的窗口信息说明 gensignal 命令生成了两个数组 x 和 t，其中 t 是时间，开始于 $t=0$，截止于 $t=duration$（持续时间），时间步长 $\Delta t=interval$（时间间隔）。x 是周期信号值的数组，它的函数形式和周期分别由 *type*（类型）和 *period*（周期）参数确定，可能的类型有 'sin'（正弦）、'square'（方波）、'pulse'（脉冲）。此命令的语法为

$$[x, t] = gensignal(type, period, duration, interval)$$

如果只需要相关周期性信号值的 x 数组，那么命令变成

$$x = gensignal(type, period, duration, interval)$$

现在，让我们用 $gensignal$ 命令来生成前段时间创建的函数，即频率和幅度分别为 4 和 5 的 4 个周期的正弦函数。正弦波的频率为 4，所以周期为 $1/4 = 0.25$。对于时间变量，我们希望持续时间和时间间隔分别为 0.99 和 0.01。所以在命令窗口中输入 $[x,t] = gensignal('sin', 0.25, 0.99, 0.01)$，然后就会发现 x 和 t 数组都会在输出窗口中出现。在弹出的绘图窗口中，信号的幅度值是 1 而不是我们所希望的 5。为了纠正这个问题，在命令窗口中输入 $x = 5*x$，然后输入 $plot(t,x)$。

让我们再举几个关于 $gensignal$ 命令的例子。为了生成一个方波，可以将命令简单地修改为 $[x,t] = gensignal('square', 0.25, 0.99, 0.01)$，然后打印结果。接下来，使用命令 $[x,t] = gensignal('pulse', 0.25, 0.99, 0.01)$ 绘制一个周期脉冲。最后，使用命令 $x = 5*gensignal('square', 0.25, 0.99, 0.01)$ 产生一个幅度为 5 的方波值数组 x。

另外一个很有用的 MathScript 函数是 $linramp(a,b,N)$，它可以在上界 a 和下界 b 之间产生 N 个等间隔的采样值。比如命令 $t = linramp(0, 0.99, 100)$ 与命令 $t = 0:0.01:0.99$ 产生相同的数组。再比如含有 100 个元素、元素值均为 5 的数组可以利用 $t = linramp(5, 5, 100)$ 来产生。这样的数组可以用来描述电池放电时 100 个等间隔时间点的直流电压输出值。在下面将要编写的程序中，我们把这样一个等值的数组称为直流电平波形。

3.8 为 Waveform Simulator 添加形状选项

现在我们要将 Waveform Simulator 变为一个可以输出各种数字波形的通用数据仿真 VI。特别是我们可以对此 VI 编程，从而创建五种波形：正弦波，余弦波，直流电平，方波，用户自定义波形。为了确保用户能够选择他们需要的波形，让我们在 Waveform Simulator 的前面板上添加第五个控件，名为 **Shape**（波形）。

3.9 枚举类型控件

对于 **Shape** 控件，我们会用到一个枚举类型控件（Enumerated Type Control，简称 Enum）。在 **Controls** ≫ **Modern** ≫ **Ring & Enum**（控件 ≫ 新式 ≫ 下拉列表与枚举）子选项中选择 **Enum**，然后放置在前面板上并命名为 Shape。可以使用 来执行必要的调整大小和位置的操作，如图 3.31 所示。

在 **Controls** ≫ **Modern** ≫ **Ring & Enum** 中，可以找到"ring"风格的几种控件，当程序员要向用户展现选项时，它们中的每一个都会很有用处。**Enum** 是 ring 控件中一种特殊的类型，它将文本信息序列与一系列相关的整数联系起来。在默认情况下，这些整数的数据类型是 16 位无符号整数（**U16**）。当用户在前面板上选择一个特殊的文本信息时，与它相关联的整数就会传送到程序框图中的接线端。在目前的环境下，枚举类型控件为从众多的可选项中选出所需要的波形提供了方便。

使用可用编辑项对枚举类型进行如下的编程设置。右击 **Enum** 控件，然后从弹出的快捷菜单中选择 **Edit Items...**（编辑项），在出现的对话框窗口中输入 Sine（正弦）、Cosine（余弦）、

DC Level(直流电平)、Square(方波)及User-Defined(用户自定义),然后单击OK按钮。如果在输入User-Defined后按下<Enter>键,则会无意中创建第六个项目,单击**Delete**按钮即可删除,如图3.32所示。

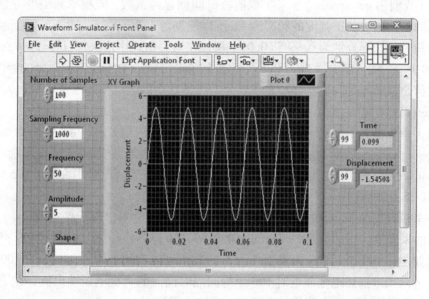

图3.31 在前面板上放置**Enum**

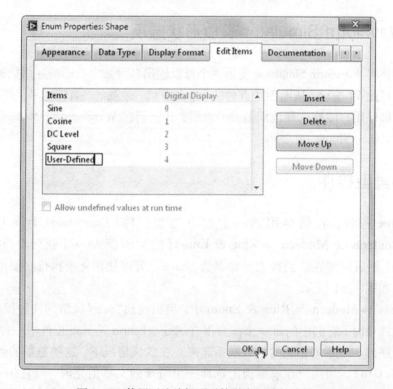

图3.32 使用可选编辑项对枚举类型进行编辑

在前面板上,使用 🖑 来查看枚举类型下5个编程选项(Sine, Cosine, DC Level, Square, User-Defined)的文本信息。可以利用 ▶ 来调整枚举属性窗口大小。要使与这些文本信息相关联的整数可见,右击 **Enum** 并在弹出的快捷菜单中选择 **Visible Items** ≫ **Digital Display**(显示项 ≫ 数字显示)。在查看过 **Enum** 的数字显示之后,再次把它隐藏起来(选择 **Visible Items** ≫ **Digital Display**),然后保存相关的工作,前面板如图 3.33 所示。

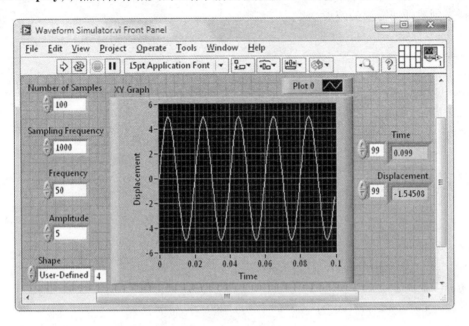

图 3.33 前面板显示

3.10 完成程序框图

切换到程序框图面板,在那里会看到 **Shape** 的图标接线端,它是蓝色的,说明这个控件是 16 位(**U16**)的整型数据类型。在 MathScript 节点左边框上单击鼠标右键,在弹出的快捷菜单中选择 **Add Input** 并将它命名为 s,然后按照图 3.34 完成框图。

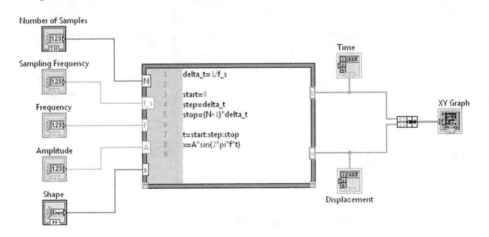

图 3.34 完成程序框图的连接

最后,在 MathScript 节点中编程来创建所需要的波形。为了了解这 5 个波形选项,我们需要知道 MathScript 中 *if-else* 语句的语法。这个语句是测试逻辑上的相等关系(例如,通过

命令 $s==0$ 来判断 s 与 0 的相等关系；注意两个等号是逻辑上相等关系的判断，它的输出是布尔值 TRUE 或 FALSE)，如果结果是 TRUE，那么条件语句后的命令将会执行。我们所需要的代码如下所示，对于自定义的选项，已经选定两个特殊的正弦曲线作为默认值。用户可以修改这个选择来创建任何需要的波形。

$$delta\_t = 1/f\_s$$
$$start = 0$$
$$step = delta\_t$$
$$stop = (N-1)*delta\_t$$
$$t = start:step:stop$$
$$if\ s == 0$$
$$\quad x = A*\sin(2*pi*f*t)$$
$$else\ if\ s == 1$$
$$\quad x = A*\cos(2*pi*f*t)$$
$$else\ if\ s == 2$$
$$\quad x = linramp(A,A,N)$$
$$else\ if\ s == 3$$
$$\quad x = A*gensignal('square',1/f,stop,step)$$
$$else\ if\ s == 4$$
$$\quad x = 4.0*\sin(2*pi*100*t)+6.0*\cos(2*pi*200*t)$$
$$end$$

在 MathScript 节点中输入以上代码，然后在节点外单击鼠标来确定所输入的代码。注意 t 和 x 输出都被设定为对程序框图中用线连接的对象提供一维双精度数值数组。

在作者的 LabVIEW 版本中，MathScript 节点的 x 输出显示为错误连接。在输出上单击鼠标右键，我们看到出错的原因是 LabVIEW 对变量 x 自动分配的数据类型是二维双精度数值数组（**DBL 2D**），而不是我们所期望的一维双精度数值数组（**DBL 1D**），如图 3.35 所示。

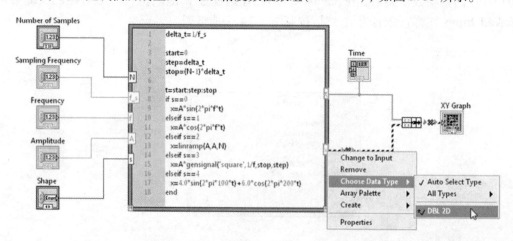

图 3.35　x 输出的数据类型为 **DBL 2D**

此时，因为我们知道 x 正确的数据类型应该是一维双精度浮点型数组，所以为了更正 LabVIEW 自动分配的数据类型，相应的步骤为右击 x 输出，从弹出的快捷菜单中选择 **Choose Data Type ≫ All Types ≫1D-Array ≫ DBL 1D**，然后会出现一个红色的强制转换点，说明选择的与 LabVIEW 自动分配的数据类型不同。这个强制转换点有警示的作用，它提醒读者 LabVIEW 的选择可能比你的选择更加准确。

为了分析 LabVIEW 出现强制转换点的原因，我们需要按下 <Ctrl + H> 快捷键来激活即时帮助窗口，然后将光标放在 MathScript 节点中 *if-else* 声明附近的 x 变量上。例如，当置于 $x = A*sin(2*pi*f*t)$ 的 x 变量上时，显示 x 的数据类型是一维数组并且是双精度的，即指定为双精度浮点型的行向量，如图 3.36 所示。

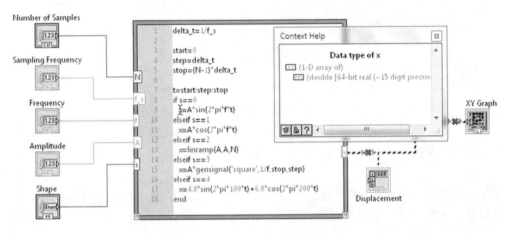

图 3.36　帮助窗口显示 x 的数据类型

其他代码行的 x 变量也都是相同的数据类型，除了 $x = A*gensignal('square', 1/f, stop, step)$。如图 3.37 所示，在这一行中 *gensignal* 命令创建的 x 变量是双精度浮点型的列向量而不是行向量。由于这个 x 变量的数据类型与 *if-else* 声明中其他 x 的类型不同，因此 LabVIEW 将 x 指定为二维数组。

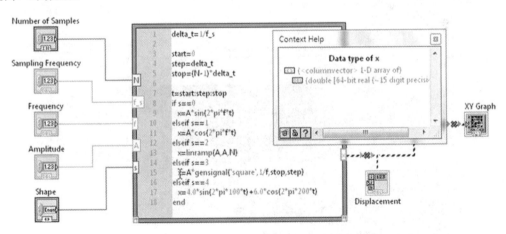

图 3.37　另一公式中 x 的数据类型

既然已经找到出现问题的原因，我们可以将 *gensignal* 命令生成的 x 列向量转置，从而保证它与其他 x 向量均为行向量。处理的方法是将 $x = A*gensignal('square', 1/f, stop, step)$ 替换为 $x = transpose(A*gensignal('square', 1/f, stop, step))$，然后单击 MathScript 节点外的其他地方来确定这个改变。就如预料的那样，我们发现 LabVIEW 将 x 自动分配为 **DBL 1D**，并且完整的连线已经替换了原来的断线，如图 3.38 所示。

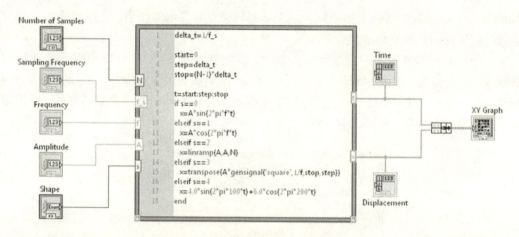

图 3.38 修改代码后断线被替换

3.11 运行 VI

保存工作并回到前面板；将采样数和采样频率分别设置为 100 和 1000，将频率、幅度和波形分别设置为 100、5 和 Sine；然后运行程序。假定 Time（时间）轴是以秒为单位进行校准的，那么这样选择参数时相邻的采样时间间隔是 0.001 s，我们的仿真实验在 $t = 0.000$ 到 $t = 0.099$ s 这段时间跨度里能够获得 100 个采样数据。因此，对于周期为 0.01 s 的 100 Hz 的正弦波，我们希望在 XY 图中可以看到 10 个周期。每个周期都用 10 个连续的采样点来描绘，这可以通过右击 **Plot Legend**（曲线图例）并选择 **Point Style ≫ Solid Dot**（点样式 ≫ 圆点）来实现，如图 3.39 所示。

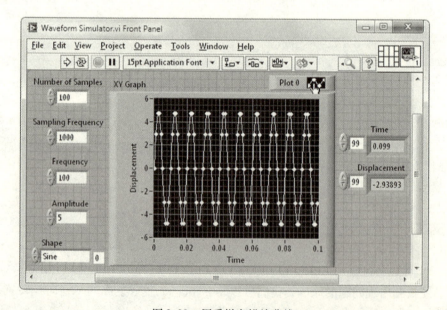

图 3.39 用采样点描绘曲线

接下来，在不改变频率、幅度和波形的情况下，将采样数和采样频率分别设为 100 和 10 000，然后运行程序。在这样的参数选择下，相邻采样的时间间隔为 0.0001 s，所以在 $t = 0.0000$

到 $t=0.0099$ s 这个时间跨度内可以获得 100 个采样数据。所以对于周期为 0.01 s 的 100 Hz 的正弦信号，我们仅期望在 XY 图中看到一个周期。因为它由 100 个连续的采样构成的，所以此周期信号被描绘得很清晰，如图 3.40 所示。

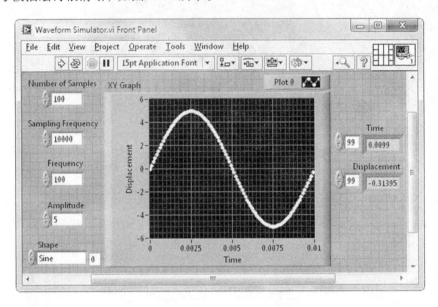

图 3.40　100 个连续采样描绘一个周期的曲线

最后，将 **Shape** 设为其他可用选项后运行程序，然后观察结果。

3.12　控件和指示簇

让我们借此机会来学习更多的 LabVIEW 编程技巧。我们将看到一种"簇"（clustering）技术，无论是对于用户操作前面板还是程序员（包括你自己）编写程序框图，均提升了 VI 的用户友好度。

首先注意到 VI 前面板上的数值输入控件可以归在两个类别下：数字化参数（采样数，采样频率）和波形参数（频率，幅度，波形）。同样，时间和位移数组显示控件都被归类为波形输出。将前面板和程序框图中的输入控件和显示控件照此分类，可以使程序中的组织结构非常清晰。我们可以通过如下步骤建立与三种类别相关联的簇来达到这个效果。选择 **Controls** ≫ **Modern** ≫ **Array**，**Matrix & Cluster**（控件 ≫ 新式 ≫ 数组、矩阵与簇），找到 **Cluster** 并把它放置在前面板上数值输入控件旁边的空白区域中。将此簇标记为 Digitizing Parameters（数字化参数）。类似地，在数值输入控件旁放置另外一个簇，并标记为 Waveform Parameters（波形参数）。最后，在数组显示控件旁边放置第三个簇，命名为 Waveform output（波形输出），如图 3.41 所示。

现在，使用 将 Number of Samples（采样数）和 Sampling Frequency（采样频率）控件（按照此顺序）拖入 Digitizing Parameters 控件簇框架的内部。如果需要，使用 拖曳框架的边缘可以调整簇边框的尺寸，或者更简单的方法是右击其边缘，在弹出的快捷菜单中选择 **AutoSizing** ≫ **Size to Fit**（自动调整大小 ≫ 调整为匹配大小）（如果在簇框架的内部单击鼠标右键，那么控件面板将会出现，而不是我们所期望的弹出菜单）。

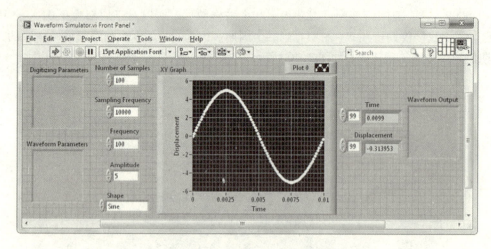

图 3.41　在前面板上放置三个簇

同样，将 Frequency（频率）控件、Amplitude（幅度）控件、Shape（波形）控件依次拖入 Waveform Parameters 簇的内部。接下来，把 Time（时间）和 Displacement（位移显示）控件（按照此顺序）放进 Waveform Output 簇中。

最后，使用 将前面板的各种控件布局成读者期望的样式，如图 3.42 所示。

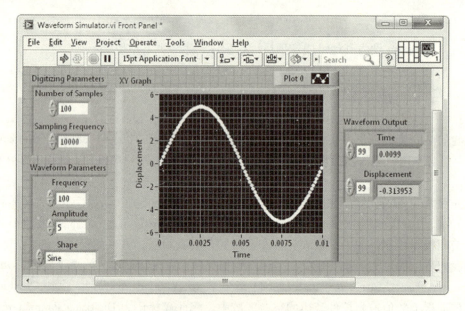

图 3.42　将输入控件拖入簇中

输入控件或显示控件，即我们通常所说的元素，进入簇里是有一定顺序的。这个顺序不是由元素在簇里的位置决定，而是由编程时把元素放进簇中的顺序决定的。进入簇中的第一个元素的索引为 0，第二个元素的索引为 1，依次类推。因此，假如你按照以上指示操作，那么在 Digitizing Parameters 控件簇中的 Number of Samples 和 Sampling Frequency 控件的索引分别为 0 和 1。为了确认这个顺序，使用鼠标右键单击 Digitizing Parameters 控件簇的边界，并从弹出的快捷菜单中选择 **Reorder Controls In Cluster...**（重新排序簇中控件），如图 3.43 所示。

前面板的外观将会发生如图 3.44 所示的变化。

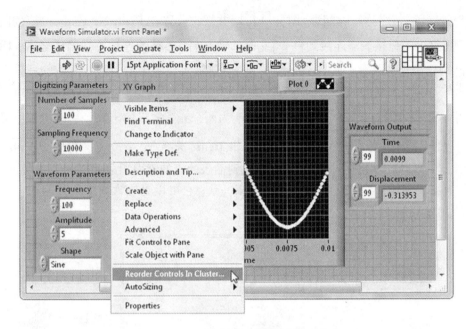

图 3.43 右击簇边框，选择重新排序控件

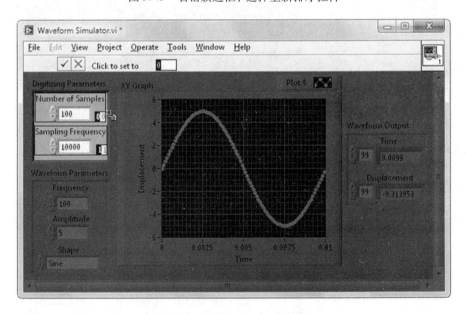

图 3.44 选择重新排序后界面的变化

在每个簇的右下角，当前的簇索引显示在白框中。此时鼠标指针已经变形为簇顺序光标，单击簇中与白框相关联的黑框，可以改变簇元素的索引。一旦做出新的索引分配，可以通过单击确认键 ✓ 来保存修改，或者使用取消键 ✗ 恢复到原始设置。请读者熟悉使用这个工具，然后在将 Number of Samples 和 Sampling Frequency 控件的索引分别设为 0 和 1 后，单击 **Confirm**（确认）按钮。

切换到程序框图并选择 **Edit ≫ Remove Broken Wires**（编辑 ≫ 删除断线）菜单。从 **Functions ≫ Programming ≫ Cluster, Class, & Variant**（函数 ≫ 编程 ≫ 簇, 类与变体）中选择 **Un-**

bundle By Name(按名称解除捆绑)图标 ![→▭],并把它放置在 Digitizing Parameters 的图标接线端旁边。将这个图标接线端连接到 ![→▭] 左侧的输入端,当簇的连接关系确认之后,**Unbundle By Name** 图标会发生改变,使得它的输出(在它右侧)包括簇中索引为 0 元素的名称并对其提供访问路径,即 ![→ Number of Samples]。使用 ![▲] 调整(在边框底部中央)**Unbundle By Name** 的大小,使它有两个输出,即 ![→ Number of Samples / Sampling Frequency],从而能为两个元素提供输出路径。输出端中显示的某一元素可以使用 ![✋] 或者右击该元素选择 **Select Item**(选择项)来改变。我们为 **Unbundle By Name** 图标选择的输出端顺序并不要求与连接到输入的簇的索引顺序保持一致。例如,顶部的输出端没有必要与输入簇中索引为 0 的元素相一致;它可以是输入簇中的任何一个元素。按照图 3.45 所示完成连线。

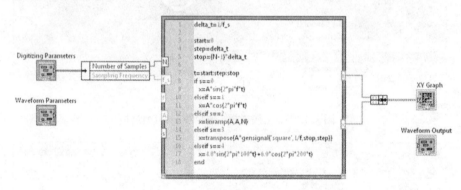

图 3.45 完成连线

类似地,使用 **Unbundle By Name** 图标将 Waveform Parameters 簇中的元素连接到 MathScript 节点的输入 f、A 和 s。最后,由于 XY 图需要一个包含了 t 和 x 数组的簇,所以将已经存在的 **Bundle**(捆绑)图标的输出连接到 Waveform Output 簇的图标接线端,如图 3.46 所示。

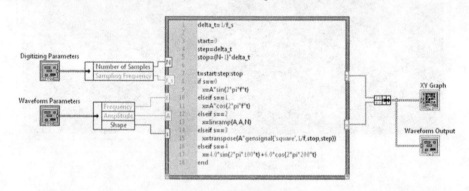

图 3.46 完成连线

可以看到,簇增加了程序框图的可读性,尤其是 **Unbundle By Name** 图标中的标签使得框图非常易于理解。

回到前面板,运行 VI,检查结果是否如我们所愿,然后保存工作。

最后,保存自定义的前面板组件,以便于能够在未来的程序中重复使用。为了保存 Digitizing Parameters 控件簇,右击簇的边框,在弹出的快捷菜单中选择 **Advanced ≫ Customize...**(高级 ≫ 自定义)即可,如图 3.47 所示。

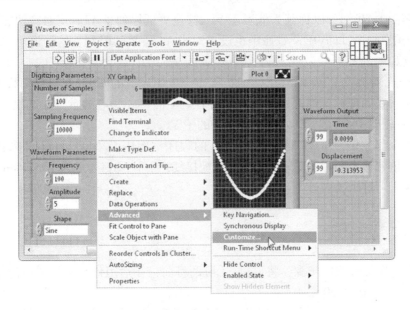

图 3.47　在弹出的快捷菜单中选择 **Customize...**

一个与 VI 前面板非常类似的控件编辑窗口会随着自定义 Digitizing Parameters 控件簇时出现（见图 3.48）。

确定在工具条的 **Control Type** 下拉菜单中的 **Control** 选项（而不是 **Type Def.** 和 **Strict Type Def.**）已被选定（见图 3.49）。

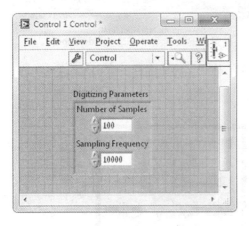

图 3.48　控件编辑窗口

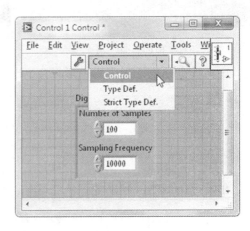

图 3.49　确定 **Control Type** 菜单中 **Control** 是否选定

然后，使用 **File ≫ Save** 在 YourName 文件夹中新建一个名为 Controls 的文件夹，接着在 YourName\Controls 路径下以 Digitizing Parameters 为名字保存控件簇。后缀名 .ctl 会自动附加在控件名字之后。采用相同的方法在 YourName\Controls 路径下分别以 Waveform Parameters 和 Waveform Output 保存 Waveform Parameters 输入控件簇及 Waveform Output 显示控件簇。

3.13　用图标编辑器创建一个图标

一个优秀的 LabVIEW 程序是有层级关系的。它在顶层 VI 的前面板上接受输入并显示输出，而它的程序框图是由低层级的子 VI 建立起来的。这些子 VI 与基于文本的语言（比如 C 语言)的子程序相似,我们可以称其为低层子 VI,甚至更低层的子 VI。正如 C 语言中没有对于子程序层数的限制,在 LabVIEW 程序中也没有对子 VI 层数的限制。这种模块化的编程使得程序更易阅读和调试。

程序中的子 VI 既可以从 LabVIEW 的扩展库中取用现成的图标(在函数面板中寻找),也可以自己定义。我们现在希望把注意力放到后者。下面将要学习的重点在这里:我们编写的任何 VI 在程序框图中都可以用做一个高层 VI 的子 VI。

当要把一个程序作为子 VI 时,在高层 VI 的程序框图中必须有一个图标来代表该程序。有两个步骤来创建这个图标:设计外观以及分配接线端。让我们通过为 Waveform Simulator 程序创建图标来学习这个技能。

3.14 设计图标

以下为设计图标外观的步骤。将鼠标(无所谓目前正在运用什么工具)放置在前面板右上角的图标窗格上(见图 3.50)。

右击图标窗格,在弹出的快捷菜单中选择 **Edit Icon...**(编辑图标)(见图 3.51)。

图 3.50　将光标置于前面板右上角窗格　　图 3.51　在弹出的快捷菜单中选择 **Edit Icon...**

如图 3.52 所示的图标编辑窗口将会出现,注意选中 **Icon Text**(图标文本)选项卡。

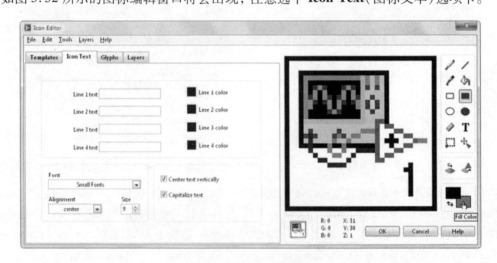

图 3.52　图标编辑窗口

在这个窗口中将会看到图标的默认外观及重新设计外观的工具面板。面板中许多有用的工具都与计算机中的画图程序相似,它们有如图 3.53 所示的功能。

第 3 章 MathScript 节点和 XY 图

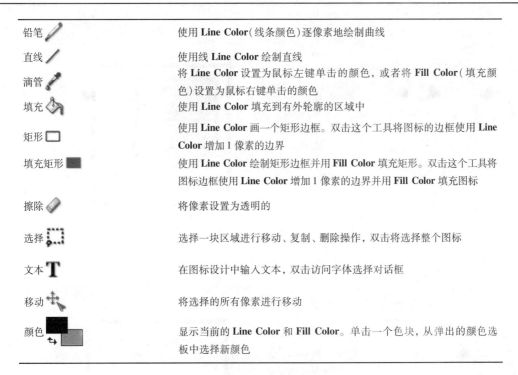

图 3.53 工具面板说明

也许读者希望知晓这些工具的用法并创建一个精致的图标（32×32 的像素点构成）。如下的步骤将会指引你创建一个仅有基本特征的图标。

首先，单击 **Color**（颜色）工具，将线框颜色和填充颜色分别设为黑色和白色，如图 3.54 所示。

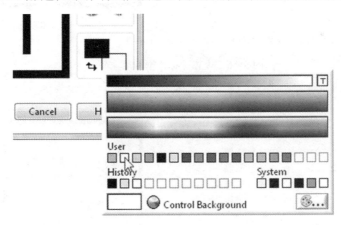

图 3.54 选择 **Color** 工具设置颜色

然后，将鼠标置于 **Filled Rectangle**（填充矩形）工具上并双击（见图 3.55）。

这一步会将图标的边框设为 **Line Color**，并用 **Fill Color** 填充。现在我们有一个黑框白底的区域来设计图标（见图 3.56）。

现在将要在图标内部的中心垂直地输入文本 Wave Sim（见图 3.57）。在 **Line 1 text**（第一行文本）框内输入 Wave，在 **Line 2 text**（（第二行文本）框中输入 Sim。将 **Center text vertically**（中心垂直文本）选择框选中，但不要选择 **Capitalize text**（首字母大写）。将字体大小设为 11 磅。

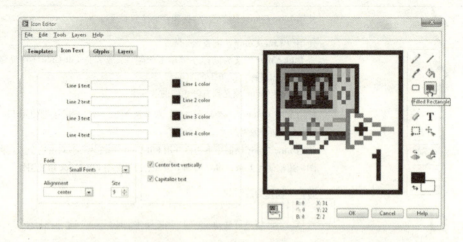

图 3.55　双击 **Filled Rectangle** 工具

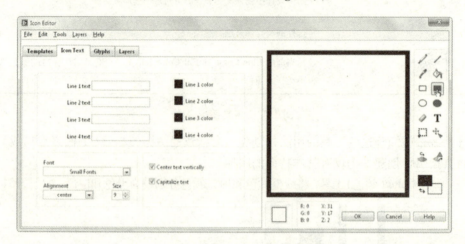

图 3.56　设置图标边框和填充颜色

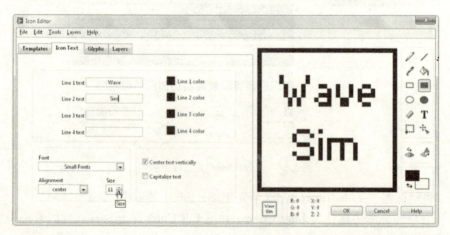

图 3.57　输入文本 Wave Sim

单击 **OK** 按钮来保存图标设计，图标编辑窗口将会关闭，并回到 Waveform Simulator 的前面板。此时新设计的图标将会出现在图标面板中（见图 3.58）。

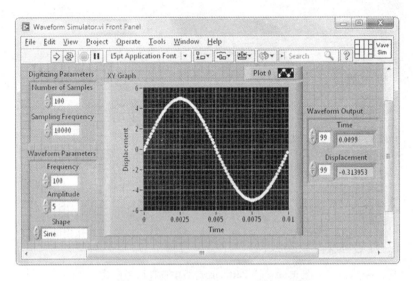

图 3.58　图标面板中出现新设计的图标

3.15　接线端分配

第二步是进行接线端分配,以下是分配图标接线端的方法。在 LabVIEW 的最新版本中,连线板包含了一系列矩形的方框,在图标面板的左侧是永远可见的;在 LabVIEW 的早期版本中,连线板要通过右击图标面板,从弹出的快捷菜单中选择 **Show Connector**(显示连线板)才可见。在默认情况下,LabVIEW 采用 $4\times2\times2\times4$ 的接线端布局,显示在如图 3.59 所示的连线板中。我们现在希望将程序中的输入和输出与对应的接线端连接起来。

将来将 Waveform Simulator 作为子 VI 的时候,有两个量会输入其中——Digitizing Parameters 和 Waveform Parameters 控件簇;有一个量会从中输出——Waveform Output 显示控件簇。按照习惯,输入在左侧,输出在右侧,我们会在 $4\times2\times2\times4$ 的布局中选择两个最左侧的接线端作为 Digitizing Parameters 和

图 3.59　图标连线板

Waveform Parameters 输入端,选择一个最右侧的接线端作为 Waveform Output 输出端。

或许读者想要改变 LabVIEW 默认的 $4\times2\times2\times4$ 接线端布局,而选择一个更合适目前 VI 的模式,也就是仅仅有两个输入和一个输出的连线板。如果要更改为这种模式,可以右击连线板,然后从 **Patterns**(模式)选板中选择需要的模式即可,如图 3.60 所示。

如果需要的输入-输出模式不在选板中,可以首先选择一个相关的模式然后在菜单中选择相应的操作[例如 **Flip Horizontal**(水平翻转)]来创建它。或者,可以通过在弹出的快捷菜单中选择 **Add Terminal**(添加接线端)或 **Remove Terminal**(删除接线端)来创建自己的输入-输出模式(也许需要花些时间来熟悉这两个操作)。

在本书中,总是使用 LabVIEW 默认的 $4\times2\times2\times4$ 接线端布局。许多 LabVIEW 专家提倡这种方法,因为它提高了子 VI 图标的一致性;而且,对于我们目前的例子,如果 VI 随后进行了扩展,那么留出一些不用的接线端将是非常方便的。但是,如果读者认为模式选板中的样式更合适,则可以忽视上面的说明。

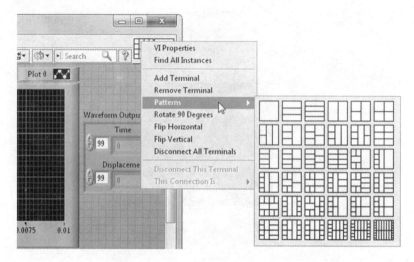

图 3.60 从 **Patterns** 选板中选择所需模式

现在，按照以下步骤将 Digitizing Parameters 控件簇与图标左侧其中的一个接线端连接起来。用鼠标单击左侧的一个接线端（无所谓目前正在使用什么工具），如图 3.61 所示。

光标会变为连线工具，接线端会变黑，如图 3.62 所示。

图 3.61　用鼠标单击左侧接线端

图 3.62　光标变为连线工具，接线端变黑

单击 Digitizing Parameters 控件簇。闪烁的虚线会选取控件的外边框，选中的接线端会上色，相应的颜色将说明控件被分配的数据类型，如图 3.63 所示。

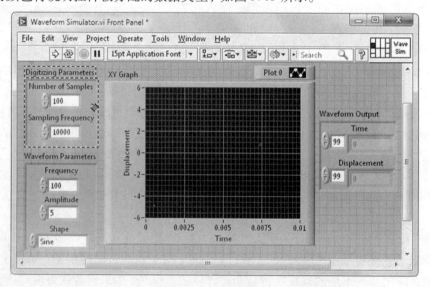

图 3.63　上色的接线端与被选取的控件边框

采用类似的方法，将左侧的另外一个接线端分配给 Waveform Parameters 输入控件簇，右侧接线端分配给 Waveform Output 显示控件簇。连线板将如图 3.64 所示。

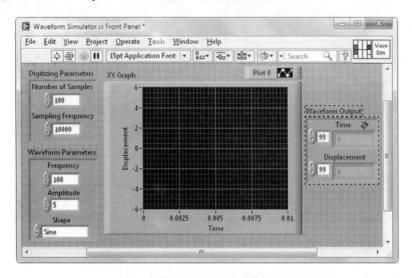

图 3.64　分配完成后的连线板

在前面板的空白区域单击鼠标从而结束分配工作，然后保存相关的工作。如果使用早期版本的 LabVIEW，则可以右击连线板选择 **Show Icon**（显示图标）来回到图标面板，如图 3.65 所示。

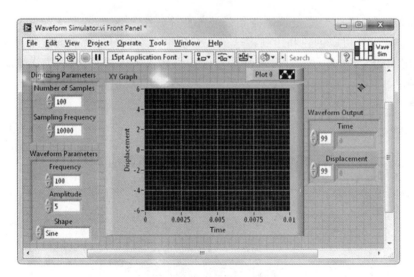

图 3.65　结束接线端的分配

为了说明图标创建过程是成功的，可以将鼠标置于图标面板上并通过按下 <Ctrl + H> 快捷键来激活即时帮助窗口，如图 3.66 所示。

祝贺你——现在完成了第一个自定义的 VI，如果需要，这个 VI 也可以作为其他程序的子 VI。使用 **File》Save** 菜单，将这个 Waveform Simulator VI 的最终版本保存到 YourName\Chapter 3 路径下。在后面的章节中（例如 4.13 节），将会讲到在程序框图中如何将自己定义的 VI 作为高层程序的子 VI。

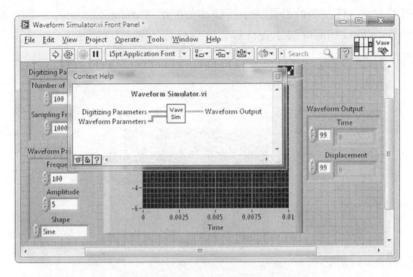

图 3.66　激活即时帮助窗口

自己动手

幅度调制（AM）波的位移 x 遵循以下关系：

$$x = A\left[1 + \sin(2\pi f_{\mathrm{mod}} t)\right] \sin(2\pi f_{\mathrm{sig}} t) \qquad [4]$$

其中，A 是幅度，f_{mod} 和 f_{sig} 分别是调制波和载波的频率。编写一个名为 AM Wave 的基于 MathScript 的程序，要求它可以创建和绘制将这个 AM 波的 N 个位移值作为元素的数组。记得在适当的时候使用 MathScript 中的数组元素操作。前面板和 AM Wave 的接线端分配应当如图 3.67 和图 3.68 所示。

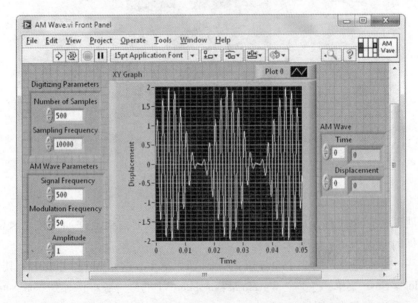

图 3.67　AM Wave 的前面板

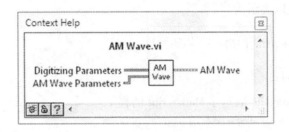

图 3.68 AM Wave 的帮助窗口

设置 $A=1$，为 f_{mod} 和 f_{sig} 选取合适的值。对于一个典型的 AM 波，$f_{sig} \gg f_{mod}$，所以你可以选取 $f_{sig} = 10 f_{mod}$。

习题

1. 一个单位振幅、频率为 1 Hz 的方波 $y(t)$ 可以用下面的正弦函数的和来逼近：

$$y(t) \approx \frac{4}{\pi}\left\{\sin[2\pi t] + \frac{1}{3}\sin[6\pi t] + \frac{1}{5}\sin[10\pi t] + \frac{1}{7}\sin[14\pi t]\right\} \quad [5]$$

编写一个名为 Square Wave 的 VI，当 $0 \leqslant t \leqslant 3$ s 时使用 MathScript 节点计算表达式的值 y，然后在 XY 图上绘制以 t 为自变量的波形图。

2. 在极坐标系 (r, θ) 中，一种特殊螺旋线由关系式 $r = \theta$ 定义，其中 $0 \leqslant \theta \leqslant 6\pi$。编写一个名为 Spiral 的 VI，使之能够在直角坐标系下描述该螺旋线，然后在 XY 图中绘出。在做这道习题时，你会发现 MathScript 节点中的 *polar_to_cart* 函数是非常有用的。

3. 打开一个 MathScript 交互窗口，然后在命令窗口中输入 *help roots*。在学习 MathScript 命令 *roots* 的句法后，使用 MathScript 交互窗口找到二次多项式 $x^2 + x - 1 = 0$ 的两个根。为确定 *roots* 的用法是正确的，可以将结果与使用二次方程求根公式解出的结果进行比较。

4. 编写一个名为 Noisy Sine 的基于 MathScript 的 VI，产生含有随机高斯噪声的 100 Hz 正弦波的三个周期，然后绘制在 XY 图上。计算在 $t = 0$ 到 $t = 0.03$ s 时间段内对正弦波等间隔采样的 N 个值。然后使这些正弦波采样与高斯随机数相加来创建噪声波形。高斯随机数集是以 0 为均值、σ 为标准差的分布，它以高斯（"钟形"）曲线给出。这个分布在很多实验环境下都能准确模拟噪声。在你编写 VI 时使用的 MathScript 命令是 *randnormal*(1, N)，它产生了 N 个标准差 $\sigma = 1$ 的高斯随机数构成的一个行向量。

5. 对于积分式 $\int_0^1 5x^4 dx$，可以很容易分析得出其值为 1。打开 MathScript 交互窗口，然后在命令窗口中输入 *help quadn_trap*。在学习了 MathScript 命令 *quadn_trap* 的句法后，在 MathScript 节点中使用 *quadn_trap* 函数编写一个名为 Numerical Integral（数量积分）的 VI，计算积分并用数字表示，然后在前面板显示控件中显示精度为 5 位的结果。为了使数字结果的前 5 位均正确（也就是前 5 位数均为 0），那么在积分区间 $x = 0$ 到 $x = 1$ 内要给 *quadn_trap* 函数提供多少个 x 值？

6. 通常情况下，抛射物体的着落点与它的抛射点不在同一水平面上。如图 3.69 所示，考虑一个物体在水平面上方 H 处，仰角为 θ，以 v(m/s) 的初速度抛射出去，假定在飞行过程中的水平位移为 R。

在这种情况下，R 可以表示为

$$R = \frac{v^2}{2g}\left[\sin(2\theta) + \sqrt{\sin^2(2\theta) + \frac{8gH}{v^2}\cos^2\theta}\right] \quad [6]$$

其中 θ 的度数为 0°到 90°。

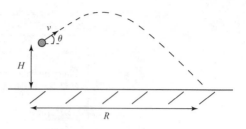

图 3.69 抛射物体的运动曲线

(a) 编写一个名为 Projectile 的基于 MathScript 的程序，给定 v 和 H，计算从 $\theta = 0°$到 $\theta = 90°$的变化过程中每 1°的水平位移 R 值，共有 91 个。然后在 XY 图上显示 R 以 θ 为自变量的图形。Projectile 的前面板如图 3.70 所示。

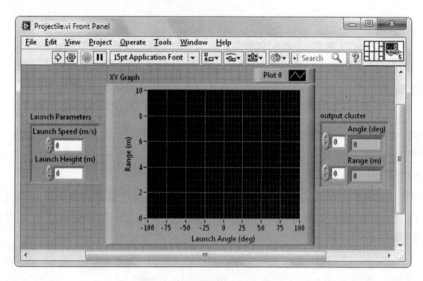

图 3.70 Projectile 的前面板

(b) 在田径运动会上，一位运动员以 13.5 m/s 的初速度投掷铅球。运行 Projectile 程序，以该速度作为初速度，并假定抛射点和着落点在同一水平面上。使用结果 XY 图和输出簇来证明这个广为人知的事实——投射仰角为 45°时水平位移达到最大值。

(c) 事实上，投掷运动员的投掷高度与他头部高度接近。当 $v = 13.5$ m/s 及 $H = 2.1$ m 时，运行 Projectile 程序求水平位移最大时的投掷仰角。

(d) 最后，如果投掷运动员在 $H = 100$ m 高的悬崖上以 $v = 13.5$ m/s 的初速度投掷，运行 Projectile 程序求出水平位移最大时的投掷仰角。

7. 编写一个名为 Waveform Simulator(Express)的 VI，它使用了 LabVIEW 中易于使用的 Express VI 来产生波形。在前面板上放置一个 **Waveform Graph**（波形图），然后切换到程序框图，在 **Functions** ≫ **Express** ≫ **Input**（函数 ≫ Express ≫ 输入）中找到 **Simulate Signal**（仿真信号）图标并放置在程序框图的面板上。当把这个 Express VI 放置在框图中时，对话框窗口会立刻弹出。在这个窗口中，把 Sample per second(Hz)（采样频率）和 Number of samples（采样数）分别设置为 1000 和 100，然后单击窗口底部附近的 **OK** 按钮。返回程序框图时，按照图 3.71 完成程序。你会发现一种由 Express VI 的正弦输出产生的动态数据类型(dynamic data type)，**Waveform Graph** 会自动适应这种格式。

(a) 回到前面板，运行 Waveform Simulator(Express)，将其 Frequency 和 Amplitude 分别设为

50 和 5。注意波形图 x 轴的比例是自动校正的,这是动态数据类型连线的一项好处。

(b)在程序框图中,右击 **Simulate Signal** 图标,从弹出的快捷菜单中选择 **Properties**(属性)。Express VI 的对话框会重新打开。选择 **Signal type ≫ Sawtooth**(信号类型 ≫ 锯齿波),然后单击 **OK** 按钮。重新运行 VI 观察新的波形。

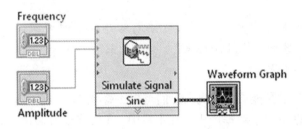

图 3.71 Waveform Simulator(Express)的程序框图

8. 在这个习题中,你会用到 MathScript 命令 $[p,s] = polyfit(x,y,n)$ 来把一个给定的数据集拟合到一个二次多项式 $y = a_0 + a_1 x + a_2 x^2$,其中 a_0、a_1 和 a_2 是常数。关于这个命令的描述可以在 MathScript 交互窗口中输入 *help polyfit* 获得。假定量值 y 是关于另一个量值 x 的函数,取值集合如下:

x	1.0	2.0	3.0	4.0	5.0	6.0
y	11.0	15.1	19.8	25.1	31.0	37.5

按照如下步骤创建一个名为 Polynomial Fit(MathScript)的 VI:在 MathScript 节点中输入 y 关于 x 的行向量。y 的行向量由命令 $y = [11.0\ 15.1\ 19.8\ 25.1\ 31.0\ 37.5]$ 创建。然后使用命令 $[p,s] = polyfit(x,y,n)$,通过二次多项式拟合这些数据。a_2、a_1、a_0 的值分别作为行向量 p 的第一个、第二个和第三个元素,其值可以使用命令 $p(1) = a_2$、$p(2) = a_1$、$p(3) = a_0$ 找出(括号中的整数是数组 p 中元素的索引;不像 LabVIEW 的数组,MathScript 数组索引从 1 开始,而不是从 0 开始)。最后在前面板上显示 a_2、a_1、a_0 的值。

第4章 使用 DAQ 助手实现数据采集

在这一章中,我们将学习如何控制已连接到计算机中的美国国家仪器(National Instruments,NI)公司出品的数据采集(DAQ)设备。这里,假设 DAQ 设备、函数发生器、电压表、示波器及需要的电缆为可用的。

具备了前三章所学的技能之后,现在我们可以去探索 LabVIEW 最强大的功能之一,即由计算机控制实现的数据采集与数据产生。在本章中,我们将学习通过计算机监视器,LabVIEW 是如何允许科学研究员监测及创建外部世界发生的事件。特别是,我们将通过编写基于 DAQ 助手的程序来进行这项探索,DAQ 助手是一个控制多功能数据采集(DAQ)设备操作的、易于使用的 Express VI。

4.1 数据采集 VI

LabVIEW 内置的数据采集功能被设计为可以实现任何对 NI 公司制造的 DAQ 设备的操作,该公司还设计了 LabVIEW。这些操作包括模数转换、数模转换、事件计时、脉冲计数和数字输入/输出操作。一旦 NI 公司的 DAQ 设备连接到计算机(例如插入 PCI 扩展槽或通过 USB 电缆连接),LabVIEW 将为你提供两种方法(低级和高级)来控制其操作。

在低级的方法中,我们将创建一个基于 DAQmx VI 的项目,可以在 **Functions ≫ Measurement I/O ≫ NI-DAQmx**(功能 ≫ 测量 I/O ≫ NI-DAQmx)中可以找到。每个 DAQmx VI 执行一个关键步骤(如设置采样速率或者在内存缓冲区存储获得的数据),其在执行一个完整的数据采集或者数据生成过程中是必需的。通过适当地配置这些软件在程序框图中构建模块框图,LabVIEW 程序员可以完全控制每次数据采集过程中的操作,这样可以编写为用户提供最大限度的灵活性和操作能力的程序。当然,这种控制的代价就是在程序框图编程中增加的复杂性。

在另一种方式中,LabVIEW 为程序员提供了一套高级功能来执行常见的测量任务,例如与设备通信,将获得的数据存储在一个文件中,并执行快速傅里叶变换分析。这些函数称为 Express VI,可以在 **Functions ≫ Express** 中找到。Express VI 可以直接使用并自动执行许多复杂的任务,但是其功能有一定限制。如果编程需求很简单,那么 Express VI 可以很好地执行工作。

作为实现控制数据采集或者数据生成过程的一种高级方法,LabVIEW 提供了一个称为 DAQ 助手(DAQ Assistant)的 Express VI。在本章中,我们通过 DAQ 助手,探索控制 DAQ 设备的基本原理来执行三个基本的 DAQ 设备操作:模数转换(获取输入的模拟电压的数字化表示)、数模转换(从数字化数值序列中产生一个输出的模拟信号),以及数字端口控制(设置和读取端口的高/低状态)。在 LabVIEWspeak 中,这三个操作分别称为模拟输入(AI)、模拟输出(AO)和数字输入/输出(DIO)。在之后的第 11 章中,我们将再次讨论这个话题,并尝试使用更高级的 DAQmx VI 来控制 DAQ 设备。

4.2 数据采集硬件

美国国家仪器公司的总部设在德州的奥斯汀，该公司提供了各种各样的基于计算机的数据采集设备。这些设备被设计用来执行包括模拟输入、模拟输出、计数器输入(事件计时、脉冲计数)、计数器输出(脉冲生成)和数字输入/输出的操作。一些可用的DAQ设备经过特定的设计(例如，仅设计用来处理数字信号)，而另一些则具有多种用途，执行以上提到的部分或者全部操作。有些高速设备可将输入的信号以超过每秒10^9采样点(S/s)的速度而数字化，大部分普通系统的最大采样频率为10^6 S/s。数字分辨率从8~24位不等，每台设备大约都有十种可能的方式连接到计算机(包括PCI和USB接口)。

在这一章中，我将使用四种流行的多功能DAQ设备——PCI-6251、USB-6009、myDAQ及ELVIS II来说明存在于系统中的特定NI数据采集设备的通用特性，下面简要描述这些有代表性的设备。

4.2.1 PCI-6251

这个数据采集板是NI最专业级别的多功能M系列DAQ设备之一。它被插入到PCI扩展槽，放置在计算机中。PCI-6251具有16个模拟输入通道，能以最高1.25×10^6 S/s的速度执行16位模拟-数字转换操作。它具有两个16位的模拟输出通道，其能以最高2.8×10^6 S/s的速度更新输出电压。此外，这种DAQ设备具有24个数字I/O端口和两个32位的计数器/定时器。

4.2.2 USB-6009

这个低成本的多功能DAQ设备提供基本的数据采集应用功能，如简单的数据日志记录、便携式测量，以及学术实验室实验。这是一个小的独立单元，其可以通过USB接口连接到计算机。USB-6009有8个模拟输入通道，其能以最高4.8×10^4 S/s的速率执行14位模拟-数字转换操作。有两个12位模拟输出通道，能以最高150 S/s的速率更新输出电压。此外，此设备具有12个数字I/O端口和一个32位的计数器(没有测量时间的功能)。

4.2.3 myDAQ

作为一种学生有能力购买的设备，这种具有USB接口的单元被设计为可在有笔记本电脑的任何地方进行动手实践的实验。myDAQ仅有两个模拟输入通道，但它能以最高2×10^5 S/s的速率实现16位模拟-数字转换操作，令人印象深刻的是，它还有两个16位模拟输出通道，能以最高2×10^5 S/s的速率更新输出电压，高于USB-6009的AO能力近1300倍。此外，myDAQ具有8个数字I/O端口及一个32位计数器，其可被配置为一个数字万用表(DMM)。

4.2.4 ELVIS II

该设备特别设计为教学实验室使用。ELVIS II拥有一个内置的DAQ设备，其规格与PCI-6251(具有16个16位的模拟输入通道，其可在最高1.25×10^6 S/s的速率下运行，等等)具有可比性。ELVIS II通过一个USB接口与计算机进行通信，并具有一块驱动原型电路实验板，可用于电子电路的学习。

本章的习题被设计为使用与上述四种单元中任何一种规格类似的DAQ设备。然而，当我们需要进行写操作时，myDAQ 并不具有硬件数字触发功能，这是在 4.8 节中编写的 Digital Oscilloscope(Express)VI 所必须具备的功能(注意，第 4 章的习题 8 对受到这一限制的软件提供补救措施)。此外，USB-6009 不具备产生硬件时序波形的功能，因而不能用于 4.12~4.14 节中的工作；在这些章节中需要一个与 PCI-6251、myDAQ 或是 ELVIS II 类似的 DAQ 设备。

　　对于传输往返于外部世界信号的管道，必须在一定程度上连接到 DAQ 设备。例如，在它的各种功能中，PCI-6251 有 16 个模拟输入通道，每个都准备好将传入的模拟信号数字化。因此，如何从实验中获得传输给 DAQ 设备单元通道输入端的负载信息的模拟信号呢？通常情况下，一个实验者将其实验的导线与一个 I/O 接线盒上适当的终端相连(这些各种类型的盒子都可从 NI 公司购买)。I/O 接线盒都具有螺钉(或 BNC)终端，可使实验用的线连接到接线盒。此时，可将 I/O 接线盒与 DAQ 设备末尾的连接器用电缆相连。这个连接器具有(取决于特定设备)50 个、68 个或 100 个引脚，每个引脚都与 DAQ 设备的特定功能相关联。PCI-6251 采用上述连接方法。另一方面，有些 DAQ 设备配置了内置的接线盒或是原型实验板，使得实验中的线可与 DAQ 设备直接相连。USB-6009/myDAQ 和 ELVIS II 在实验中采用如上配置。无论使用哪种连接方法，每个 DAQ 设备引脚的功能都可以由设备的引脚分配图所确定。PCI-6251、USB-6009 和 myDAQ 的引脚分配图如图 4.1 所示。

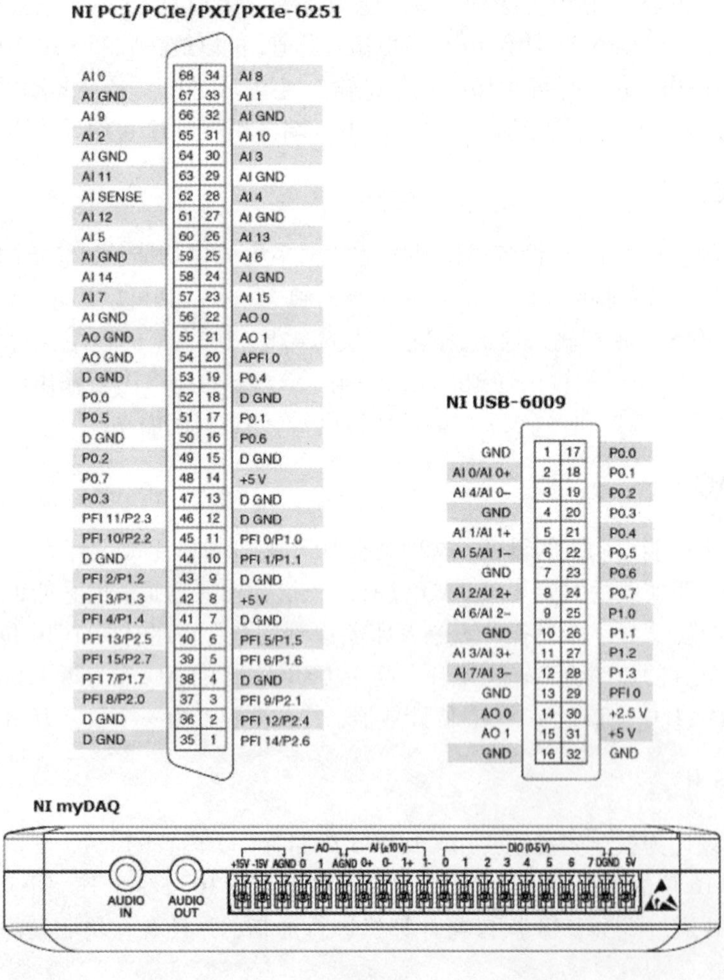

图 4.1　DAQ 设备的引脚分配图

4.3 模拟输入模式

提到模拟输入(AI)操作,在图 4.1 的引脚分配图的解析中,值得注意的是 PCI-6251 具有 16 个模拟通道,而 USB-6009 仅有 8 个(我们暂时先不看 myDAQ 与 ELVIS II)。通过软件设置,这些输入可被配置为工作在两个不同的模拟输入模式:单端和差分。

在单端模式下,每个可用模拟输入引脚为一个 AI 通道,所有这些通道都以相同的共同地作为参考。可以选择这个共同地为构建地,称为参考单端地(RSE)模式,或者在 AI SENSE 引脚提供自己的地电平,称为非参考单端地(NRSE)模式。作为一个例子,当操作使用 RSE 输入模式时,以上提到的 DAQ 设备中 AI 通道与共同地(称为 AI GND)的引脚分配图如表 4.1 所示。

表 4.1 单端参考地(RSE)输入模式的通道分配

通 道	0	1	2	3	4	5	6	7	8	9	10	11	12	13	14	15
PCI-6251 引脚(地为引脚 67、32、64、29、27、59、24、56)	68	33	65	30	28	60	25	57	34	66	31	63	61	26	58	23
USB-6009 引脚(地为引脚 1、4、7、10)	2	5	8	11	3	6	9	12								

工作在 NRSE 模式下的 PCI-6251,每个通道的引脚分配与表 4.1 中给出的相同;然而,地电平必须分配给引脚 62(AI SENSE)。在 USB-6009 中,NRSE 模式不可用,因此在它的引脚分配图中没有 AI SENSE 引脚。

在差分输入模式下,可用的模拟输入引脚配对形成 8 个(PCI-6251)或 4 个(USB-6009)独立的 AI 通道,每对引脚仅对双针之间的电压差敏感。在 PCI-6251 中,差分通道 0 为 AI 0 与 AI 8 配对,差分通道 1 为 AI 1 与 AI 9 配对,等等。在这种"差分放大器"配置下,收集于 AI 通道内的噪声被抑制。因此,如果在工程中可用测量通道的数量减半不是一个问题,那么差分输入方式为推荐的做法。作为一个例子,典型板子上的差分输入模式的 AI 通道的引脚分配图如表 4.2 所示。

表 4.2 差分输入模式的通道分配

接 口 板	通 道 号	正极输入引脚	负极输入引脚
PCI-6251	0	68	34
	1	33	66
	2	65	31
	3	30	63
	4	28	61
	5	60	26
	6	25	58
	7	57	23
USB-6009	0	2	3
	1	5	6
	2	8	9
	3	11	12

在 myDAQ 与 ELVIS II 中,由于输入通道被明确标注为它们的名字而不是数字代码,因此情况被简化了。例如,在同一单元中,模拟输入通道 0 的正、负输入被分别标记为 AI 0 + 与

AI 0 -。在 myDAQ 中,两个模拟输入通道都可以在差分或是 RSE 模式(AI GND 标记为 AGND)下运行,而在 ELVIS II 的 AI 通道允许在差分、RSE 或是 NRSE 模式(AIGND 与 AI SENSE 标记为它们本身)下运行。

4.4 范围与分辨率

当使用一个 DAQ 设备测量模拟输入信号时,有几个问题需要注意。首先,DAQ 设备只能在允许的范围内测量电压。电压接受范围从最低电压 V_{min} 到最大电压 V_{max},以及 NI 的 DAQ 设备通常提供几种范围不同的选择(如 0 V 到 +10 V、-10 V 到 +10 V、-5 V 到 +5 V),这些选择是由软件设置的。检查特定的 DAQ 设备规格表来寻找可用的范围。

接下来,DAQ 设备的模拟-数字转换器具有内置的 n 位分辨率,即数字转换器将模拟电压水平采样并表示为 n 位的二进制数。二进制分辨率对结果电压分辨率造成限制(也就是说最小可检测电压差为 ΔV)。一个 n 位数字转换器在电压范围 $V_{span} \equiv V_{max} - V_{min}$(当测量范围为 $V_{min} = -10$ V,$V_{max} = +10$ V 时,$V_{span} = 20$ V)内将测量电压分为 2^n 块,因此被采样的模拟输入信号的结果电压分辨率为

$$\Delta V = \frac{V_{span}}{2^n} \quad [1]$$

对于典型电压 $V_{span} = 20$ V,14 位(USB-6009)、16 位(PCI-6251)DAQ 设备的电压分辨率分别为 1 mV 和 0.3 mV。

4.5 采样频率与混叠效应

数字化数据特有的另一个重要问题与采样频率 f_s 相关,其中 f_s 为模拟-数字转换发生的速度。如果想使数字化过程能完全代表输入,采样频率对原始模拟信号频率允许的上限频率范围做出了限制。其上限阈值称为奈奎斯特频率 $f_{nyquist}$,我们将证明其为采样频率的一半,也就是 $f_{nyquist} = f_s/2$。奈奎斯特频率的物理意义是,对于给定的采样速率 f_s,输入频率为 $f_{nyquist}$ 的正弦波将以所需的能正确表示正弦波曲线波峰和波谷的最小采样值的方式被采样,即每个周期采样两个点。如果输入的正弦波频率超过这个阈值,那么采样速率将不能满足,并且模拟数字转换过程将变为下面描述的不准确的过程。

通常情况下,"数字化"输入模拟信号的带宽限制不会给实验者造成太大的问题。例如,如果处理声音电信号时,我们知道在物理世界里,模拟输入的频率范围为 20~20 000 Hz。因此,至少使用 40 kHz 的采样速率,这个输入才能正确地获得。或者,可以使模拟信号通过一个放大器,由于其有限的带宽响应,它表现为低通滤波器。在这种情况下,采样速率必须为通过放大器后最高频率的两倍。如果在实验中不存在固有频率的"壁垒",那么必须在数据采集电路中通过放置一个低通滤波器强加一个高频截断。在给定可用的采样频率 f_s 的情况下,选择合适的滤波器组件的参数,使得高于 $f_s/2$ 的频率不能通过。

如果意外地将高于奈奎斯特频率限制的波形输入数字转换器,那么会发生什么情况?这一过程称为混叠(aliasing),即由数字转换器处理时,过高的频率会错误地显示为低于奈奎斯特频率。这种现象为离散采样所特有,如图 4.2 所示。

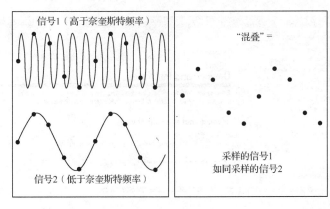

图 4.2 数字采样时，当信号频率高于奈奎斯特频率时出现的混叠现象

定量地分析，假设一个（高）频率为 f 的正弦波在 N 个离散时间点处被数字采样，$t_i = i\Delta t$，其中 $i = 0, 1, 2, \cdots, N-1$，Δt 为相邻数据采样点的时间增量。然后，采样频率和奈奎斯特频率分别为 $f_s = 1/\Delta t$ 和 $f_{nyquist} = f_s/2$。如果 $f > f_{nyquist}$，我们可以证明，在每一个数字采样时间点 t_i 处，正弦波 $\sin(2\pi f t_i)$ 的位移量与正负混叠频率下的正弦波的位移量相等，其中 $0 \leqslant f_{alias} \leqslant f_{nyquist}$。通过假设在每一个 t_i 处，$\sin(2\pi f t_i) = \pm \sin(2\pi f_{alias} t_i)$（见习题 1），我们将发现

$$f_{alias} = |f - nf_s| \quad \text{（混叠情况下）} \qquad [2]$$

其中 $n = 1, 2, 3, \cdots$。

让我们通过打开 Waveform Simulator（波形模拟器）（位于 YourName\Chapter 3 路径下）来演示混叠效应，编程产生一个频率为 100 Hz、振幅为 5 的正弦波。也就是说，在 Waveform Parameters（波形参数）控制簇中，将 Frequency（频率）、Amplitude（振幅）和 Type（类型）分别设定为 100、5 和 Sine。在 Digitizing Parameters（数字化参数）控制簇中，将 Number of Samples（采样数）、Sampling Frequency（采样频率）分别设置为 20 和 2000，运行这个 VI 来演示当数字化一个频率低于奈奎斯特频率的正弦曲线（在这种情况下，$f_{nyquist}$ = 1000 Hz）时的图像。值得注意的是，此时周期为 0.01 s，所以正弦波的频率是 1/0.01 s = 100 Hz 的。现在，当 Digitizing Parameters 不变时，编程运行 Waveform Simulator 使其产生一个频率为 2100 Hz 的正弦波，然后重新运行 VI。你会发现，当数字化时，这个"高于奈奎斯特"的频率错误地表现为频率为 100 Hz 的正弦波，周期为 0.01 s，其符合当 $n = 1$ 时的预测方程[2]，即 f_{alias} = |2100 Hz − (1)(2000 Hz)| = 100 Hz。如果希望使用 Waveform Simulator 产生其他"高于奈奎斯特"的频率的正弦波，如 1800 Hz 和 4100 Hz 等，预测会发生什么情况，并验证预测。

4.6 测量及自动化浏览器（MAX）

为实现这一章的练习，必须将一个 NI 的数据采集设备连接到计算机，并且它的驱动程序软件（称为 NI-DAQmx）必须正确安装。为了验证这些条件都得到满足，我们将使用方便的工具——测量及自动化浏览器（Measurement & Automation Explorer），也称为 MAX。

为打开 MAX，选择 **Tools » Measurement & Automation Explorer...**（工具 » 测量及自动化浏览器）（如果有一个打开的 VI 或正处于 **Getting Started** 窗口），或是双击 MAX 的桌面图标（如果可用）。当 MAX 打开后，在 **Configuration**（配置）框中双击 **Devices and Interfaces**（设备和接口），如图 4.3 所示。这一行动将命令 MAX 在计算机系统中确认所有的数据采集设备。

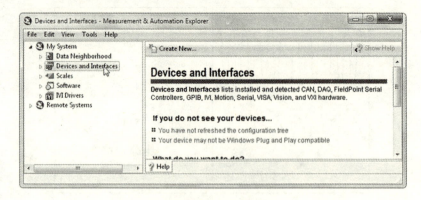

图 4.3 打开 MAX

MAX 将以分层树的方式返回其设备查看结果，如图 4.4 所示。对于这里所使用的系统，我们发现 NI PCI-6251 设备与计算机相连（对于 MAX 的老版本，必须在名为 **NI-DAQmx Devices** 的文件夹上双击来查看已经发现的 DAQ 设备）。注意驱动软件（自动地）将这个设备简写为 Dev1。系统上的 DAQ 设备可能会有不同的缩写名称。在进行这个操作的过程中，出于某种原因，一种我们认为已经连接到计算机的设备并没有出现在 **Devices and Interfaces** 列表时，试着选择 **View ≫ Refresh**（视图 ≫ 刷新）菜单（或在键盘上按下 <F5> 快捷键），MAX 将再次执行其设备浏览。如果有疑问的设备还未出现，此时可断定此设备的连接一定出现了问题，并且需要进行修复。

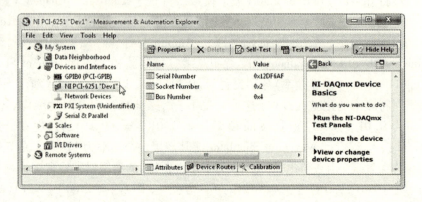

图 4.4 设备搜索结果

为确认 DAQ 设备运转正常，右击它的名字，在弹出的快捷菜单中选择 **Self-Test**（自测）。或者还可以在窗口顶部附近的工具栏中单击 **Self-Test** 按钮，如图 4.5 所示。

设备功能的简要测试将被执行，理想情况下将收到一个对话框消息，表明一切都运转正常。

我们马上将对 DAQ 设备进行编程，以便在其输入端实现数字化模拟电压信号。在执行这个模拟输入操作之前，必须确保模拟电压源与 DAQ 设备正确的引脚相连。让我们在差分模式下执行这个 AI 操作，其可以使用差分通道 0，简称为 ai0。对于具有 8 个 AI 通道的 DAQ 设备，差分正极（ai0+）和负极（ai0-）通道分别与引脚 AI 0 和 AI 4 相连。对于具有 16 个 AI 通道的 DAQ 设备，ai0+ 和 ai0- 分别与引脚 AI 0 和 AI 8 相连。为确定这些引脚的位置，右击 DAQ 设备名字，并在弹出的快捷菜单中选择 **Device Pinouts**（设备引脚分配），如图 4.6 所示。

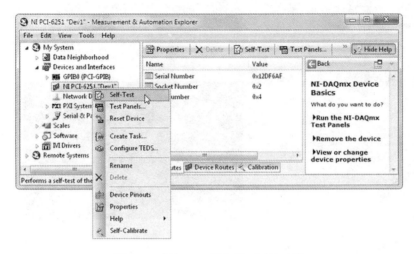

图 4.5　确认 DAQ 设备是否运转正常

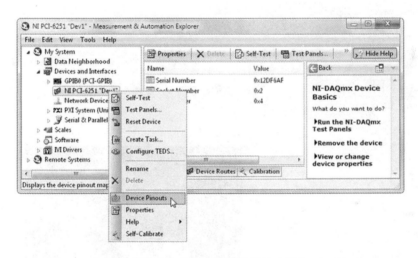

图 4.6　在 DAQ 设备名字上弹出快捷菜单并选择 Device Pinouts

此时设备的引脚分配图窗口将会出现。

将(大约)+5 V 的电压差与 DAQ 设备的差分模拟输入通道 0 相连。例如,在 PCI-6251 板中的差分模式下,将 +5V、GND 分别与引脚 34、68 相连,而在 USB-6009 中,将 +5 V、GND 分别与引脚 3、2 相连。在 myDAQ 和 NI ELVIS II 中,将 +5 V、GND 分别与标记为 AI 0$^+$ 和 AI 0$^-$ 的引脚相连。

接下来,在 DAQ 设备的名字上弹出快捷菜单并选择 **Test Panels…**(测试板)(或在工具栏中按下 **Test Panels…** 按钮)。此时,一个诊断窗口将会出现,这将允许测试设置的功能。使用鼠标光标,选择 **Analog Input**(模拟输入)选项卡,然后输入相应的设置,如图 4.7 所示。在 **Channel Name**(通道名称)框中,文本 Dev1/ai0 表示在 DAQ 设备上选择了(差分)AI 通道 0,其缩写名为 Dev1(在测试面板上,对于特定 DAQ 设备使用的缩写名可能不是 Dev1)。

此时,按下 **Start**(开始)按钮。如果电压源与 DAQ 设备正确连接,从 DAQ 设备获得的(大约)+5 V 的数字数值将出现在图表下面的显示控件上。直到按下 **Stop**(停止)按钮,其测量会在每秒重复好几次,最终将结果绘制在图表中,如图 4.8 所示。

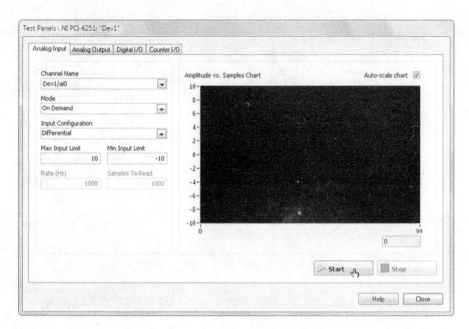

图 4.7　NI PCI-6251 的测试面板

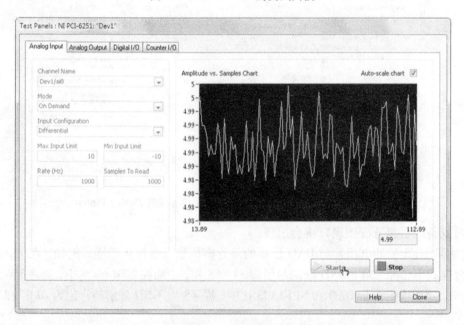

图 4.8　Dev1 的测试面板

由于实验噪声，可以预料在测量电压中有小幅的电压波动，如图 4.8 所示。然而，如果测量电压随时间起伏很大，可能出现了使用"浮动"电压源的这个问题。浮动电压源的种类有电池、变压器和非参考电源。为了补救这一现象，使用一条额外的电线将电源的负端与 DAQ 设备的 AI GND 引脚相连，使得"浮动"电压源使用 DAQ 设备的地作为参考。

按下 **Stop** 按钮后，在关闭 MAX 之前，可能想要花点时间探讨在其他选项卡（如模拟输出）下的诊断特性的可用性。

4.7 在直流电压下简单地模拟输入操作

通过构建一个如同 MAX 实现的模拟输入操作功能的 VI，把计算机变成一个直流电压表。对于这个练习，可以在 DAQ 设备的差分通道 ai0 处保持连接 5 V 的电压。

构造如图 4.9 所示的面板，其中在标记为 Voltage(电压)的 **Numeric Indicator**(数值显示控件)中显示获取的电压。通过式[1]，可以确定在 DAQ 设备中的模拟-数字转换器的电压精度 ΔV，并使用此信息在 Voltage 显示控件上选择合适的 **Digits of precision**(位精度)的数值(使用弹出的快捷菜单上的 **Display Format...** 选项)。例如，如果 $\Delta V = 0.3$ mV，**Digits of precision** 应该为 4。使用 **File ≫ Save**(文件 ≫ 保存)菜单，首先在 YourName 文件夹内创建一个命名为 Chapter 4 的新文件夹，然后在 YourName\Chapter 4 路径中保存该 VI，并命名为 DC Voltmeter(Express)。

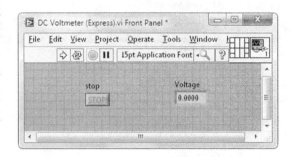

图 4.9　DC Voltmeter(Express)的前面板

切换到程序框图。在那里放置一个 **DAQ Assistant**(DAQ 助手)，可以在 **Functions ≫ Programming ≫ Express ≫ Input**(函数 ≫ 编程 ≫ Express ≫ 输入)中找到，如图 4.10 所示。

图 4.10　放置 DAQ 助手

在将 DAQ 助手放置在程序框图中后，一个名为 **Create New Express Task...**(创建新的 Express 任务)的对话框窗口将自动打开。可以配置 DAQ 助手来执行 DAQ 设备功能范围内的任何数据采集操作。在这个对话框窗口中，可以选择想让 DAQ 助手在这个 VI 中执行的特定操作。既然我们想数字化("获取")一个输入的模拟电压，那么就单击 **Acquire Signals**(获取信号)，如图 4.11 所示。

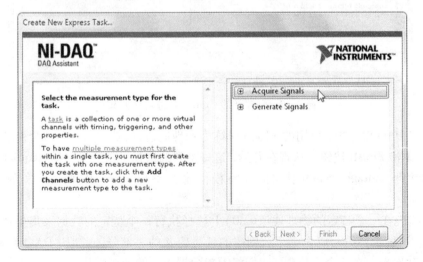

图 4.11　创建新的 Express 任务对话框 I

在 **Acquire Signals** 下将以层级树状形式出现一列选项。单击 **Analog Input**（模拟输入）按钮，如图 4.12 所示。

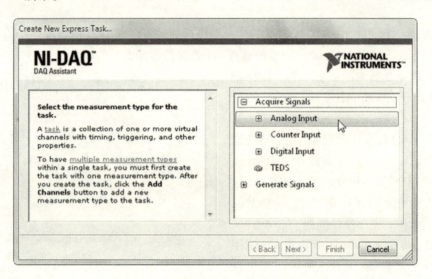

图 4.12　创建新的 Express 任务对话框 II

此时，在 **Analog Input** 下可用的测量类型中，选择 **Voltage**，如图 4.13 所示。

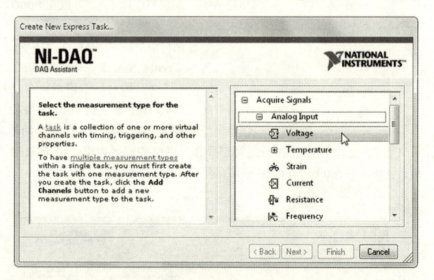

图 4.13　创建新的 Express 任务对话框 III

最后，在 DAQ 设备中，可用的 AI 通道（称为物理通道）将被列出。在这个列表中，选择通道 **ai0**，然后单击 **Finish** 按钮。从现在开始，这一系列的选择可以通过选择 **Acquire Signals ≫ Analog Input ≫ Voltage ≫ ai0**（获得信号 ≫ 模拟输入 ≫ 电压 ≫ ai0）而快速实现，如图 4.14 所示。

以上，我们在一个特定的物理通道（ai0）上选择执行一个特定的数据采集操作（模拟输入电压测量）。这种选择组合成为一个新创建的任务定义的一部分。此时，**DAQ Assistant** 对话框窗口将自动出现。在这个窗口中，我们将配置数据采集的细节部分，进而完成任务的定义。

当 **DAQ Assistant** 对话框窗口打开时，**Express Task**（Express 任务）选项卡被选中，并且

(自动默认值)任务的名字——Voltage 为高亮显示。在 **Settings**(设置)选项卡中,键入图 4.15 所示的值。在 **Timing Settings**(时间设置)中,选择 **Acquisition Mode** ≫ **1 Sample**(**On Demand**)[获取模式≫1 个采样值(按需求)]。在这种模式下,DAQ 助手将在每次执行时仅获取(唯一的)一个读取的电压值。

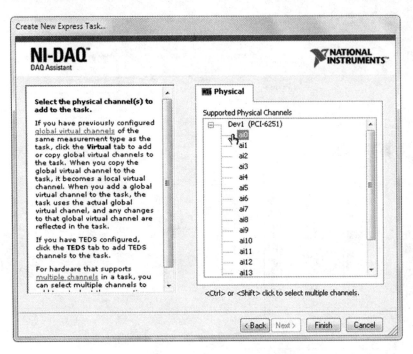

图 4.14　创建新的 Express 任务对话框 IV

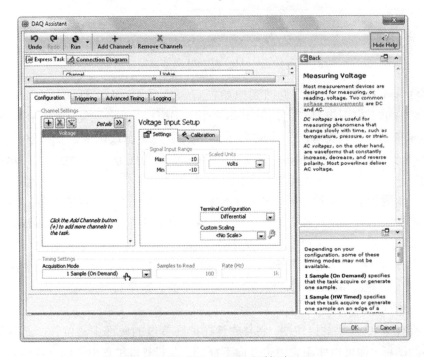

图 4.15　**DAQ Assistant** 对话框窗口 I

在此对话框窗口中，为熟悉一些可用的信息，单击 **Connection Diagram**（连接对话框）选项卡。这里（可能需要输入系统使用的 I/O 接线盒）会发现一个有用的列表及图表。这个图表给出了当连接到差分通道 ai0 时，可使用的合适的 DAQ 设备引脚，如图 4.16 所示。

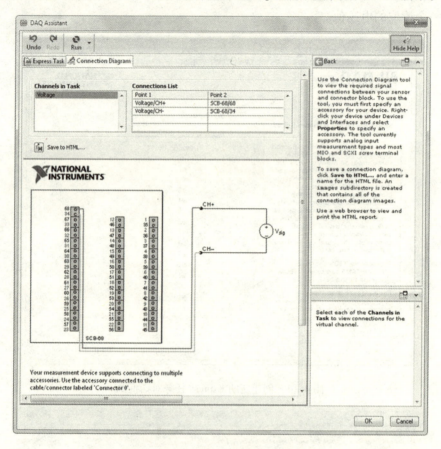

图 4.16 DAQ Assistant 对话框窗口 II

单击 **Express Task** 选项卡，返回到原始窗口。选择 **Display Type ≫ Chart**（显示类型 ≫ 图表），然后单击靠近窗口左上角的 **Run** 按钮。DAQ 助手将重复运行，在每次执行中获取一个电压采样值，并且将每次获得的电压读取值序列绘制成图表。如果这张图表由每一个（大约）都等于 +5 V 的序列组成，那么就已经为特定的任务成功地配置了 DAQ 助手，如图 4.17 所示。

单击右下角附近的 **OK** 按钮来完成整个配置过程。当对话框窗口消失时，**DAQ Assistant** 将作为一个可扩展的节点出现在程序框图中，其输入和输出都与在 **DAQ Assistant** 对话框窗口中所做的选择相匹配。在一个可扩展的节点中，它的一些接线端为"非扩展的"匿名的箭头（在输入处为向内方向，在输出处为向外方向），而其他接线端为可扩展的，其名字在图标底部附近。在图 4.18 中，仅有 **data**（数据）输出端为可扩展的。这个接线端在 DAQ 助手每次执行时报告获取的电压读数。

为扩展所有 DAQ 助手的接线端，将 ▷ 放置在扩展节点的底部中心位置。此时 ▷ 将变成一个调整大小的图标，你可以使用它单击并向下拖动，直到节点扩展出它的全部内容，如图 4.19 所示。

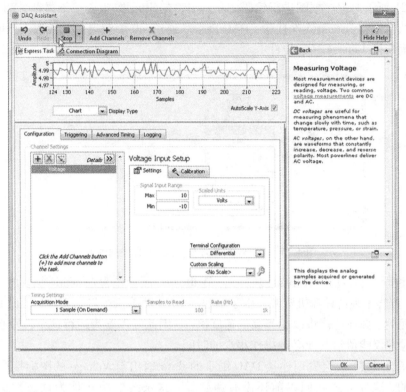

图 4.17　DAQ Assistant 对话框窗口 III

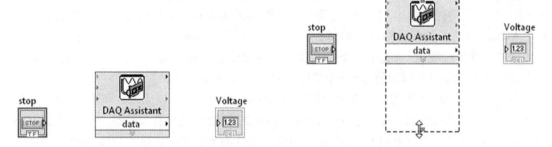

图 4.18　DAQ Assistant 扩展之前　　　　图 4.19　扩展 DAQ Assistant 的接线端

当释放鼠标按钮时，所有的扩展接线端将会出现，如图 4.20 所示。

图 4.20　DAQ Assistant 扩展之后

如图 4.21 所示对程序框图进行编码。在这里，在 **Stop** 按钮被按下之前，While 循环迭代每隔 0.1 秒执行一次。在每次迭代中，DAQ 助手从通道 ai0 中获得一个读取电压值，并将这个值显示在前面板的 Voltage 显示控件上。

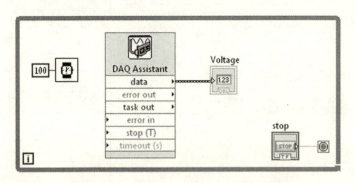

图 4.21　DC Voltmeter(Express)的程序框图 I

这个程序框图有一些微妙的特性。首先，**Wait**(**ms**)图标包含在 While 循环中，因此在执行的时候，这个程序不独占计算机资源。由于单独的 DAQ 助手执行得非常快，若没有 **Wait**(**ms**)图标产生的延迟，循环迭代将以相当高的速度执行，因此处理器为运行这个程序必须投入大部分精力，此时它仅能留给其他必要操作很少的时间。

第二，仔细观察，就会发现连接 DAQ 助手的 **data** 输出与 Voltage 的图标接线端的连线是深蓝色带状的，这种形式我们以前还没有遇到过。这条线的格式称为动态数据类型，它是 Express VI 使用的一种数据类型。除了与信号相关的数据(在目前的情况下，即为一个单独的数字化电压值)，动态数据类型的线包括信号的属性，如它的名字和时间戳(即获取数据的日期和时间)。值得注意的是，因为一个数值显示控件的多态特性，我们能够直接将动态数据类型与 Voltage 的图标接线端相连。然而，此时一个红色强制转换点将出现，表明只有数据值可以传递给图标接线端(所有关于这个信号属性的附加信息将被忽略)。在本章后面，我们将看到当在示波器上绘制获得的信号波形图时，这些属性将非常有用。

最后，所有 LabVIEW 数据采集图标(包括 DAQ 助手)有一个错误簇输入和输出，在此可以选择使用运行时的错误报告。通过在 **error out**(错误输出)接线端上弹出快捷菜单并选择 **Create** ≫ **Indicator**(创建 ≫ 显示控件)，可以在 VI 中包含这个有用的功能，如图 4.22 所示。

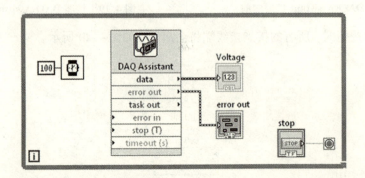

图 4.22　DC Voltmeter(Express)的程序框图 II

现在返回到前面板，可以发现包含一个 **error out** 簇。错误簇包含三个元素：**status**(状态)(如果有一个错误布尔变量为 TRUE，如果没有错误则为 FALSE)，**code**(代码)(标识错误的整数)，

source(源)(描述性文本识别错误发生的函数)。当一个错误发生时,其整数代码可被译码,通过在 **code** 上弹出快捷菜单并选择 **Explain Error**(解释错误)即可。最终的前面板如图 4.23 所示。

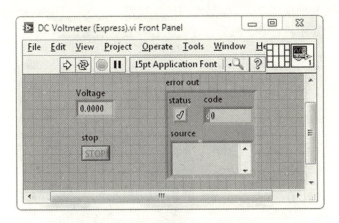

图 4.23 DC Voltmeter(Express)的前面板

使用 ➤ 将所有的前面板对象摆放整齐。然后,在差分 ai0 通道连接 +5 V 电压差,运行 DC Voltmeter(Express)程序。确定该程序是否正确地读取了输入的电压,并在此 VI 上保存相关的工作。

4.8 数字示波器

在前面的练习中,我们配置了 DAQ 助手,使得它在每个循环执行时,从通道输入处获取一个模拟信号的电压读取值。将这个图标放置在重复的循环中,并使用 **Wait**(**ms**)控制每次循环迭代的时间。然后我们编写了 DC Voltmeter(Express)程序。通过简单添加一些数据存储和画图能力,可以将该程序考虑用于采样并绘制 N 个时变波形的数据样本。这就概括了最有用的实验室监测系统——数字示波器的原理。也许读者根据这个想法已经想到了一些很有趣的设计,并准备开始对 DC Voltmeter(Express)进行一些必要的修改。但遗憾的是,**Wait**(**ms**)是这个计划的致命弱点。**Wait**(**ms**)通过访问计算机内的时钟来测量时间,它在准确性方面只有毫秒级的精确度。因此,通过使用 **Wait**(**ms**)在数据采集过程中标记时间,每次电压数字化的时刻将会有一个近似 0.001 秒的不确定性。当输入频率非常低(例如不到 10 Hz)时,对于设想中示波器的电压-时间输出来说,这种在 x 轴的数值的不确定性是可以接受的。但对于更高的频率范围内的输入信号来说,它作为示波器是无用的。

值得庆幸的是,在 NI DAQ 设备中具有一个更好的时钟,即时间精度近似微秒数量级(或者,在 USB-6009 中为 20 μs)。更好的是,LabVIEW 通过 DAQ 助手提供了访问和控制这个时钟的权限。为探索 DAQ 助手的这一特性,我们编写一个有用的数字示波器程序,称为 Digital Oscilloscope(Express),它将会获得 N 个等距的时变模拟输入的电压采样值,然后快速将这一系列数据值绘图。重复这一过程,我们将实现一个对输入波形的实时显示。

打开一个空白 VI,使用 **File ≫ Save** 菜单,将其命名为 Digital Oscilloscope(Express)并存储在 YourName\Chapter 4 文件夹下。在 Digital Oscilloscope(Express)的前面板上,放置一个 **Stop** 按钮和 x、y 轴分别标记为 Time、Voltage 的 **Waveform Graph**。如果想隐藏 **Stop** 按钮的标签,可以选择 **Visible Items ≫ Label**(可见的项目 ≫ 标签)关闭它。同时,在控件选板中,选

择 Select a Control...，然后在 Look in：（查找范围）中导航到 YourName\Controls 文件夹。在那里，选择 **Digitizing Parameters.ctl** 控件簇（通过双击来高亮显示它，然后按下 **OK** 按钮），然后将这个控件簇放在前面板上。（如果先前还没有创建并保存 **Digitizing Parameters.ctl**，请参考3.12节的控件和显示控件簇，然后创建这个控件簇，如图4.24所示。

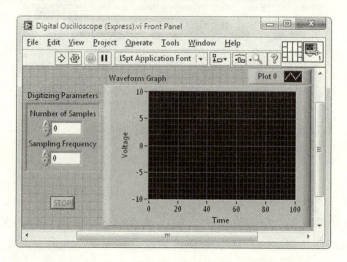

图 4.24　Digital Oscilloscope(Express)的前面板

切换到程序框图。在这里放置一个 While 循环，然后在循环内放置一个 **DAQ Assistant**（从 **Functions** ≫ **Express** ≫ **Input** 中可以找到）图标。当 **Create New Express Task...**（创建新的 Express 任务）对话框窗口自动打开时，选择 **Acquire Signals** ≫ **Analog Input** ≫ **Voltage** ≫ **ai0**（获取信号 ≫ 模拟输入 ≫ 电压 ≫ ai0）。然后，当 **DAQ Assistant** 对话框窗口出现时，配置如图4.25所示。注意，我们将 **Acquisition Mode**（获取模式）设置为 **N Samples**（N 个样本），并且在这种模式下，**Samples to Read** 和 **Rate**（**Hz**）的设置被激活。这些设置在 DC Voltmeter (Express).vi 的 **1 Sample**（**On Demand**）[1 个样本值（推荐）]模式下被禁用。

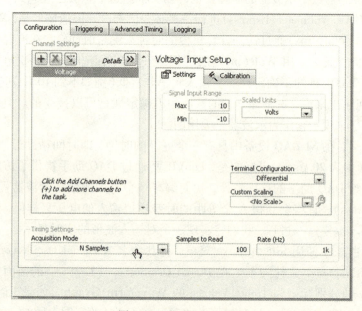

图 4.25　配置 DAQ 助手

N Samples 采集模式是一个带缓冲的硬件定时的模拟输入(buffered hardware-timed analog input)操作。在这个过程中,一个依赖于时间的模拟信号被数字化为 N 个相等时间间隔的序列。相邻采样值之间的时间间隔为 $\Delta t = 1/f_s$,其中 f_s 是采样频率,它被 DAQ 设备上的硬件时钟准确控制着。作为获取的数据样本,它们首先被放置在 DAQ 设备的内存缓冲区中,然后从那里转存到计算机的内存中。这个方法确保当计算机在数据采集过程中执行多任务处理(即在多任务之间切换)时,数据样本没有丢失。在对话框窗口中的 **Timing Settings**(时间设置)区域,**Samples to Read** 和 **Rate(Hz)** 分别用来选择 N 和 f_s 的值。

在 **DAQ Assistant** 对话框窗口中设定适当的值后,即可按下 **OK** 按钮保存设置。如果以后想再打开这个对话框窗口,可以右击 DAQ 助手,从弹出的快捷菜单中选择 **Properties**,或者仅仅将 ▶ 放置在 DAQ 助手上并双击它。

在返回到程序框图后,通过调整 DAQ 助手图标的大小,使得所有的接线端都被扩展出来,观察当配置为 **N Sample** 模式后,DAQ 助手可用的输入和输出端,如图 4.26 所示。

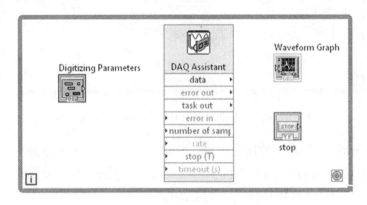

图 4.26 Digital Oscilloscope(Express)的程序框图

现在我们可以直接进行连线,但由于现有 DAQ 助手接线端的排布顺序,会导致一些复杂的连线路径。首先将接线端顺序改为更可取的顺序。在(顶部) **data** 接线端上弹出快捷菜单,并选择 **Select Input/Output ≫ number of samples**(选择输入/输出 ≫ 样本的数量)。DAQ 助手将其放于第一项,如图 4.27 所示。

通过一个类似的过程,将接线端的顺序组织为图 4.28 的设置,然后调整 DAQ 助手的大小,使得 **error in**、**task out** 和 **timeout(s)** 扩展出来。

图 4.27 出现 DAQ 助手   图 4.28 调整后的 DAQ 助手

最后，完整的框图如图 4.29 所示。将 Unbundle By Name（按名称解除捆绑）（在 Functions ≫ Programming ≫ Cluster, Class, & Variant 中可以找到）第一次放置在程序框图中时，它只有一个输出端。利用 ▶ 使 Number of Samples（样本数量）和 Sampling Frequency（采样频率）接线端可见，然后这些输出分别与 DAQ 助手的 number of samples 和 rate 输入相连。同时，通过在 DAQ 助手的 error out（错误输出）接线端上弹出快捷菜单并选择 Create ≫ Indicator 来创建 error out 簇。注意，当把 DAQ 助手的 data 输出端与波形图接线端相连时，这条线的类型为动态数据类型。

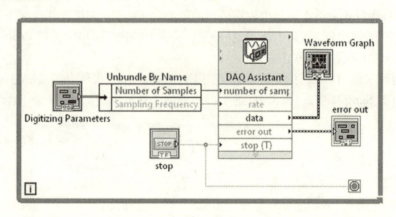

图 4.29 Digital Oscilloscope（Express）调整后的程序框图

除了连接到 While 循环的条件接线端 ⬤，Stop 按钮还连接到 DAQ 助手的 stop（T）输入，原因如下。在 DAQ 助手进行一些操作时，如启动或关闭需求的数据采集任务，这些特殊操作只需在第一次或最后一次 While 循环迭代时才需要调用。然而，在默认情况下，DAQ 助手的 stop（T）输入为 TRUE，导致在每次执行 DAQ 助手时，这些启动和关闭（称为"开销"）操作都会执行。由于在这些开销操作中，数据采集系统无法数字化实时数据的输入流，因此不必要地包括它们增加了程序的死亡时间（dead time）。在它们的每次迭代期间中，系统对输入数据不敏感。随着死亡时间的增多，越来越多周期性的重复输入数据将流过系统，即它们未被发现（未被检测出来）。在某些情况下，例如想收集大量数据周期并将它们相加进而求平均来抑制随机噪声时，低下的编程效率会使我们错过一个输入数据周期中非常重要的部分，这样很容易延长实验的完成时间，有可能延长几分钟，有时甚至是几小时。通过将 stop（T）与 Stop 按钮相连，在全部但除了最后一次的迭代中，这个输入将被设置为 FALSE。此时，DAQ 助手将仅在第一次迭代中执行启动操作、仅在最后一次迭代中执行关闭操作，从而提高这个程序的性能。

返回到前面板，使用 ▶ 组织对象的位置，然后保存相关的工作，如图 4.30 所示。

让我们测试运行一下 Digital Oscilloscope（Express）。调整函数发生器的设置，使其输出一个振幅小于 10 V、频率大约为 50 Hz 的模拟正弦波。为特定系统使用适当的方法，分别将函数发生器的正、负(地)极输出与 DAQ 设备的通道输入 ai0+、ai0- 相连（注意，大多数函数发生器是以地而不是"浮动"电压源作为参考电压）。然后，分别设置 Number of Samples 和 Sampling Frequency 为 100 和 1000，运行 Digital Oscilloscope（Express）。如果一切顺利，我们将看到一幅大约五个周期的、频率为 50 Hz 的正弦波图像，如图 4.31 所示。

值得注意的是，没有任何编码工作，Plot Legend（曲线图例）由任务名称 Voltage 所标记，x 轴进行适当的按比例缩放，反映了连续获取的样本之间的时间增量 Δt。在 DAQ 设备与波形图之间,使用动态数据类型传递获得的数据有利于自动操作。关于这个数据的属性信息包含在动态数据类型连线中,并由波形图使用来完成这些自动操作。

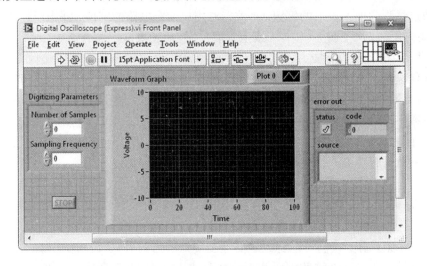

图 4.30　Digital Oscilloscope(Express)的前面板

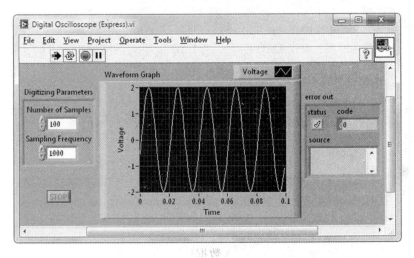

图 4.31　Digital Oscilloscope(Express)的前面板,显示结果

令人印象深刻的是,我们相对轻松地写出了这个获取一个序列的数字化正弦波数据并画图的程序。然而,我确信在这个基于计算机的仪器中有一个明显的缺陷。最有可能的是,我们观察到的正弦波轨迹并不固定,而是向左或向右移动。稍微改变函数发生器的正弦波频率,绘制的正弦波图像可能先往一个方向移动,然后再往反方向移动。为什么会这样呢?

在程序中,DAQ 助手被配置为在每次执行时输出一组 N 个等间隔的数据样本。我们将这个 N 个样本数组称为一个轨迹(trace)。从编码的程序框图上可以看出,在波形图中显示的正弦波图像不仅仅是一个轨迹,它实际上是很多个轨迹的一个序列,其中在 While 循环的每次迭代中产生并画出每一个新轨迹。因为在代码中没有强制每个轨迹开始于重复输入波形的相同点,因而连续的轨迹相互之间在 x 轴有所移位,造成了一张移动的图像——有序移动的图像,或者在更糟的情况下成为凌乱的图像。在这里提出的问题称为触发(triggering)。为使 Digital Oscilloscope(Express)成为一个有用的程序,我们必须内置触发功能。

在商用示波器中，触发由以下方式来完成。输入信号由模拟"穿越电平"电路来监控。这个电路的目的是确定每次的输入信号只要通过指定的电压电平，则立即触发范围内的数据采集过程。通过量程内前面板上的旋钮，示波器的用户设定电路的阈值，并指定是通过从上向下（负向，或下降沿）或从下向上（正向，或上升沿）才能触发采样。

许多 NI 的 DAQ 设备有能力去实现上述模拟穿越电平的触发过程。例如，PCI-6251 和 ELVIS II 具有这种能力；然而，低成本的 USB-6009 和 myDAQ 没有此项功能。为了让所有的读者可以在它们的 Digital Oscilloscope(Express) VI 中包含触发功能，我们将在程序中实现另外一种模式——数字边沿触发(digital edge triggering)，因为这种模式可以在几乎所有的 NI DAQ 设备中使用。在写作本书的时候，myDAQ 是个例外；myDAQ 的使用者可以参照本章的习题 8 来寻求此问题的软件解决方法，而不是这里所提到的硬件数字触发方法。

数字信号可以有两种可能的状态，分别为高和低。在 NI DAQ 设备的数字端口，这些状态符合晶体管-晶体管逻辑(TTL)标准，即高（接近）为 5 V 和低为（接近）0 V。数字信号的两个状态之间相互交替，从低到高的转变称为上升沿，而高到低的转变称为下降沿。在数字边沿触发下执行数据采集操作，我们可以将数字信号连接到适当的 DAQ 设备的引脚上。然后，通过选择适当的软件设置，所需的数据采集操作可以在数字信号为上升沿或者下降沿时"触发"进行。

如果 Digital Oscilloscope(Express)正在运行，那么请停止它，然后按照如下的步骤配置数字边沿触发。切换到程序框图，双击 DAQ 助手。当 DAQ 助手对话框窗口打开时，单击 **Triggering**（触发）选项卡，并选择 **Trigger Type ≫ Digital Edge**（触发类型 ≫ 数字边沿）及 **Edge ≫ Rising**（边沿 ≫ 上升沿）。**Trigger Source**（触发源）将鉴别数字信号可被应用的可能的 DAQ 设备引脚，选择可用引脚中的任意一个。如图 4.32 所示，在 PCI-6251 中选取引脚 **PFI0**，即对应于此设备引脚分配图中的引脚 11。这个数字信号的地也必须连接到数字 GND——引脚 12 上。一旦做好了选择，单击 **OK** 按钮。

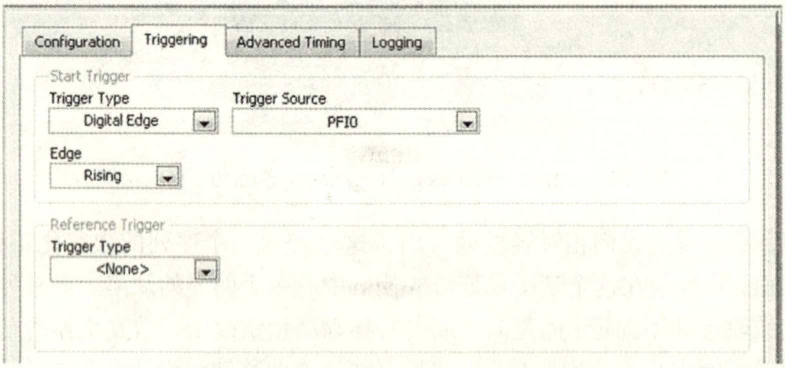

图 4.32 在 DAQ 助手对话框窗口中选择 **Triggering** 选项卡

这样，Digital Oscilloscope(Express)现在已配置为数字边沿触发，返回到前面板并保存相关的工作。

在其主输出处，除了产生一个频率为 f 的正弦波外，函数发生器还产生了一个具有相同频率的 TTL 数字信号，在其同步（有时称为 TTL 或触发输出）端输出。TTL 信号的数字边沿与正弦波周期的特定点处的时间同步。例如，在许多函数发生器模型中，TTL 信号的上升沿发生在正弦波的峰值；在其他模型中，还有可能发生在正弦波的正向过零点处。因此，同步输出提供了一个方便的数字信号,其可以通过数字边沿触发,控制正弦波数据的采集(即总可以在一个周期内的同一时间点开始)。

将函数发生器的同步输出连接到 DAQ 设备的数字触发引脚上。例如,在 USB-6009 设备中,同步的正极和负极(地)终端分别连接到 PFI0(引脚 29)和 GND(引脚 32)。在 PCI-6251中,同步的正极和负极终端分别连接到 PFI0(引脚 11)和 GND(引脚 12)。在 NI ELVIS II 中,相应的引脚分别标记为 PFI 0(或触发器)和 GROUND。

在前面板上,将 Number of Samples、Sampling Frequency 分别设置为 100、1000,将函数发生器产生的正弦波频率设置为大约 50 Hz。运行 Digital Oscilloscope(Express)。正常情况下,应该看到一个"稳定的"50 Hz 正弦波的大约五个周期的图像。

在函数发生器上为输入正弦信号的频率 f 设置几个值,其范围为 $0 \leqslant f \leqslant 500$ Hz。这个频率范围内的信号频率可以由 Digital Oscilloscope(Express)很好地复制产生,但正弦波的信号频率接近 500 Hz 时,波形将变得扭曲(因为在这些高输入频率上,每个正弦波周期缺乏采样点)。

我们把采样频率设置为 $f_s = 1000$ Hz;因此奈奎斯特频率为 $f_{nyquist} = f_s/2 = 500$ Hz。当输入频率大于奈奎斯特频率,即 $f > 500$ Hz 时,预计会发生混叠效应。在 $f = 1100$ Hz 时验证上述效应,可以看出数字正弦波的频率大约是 100(而不是 1100)Hz。使用式[2]预测另外两个输入频率 f,由于混叠效应,它们数字化时将出现 100 Hz 的正弦波,然后使用 Digital Oscilloscope(Express)程序证明预测是正确的。

4.9 模拟输出

NI 公司生产的多功能 DAQ 设备通常有两个模拟输出(AO)通道。每个 AO 通道可执行 n 位的数模转换运算,其速度可以达到每秒钟给定样本(S/s)的最大更新率。可能产生的模拟电压下降范围为 V_{min} 到 V_{max}。在电压范围 $V_{span} \equiv V_{max} - V_{min}$ 中,输出模拟电压是 2^n 种可能值中的一个。因此,产生的电压分辨率(即一个可能的输出电压和下一个值的最小差异)为 $\Delta V = V_{span}/2^n$。作为一个典型的例子,如果 $n = 16$ 及 $V_{span} = 20$ V,那么 $\Delta V = 0.3$ mV。PCI-6251 和 USB-6009 的规格如表 4.3 所示。

表 4.3 模拟输出(AO)规格

设　　备	AO 通道数	AO 电压范围(最大)*	位	更新率(最大)
PCI-6251	2	−10 V ~ +10 V	16	2.8 MS/s
USB-6009	2	0 ~ +5 V	12	150 S/s
myDAQ	2	−10 V ~ +10 V	16	200 kS/s
ELVIS II	2	−10 V ~ +10 V	16	2.8 MS/s

* 其他范围是软件选择的。

与模拟输出通道 ao0 相关的电压差在引脚 AO 0 和 AO GND 之间产生,而通道 ao1 的输出是在引脚 AO 1 和 AO GND 之间。对于 PCI-6251 和 USB-6009,相关的引脚在表 4.4 中给出。

表 4.4 模拟输出(AO)的通道分配

接　线　板	AO 0(引脚)	AO 1(引脚)	AO GND(引脚)
USB-6009	14	15	13, 16
PCI-6251	22	21	54, 55

在 myDAQ 和 NI ELVIS II 上，AO 0 和 AO 1 以上述方式标记，而 AO GND 分别标记为 AGND 和 GROUND。

4.10 直流电压源

为了熟悉 AO 过程，让我们首先编写一个简单输出所需电压值的程序。在空白 VI 上放置一个标记为 Voltage 的 **Numeric Control**(数值输入控件)和一个 **Stop** 按钮。如果喜欢，可以隐藏 **Stop** 按钮的标签(通过 **Visible Items >> Label** 将其隐藏)并使电压输入控件的 **Digits of precision**(精度)适合于特定 DAQ 设备的电压分辨率。在名为 DC Voltage Source(Express)之下的 YourName\Chapter 4 文件夹中保存该 VI，如图 4.33 所示。

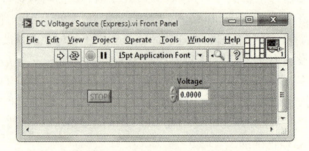

图 4.33 直流电压源的前面板

切换到程序框图，并将 **DAQ Assistant** 放置在一个 While 循环中。当 **Create New Express Task...** 窗口打开时，选择 **Generate Signals >> Analog Output >> Voltage >> ao0**，然后按下 **Finish** 按钮。

当 DAQ 助手对话框窗口打开时，输入如图 4.34 所示的选择，然后单击 **OK** 按钮。注意，编程设定 V_{min}、V_{max} 的值分别为 0 和 +5 V(该值适合于所有的 DAQ 设备，包括 USB-6009)。选择 **Generation Mode >> 1 Sample(On Demand)** 之后，每次在程序中执行 DAQ 助手时，DAQ 设备将更新通道 ao0 的电压输出。这种更新 AO 通道的方法称为软件定时(software timing)。

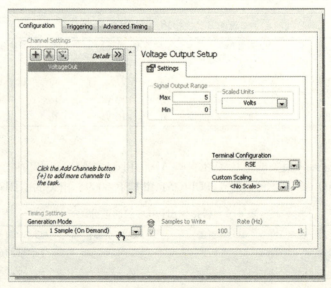

图 4.34 设置 DAQ 助手对话框窗口

返回到程序框图,当对 **1 Sample(On Demand)** 模拟输出操作进行设置时,使用 ⬇ 扩展出所有 DAQ 助手的终端,如图 4.35 所示。

然后调整 DAQ 助手,以便于只扩展 **data**、**stop** 和 **error out** 接线端,顺序如图 4.36 所示。完成框图,注意,前面板上的 **error out** 簇显示控件可通过在 **error out** 接线端的弹出菜单上选择 **Create ≫ Indicator** 来创建。红色的强制转换点表明 Voltage 端的 DBL 值转换为 DAQ 助手上 **data** 输入端所需的动态数据类型。这段代码运行时,While 循环每 10 ms 执行一次,直到按下 **Stop** 按钮。每一次迭代,DAQ 助手将指示 DAQ 设备输出引脚 AO 0 和 AO GND 之间的电压差,并让其等于 Voltage 输入控件的当前值。

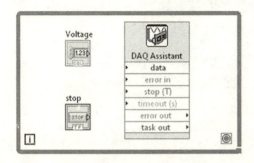 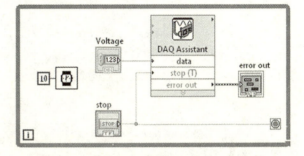

图 4.35 扩展的 DAQ 助手　　　　　　图 4.36 调整后的 DAQ 助手框图

切换到前面板并如你所愿地排列对象,如图 4.37 所示。

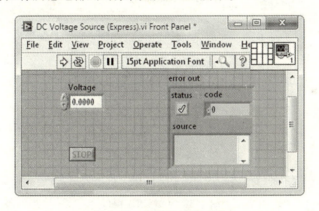

图 4.37 排列后的前面板

把电压表(或处于自动触发模式下的示波器)的正、负(地)输入端分别连接到 DAQ 设备的 AO 0 和 AO GND 引脚。

然后,对 Voltage 输入控件设置范围为 0 到 +5 V 的某个值并按下 **Run** 按钮。电压表会给出请求 DAQ 设备所产生的电压差。当 VI 仍在运行时,为 Voltage 设置 0 到 +5 V 内的其他一些值,以确定 VI 正常运行。

接下来,在程序中故意引起一个运行时错误,并观察会发生什么情况。对 DAQ 设备进行编程,使其输出电压仅在 0 到 +5 V 的范围内(在 DAQ 助手对话框窗口中选择 $V_{min}=0$ 以及 $V_{max}=+5$ V),设置 Voltage 等于这个范围以外的一个值,如 6 V,随后运行程序,结果如图 4.38 所示。

error out 簇显示控件告诉我们发生了一个错误,它的 **Status** 框也出现了 ✖,其对应于布尔值中的 TRUE。**Source** 框告诉我们程序中的错误出现在什么地方,而 **Code** 框通过一个整数代码标明了出错原因(见图4.38)。为了解读这个整数代码,可在代码框弹出的快捷菜单上选择 **Explain Error**。接下来将出现一个描述错误来源的对话框窗口,它是由于目前情况下所请求电压"太大或太小"引起的,如图4.39所示。

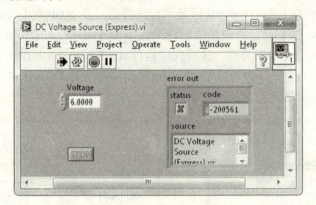

图4.38 运行期间出错

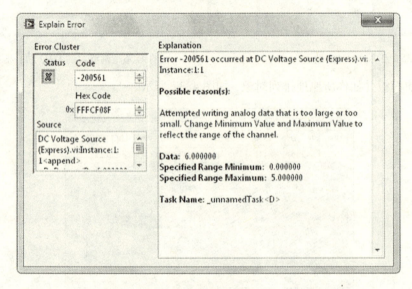

图4.39 解释错误窗口

注意,尽管存在这个错误但程序继续运行,如果设置 Voltage 值使其回到可接受的范围内,那么 VI 将正常工作,好像没有发生什么事情。在其他一些编程情况下,在这里观察到的"继续运行好像没有什么是错的"的行为是没有问题的,但更普遍的情形是,如果发生错误,人们希望程序以一些合适的方式响应(如终止操作)。对一个错误的适当响应称为错误处理(error handling)。

我们为 DC Voltage Source(Express)程序构建一个错误处理机制,当错误发生时使 VI 停止操作。如果 VI 仍在运行,则按下 **Stop** 按钮,并切换到程序框图以便于添加所需的错误处理代码。

目前,只有一种方法可以停止我们的 VI。当按下 **Stop** 按钮时,一个为 TRUE 的布尔值传递到 ⬤,从而导致 While 循环停止迭代。考虑下面的另外一种方式来停止这个程序。当错误发生时,**error out** 簇中的 **status** 元素变为 TRUE。通过把该值传递给 ⬤,从而停止 While 循环。可以在 VI 中使用如图4.40所示的代码,从而同时包含这两种可能的停止程序的方法。

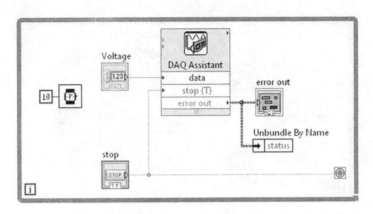

图 4.40　停止程序框图

在框图上放置一个 **Unbundle By Name**（可在 **Functions** ≫ **Programming** ≫ **Cluster**，**Class**，**& Variant** 中找到）并将其连接到 DAQ 助手的 **error out** 接线端。一旦连接到 **error out** 接线端，如果需要，**Unbundle By Name** 可调整大小使 **error out** 簇（status，code，source）中的所有三个元素有输出端。然而，由于目前程序中只需要 **status**，因此保持 **Unbundle By Name** 的大小为一个接线端。与此接线端相关的元素可由 **Unbundle By Name** 右（输出）侧弹出菜单上的 **Select Item**（选择项）命令来选择。

在程序框图上，通过提供一个 **Or**（或）图标（可在 **Functions** ≫ **Programming** ≫ **Boolean** 中找到），允许布尔真值从 **Stop** 按钮或错误簇的 **status** 元素终止 While 循环迭代，如图 4.41 所示。

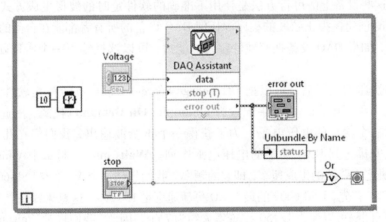

图 4.41　包括 Or 图标的终止程序框图

此外，在 LabVIEW 的最新版本中，错误簇线可直接连接到如 **Or** 之类的布尔图标输入端。在其输入端，**Or** 图标将只监测错误簇的 **status** 值，从而不需要之前框图中的 **Unbundle By Name**，如图 4.42 所示。

回到前面板并保存这些工作。使用多个 Voltage 值运行 VI。你会发现，当把 Voltage 设置为 0 到 +5 V 范围之外的值时，程序将停止运行。

完成后，将 Voltage 设置为 0，再次运行 DC Voltage Source（Express），这样通道 ao0 保持在零电压状态。

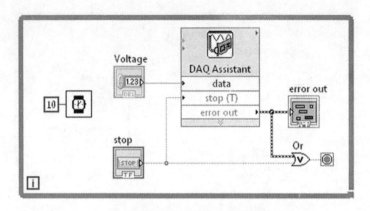

图4.42 最新版本的停止程序框图

4.11 软件定时的正弦波发生器

通过使用适当选择的电压值不断地更新模拟输出通道，可以把DAQ设备变成任何所要形状(如正弦波)的电压输出波形发生器。为了获得一个准确代表所要形状的与时间相关的输出电压，必须确保AO通道精确地在适当时刻变("更新")为特定值。对于这些所需的更新，最精确的计时方法包括使用高频的硬件时钟。这些时钟包含在如PCI-6251、myDAQ和ELVIS Ⅱ之类的DAQ设备内部，并且用于创建高质量的模拟波形。遗憾的是，在USB-6009中不包含硬件时钟，因此这些设备上的可行方法是使用不准确的软件定时的波形生成方式。首先编写一个使用软件定时创建模拟正弦波的程序。任何DAQ设备的所有者都能在自己的系统上运行这个程序。然后，如果DAQ设备拥有硬件定时的能力，可以选择编写一个实现硬件定时AO操作的VI。

经过一些快速的编辑后，可以把DC Voltage Source(Express)转换为软件定时的正弦波发生器。在这个程序中，DAQ助手配置为 **1 Sample(On Demand)** 模式，因此While循环每迭代一次输出一个给定的电压电平。为了获得一个正弦波输出，我们将在几次迭代过程中以正弦波模式安排送到DAQ助手的电压电平序列。**Wait(ms)** 控制每个While循环的迭代时间，因此将决定正弦波的生成速率，即它的频率。我们想让这个VI兼容USB-6009的功能，它有以下两个限制：首先，USB-6009的最大AO更新速率是150 S/s，这意味着一个AO通道电压电平上的最快时间间隔可以变为1/150 s，或者大约为7 ms。因此，我们将对 **Wait(ms)** 编程以等待10 ms。如果有一个能够更快更新的设备，可以通过对 **Wait(ms)** 编程而将该VI(稍微)提高至1 ms，这是使用这个图标时最短的容许等待时间。其次，USB-6009上的AO通道只能产生0到+5 V范围内的电压。因此，我们将创建一个幅度为1 V的正弦波，它关于2 V(而不是0 V)进行电平振荡。

让我们在DC Voltage Source(Express)上应用之前的工作来开始正弦波发生器程序的开发。当打开DC Voltage Source(Express)时，选择 **File ≫ Save as...**，在出现的对话框窗口中，选择 **Copy ≫ Substitute copy for original**，然后按下 **Continue** 按钮。在接下来出现的窗口中，导航至 **Save in**：框中的YourName\Chapter 4文件夹，在 **File name**：框中将这个复制的VI命名为Sine Wave Generator(Software-Timed)，并按下 **OK** 按钮。原始文件DC Voltage Source(Express)

将会关闭(并安全保存在 YourName\Chapter 4 目录中),而新创建的文件 Sine Wave Generator(Software-Timed)会打开并做好修改的准备。

在前面板上,将数值控件的标签从 Voltage 改为 Samples per Cycle(每周期采样数)。然后,修改框图使其如图 4.43 所示。**Mathscript Node**(可在 Functions ≫ Programming ≫ Structures 中找到)有两个输入(i 和 N)和一个输出(数据)。在 **data** 输出端弹出的快捷菜单上,确保选择 **Choose Data Type** ≫ **All Types** ≫ **Scalar** ≫ **DBL**。随着迭代接线端的增加,Mathscript Node 内的代码在每个正弦波周期内产生 N 个等间距参数 x 的函数值 $y(x) = 2 + \sin x$。相邻参数的弧度间隔为 $2\pi/N$,其中 N 是每个周期内的样本数。

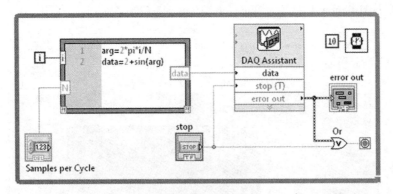

图 4.43　修改后的框图

把示波器的正、负(地)输入分别连接到 DAQ 设备的 AO 0 和 AO GND 引脚。切换到前面板并保存这些工作,如图 4.44 所示。

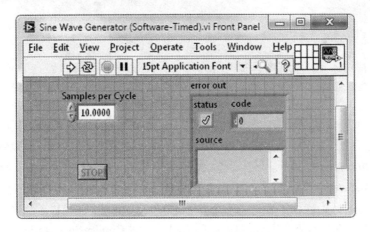

图 4.44　正弦波发生器的前面板

现在可以观察数字化产生的正弦波在多大程度上接近(连续)正弦函数。运行将 Samples per Cycle 设置为 10 的 VI,以便于每个正弦周期由 10 个电压电平描述。考虑到每个 While 循环迭代执行 10 ms,那么所观察到的正弦波周期应该为(10 ms/更新)×(10 更新)= 100 ms,使得其频率为 10 Hz。在示波器上观察 10 Hz 的正弦波。尽管明显可以看出这是一个潜在的正弦,但形成这个波形所用的 10 个电压电平分辨性太强,以至于不能给出连续函数的外观。

尝试将 Samples per Cycle 增加至 20,然后 30,等等。由于 While 循环迭代时间保持恒定,当增加 Samples per Cycle 的值时,输出波形的频率将会减小。需要调整示波器的 Time/Div 输入控件,使其适合观察波形的一个完整周期。Samples per Cycle 取什么值时输出波形开始呈现连续的外观?

4.12 硬件定时的波形发生器

如果 DAQ 设备支持硬件定时的模拟输出操作(PCI-6251、myDAQ 和 ELVIS Ⅱ 支持;USB-6009 不支持),你可以尝试构建高质量的波形发生器,如图 4.45 所示。在空白 VI 的前面板上,放置一个 **Stop** 按钮和一个 x 轴、y 轴分别标记为 Time、Voltage 的 XY 图。然后,将这个 VI 保存在 YourName\Chapter 4 中名为 Waveform Generator(Express)的路径下。

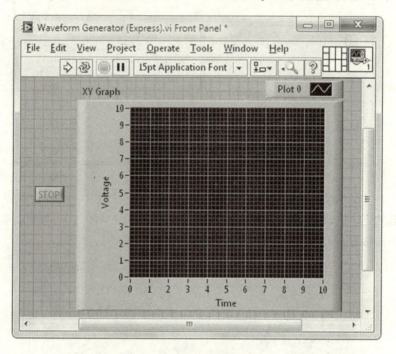

图 4.45 波形发生器的前面板

切换到程序框图。在那里放置一个 While 循环,并在其中放置一个 **DAQ Assistant**。当 **Create New Express Task...** 窗口打开时,做出以下顺序的选择:**Generate Signals ≫ Analog Output ≫ Voltage ≫ ao0**,然后按下 **Finish** 按钮。当 **DAQ Assistant** 对话框窗口打开时,做出如图 4.46 所示的选择。确保不要选取 **Use Waveform Timing** 框(紧挨着插图中的 ✋)。注意,我们编程设定 V_{min}、V_{max} 的值分别为 −10 V 和 +10 V。在 **Generation Mode ≫ Continuous** 模式下,包含一系列电压值的一维数组首先写入和 DAQ 助手相关的存储缓冲区,然后 DAQ 设备在通道 AO 0 以循环方式输出电压序列(即最后一个数组值输出后,下一个输出是第一个数组值)。当做出所有适当的选择后,单击 **OK** 按钮。

返回框图时,扩展 DAQ 助手的接线端,并在每个接线端弹出的快捷菜单上使用 **Select Input/Output** 命令对它们排序,如图 4.47 所示。

设计 VI 的思路是这样的:使用第 3 章编写的 Waveform Simulator 程序产生一个描述所需波形的一维电压值数组。然后,将该一维数组传递到 DAQ 助手的 **data** 输入端,这就启动了通道 ao0 处的电压波形输出过程。

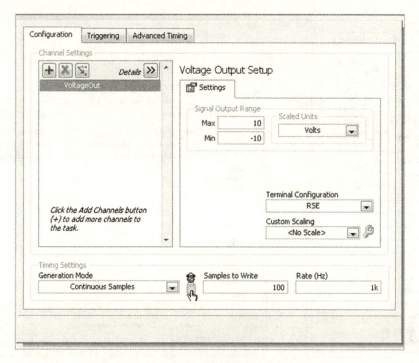

图 4.46　DAQ Assistant 对话框窗口

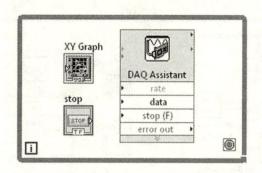

图 4.47　排序后的 DAQ 助手

4.13　在框图上放置一个定制的 VI

首先，我们必须在程序框图上放置 Waveform Simulator（作为一个子 VI）。操作步骤如图 4.48 所示。在函数面板上选择 **Select a VI...** 子选板。

接下来将出现 **Select the VI to Open**（选择需打开的 VI）对话框窗口。在 **Look in:** 框中，导航至 YourName\Chapter 3 文件夹。一旦显示出这个文件夹的文件列表，双击 Waveform Simulator 或者先高亮它再单击对话框中的 **OK** 按钮，如图 4.49 所示。

这时将回到框图，就可以在方便的位置放置自定义编写的图标。然后，借用 工具，并在这些终端的弹出菜单上使用 **Create ≫ Control** 命令来创建 **Digitizing Parameters** 和 **Waveform Parameters** 输入控件簇，如图 4.50 所示。

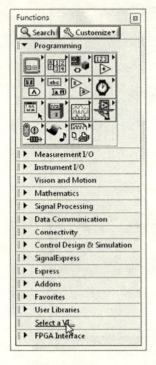

图 4.48　单击 Select a VI... 子选板

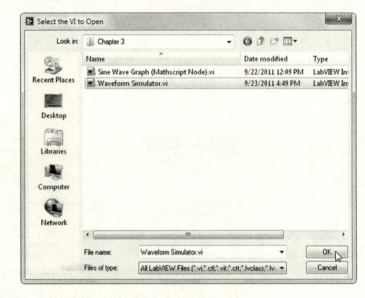

图 4.49　选择需要打开的 VI

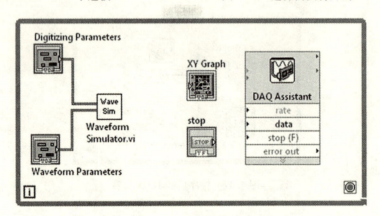

图 4.50　自定义图标

4.14　完成并执行 Waveform Generator(Express)

最后，完成框图如图 4.51 所示。当把 **Unbundle By Name** 的 **Displacement** 输出端连接到 DAQ 助手的 **data** 输入端时，**Convert to Dynamic Data** 图标将会自动插入到连线上。这个图标把由 Waveform Simulator 产生的一维浮点数值数组转换为如 DAQ 助手之类的 Express VI 所用的动态数据类型。如果需要在框图上手动放置 **Convert to Dynamic Data** 图标，可在 **Functions ≫ Express ≫ Signal Manipulation**(函数 ≫ Express ≫ 信号操作)中找到。

回到前面板，整理一下，然后保存这些工作，如图 4.52 所示。

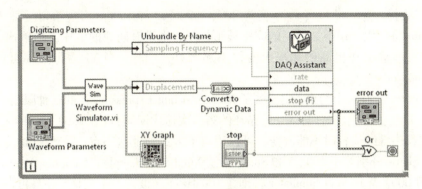

图 4.51 波形发生器的框图

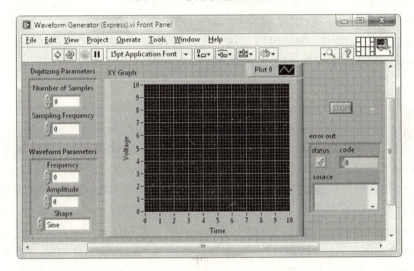

图 4.52 波形发生器的前面板

接下来是如何对 VI 编程以输出一个连续波形。使用 **Digitizing Parameters** 和 **Waveform Parameters** 输入控件簇,选择相应的值来指示 Waveform Simulator 产生一个(或者一些)所需周期波形的完整周期。这个软件表示的波形值将由 DAQ 助手写入到一个存储缓冲区。然后 DAQ 设备以 Sampling Frequency 给出的速率按顺序(以循环方式)输出波形值数组,直到一个布尔真值发送到 DAQ 助手的 **stop** 输入端为止。

通过输出一个幅度为 5 V 的 100 Hz 正弦波来测试 VI。首先,在 Waveform Parameters 输入控件簇内,对 Frequency、Amplitude、Shape 分别编程设定为 100、5 和 Sine。其次,假设很好地定义正弦波的每个周期需要 100 个点,那么采样频率应该大于正弦波频率的 100 倍。因此,为了使 Waveform Simulator 创建一个完整的周期,在 **Digitizing Parameters** 输入控件簇上令 Number of Samples 和 Sampling Frequency 分别等于 100 和 10 000。

运行 VI。由 Waveform Simulator 产生的软件波形将在 XY 图上显示以便于观察。使用示波器,观察通道 ao0 上的电压波形输出。它是一个频率为 100 Hz、幅度为 5 V 的(准)连续正弦波吗?

VI 仍在运行并保持其他所有参数不变,把 Frequency(在 Waveform Parameters 输入控件簇中)的值改为 150。通过 XY 图,可以发现 Waveform Simulator 产生一个 1 1/2 周期的波形。使用存储缓冲区上 DAQ 设备序列值循环方式的相关知识,可以解释在通道 ao0 所观察到的输出电压波形的不连续性吗?

VI 仍在运行，尝试将 Frequency 变为 200、400、500 和 1000。对应于每一种选择，Waveform Simulator 将产生一个整数周期的完整波形，并产生没有间断的电压波形输出。为什么通道 ao0 上的波形输出在更高的频率上变得不那么好？同样，当 VI 运行时你可能想要改变 Shape 和 Amplitude。

最后，这个 VI 有一个约束，它反映了 DAQ Assistant Express VI 上的一种限制。也就是说，DAQ 助手在首次执行程序时（即 While 循环的第一次迭代期间）设置 DAQ 设备的采样频率，并且这个值在程序继续运行时不能改变。可以用以下方式验证这一点：启动 VI 时令 Frequency、Amplitude、Shape 分别等于 100、5 和 Sine，以及 Number of Samples、Sampling Frequency 分别等于 100 和 10 000。Waveform Simulator 将创建 100 Hz 正弦波的一个周期，并且可以在 ao0 处观察到 100 Hz 的正弦波。现在，随着 VI 继续运行，将 Frequency、Sampling Frequency 的值分别变为 1000 和 100 000。如果输出速率为 100 kHz，Waveform Simulator 将创建 100 个点来表示 1000 Hz 正弦波的一个周期，但是可以在通道 ao0 处观察到一个 100 Hz 的正弦波输出，因为 DAQ 设备采样频率的初始值 10 kHz 没有改变。

4.15 改进的波形发生器

在上述分析中，我们发现放置在迭代循环中的 DAQ 助手具有以下特性：这个图标最初执行时，Sampling Frequency 的值设置好后就保持恒定。然而，在这个图标的任何执行期，读入 **data** 输入端的数组是可以改变的，从而允许参数 Frequency、Amplitude、Shape 和 Number of Samples 在迭代程序运行时得以调整。考虑如下方法以提高 Waveform Generator(Express)的灵活性：为 Sampling Frequency 设置一个很大的值。然后，在程序运行时的每个迭代期间，基于当前 Waveform Parameters 的设置确定一个合适的数据数组，并将该数组输入到 DAQ 助手中。我们任意定义"合适的数据数组"，表示 Waveform Parameters 设置描述的波形的 4 个周期。

如果读者感兴趣，当 Waveform Generator(Express)打开时，可以使用 **File ≫ Save As...** 创建 Waveform Generator(Modified Express)并将其保存在 YourName\Chapter 4 中。然后，删除 Digitizing Parameters 输入控件簇以便于前面板如图 4.53 所示。

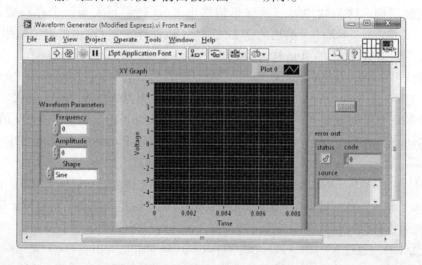

图 4.53 改进的波形发生器的前面板

在框图上,硬连接 Sampling Frequency,即把它设置为如 100 000 Hz。此外,通过使用前面板上的 Frequency 输入值,所需的 Number of Samples 值可产生确定波形的 4 个周期,并将其输入到框图中的 Waveform Simulator,如图 4.54 所示。

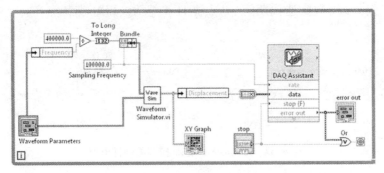

图 4.54 连线框图

运行 Waveform Generator(Modified Express)程序。它将产生频率上至几千赫兹的高质量电压波形,其中运行期间可以选择这些频率中的任何一个。

自己动手

在这个练习中,你将编写一个能够打开或关闭 LED 的 VI。NI DAQ 设备上的数字输入/输出(DIO)引脚称为线(line)。一个典型的 DAQ 设备有两个或三个端口(port),其中每个端口由 8 条线组成。可以指定一条特定的线为 P port.line,例如 P0.3 就是 0 端口上的第 3 条线。在 DAQ 设备上找到 DIO 线 P0.0,然后构建硬件电路,如图 4.55 所示。在这个电路中,当 P0.0 为高电平时,它在电阻-LED 系列组合的两端提供(大约)5 V 的电压差,从而产生一个为 5 V/220 Ω≈20 mA 的电流,并点亮 LED。

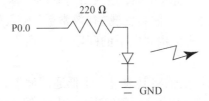

图 4.55 练习部分的硬件电路,连接至 LED 和(限流)电阻串联的数据采集设备的数字输入/输出线 P0.0

编写一个 VI,它以如下方式点亮 LED:

在新 VI 的前面板上放置一个布尔开关(如 **Push** 按钮)。然后在框图上放置 DAQ 助手,并将其配置为 **Generate Signals ≫ Digital Output ≫ Line Output ≫ port0/line0** 和 **Generation Mode ≫ 1 Sample(On Demand)**。在这个配置中,当布尔真(假)值传递到 DAQ 助手的 **data** 输入端时,P0.0 将变为高(低)电平。构建如图 4.56 所示的框图。因为 DAQ 设备有 N 条 DIO 线,所以格式化 **data** 以接收高达 N 个元素的布尔值数组。因此,在把布尔开关的单个布尔值转换为包含一个元素的布尔数组的过程中,**Build Array** 图标(可在 **Functions ≫ Programming ≫ Array** 中找到)是必不可少的。

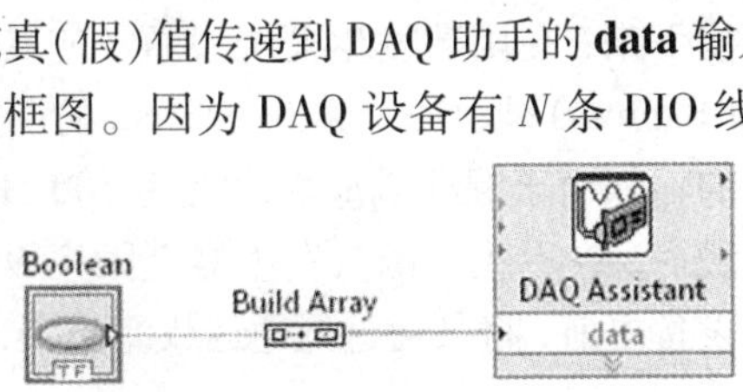

图 4.56 点亮 LED 的连线图

多次运行 VI，它表明通过设置布尔开关，可以触发硬件电路中 LED 的开和关。

接下来，使用称为 A 和 B 的两个 LED 构建如图 4.57 所示的硬件电路。然后编写一个基于 While 循环的 VI 并命名为 Alternating LEDs。当这个程序运行时，While 循环的偶数次迭代期间，A 点亮且 B 熄灭；奇数次迭代期间，B 点亮且 A 熄灭。LED 交替点亮直到单击前面板的 **Stop** 按钮。

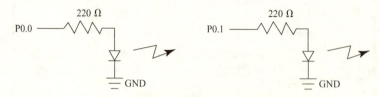

图 4.57　Alternating LEDs 控制的硬件电路

构造 Alternating LEDs 的过程中，除了 **Build Array**，你会发现以下图标是有用的：Functions ≫ **Programming** ≫ **Comparison** 中的 **Select** 和 **Equal To 0?**，以及 Functions ≫ **Programming** ≫ **Numeric** 中的 **Quotient & Remainder**（商与余数）。

习题

1. 设混叠条件为 $f = \pm f_{alias} + nf_s$，证明在所有的 $t_i = i\Delta t$ 处，有 $\sin(2\pi f t_i) = \pm\sin(2\pi f_{alias} t_i)$。
2. 观察由 DAQ 设备数字化模拟输入信号的电压分辨率 ΔV，并验证此观察和式[1]的预测是否一致。把缓慢变化的模拟信号（如 1 Hz 三角波）、函数波形发生器的同步输出连接到由 Digital Oscilloscope(Express) 控制的模拟输入通道和数字触发引脚。采用快速采样速率和少量样本运行 Digital Oscilloscope(Express)，以便于输入信号在你获得的轨迹上是有效恒定的。停止 VI，然后通过比例缩放 y 轴，放大所得到的数据（或者可以使用 **Probe** 查看数据样本的数值）。在"高放大"时，你会发现"有效常数"输入信号的数据样本表现为离散分布（因为电子噪声）。测量两个相邻电平的间距 ΔV，所得到的 ΔV 值和式[1]的预测值一样吗？
3. 将模拟信号输入到数字转换器之前将其通过一个低通滤波器，这样可以抑制混叠效应。为了演示这个过程，把模拟正弦波信号、函数发生器的同步输出连接到 Digital Oscilloscope(Express) 控制的模拟输入通道和数字触发引脚。

    在 Digital Oscilloscope(Express) 的前面板上，令 Number of Samples、Sampling Frequency 分别等于 100 和 1000，并且在函数发生器上设置正弦波频率 f 使其约等于 100 Hz。运行 Digital Oscilloscope(Express)。如果进展顺利，你将看到一个 100 Hz 正弦波大约十个周期的"平稳"图形。关闭 y 轴上的自动缩放功能。

    接下来，在函数发生器上设置 f 使其约等于 1900 Hz，然后调整 f 值直到 Digital Oscilloscope(Express) 显示一个大约 100 Hz 的混叠波形。使用式[2]解释当数字化时为什么 f = 1900 Hz 的输入由于混叠效应而表现为 100 Hz 的正弦波。

    最后，在不改变函数发生器上频率设置的条件下，在 f = 1900 Hz 的正弦波电压输入到 DAQ 设备之前，将其通过低通运放滤波器，如图 4.58 所示，其中 R = 15 kΩ，C = 0.1 μF。相比于没有滤波的情形，什么因素导致混叠信号振幅的衰减？低通滤波器的 3 dB 频率 $f_{3dB} = \dfrac{1}{2}\pi RC$ 是多少？如果想要混叠信号进一步衰减，你会改变什么？[通过使用更陡下降的低通滤波器而不是这里使用的简单（一阶）电路来优化这个过程。]

4. 构建一个双通道数字示波器。当 Digital Oscilloscope（Express）打开时，使用 **File** ≫ **Save As...** 创建一个新 VI 并命名为 Dual Digital Oscilloscope（Express）。在程序框图上，你必须对 DAQ 助手重新编程来读取两个通道而不是一个。打开 DAQ 助手并添加新的通道，然后关闭对话框窗口。VI 现在已经完成。把电压波形和函数发生器的同步数字信号连

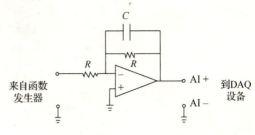

图 4.58 习题 3 的图

接到框图上程控 DAQ 设备的两个 AI 通道。此外，把同步数字信号连接到 DAQ 设备的 PFI0 通道。运行 Dual Digital Oscilloscope（Express）并验证它同时显示两个输入的踪迹。

5. 热电偶广泛用于温度传感器。通过加入两种不同的金属末端可以构造一个热电偶，例如连接铜和康铜可形成 T 形热电偶。这个结产生一个良好文档化、依赖于温度的毫伏级电压，其中所测量的温度是相对于"冷接点"的参考温度。方便起见，这个冷接点可由一个称为冷接点补偿器（CJC）的紧凑型电子设备提供，它有效地使参考温度等于 0℃。

把热电偶连接至 CJC，然后把 CJC 的正、负输出连接到 DAQ 设备的 AI 0^+ 和 AI 0^- 引脚。使用 DAQ 助手编写一个名为 Thermocouple Thermometer（Express）的程序，它每 250 ms 读取一次热电偶电压，并把该值转换为相应的摄氏温度直到按下停止按钮，然后在前面板显示控件上显示这个温度。使用以下方式对 DAQ 助手进行编程：选择 **Acquire Signals** ≫ **Analog Input** ≫ **Temperature** ≫ **Thermocouple** ≫ **ai0**，接下来选择 **Scaled Units** ≫ **deg C**，**CJC Source** ≫ **Constant**，**CJC Value** ≫ **0** 和 **Acquisition Mode** ≫ **1 Sample**（**On Demand**）。将 **Thermocouple Type** 编程为特定类型的热电偶（例如，T）。

运行 Thermocouple Thermometer（Express）并用它测量室温和皮肤的温度。

6. 如果 DAQ 设备支持硬件定时模拟输出操作，编写一个名为 Bode Magnitude Plot 的程序，它执行以下步骤：把频率为 f、均方根振幅为 1 V 的交流电压加载到电路的输入端，在电路的输出端测量产生的均方根电压振幅 V_{out}，然后计算增益（以分贝为单位）$G = 20\ \log(V_{out}/V_{in})$，其中 $V_{in} = 1\ V_{rms}$。构建 VI 以便于这个过程在范围为 $f = 10$ Hz 到 $f = 2010$ Hz、增量为 25 Hz 的范围内重复，结果数据显示在 G 和 $\log(f)$ 的绘图中。根据以下指导构建 VI。

程序框图：

这个 VI 主要由三个 Express VI 组成，其配置如图 4.59 所示。这里 **Simulate Signal**（可在 **Functions** ≫ **Express** ≫ **Input** 中找到）用于创建频率为 f、均方根振幅为 1 V 的正弦波，将其传送到配置好的 DAQ 助手以在模拟输出通道产生这个波形。假设正弦信号加载在电路的输入端，对第二个 DAQ 助手进行配置，使其以 $50f$ 的采样频率在电路的输出端读取响应的 500 个样本（即在 **data** 终端读取输出的 10 个周期并使它可用）。最后，把这 10 个周期提供给 AC & DC Estimator.vi（可在 **Functions** ≫ **Signal Processing** ≫ **Signal Operation** 中找到）。注意，在仿真信号的对话框窗口中，选择 **Samples per second**（**Hz**）≫ **40000** 并检查 **Integer number of samples**。对于模拟输出 DAQ 助手，选择 **Generation Mode** ≫ **Continuous** 并检查 **Use Waveform Timing**。对于模拟输入 DAQ 助手，选择 **Acquisition Mode** ≫ **N Samples**。

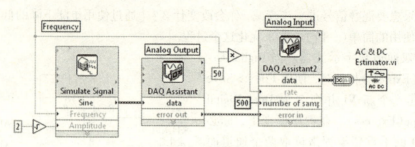

图 4.59 三个 Express VI 的配置

前面板：

在前面板上放置一个 XY 图并向它提供框图上 f 和 G 的捆绑数组。为了在 x 轴上获得一个对数刻度，可在 XY 图的弹出菜单上选择 **X Scale** ≫ **Mapping** ≫ **Logarithmic**（X 标尺 ≫ 映射 ≫ 对数）。

完成时使用 Bode Magnitude Plot 获得 RC 电路的伯德（Bode）图，电路如图 4.60 所示，其中 $R = 4.7\ k\Omega$、$C = 0.1\ \mu F$。

7. 如果 DAQ 设备支持硬件定时模拟输出操作，编写一个程序且命名为 Music Box，它演奏一个 A 大调且使每个音符听起来持

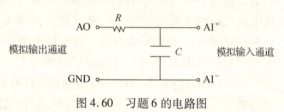

图 4.60 习题 6 的电路图

续 500 ms。这个范围上的八个音符具有以赫兹为单位的以下频率：440.0，493.9，554.4，587.3，659.3，740.0，830.6，880.0。这些频率可以存储在前面板上的数组控件（**Array Control**）或框图上的数组常量（**Array Constant**）中（通过在 **Array Constant** 框架内放置一个数值输入控件来创建）。在框图上，把每个频率 f 一次输入到包含子框图的 For 循环中，如图 4.61 所示。这里，**Simulate Signal** Express VI（可在 **Functions** ≫ **Express** ≫ **Input** 中找到）将创建一个频率为 f、周期为整数的所需正弦波数组，然后通过 DAQ 助手将其在 AO 通道上作为实电压波形输出。当对 **Simulate Signal** 编程时，选择 **Samples per second**（Hz）≫ **100000**，**Number of samples** ≫ **1000**（并取消 **Automatic**）。并检查 **Integer number of cycles**。为了演奏，把放大器和扬声器连接到 AO 通道，如图 4.62 所示，然后运行 Music Box。

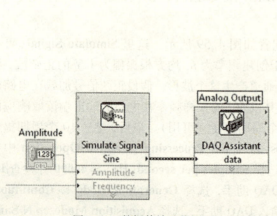

图 4.61 数据传输连线图

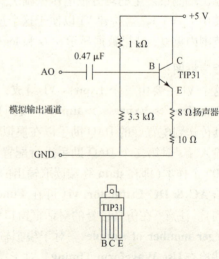

图 4.62 习题 7 的放大电路

8. 对于 myDAQ 用户，在数字示波器程序中使用软件而不是硬件进行数字触发。假设你希望观察函数发生器产生的且在 myDAQ 的 AI 0 通道上被数字化的波形。进一步假设函数发生器的同步输出同时在 myDAQ 的 AI 1 通道上数字化。

首先，创建一个名为 Digital Trigger(Software) 的 VI，其前面板如图 4.63 所示（也可参见图 4.64 的帮助窗口）。为了创建二维数组输入控件 Acquired Data，首先需要创建一个一维数组输入控件，然后在其索引显示的弹出菜单上选择 **Add Dimension**（添加维度）。Number of Samples 表示为 **I32**。

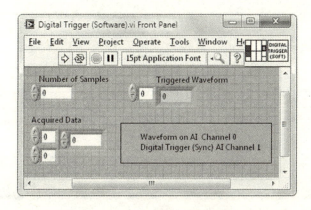

图 4.63　数字触发器的前面板

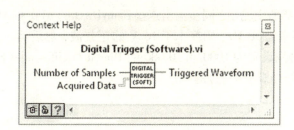

图 4.64　数字触发器的帮助窗口

接下来，对 Digital Trigger(Software) 的框图进行编码，如图 4.65 所示。**Index Array**（索引数组）和 **Array Subset**（数组子集）可在 **Functions ≫ Programming ≫ Array** 中找到。对数组操作的描述详见 6.8 节和 9.6 节。

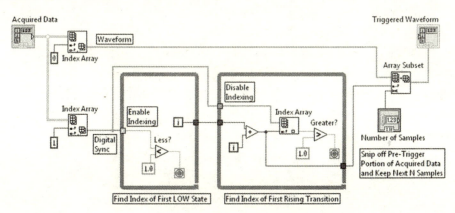

图 4.65　数字触发器的连线图

最后，修改 Digital Oscilloscope(Express)的框图，如图 4.66 所示。这里，必须对 DAQ 助手进行编程以读取通道 AI 0 和 AI 1 的数据。配置这个 Express VI，在定义一个任务时它将指导你如何选择多个 AI 通道。同样，当把 DAQ 助手的 **data** 输出端连接到 Digital Trigger(Software)的 **Acquired Data** 输入端时，**Convert from Dynamic Data** 图标将自动嵌入到连线中。这个图标将 Express VI 产生的动态数据类型转换为 Digital Trigger(Software)使用的二维浮点数值数组。如果需要在框图上手动放置 **Convert from Dynamic Data**，则可在 **Functions ≫ Express ≫ Signal Manipulation** 中找到。

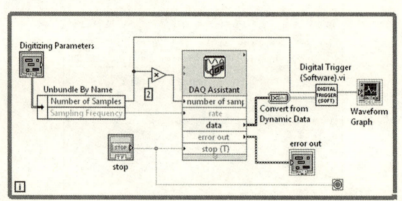

图 4.66　修改后的框图

完成后，将函数发生器的主输出、同步输出连接到 myDAQ 的 AI 0 和 AI 1 引脚。对发生器进行配置以产生一个频率为 50 Hz、幅度小于 10 V 的正弦波，然后运行。Number of Samples、Sampling Frequency 分别设置为 1000 和 10 000 的 Digital Oscilloscope(Express)。你所观察到的波形是正常触发(即外观上平稳)的吗？

第 5 章　数据文件与字符串

5.1　ASCII 文本与二进制数据文件

任何实验的结果都体现在它生成的数据中。在计算机控制实验中，为了将来的数据分析，在磁盘文件中保存实验结果尤为重要。为了可以容易地由用户编写的程序或商业软件包读取、分析和显示实验结果，我们希望这些数据以一种方便的格式存储。

计算机之间的字母数据通信一般使用美国信息交换标准代码(ASCII)。在这种编码方案中，当接收到数据时，一个字节中的前七位用来表示一个字符，而字节的第八位——校验位用于错误检查。在 ASCII 中，$2^7=128$ 种不同的状态用来表示所有键盘的字母、数字字符及不可显示的控制字符，如回车(CR)和换行(LF)。在扩展的 ASCII 字符集中，所有的八位都用于字符编码，产生 256 种不同的状态。

ASCII 字符序列被称为一个字符串。字符串当然可以用来表示文字信息。然而，字符串在计算机与独立的仪器间传递命令和数据时也很有用。此外，正如我们在这一章中所发现的那样，字符串还可以用于在计算机磁盘文件中存储数字数据。

最通用的读取数据文件的格式为 ASCII 文本文件。以这种方式存储数据具有以下优势。你的文件将由计算机准确地读取。此外，字符处理器可以查看文件，或者如果需要，在生成报告时，易于被剪切或粘贴到文档中。最后，很容易将数据导入商用的数据分析软件包。大量的应用程序希望文件格式为制表符定界的 ASCII 文本，或者通常称为电子表格格式。在这种格式下，制表符分隔列、行结束符(EOL)分隔行，如图 5.1 所示。

用电子表格程序打开这个文件，如使用 Microsoft Excel，将产生图 5.2 的结果。

```
0.00 → 0.4258¶
1.00 → 0.3073¶            → = Tab¶
2.00 → 0.9453¶            ¶ = EOL¶
3.00 → 0.9640¶
4.00 → 0.9517¶
```

图 5.1　制表符分隔列、行结束符(EOL)分隔行

	A	B	C
1	0.00	0.4258	
2	1.00	0.3073	
3	2.00	0.9453	
4	3.00	0.9640	
5	4.00	0.9517	
6			

图 5.2　用 Microsoft Excel 打开文件

此外，数值数据可被存储为二进制流文件。这种文件格式是一种存储在计算机内存中的、数据的简单位映射表示。因此，当数据在二进制文件与计算机内存之间交互时，几乎不再需要数据转换，因而能获得最优的性能。同时，二进制数据文件提供了存储数字数据的最节省内存的方法。为了证明这一事实，考虑存储整数 54 321 所必需的字节数。因为这个数小于 $2^{16}=65\ 636$，所以它在二进制文件中只需要占用两字节的存储。然而，在一个 ASCII 文本文件中，这个数会占据 5 字节的内存，每个字符 5、4、3、2、1 分别占据一个字节。二进制文件的缺点是缺乏可移植性。当不知道详细的文件格式时，它们不能由一个文字处理器查看或者被其他任何程序读取。

LabVIEW包含内置的VI,可使用ASCII文本或二进制文件格式方便数据的存储和检索。如果最关心易用性及与电子表格应用程序的兼容性,那么就使用基于ASCII的文件存储方式。另一方面,如果需要高效的内存使用率和高速处理速度,那么二进制文件是最好的选择。

在本章中,我们将学习如何在基于ASCII的电子表格文件中存储数据。我们将编写一个程序,使用自己制作的Waveform Simulator(波形模拟器)作为子VI产生数据,然后选择**Functions ≫ Programming ≫ File I/O**(函数≫编程≫文件I/O),使用相关的图标实现数据存储。

5.2 在电子数据表格的格式文件中存储数据

数据存储VI的实现可以使用以下方案:使用第3章创建的Waveform Simulator程序生成一些数据,然后将这些数据存储为电子表格的格式文件,保存在计算机的硬盘驱动器上。

首先打开一个新的VI。使用**File ≫ Save**(文件≫保存)菜单,创建一个名为Chapter 5的新文件夹,保存在YourName文件夹中,然后保存这个VI,命名为Spreadsheet Storage(电子表格存储),并存储在YourName\Chapter 5目录下。

现在切换到程序框图。首先,必须将Waveform Simulator(作为子VI)放在程序框图中(具体步骤可以回顾4.13节)。在函数选板中,单击**Select a VI...**(选择VI)子选板。此时**Select the VI to Open**(选择需要打开的VI)对话框窗口就会出现。在**Look in:**(查找范围:)中,导航进入YourName\Chapter 3文件夹。当显示这个文件夹的列表时,双击Waveform Simulator,或者高亮显示它,再单击对话框中的**OK**按钮。此时回到程序框图,此时可以把自己制作的图标放在合适的位置。

接下来,在前面板上,利用 🖑 工具及在Waveform Simulator上单击鼠标右键(右击),从弹出的快捷菜单中选择**Create ≫ Control**(创建≫输入控件),随后创建**Digitizing Parameters**(数字化参数)和**Waveform Parameters**(波形参数)簇控件,如图5.3所示。

然后,将**Write To Spreadsheet File.vi**图标(在**Functions ≫ Programming ≫ File I/O**中)放在程序框图中,如图5.4所示。

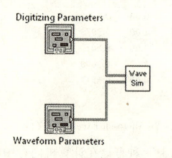

图5.3 Spreadsheet Storage的程序框图

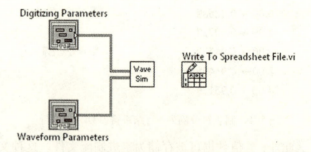

图5.4 增加VI后的Spreadsheet Storage的程序框图

5.3 存储一维数据数组

为了了解**Write To Spreadsheet File.vi**图标的功能,可以查看其帮助窗口,如图5.5所示。在这里,你会发现这个VI在许多方面的潜在功能。适用于一般的帮助窗口,图标输入的默认值都由括号内的数值所示。同时,输入分别用黑体、纯文本或者浅色的文本来表示是否此输入为必要的、推荐的或者可选择的。必要的输入(**Write To Spreadsheet File. vi** 中没有)必须连接，否则该图标不会执行。如果需要，推荐的及可选择的输入控件功能可供使用。可选择的输入并不常用，仅在单击(正如本书所显示的)帮助窗口左下角按钮中的 **Show Optional Terminals and Full Path**(显示可选终端和完整路径)按钮 时，它们的标签才会出现。

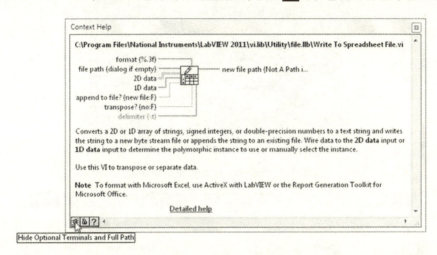

图 5.5 **Write To Spreadsheet File. vi** 的帮助窗口

在最基本的操作模式下，只简单提供了一个一维数字数组向 **Write To Spreadsheet File. vi** 的 **1D data**(一维数组数据)输入端进行写的操作。然后 VI 会提示用户输入一个文件名，而后将以电子表格的格式储存。通过以这样基本的方法操作 **Write To Spreadsheet File. vi**，我们将了解其他可用输入选项的必要性。

将 **Unbundle By Name**(按名称解除捆绑)[在 **Functions ≫ Programming ≫ Cluster, Class, & Variant**(函数≫编程≫簇，类与变体)中]放入程序框图，然后将它与波形发生器的 **Waveform Output**(波形输出)的接线端相连。使用 工具扩展 **Unbundle By Name**，以便使输出端对簇的两个元素(时间和偏移)都可以访问，然后将 **Displacement**(位移)接线端与 **Write To Spreadsheet File. vi** 的 **1D data** 输入相连，如图 5.6 所示。

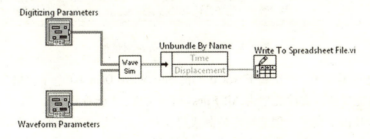

图 5.6 修改后的 Spreadsheet Storage 的程序框图

现在返回到前面板，将对象排列整齐，然后保存。设定输入来创建一个小偏移值(如10)、幅度为 4.0、频率为 100 Hz 的正弦信号，采样频率设置为 1000 Hz。然后运行程序，如图 5.7 所示。

此时会出现一个 **Choose file to write**(选择待写入文件)的对话框。在 **Save in:**(保存在)列表框中进入 YourName\Chapter 5 文件夹，在 **File name:**(文件名)文本框中输入 Sine Wave Data. txt,

然后单击 **OK** 按钮。程序在 YourName\Chapter 5 文件夹中创建所需要的电子表格文件，如图 5.8 所示。

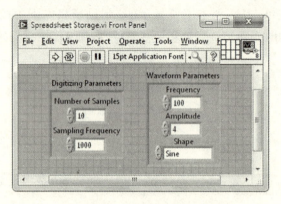

图 5.7　Spreadsheet Storage 的前面板

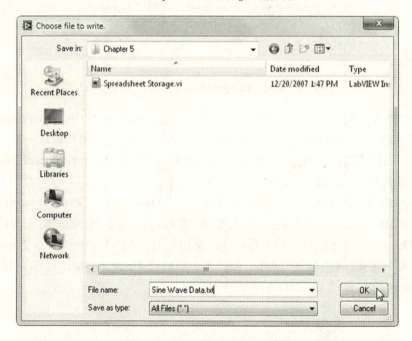

图 5.8　Choose file to write 对话框

使用文字处理器程序，打开基于 ASCII 码的 Sine Wave Data.txt 电子表格文件[在打开的对话框窗口中，可能要选择文件类型为 **All Files**（所有文件）才能看到 Sine Wave Data.txt]。通过在 Microsoft Word（由于文字处理器特定的制表符设置，文件显示可能略有不同）中查看这些数据文件，可以发现如下结论。这里激活了 Word 的 **Show**（显示）命令，它允许看到文件中的非显示字符，如 Tab(→)和 EOL(¶)。如果文字处理器也有类似的选择，通常可以用来查看这些隐藏的符号，如图 5.9 所示。

我们可以看到 10 个由 Tab 分隔的正弦波值序列和以 EOL 结束的序列。根据电子表格格式的约定，我们得出结论，电子表格应用程序将这个字符串视为一行数据，并将这 10 个数字数据包含在一行的顺序列中。使用文字处理器程序关闭 Sine Wave Data.txt，但不要保存它（否则程序可能将自己的格式化语句特性嵌入文件中）。

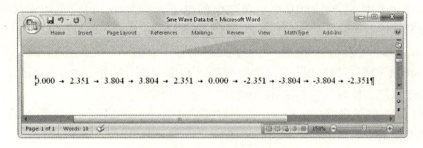

图 5.9　在 Microsoft Word 中查看 Sine Wave Data.txt 文件

如果可以，使用电子表格应用程序读取 Sine Wave Data.txt 文件。要做到这一点，可以在应用程序中选择使用打开（**Open**）或者导入（**Import**）命令。可能还需要告诉程序你正在读取一个文本文件（而不是二进制、Excel 等格式）。也可能会遇到一个对话框窗口，需要告诉程序数据是由制表符界定的。接下来，我们将展示通过使用 Microsoft Excel 来读取 Sine Wave Data.txt 文件的结果。正如预期的那样，10 个数值出现在一行的顺序列中，如图 5.10 所示。

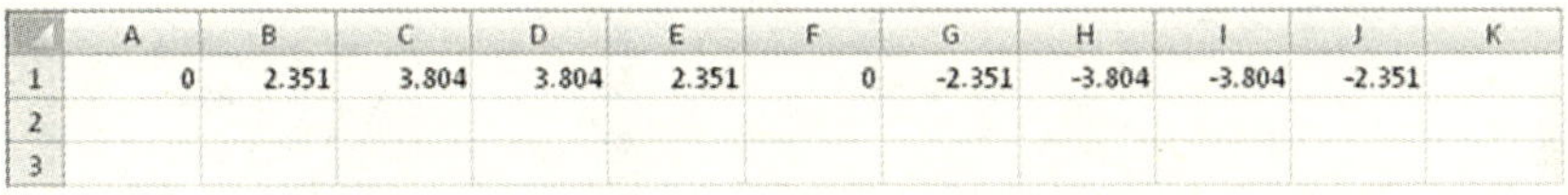

	A	B	C	D	E	F	G	H	I	J	K
1	0	2.351	3.804	3.804	2.351	0	-2.351	-3.804	-3.804	-2.351	
2											
3											

图 5.10　使用 Microsoft Excel 读取 Sine Wave Data.txt 文件

5.4　转置选项

如果读者在电子表格应用上有一点经验，那么上面的操作例子将会导致一些问题。在使用程序生成曲线进行曲线拟合，或是执行其他有用的数据分析操作时，特定数量的一组数据（例如正弦波偏移）期望保存在一列中，数组中的元素被行号索引。这种数据组织模式通常称为以列为主秩序。我们可以看到，在其默认设置中，**Write To Spreadsheet File.vi** 图标在这种约定下不能正常工作。

然而，一旦确定了这个问题，通过查询图标帮助窗口，可以找到一种简单的补救措施。在这里会发现 VI 拥有一个 **transpose?**（是否转置?）输入功能，其默认值为 FALSE。通过对输入连接一个为 TRUE 的 **Boolean Constant**（布尔常量），该文件将以列为主的形式记录，而不是以行为主的形式。在程序框图中可以实现上述操作。一个简单的获得 **Boolean Constant** 的方法是在 **transpose?** 输入上右击，弹出快捷菜单，选择 **Create ≫ Constant**（创建 ≫ 常量）。通过单击 🖑 工具，**Boolean Constant** 的值将从 FALSE（默认）转换为 TRUE 状态，如图 5.11 所示。

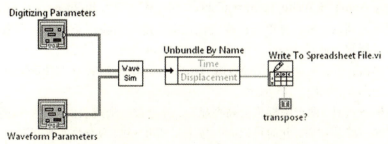

图 5.11　Spreadsheet Storage 的程序框图：加入 **transpose?**

运行程序，产生一个具有 10 个正弦波值的电子表格文件。可以重用文件名 Sine Wave Data.txt（假设文件最初都是关闭的，通过在 **Choose file to Write** 对话框窗口中打开这个名字的文件）或者选择一个新的名字。使用文字处理器程序查看这个文件。如图 5.12 所示（使用 Microsoft Word），我们可以发现，每个数据值都以 EOL 字符分隔相邻数据。因此，当一个电子表格应用程序读取文件时，这个数组的值被放置在一列中。

如果可以，在电子表格应用程序中打开数据文件。如图 5.13 所示（使用 Microsoft Excel），我们可得到期望的以列为主秩序的数据实现。

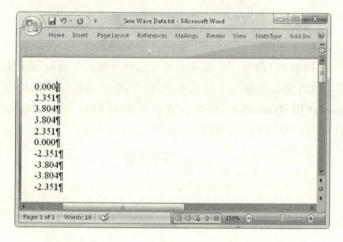

图 5.12　使用 Microsoft Word 打开 Sine Wave Data.txt

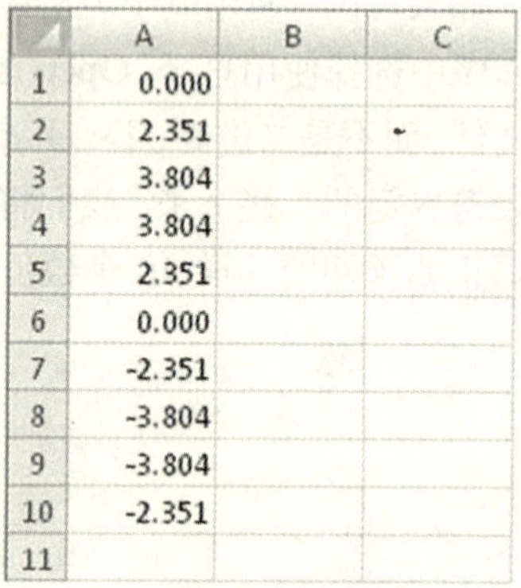

图 5.13　使用 Microsoft Excel 打开 Sine Wave Data.txt

5.5　存储二维数据数组

当使用电子表格应用程序去分析和/或画出 Waveform Simulator 产生的正弦波数据时，它需要分别导入时间和位移数组为两个电子表格列。让我们看看如何完成，这一点是通过将一个二维数组输入 **Write To Spreadsheet.vi** 来实现的，很容易修改 Spreadsheet Storage 程序来产生合适的数据文件。我们从时间和位移开始，它们分别是从 Waveform Simulator 中输出的两个一维数组。每个一维数组有 N 个元素，其中 N 是由 Number of Samples（样本数量）决定的。我们现在需要这两个一维数组拼接在一起，形成一个二维数组，其中 N 个时间和位移分别为二维数组的第一行和第二行。在数学上将这个对象称为一个 $2 \times N$ 的矩阵；在 LabVIEW 中，将它称为一个二维数组。

下面将使用一个称为 **Build Array**（构建数组）的图标来构建这个二维数组。但是，必须先在 **Unbundle By Name** 与 **Write To Spreadsheet File.vi** 之间为 **Build Array** 开辟一些空间。为了扩大两个图标之间的间隔，可单击连接它们的线，然后删除这条线。接下来，放置 ▶（在程序框图的空白区域它会显示为一个十字架），如图 5.14 所示。

在框图上单击，然后拖动光标在 **Write To Spreadsheet File.vi** 与 **Boolean Constant** 图标周围形成虚线矩形框，如图 5.15 所示。

在释放鼠标按钮时，两个图标将会高亮显示，并会被一个选取框选中。这时就可以通过键盘上的向右键向右移动对象，此时可以同时按下 < Shift > 键（只允许水平运动），或者仅使用 ▶ 拖动图标，如图 5.16 所示。

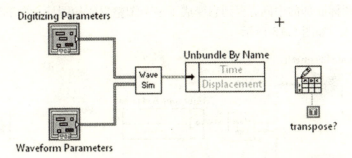

图 5.14　Spreadsheet Storage 的程序框图：扩展图标之间的间隔

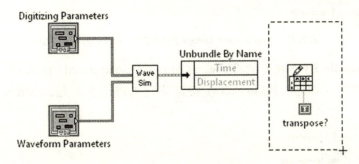

图 5.15　Spreadsheet Storage 的程序框图：形成虚线矩形框

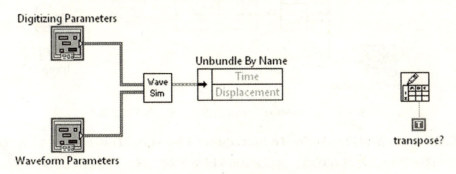

图 5.16　Spreadsheet Storage 的程序框图：水平移动图标

现在从 Functions ≫ Programming ≫ Array（函数 ≫ 编程 ≫ 数组）选择 Build Array 图标。当把这个图标放入程序框图中时，它仅初始化一个输入，如图 5.17 所示。

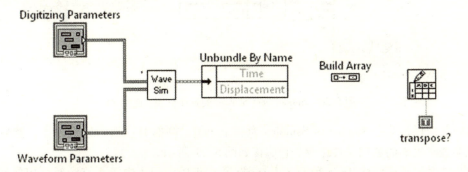

图 5.17　Spreadsheet Storage 的程序框图，加入 Build Array 图标

将 放在该图标底部的中间，直到它变成了一个调整操作的图标。向下调整图标，以便它可以容纳两个输入，如图 5.18 所示。

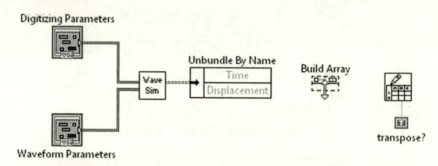

图 5.18　Spreadsheet Storage 的程序框图：调整图标大小

然后将 Unbundle By Name 的 Time（时间）和 Displacement（位移）输出分别与 Build Array 的上下两个输入相连。Build Array 将这些输入拼接在一起，形成所需的二维数组，如图 5.19 所示。

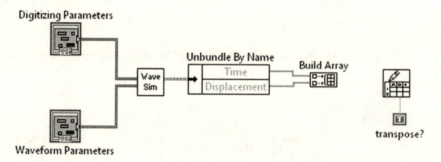

图 5.19　Spreadsheet Storage 的程序框图：形成二维数组

将 Build Array 的输出与 Write To Spreadsheet File.vi 的 2D data（二维数据）输入端相连。注意，这个连接会表现为双线，也就是 LabVIEW 中的二维数组，如图 5.20 所示。

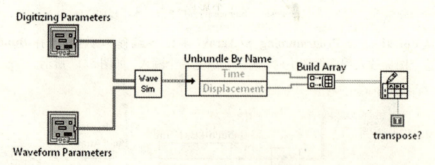

图 5.20　Spreadsheet Storage 的程序框图：连接 VI

返回前面板，设置 Number of Samples 为一个小值，例如 10，然后运行程序。然后使用文字处理器查看生成的数据文件结果，它应该如图 5.21 所示。

这个结果显示已经将 Time 和 Displacement 数据正确地导入电子表格的两个相邻列。为了验证这一结果，利用电子表格应用程序打开文件，如图 5.22 所示。如果读者熟悉电子表格应用程序的操作，可以画出列 B 与列 A 或者将列 B 曲线拟合为一个正弦函数。

第 5 章 数据文件与字符串　　143

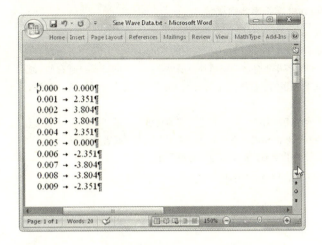

图 5.21　使用文字处理器查看生成的数据文件　　　　图 5.22　用电子表格应用程序打开文件

5.6　控制存储数据格式

下面讨论 **Write To Spreadsheet File. vi** 的其他选项。首先，读者可能已经注意到，当查看数据文件时，每个数值存储的精度为小数点右边三位数。这种数字数值的精度是由 Waveform Simulator VI 产生的吗？

下面做个测试：在 Spreadsheet Storage 的程序框图中双击 Waveform Simulator 图标打开它。在 Time 和 Displacement 前面板显示控件上右击，弹出快捷菜单，选择 **Display Format…**（显示格式）。然后将 **Digits of precision**（位精度）从其默认值增大到如 10，激活 **Hide trailing zeros**（隐藏尾随零）选项。也可以调整显示控件，以便所有的新数字都为可见。选择合适的 Digitizing Parameters 和 Waveform Parameters 输入后，运行 VI。你会发现数组显示控件显示值的精度为你所要求的。现在，在对 Waveform Simulator 进行修改后，重新运行 Spreadsheet Storage，然后查看它产生的新的 Sine Wave Data. txt 文件。你会发现存储的值仍只有小数点右边三位数的精度。因此，我们推测 Waveform Simulator 不影响 Sine Wave Data. txt 中的数据格式。事实上，Waveform Simulator VI 不依赖于 **Digits of precision** 的设置来计算高精度浮点值，其输出到连接线。**Digits of precision** 的参数只是用于选择在 VI 前面板显示控件上对这些高精度的数值显示多少位精度。

因为我们已经消除了对 Waveform Simulator 的疑虑，所以必须在 Spreadsheet Storage 中找到决定截断由 Waveform Simulator 产生的文件小数点后的三位精度的其他位置。浏览 **Write To Spreadsheet File. vi** 的帮助窗口，发现是由图标的 **format**（格式）输入决定的。使这个输入悬空，图标默认的数值存储格式为%.3f。为了理解这个指令，需要知道 **format** 字符串遵循如下语法：

%［WidthString］［. PrecisionString］ConversionCharacter

其中，可选特性列在方括号里。每个语法元素，以及它如何影响数据文件存储数据的格式，在下面的表 5.1 中进行了说明。

因此，我们看到%.3f命令指示 **Write To Spreadsheet File. vi** 存储的数据为小数浮点格式，并且每个数据的总宽度自动适应，从而保持小数点右边三位数的约束。

表5.1　Format 字符串参数属性

%	表示格式规范开始的字符
WidthString(可选)	整数,用来代表存储数据的 ASCII 字符总数。如果指定的 WidthString 值超过实际所需的一个特定的数量,多余部分的字符串将会被空格填补。如果不指定 WidthString(或存储的数据比指定的 WidthString 需要更多的字符数),必要时数字字符串可扩展长度来表示存储的数据
. PrecisionString(可选)	句点(.)后跟一个整数表示存储数据的小数点右边所需的精度。如果. PrecisionString 没有指定,可以按小数点右边六位数的精度来存储数据。如果仅有(.)或者. PrecisionString 丢失或 PrecisionString 为零时,小数点右边的所有数字将被丢弃
ConversionCharacter	指定数字以下面某种存储方式存储的单个字符 d 十进制整数 x 十六进制整数 o 八进制整数 f 浮点小数格式 e 浮点科学记数法

在程序框图中放置一个 **String Constant**(字符串常量),定义它的格式为% 8.5f,然后将它连接到 **Write To Spreadsheet File. vi** 的 **format** 输入端。最简单的创建 **String Constant** 的方法当然是在 **format** 输入上右击弹出快捷菜单,然后选择 **Create ≫ Constant**。还可以选择 **Functions ≫ Programming ≫ String** 找到这个图标,如图5.23所示。

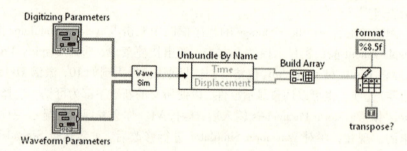

图5.23　Spreadsheet Storage 的程序框图,放置一个 **String Constant**

运行程序,将数据存储在一个文件中。使用文字处理器查看文件。观察文件的数值是以指定格式存储的吗?可以试着将 **Conversion Character** 改为 d(十进制整数)或者 e(浮点科学记数法),观察对格式的影响。

5.7　路径常量与平台可移植性

接下来,让我们仔细分析给数据文件命名这一处理过程。在某些情况下,可以将文件的名字硬连接进程序代码。回顾 **Write To Spreadsheet File. vi** 的帮助窗口,我们发现这个选项可以通过 **file path**(**dialog if empty**)[文件路径(如果对话框为空)]输入。以前,我们将这个输入悬空而没有连接,因此执行默认值 **dialog if empty**(即弹出一个对话框,希望提供一个文件名)。现在使用另外一种方法,即指定一个特定的文件名。

计算机系统中的一个特定文件的路径由分层目录结构所规范。路径通常由驱动器名(drivename)开始,紧随其后的是目录名称(directory names)(通常称为 folders)与 filename。在 Windows 系统中，这些不同的层次结构由反斜杠(\)分隔；在 Macintosh 系统中则使用正斜杠(/)。因此，在 Windows 系统下，硬盘 C 中的目录 Users\Account\ Desktop\ YourName\Chapter 5 下的文件 Sine Wave Data.txt 的路径为 C：\Users\ Account\ Desktop\ YourName\Chapter 5\Sine Wave Data.txt。同样，在 Macintosh 系统中，在硬盘驱动 Macintosh HD 下，类似命名文件的路径为 Macintosh HD /Users/Account/ Desktop/ YourName/Chapter 5/Sine Wave Data.txt。将特定文件名硬连接进一个程序，需要将适合相应计算平台(Windows 或 Macintosh)的路径插入到一个 **String Constant** 中，并将这个文件对象连接到 **Write To Spreadsheet File.vi** 图标的 **file path** 输入端。然而，考虑到平台的可移植性问题，这种预期可能需要略有修改。

平台可移植性是 LabVIEW 编程的突出特征之一。这意味着可以在 Windows 系统上编写一个称为 Widget(窗件)的 LabVIEW 程序，然后把它(例如使用电子化的方式、U 盘或移动硬盘)传给一个使用 Macintosh 系统的实验室同事。一旦同事将 VI 复制到他的 Macintosh 系统，Widget 可以在 Macintosh 系统中通过 LabVIEW 打开。当打开它时，LabVIEW 可以检测到 Widget 是被写在另一个平台上，从而重新编译为可以在本地处理器上正确运行的指令。如上所述，任何的重新编译必须包含将 Widget 内的硬连接路径翻译为一种适合新系统的形式。为方便这一编译过程，一种称为 **Path Constant**(路径常量)的特殊 LabVIEW 对象(在 **Functions** » **Programming** » **File I/O** » **File Constants** 中)用于路径名规范。封装路径为 **Path Constant** 仅有的功能，它使得当程序被移植时，这些特殊的字符串(如"/"和"\")将有别于其他字符串。

在 **Write To Spreadsheet File.vi** 的 **file path** 输入上右击，弹出快捷菜单，在程序框图里放置一个 **Path Constant**，然后输入适合计算平台的路径。这里显示 Windows 系统中的结果图示(见图 5.24)。如果 VI 试图打开数据文件时出错，仔细检查 **Path Constant** 中的文件路径是否完全正确(寻找已存在的 Windows 文件的具体路径，打开包含文件的文件夹，右击文件图标或名字，从弹出的快捷菜单中选择 **Properties**)。

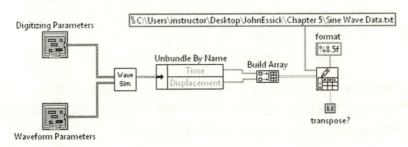

图 5.24　Spreadsheet Storage 的程序框图，放置一个 **Path Constant**

保存工作，然后运行这个程序。通过文字处理器或电子表格应用程序查看结果数据文件，验证它是否符合预期。

5.8　基本文件 I/O VI

Write To Spreadsheet File.vi 实际上是一个由基本文件 I/O 函数组成的高级 VI。为了获得更多的文件输入/输出过程控制，我们首先使用基本的文件 I/O 函数来编写一个程序，使其与 **Write To Spreadsheet File.vi** 实现相同的功能。然后通过更深的理解来增强其功能。

所有的数据存储("文件输出")操作必须执行以下三个步骤：打开一个文件，向打开的文件中写入数据，关闭该文件。检索以前已存储的数据（"文件输入"）执行同样的三个步骤，除了是从打开文件中读取数据（而不是写入）。在 **Functions ≫ Programming ≫ File I/O** 中，以下三个图标可用于数据存储执行所需的三个步骤的实现：**Open/Create/Replace File**（打开/创建/替换文件），**Write To Text File**（写入文本文件），以及 **Close File**（关闭文件）。为了了解如何将这三个图标连接在一起来完成数据存储，我们将首先简要描述每个图标的功能。

Open/Create/Replace File 的帮助窗口如图 5.25 所示。给定一个由 **file path** 输入确定的文件，这个图标的工作是打开已存在文件，或是创建它（如果它不存在）。如果 **file path** 悬空，当图标操作需要输入文件路径时，会出现一个对话框。使用给定文件路径及其他配置信息，如文件内的最后一次 I/O 操作的位置和用户权限（如只读），这个图标（除了打开文件）会产生一个"参考号"（简称为 refnum，其实就是句柄）。为了传递需要的信息给其他文件 I/O 图标，在 **refnum out** 接线端处，refnum 可被其他函数使用。注意，这个图标的所有输入是推荐的（标准文本）或为可选的（浅色字）。这样，当 **Open/Create/Replace File** 执行时，每个无连接的输入将使用括号中的默认值。

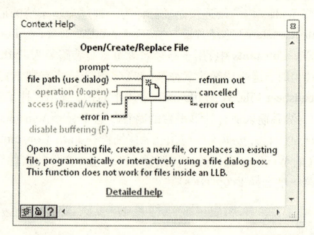

图 5.25 **Open/Create/Replace File** 的帮助窗口

Write To Text File 执行实际的数据存储，它的帮助窗口如图 5.26 所示。一旦 **file** 输入端出现打开文件的 refnum 配置信息，这个图标就在其 **text** 输入处将 ASCII 字符串写入打开的文件。此外，在 **refnum out** 接线端的 refnum 可被其他函数使用。

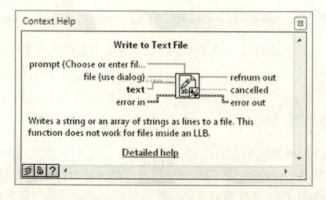

图 5.26 **Write To Text File** 的帮助窗口

最后，**Close File** 的帮助窗口如图 5.27 所示。这个图标关闭由其 **refnum** 输入处指定的文件。此外，包含在输入 refnum 中的文件路径，在 **path** 输出端处可被其他函数使用。

注意，以上三个图标通过错误簇包含错误报告，将会出现在 **error in** 和 **error out** 接线端。

以上三步数据存储过程是通过将这三个图标连接到一起来完成的，如图 5.28 所示。

以上连线方案，利用称为数据依赖性(data dependency)的 LabVIEW 编程原则。简单地说，数据

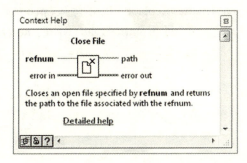

图 5.27　**Close File** 的帮助窗口

依赖性意味着一个图标必须直到所有的输入端的数据都可用时才能执行。在这个程序框图中，**Open/Create/Replace File** 所有的输入都有连接(**Path Constant** 明确地与 **file path** 连接，其他可选的输入都隐式地连接到它们的默认值)。因此，当这个程序框图运行时，**Open/Create/Replace File** 将立即执行。在它执行完成后，**Open/Create/Replace File** 在 **refnum out** 接线端输出一个参考号，它将通过连线传递到 **Write to Text File** 的 **file** 输入端。因为数据依赖性，直到接收到 **Open/Create/Replace File** 发来的参考号，**Write to Text File** 才可以执行。当 **Write To Text File** 执行完成后，它将参考号从其 **refnum out** 接线端传送到 **Close File** 的 **refnum** 输入端。只有这样才能使 **Close File** 执行。因此，通过这样的编程方案，我们能保证图标按照希望的顺序执行：**Open/Create/Replace File**，之后为 **Write To Text File**，最后为 **Close File**。

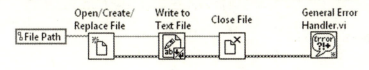

图 5.28　基本文件 I/O VI 的程序框图

同样将文件 I/O 图标以正确的方式连接在一起，如图 5.29 所示，它也可以用于报告错误。如果在链中的一个点发生了错误，随后的图标将不会执行，并且错误消息将传递给 **General Error Handler.vi**，它将错误信息显示在对话框窗口中。**General Error Handler.vi** 可以在 **Functions ≫ Programming ≫ Dialog & User Interface**(函数≫编程≫对话框与用户界面)中找到。除了使用此对话框显示错误报告，还可以将错误信息传递给前面板的错误簇以供查看(正如在第 4 章的 VI 中所做的那样)。

当 Spreadsheet Storage 打开时，选择 **File ≫ Save As...**，然后使用它在 YourName\Chapter 5 文件夹中创建一个新的 VI，名为 Spreadsheet Storage(OpenWriteClose)。修改程序框图，如图 5.29 所示。所需的图标在 **Functions ≫ Programming ≫ File I/O** 和 **Functions ≫ Programming ≫ Dialog & User Interface** 中。

在 **Open/Create/Replace** 的 **operation**(操作)输入上右击，从弹出的快捷菜单中选择 **Create ≫ Constant**，然后在程序框图中创建一个枚举常量("Enum")。将 🖐 放置在枚举常量上，单击鼠标，然后选择 **replace or create**(更换或创建)选项。释放鼠标按钮后，这个选项将会被锁定。在 **file path** 处输入路径，这个图标将创建并打开一个新文件(如果文件路径处不存在该文件)，或者根据路径打开现有的文件并指导后续图标用新数据覆盖("替换")其现有数据。这种模式的操作与编程写入 **Write To Spreadsheet File.vi** 是一样的。同时，注意将其他

Open/Create/Replace File 的输入(**prompt**,**access**,**error in**)悬置,这些输入将自动编程为它们的默认值(**no prompt**,**read/write**,**no error**),如图 5.30 所示。

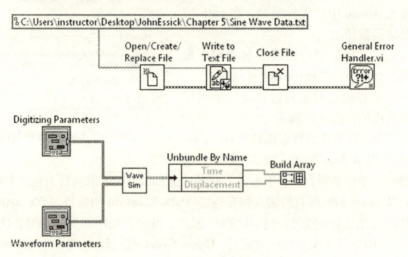

图 5.29 Spreadsheet Storage(OpenWriteClose)的程序框图,重新命名 VI

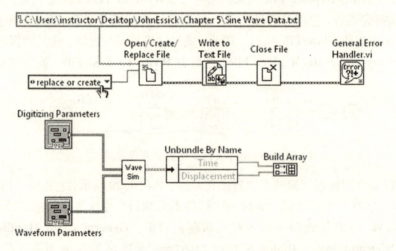

图 5.30 Spreadsheet Storage(OpenWriteClose)的程序框图,加入枚举常量

最后,我们需要给 **Write to Text File** 提供一个包含二维数组的波形值并以电子表格格式存储的字符串。可以通过使用 **Transpose 2D Array**(转置二维数组)(在 **Functions ≫ Programming ≫ Array** 中)和 **Array To Spreadsheet String**(数组至电子表格字符串转换)(在 **Functions ≫ Programming ≫ String** 中)来创建这个字符串。完整的程序框图如图 5.31 所示,电子表格值的格式为%8.5f。

保存工作。正如之前运行 Spreadsheet Storage 一样,在前面板控件上选择同样的初值来运行 Spreadsheet Storage(OpenWriteClose)。然后使用文字处理器查看结果文件。使用文字处理器可以验证文件 Sine Wave Data.txt 与使用 Spreadsheet Storage(在 **Write To Spreadsheet File.vi** 中实现的)创建的文件相一致。

如果读者感兴趣,可以将 **Write To Spreadsheet File.vi** 放入程序框图,然后通过双击相应的图标来打开这个 VI。查看它的程序框图,打开(通过双击)它的子 VI 即 **Write Spreadsheet**

String. vi，可以发现 **Write to Spreadsheet File. vi** 是由 **Open/Create/Replace File**、**Write to Text File**、**Close File** 这些基本构建块所构造的。

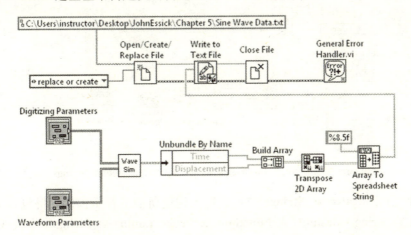

图 5.31 Spreadsheet Storage(OpenWriteClose)的程序框图，创建字符串

5.9 为一个电子表格文件添加文本标签

在前面的练习中，我们创建了一个 ASCII 文本文件，其中包括由两个制表符定界的(x, y)数据，第一列包含一个序列的时间值，第二列包含相关的正弦波位移值。由于使用这种文件格式，可以通过一个文字处理器或电子表格应用程序来查看这个文件的内容。这个数据文件的理想添加项可以是在文本每一列的顶部提供描述性文本，标注每个实验量（即 time 或者 displacement）。更一般的意义上，人们希望在文件中包括各种各样文本说明来描述在创建数据时一个完整的实验条件和参数选择的记录。让我们看看如何在每个数据列的顶部提供标签。一旦把这种技能用到合适的地方，就很容易在文件中包括任何其他所需的文本。

在基于文本的数据存储方法中，(x_i, y_i)全部集合的值包含在一个很长的 ASCII 字符串中。因为 LabVIEW 索引 $i=0$ 到 $N-1$ 范围内的这 N 个值，所以这个电子表格格式的字符串的结构如下：

$$x_0 <Tab> y_0 <EOL> x_1 <Tab> y_1 <EOL> \cdots x_{N-1} <Tab> y_{N-1} <EOL>$$

通过添加这些文本字符作为电子表格格式的前缀 $Time <Tab>$ 与 $Displacement <EOL>$，可以分别将标签时间和位移作为初始项附加在第一列和第二列。字符串将显示为

$$Time <Tab> Displacement <EOL> x_0 <Tab> y_0 <EOL> x_1 <Tab> y_1 <EOL>$$
$$\cdots x_{N-1} <Tab> y_{N-1} <EOL>$$

因此，我们的任务是构建标签前缀，附加在包含所有数据值的长 ASCII 字符串上，然后将整个字符串（称为字节流）储存在一个文件中。让我们看看如何做到这一点。

使用 **Concatenate Strings**（连接字符串）图标构造所需的字节流，可以在 **Functions ≫ Programming ≫ String** 中找到。这个图标将所有的输入字符串合并为单个输出字符串。

删除连接 **Array to Spreadsheet String** 与 **Write to Text File** 的粉色线，然后将 **Concatenate Strings** 放在程序框图中，如图 5.32 所示，起初这个图标只有两个输入。将▶放在图标底部的中心位置，此时▶将变成一个调整处理图标，然后向下拉扩大图标，直到它有 5 个输入（见图 5.32）。

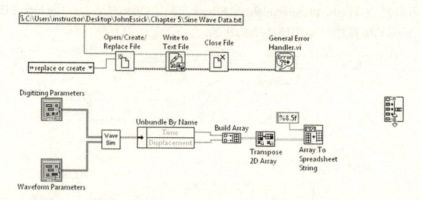

图 5.32　Spreadsheet Storage(OpenWriteClose)的程序框图，调整 Concatenate Strings 图标使其含有 5 个输入

现在将使用 Concatenate Strings 的 4 个输入构造所需的标签前缀。将包含文本 Time 和 Displacement 的 **String Constant**(在 **Functions** ≫ **Programming** ≫ **String** 中寻找或在输入上右击，从弹出的快捷菜单中选择)分别与 **Concatenate Strings** 的第 1 个和第 3 个输入相连。从 **Functions** ≫ **Programming** ≫ **String** 找到 **Tab Constant**(Tab 常量)和 **End of Line Constant** (EOL 常量)，并使它们分别与 **Concatenate Strings** 的第 2 个、第 4 个输入相连，如图 5.33 所示。

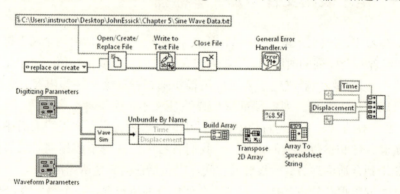

图 5.33　Spreadsheet Storage(OpenWriteClose)的程序框图，连接输入

通过将数组至电子表格字符串转换的 **spreadsheet string** 输出与 **Concatenate Strings** 的第 5 个输入相连，完成所需的字节流的创建。然后，将连接字符串的 **Concatenate Strings** 输出与 **Write to Text File** 的 **text** 输入相连，如图 5.34 所示。

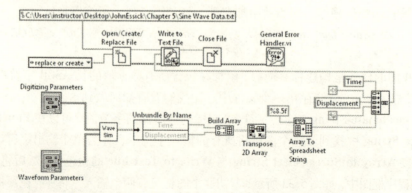

图 5.34　Spreadsheet Storage(OpenWriteClose)的程序框图，连接文本

第5章 数据文件与字符串

保存工作。为 Spreadsheet Storage(OpenWriteClose)的前面板控件选择一些初值,并运行它。然后使用文字处理器查看结果文件。使用 Microsoft Word 时,所需的标签就像我们曾计划的那样出现在列首。你还可以修改文字处理器制表符的设置,使得标签与数值数据对齐,如图 5.35 所示。

如果可能的话,尝试在一个电子表格应用程序中打开这个文本数据文件。在 Excel 中,经过一系列对话框窗口的设置,选择从第一行开始导入文件,出现如图 5.36 所示的数据。如果不需要列标签,就从文件的第二行开始导入数据。通过数据的导入,实验者可以在 Excel 中分析或画出实验结果。

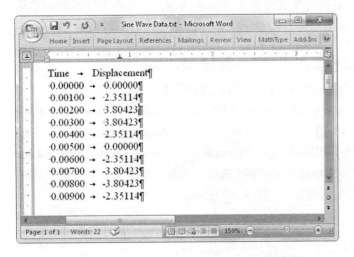

图 5.35　使用 Microsoft Word 查看生成的文件　　图 5.36　使用 Excel 查看生成的文件

5.10　反斜杠码(转义码)

最后,探讨一种在 **String Constant** 中包含不可显示 ASCII 字符的快捷方法。诀窍是在 **String Constant** 图标上右击,从弹出的快捷菜单中选择'**\\' Codes Display**(代码显示)[与 **Normal Display**(正常显示)相对]。当激活这个选项时,LabVIEW 将不显示的字符代码表示为一个反斜杠(\\)后紧跟字符的码,其意义可参见表 5.2。十六进制字符必须使用大写字母,Tab 和 CR 等特殊字符则使用小写字母。

表 5.2　反斜杠码

代　　码	LabVIEW 翻译
\\00 ~ \\FF	一个 8 位字符的十六进制表示
\\b	退格(ASCII BS,与 \\08 等价)
\\f	换页(ASCII FF,与 \\0C 等价)
\\n	换行(ASCII LF,与 \\0A 等价)
\\r	回车(ASCII CR,与 \\0D 等价)
\\t	制表符(ASCII HT,与 \\09 等价)
\\s	空格(与 \\20 等价)
\\\\	反斜杠(ASCII \\,与 \\5C 等价)

下面将展示反斜杠码的方便性,我们在标记字符串 Time < Tab > 与 Displacement < EOL > 时使用它们。为了创建这种字符串,必须明确 EOL 标记是与平台相关的。每个计算机系统都拥有独特的 EOL 定义,如下所示:

Windows 中:回车,然后换行(\r\n)

Macintosh 中:回车(\r)

因此,通过启用 '\' Codes Display 选项,假设我们在 Windows 系统上工作,整个列标记文本可以通过在一个 String Constant 中插入 Time\tDisplacement\r\n 来创建。然而,如果将来试图把这个程序移植到另一个平台中,EOL 字符的显式表达式会出现问题。因为有上述这种可移植性问题,所以采取以下稍微修改的字符串创建方法是一个良好的编程实践:将 Time\tDisplacement 封装为 String Constant,然后将它与 End of Line(行结束)图标(在 Functions » Programming » String 中)相连。End of Line 图标是一个"智能"EOL 字符。在编译时,它可以检测出正在运行的平台,并自动生成合适的 EOL 字符,因此给程序带来了可移植性。

这里有一个修改 Spreadsheet Storage(OpenWriteClose)来完成以上功能的步骤。首先,将所有的标记字符串组成代码替代为一个具有三输入的 Concatenate Strings 图标。将一个空的 String Constant 与顶部输入(通过右键弹出菜单并选择 Create » Constant)相连,End of Line 图标(在 Functions » Programming » String 中)与中间的输入相连,数组至电子表格字符串转换的 spreadsheet string 输出与底部输入相连,如图 5.37 所示。

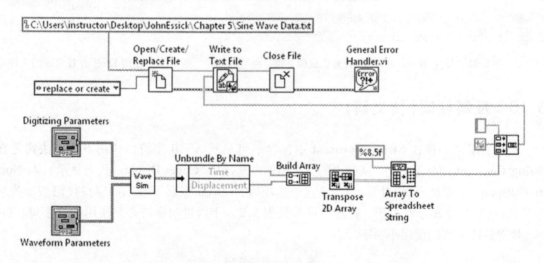

图 5.37 修改 Spreadsheet Storage(OpenWriteClose)的程序框图 I

接下来,在空的 String Constant 上右击,从弹出的快捷菜单中激活反斜杠码,即选择弹出菜单中的 '\' Codes Display。使用 ✋ 或者 🄰,向 String Constant 中写入 Time\tDisplacement,然后按下数字键盘的 <Enter> 键。完成后,如果必要,可以使用 ↘ 重新调整这个对象的大小和位置。然后将 Concatenate Strings 输出与 Write Character To File.vi 的 character string 输入相连,如图 5.38 所示。

保存工作,运行程序。使用文字处理器来验证反斜杠码产生的数据文件是否具有所需的列标签。

第 5 章　数据文件与字符串　　153

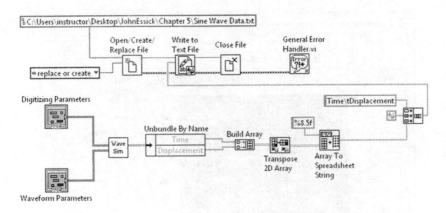

图 5.38　修改 Spreadsheet Storage(OpenWriteClose)的程序框图 II

自己动手

编写一个 VI,命名为 Spreadsheet Read(电子表格读取),它从一个具有两列的电子表格格式的磁盘文件中读取数据并显示。将电子表格文件中数据的第一列和第二列分别命名为 X Array 和 Y Array。构建 Spreadsheet Read 完成以下功能:打开所需的两列电子表格文件,阅读其内容,然后将 X Array 和 Y Array 在 XY 图上绘制出来,并在名为 output cluster(输出簇)的簇显示控件中显示这些数组。为 VI 设计一个图标,并分配其连接器的接线端与下列帮助窗口相一致。在 YourName\Chapter 5 文件夹下保存这个 VI,如图 5.39 所示。

当完成 Spreadsheet Read 后,运行 Spreadsheet Storage,其前面板控件设置为如图 5.40 所示的值。执行 Spreadsheet Storage 后,将会有一个两列的电子表格数据文件——Sine Wave Data.txt 出现在 YourName\Chapter 5 文件夹下,它的 X 数组和 Y 数组包含频率为 50 Hz、幅度为 5 的正弦波的 5 个周期的时间和位移值。

下一步,使用 Spreadsheet Read 读取 Sine Wave Data.txt。成功运行 VI 后,Spreadsheet Read 的前面板应如图 5.41 所示。

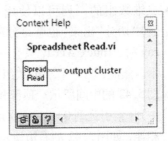

图 5.39　Spreadsheet Read 的帮助窗口

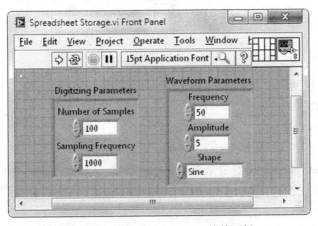

图 5.40　Spreadsheet Storage 的前面板

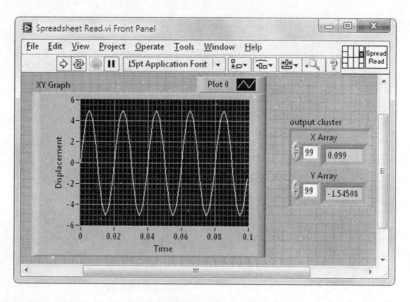

图 5.41　Spreadsheet Read 的前面板

这里有三个有用的小提示：

- 使用 **Read from Spreadsheet File. vi**(可在 **Functions ≫ Programming ≫ File I/O** 找到)打开和读取 Sine Wave Data. txt 的内容数据。将 **file path** 悬空，因而用户可以通过一个对话框窗口选择文件名。在 **all rows** 输出端，数据将以一个二维数组的形式输出。
- 二维数组的一列可以使用 **Index Array**(可在 **Functions ≫ Programming ≫ Array** 找到)"切分"出来(也就是分离出一个一维数组)。当第一次在程序框图中放置 **Index Array** 时，**Index Array** 只有一个 **index** 输入(显示为一个小黑盒子)，如图 5.42 的左边所示。然而，当一个二维数组连接到它的 **n-dimensional array** 输入时，两个 **index** 输入如图 5.42 的中间所示。顶部和底部的 **index** 输入分别是二维数组的行和列。想要切分出第一列(索引为列 0)，只需将底部(列) **index** 输入与值为 0 的 **Numeric Constant**(数值常量)相连，如图 5.42 的右边所示。顶部(行) **index** 输入未连接。索引数组的 **subarray**(子阵列)输出将为一个包含输入的二维数组中索引为列 0 的一维数组数据。

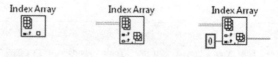

图 5.42　索引数组

因此，要切分这两列二维数组的所有列，所需的子程序框图如图 5.43 所示。

- 使用 **Create ≫ Indicator**，通过弹出合适的菜单，在程序框图中创建 **output cluster**。此时，在前面板上，在 **output cluster** 内的每个数组显示控件的索引显示上右击，弹出快捷菜单，选择 **Visible Items ≫ Label**，然后键入其适当的名称。

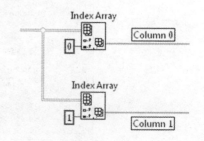

图 5.43　切分二维数组所有列的程序框图

习题

1. 编写一个名为 Read Spreadsheet Text(读取电子表格文本)的程序,使用图标 **Open/Create/Replace File**、**Read from Text File** 和 **Close File** 读取一个电子表格格式的文本文件的内容,并在前面板上的 **String Indicator**(字符串显示控件)中显示生成的字符串,以及在一个数字数组显示控件中显示解码后的数字。具体步骤如下所示。

   (a) 通过运行 Spreadsheet Storage,在前面板控件上设置采样值为 10、频率为 50 Hz 的正弦波,创建一个电子表格格式的文本文件。Spreadsheet Storage 执行后,在 YourName\Chapter 5 文件夹下将出现一个具有两列、十行且名为 Sine Wave Data.txt 的电子表格文本文件。
   接下来,通过运行 Read Spreadsheet Text 读取 Sine Wave Data.txt。在前面板显示控件中的文本显示是否按预期出现? 在这个显示控件上弹出的菜单中选择 '\' **Codes Display**。在显示控件中可以看到不可显示的 ASCII 字符。解释你现在看到的字符格式。

   (b) 在程序框图中,使用图标 **Spreadsheet String To Array**(在 **Functions** ≫ **Programming** ≫ **String** 中)将文本字符串转换成二维双精度浮点数数组,使其格式与创建 Sine Wave Data.txt 的格式一致。在前面板显示控件中显示这个二维数组,如图 5.44 所示。运行 Read Spreadsheet Text 程序。观察在前面板数组显示控件上是否合适地显示了数组的数据。

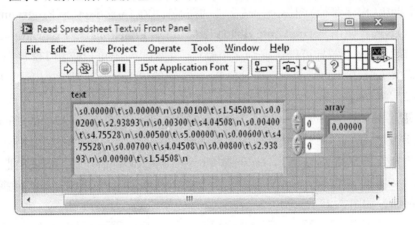

图 5.44 Read Spreadsheet Text 的前面板

2. 一名 LabVIEW 程序员修改了 Spreadsheet Storage 程序,为存储的电子表格数据添加列标签,如图 5.45 所示。
   在 Spreadsheet Storage 打开时,使用 **File** ≫ **Save As…**。在 YourName\Chapter 5 文件夹下创建一个名为 Spreadsheet Storage with Labels(电子表格存储与标签)的新 VI。修改这个 VI 的程序框图,使其与上面的代码相同。运行这个程序并验证(使用文字处理器)它并不能如预期的那样工作。

   (a) 解释这段代码为什么没有完成其既定目标。
   (b) 修改程序框图代码使其功能正常。应该只需要改变一条连线。
   (c) 一旦修改的代码完成了正确的功能,解释为什么这种实现列标签的方法不如 Spreadsheet Storage(OpenWriteClose)中所用的方法有效。

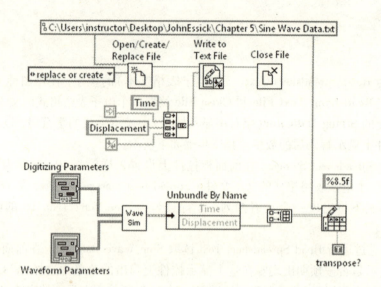

图 5.45　Spreadsheet Storage 的程序框图，添加标签

3. 编写一个名为 Four Text Files 的 For 循环程序，创建（在没有运行时由用户输入）4 个独立的文件，分别命名为 Text0.txt、Text1.txt、Text2.txt 和 Text3.txt，各自包含自己的文本信息，并把这些文件存储在 YourName\Chapter 5 文件夹中。For 循环的每次迭代创建一个文件。可以使用 **Build Path**（构建路径）图标来构造文件的路径（可在 **Functions ≫ Programming ≫ File I/O** 中找到），或者使用 **Format Into String** 图标（可在 **Functions ≫ Programming ≫ String** 中找到）。后面的这个图标可以扩展为多个输入，例如，一个可以连接 **I32** 整数，另一个可以连接字符串.txt。在 Text0、Text1、Text2、Text3 分别创建文本消息 This is file 0、This is file 1、This is file 2、This is file 3。

4. 编写一个名为 Binary Storage 的 VI，它将存储由 Waveform Simulator 产生的 Time、Displacement 的二维数组。它使用二进制形式的文件存储，并命名为 Sine Wave Data.txt。因为你要编写的大部分代码都将类似于 Spreadsheet Storage（OpenWriteClose），所以可能想使用 **File ≫ Save As…** 来创建 Binary Storage。并将其保存在 YourName\Chapter 5 文件夹下。Binary Storage 的前面板如图 5.46 所示。

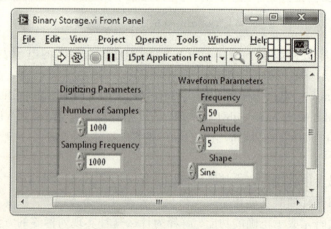

图 5.46　Binary Storage 的前面板

在程序框图中,实现所需的三步数据存储过程分别为使用 **Open/Create/Replace File**、**Write to Binary File** 及 **Close File**。在 **Functions** ≫ **Programming** ≫ **File I/O** 中可以找到它们。将 **Boolean Constant** TRUE 与 **Write to Binary File** 的 prepend array or string size?(预置数组或字符串大小?)输入相连。这个选择使 LabVIEW 开始创建 8 字节的二进制文件头,这个文件头将记录数据的行和列的数量。

(a) 运行前面板控制程序 Binary Storage,如图 5.46 所示。在 YourName\Chapter 5 文件夹中找到二进制 Sine Wave Data.txt 文件的图标并确定其大小(KB)。在图标上单击鼠标右键,并从弹出的快捷菜单中选择 **Properties**,找到该文件的确切大小。考虑到前面板输入值和二进制格式,解释 Sine Wave Data.txt 的文件大小。

(b) 使用文字处理器打开 Sine Wave Data.txt。对你观察到的事物给出一个定性的解释。关闭 Sine Wave Data.txt。

(c) 运行 Spreadsheet Storage,其前面板控制的值如图 5.46 所示。确定电子表格格式的 Sine Wave Data.txt 文件的大小(KB)。你会发现现在的这个文件比之前的二进制文件的大小略大一些。考虑到前面板的输入值,解释 Sine Wave Data.txt 在电子表格格式下的文件大小。

(d) 在 Spreadsheet Storage 程序框图中,通过改变某一参数的值,可以导致电子表格格式下的 Sine Wave Data.txt 的文件大小约为二进制下的 Sine Wave Data.txt 的两倍。猜测导致翻倍变化所需程序框图的改变,进行这种改变并验证猜想。

5. 通过运行 Binary Storage(习题 4 中的 VI),其前面板上的控件值选择如图 5.47 所示,创建一个二进制文件,名为 Sine Wave Data.txt。在 Binary Storage 中,确定写入二进制文件的 **prepend array or string size?** 输入与 TRUE 相连,这样一个 8 字节的信息头就会插入到 Sine Wave Data.txt 文件的开始部分。

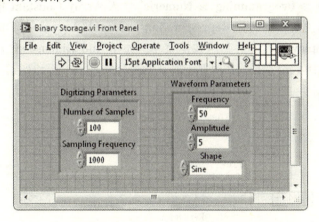

图 5.47　Binary Storage 的前面板

这里的任务是编写一个命名为 Binary Plot(二进制画图)的 VI,在 Sine Wave Data.txt 中,读取二进制编码的 Time 和 Displacement 数据,然后将这些数据块在 XY 图中显示。当 VI 完成运行时,其前面板应该如图 5.48 所示。

当设计程序时,以下是一些指导原则:

- 读取数据文件是一个三步(打开、读取、关闭)的过程。这三个步骤是通过配置适当的文件 I/O 图标(在 **Functions** ≫ **Programming** ≫ **File I/O** 中)来完成的。Sine Wave Data.txt

文件的前 8 个字节说明了从二进制文件读取的数据文件的大小及数据数组输出所需的形式（即行和列的数量）。

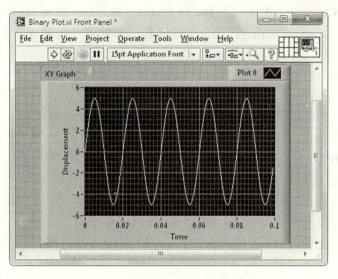

图 5.48　Binary Plot 的前面板

- 事实上，数据由一个双精度浮点数形式的二维数组组成。通过将一个二维 DBL 数组常量与它的 **data type** 输入相连，如图 5.49 所示，这些数据与 **Read from Binary File**（读取二进制文件）进行通信。这种常量不向 **Read from Binary File** 输入任何数据，而是简单地指定输出数据所需的数据类型。为了构造这个数组常量，首先从 **Functions ≫ Programming ≫ Array** 获得 **Numeric Constant** 框架并放置在程序框图中。然后，将 **Numeric Constant**（选择 **Functions ≫ Programming ≫ Numeric**）放入 **Array Constant** 框架中，从 **Numeric Constant** 上的弹出菜单中选择 **Representation ≫ Double Precision**（**DBL**）。最后，在数组常量的 **index display** 上右击并弹出快捷菜单，选择 **Add Dimension**（添加维度）。这个图标现在是一个二维数组常量，其顶部和底部索引分别显示出行和列索引。

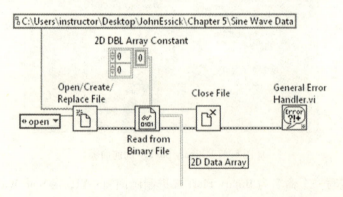

图 5.49　数据与 **Read from Binary File** 进行通信

- **Read from Binary File** 的 **data** 输出端的二维数据数组具有两行，第一行和第二行分别包含 Time 和 Displacement（注意，这个二维数组从未转置，与之前编写的电子表格 VI 中的二维数组有所区别）。为了绘制 XY 图，这些行必须切分出来。为实现切分操作，可以使

用 **Index Array**(在 **Functions** ≫ **Programming** ≫ **Array** 中)，将一个具有合适值的 **Numeric Constant** 连接到其顶部(行)索引输入。将底部(列)索引输入悬置(请参考本章"自己动手"项目最后的提示)。

6. 编写一个名为 Palindrome Detector(回文检测器)的程序，它将确定输入的单词、短语或句子从后往前与从前往后读起来是否一样。如图 5.50 所示，当输入序列为回文时，前面板的圆形 **LED** 显示控件将点亮。

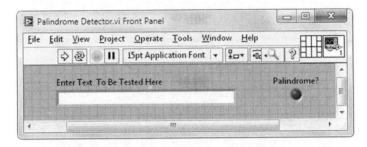

图 5.50　Palindrome Detector 的前面板

使用 **Functions** ≫ **Programming** ≫ **String** 及其子选板 **Additional String Functions**(附加字符串函数)中的函数来构建程序框图。在比较其输入字符串与其反转后的字符串是否相等前，首先将数据全部变为小写字符并删除所有空格。可以通过将每个空格字符替换为一个 **Empty String Constant**(空字符串常量)来去除空格。

完成后，使用下面的输入来测试

　　　　　　　Palindrome Detector：radar，Able was I ere I saw Elba.

7. 为确定一个给定的日期(公历)为星期几，可以使用以下公式，称为 Zeller 公式：

$$day = \mod(I, 7)$$

其中

$$I = D + floor\left[(M+1)2.6\right] + Y + floor\left[\frac{Y}{4}\right] + floor\left[\frac{C}{4}\right] + 5C$$

这里，$floor[x]$ 函数为取其参数 x 最接近且比它小的整数，模函数 $\mod(I, 7)$ 为 I 除以 7 后余的整数。出现在 Zeller 公式中的变量定义如下：

day = 星期几(0 = 周六，1 = 周日，…，6 = 周五)

D = 一月中的某天

M = 几月(3 = 三月，4 = 四月，5 = 五月，…，10 = 十二月)

C = 世纪，由 $floor(year/100)$ 计算

Y = 一个世纪中的第几年，由 $\mod(year, 100)$ 计算

对于一月和二月，$M = 13$，$M = 14$，并且 $year \rightarrow year - 1$(年份减 1)。

编写一个名为 Day of the Week(一周内的星期几)的程序，它实现了 Zeller 公式，可以求出给定日期是星期几。VI 的前面板应该如图 5.51 所示。日期应在 **String Control** 中以 mm/dd/yyyy 的格式输入，结果在 **String Indicator** 中以文本(如 Thursday)的形式显示。

在程序框图中，利用 **Functions** ≫ **Programming** ≫ **String** 及其子选板[例如 **Match Pattern**(匹配模式)、**Decimal String To Number**(十进制数字符至数值转换)]中的函数来解析输入

的字符串并将其转换为 M、D 和 year 的数字表示。此外，创建一个由 7 个元素组成的字符串数组（使用 **Build Array** 或包含 **String Constant** 的程序框图 Array 框架来创建），其中索引 0，索引 1，…，索引 6 分别代表字符串 Saturday, Sunday,…, Friday。然后，使用 **Index Array** 从这个数组中选择正确的元素输出到 Day of the Week。最后，在 **Functions ≫ Programming ≫ Comparison** 中的 **Select** 函数可能会派上用场。

通过输入 1776 年 4 月 4 日（周四）和 1776 年 1 月 1 日（星期六）来验证 VI 是否工作正常。

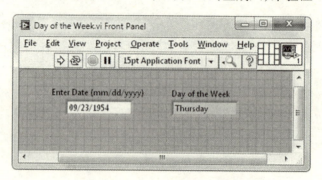

图 5.51　Day of the Week 的前面板

8. 计算机控制的科学仪器经常以 ASCII 字符串的形式报告它们的测量结果。作为一个例子，假设一个万用表发送字符串：VOLTS DC +1.345E +02，其中 VOLTS DC 代表报告的测量类型，+1.345E +02 是实际测量值。为了使这个测量值能在程序（如画图、计算输入）中使用，从万用表接收到的字符串必须被解析出来（标识符部分与测量值部分相分离），以及将测量值部分从 ASCII 字符串表示转换为数字格式。

编写一个名为 Parse and Convert Multimeter String（解析和转换万用表字符串）的程序，其中在前面板上的 String 控件中输入 VOLTS DC +1.345E +02。在程序框图内，该字符串被适当解析，并且其测量值部分转换为双精度浮点格式。这些操作所需的函数可在 **Functions ≫ Programming ≫ String** 及其子选板 **String/Number Conversion** 中找到。

当程序运行正常时，Parse and Convert Multimeter String 的前面板应该如图 5.52 所示。在 **String Control** 中，'****' **Codes Display** 被选中，这样非显示字符为可见的。

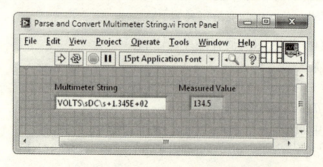

图 5.52　Parse and Convert Multimeter String 的前面板

第 6 章 移位寄存器

6.1 移位寄存器

在计算机程序中,循环结构可以实现一个常见的需求——重复同样的操作很多次。在前面的章节中我们知道,LabVIEW 提供了两种循环结构:For 循环和 While 循环。我们发现,通过在边界上创建隧道,每个循环结构都拥有某种存储形式。通过激活隧道的自动索引功能,这个循环(一旦完成了它的充分执行)将输出一个数组,数组里存储了一系列循环迭代所产生的序列值。然而,通常需要另外一种存储形式,它和一些列循环迭代互相联系。以这个名义,前一次迭代创建的值可以传送到当前的迭代运算。这种存储形式称为局部变量,可以通过创建一个移位寄存器在 LabVIEW 的循环结构中来实现它。

通过在循环边界上弹出快捷菜单,可以创建移位寄存器。例如,可以在 For 循环的边界上弹出快捷菜单,然后选择 **Add Shift Register**(添加移位寄存器)来创建一个移位寄存器,如图 6.1 所示。

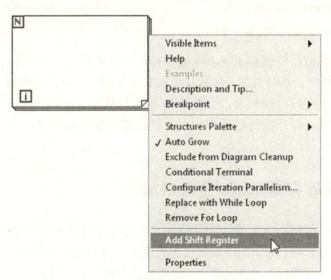

图 6.1 添加移位寄存器

在释放鼠标按钮时,将出现移位寄存器。它是由循环边界垂直面上彼此相对的一对接线端组成的,如图 6.2 所示。

迭代完成后,右边的接线端会存储这个值。随之,这个值被转移到左边的接线端,用于下一次迭代运算。这样一种功能是很有用的,例如计算整个循环迭代中一个量各个成分的累加值。

可以配置寄存器来存储多个之前的迭代值。为了完成这个功能,在移位寄存器的左接线端弹出快捷菜单,然后选择 **Add Element**(添加元素),如图 6.3 所示。

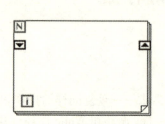
图 6.2　一个左接线端的移位寄存器

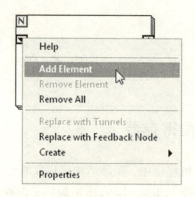
图 6.3　在移位寄存器中添加元素

选取之后，将会再次出现一个左接线端，如图 6.4 所示。

重复这种操作，可以创建更多期望的左接线端，如图 6.5 所示。

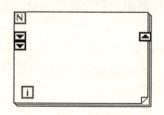
图 6.4　两个左接线端的移位寄存器

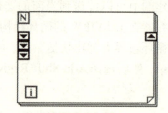
图 6.5　多个左接线端的移位寄存器

在图 6.5 中，我们已经创建了三个左接线端，它将实现下面的功能。当 For 循环（未显示出）中的一个子程序正在计算第 i 次迭代中的某个量时，顶部的左接线端包含的是第 $i-1$ 次的迭代值，中间的左接线端包含的是第 $i-2$ 次的迭代值，底部的左接线端是第 $i-3$ 次的迭代值。完成整个 For 循环执行的过程中，这组左接线端扮演的是一个先进先出（FIFO）的数字移位寄存器。

6.2　快速移位寄存器示例：整数相加

首先，通过下面的 LabVIEW 程序中的快速实例来探讨局部变量的用法。有这样一个著名的故事：18 世纪晚期，一个德国的小学教师因为课堂纪律混乱，想让学生们忙上 30 分钟，于是他给学生们布置了下面这个复杂的作业：计算 1 到 100 所有整数的累加和，即计算 $S = 1 + 2 + 3 + \cdots + 98 + 99 + 100$。

下面我们将说明，如果可以使用 LabVIEW，那么这个作业花费孩子们的时间远不到 30 分钟。要编写这个累加程序，首先打开一个空白 VI，使用 **File ≫ Save** 菜单在 YourName 文件夹里创建一个名为 Chapter 6 的文件夹，然后把这个新程序保存到 YourName/Chapter 6 目录中，命名为 Sum to 100（累加到 100）。如图 6.6 所示，在前面板上放置了一个 **Numeric Indicator**（数值显示控件），标签为 Value of Sum（累加和值），它的数据类型是 **I32**，如图 6.6 所示。

现在切换到框图。在框图中添加一个 **For Loop**（For 循环），在其边界上放置一个移位寄存器。要加上这个移位寄存器，先在 For 循环的任意一个垂直边界处弹出快捷菜单，然后选择 **Add Shift Register**。如果需要，可以使用 改变这对接线端的位置，如图 6.7 所示。

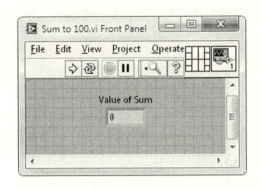 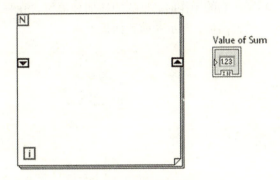

图 6.6　使用 LabVIEW 计算累加和的前面板　　　　图 6.7　计算累加和的框图

我们将使用 For 循环计算整数 I 的累加和值 S，这里 $I=1,2,3,\cdots,100$。在基于文本的语言中，我们将写出下面的代码：

$$S = 0.0$$
$$\text{For } i = 0, 99$$
$$I = i + 1$$
$$S = I + S$$

为了在 LabVIEW 中实现这个代码，连接一个 **Numeric Constant**(数值常量)(数据类型 **I32** 定义为 0)到移位寄存器的左接线端，并初始化移位寄存器为 0。在循环内放置一个 **Add**(加)图标，将其中的一个输入、输出值分别连接到移位寄存器的左、右接线端上，如图 6.8 所示。

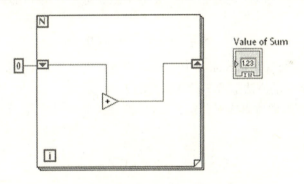

图 6.8　初始化移位寄存器并且添加 **Add** 图标

按图 6.9 所示完成框图。这个方便的 **Increment**(加1)图标捕获输入 i，然后就可以输出 $i+1$，可以在 **Functions ≫ Programming ≫ Numeric**(函数≫编程≫数值)中找到这个图标。保存相关的工作。

上面的框图是这样工作的：For 循环逐步从 1 到 100 递增，随着循环的进行而累加这些数值。在一次特定的迭代中，移位寄存器的左接线端提供上一次迭代累加的总和 S，新的整数 I 加到这个总和上，结果保存在移位寄存器的右接线端，用于下一次的循环迭代。也就是说，在第一次循环迭代中，[i] 等于 0，整数 $I=1$ 通过 **Increment** 创建，然后累加到总和 S 上。其中 S 来自左边的移位寄存器，初始化值为 0。$S=1$ 的新值存储到右边的移位寄存器。在第二次迭代中，[i] 等于 1，来自于 **Increment** 的新整数值 $I=2$，累加到存储在左边移位寄存器的总和 S 上，$S=3$ 的新值又储存到右边的移位寄存器。依次类推，直到这个过程重复 100 次。当 For 循环完成它的操作时,整数的累加和值包含在移位寄存器的右接线端,即 **Value of Sum** 显示控件的输出值,显示在前置面板上。

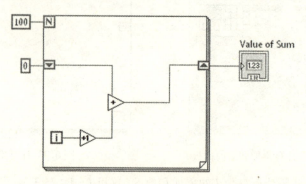

图 6.9　在框图中添加 **Increment** 图标

返回到前面板,运行这个的 VI,找到整数的总和值。编写这个程序花费的时间是不是少于 30 分钟呢?

这个著名的故事结尾是这样的:这个小学教师很不幸,他的一个学生,年轻的数学天才 Karl Gauss 接到这个整数和的作业后不到一分钟,就举手宣布了正确的答案。老师大吃一惊地问他是如何迅速得出正确答案的。Gauss 的解释如下:首先,他注意到这个序列 1 到 100 可以分成两组 50 个元素的集合,1 到 50 和 51 到 100。接下来,从第一个集合的起始和第二个集合的末尾开始计数,可以形成 50 对整数,每一对的和等于 101。即 1 + 100 = 101,2 + 99 = 101,3 + 98 = 101,等等。因此,给定的这 50 对整数,每一对的和都是 101,所有整数对的和就是

$$S = 50 \times 101 = 5050$$

正如所期望的,这个答案和 Sum to 100 VI 程序给出的答案是一致的。

顺便说一下,Gauss 的方法适合于计算任意的 $I = 1, 2, 3, \cdots, N$ 的整数序列的和。只要 N 是偶数(序列中的所有整数可以成对分组)。这样将得到 $N/2$ 对整数,每一对的和为 $N+1$,因此所有整数的和是

$$S = \sum_{I=1}^{N} I = \left(\frac{N}{2}\right)(N+1) = \frac{N(N+1)}{2}$$

更好的是,即使 N 为奇数,仍然有 $S = \sum_{I=1}^{N} I = N(N+1)/2$。有兴趣的读者可以证明这个结论。

6.3　使用移位寄存器的数值积分和微分

在本章的其余部分,我们编写两个到目前为止最"炫"的程序来证明局部变量的用法。在第一个程序中,使用移位寄存器来完成一个给定的离散的数据集的数值积分。在第二个程序中,移位寄存器调用前两次迭代的值,对同样的数据集进行数值微分。每一个程序都要通过几个较小子程序的合作来执行。我们将借此来说明 LabVIEW 编程一个重要的"最优方法"——模块化。

下面的小节中,我们首先编写一个 VI,称为 **Power Function Simulator**(幂函数模拟器)。

在接下来的程序中,它将作为一个子 VI,提供所需的离散采样数据集。然后,通过梯形法则对数值积分做简要回顾后,编写一个 VI,执行和评估这个理论方法的收敛性。最后,我们着眼于将更高级的程序划分成不同的子任务,每个子任务作为一个子 VI,探讨这个理论和数值微分的 LabVIEW 实现。

6.4 幂函数模拟器 VI

一些物理系统的可测量的 y(例如,温度或压力)是连续变量 x(例如,位置或时间)的函数。即 y 可以很好地描述为 $y = f(x)$,其中 f 是一个解析函数。如果一个实验者想要确定函数 f,那么不得不面对这样的现实:设计一个实验,不可能以一种连续的方式得到 x 值和相关的 y 值的样本。实验者必须离散采样 x 共计 N 次,并记录每个相关的 y 值。因此,实验将会产生一组 (x, y) 数据集,这里 $x = x_0, x_1, x_2, \cdots, x_{N-1}$,且 $y = f(x_0), f(x_1), f(x_2), \cdots, f(x_{N-1})$。

接下来的练习中,我们编写一个离散采样数据集数值积分的程序,研究移位寄存器的使用。在实际的计算机控制实验中,可以通过 LabVIEW 自带的数据采集(DAQ)VI 来获得离散的采样数据。给定这个集合后,一个集成的 VI 就可以对数据进行相应的分析。这里,我们将使用软件产生一组模拟的离散采样数据 (x, y) 且满足函数 $y = ax^b$,其中 a 和 b 分别是前因子和幂次。就我们现在的目的而言,使用模拟数据实际上更有利。与真实的实验相比,我们要知道函数的确切形式,根据这个形式可以产生数据,并且幂函数这种形式易于集成分析。因此,我们可以对比分析结果,判断数值积分方法的准确度。

我们期望有这样一个 VI,给定下限 x_0 和上限 x_{N-1},沿 x 轴创建 N 个等间隔点,然后产生一个关联数组 $y = ax^b$。打开一个空白的 VI,使用 **File** ≫ **Save** 菜单把这个新的程序保存在 YourName\Chapter 6 目录下,命名为 Power Function Simulator。如下所示,在前面板上放置两个 **Cluster**(簇)框架[可以在 **Controls** ≫ **Modern** ≫ **Array**, **Matrix & Cluster**(控件 ≫ 新式 ≫ 数组,矩阵与簇)下找到],标签为 Digitizing Parameters(数字化参数)和 Function Parameters(函数参数)。在 Digitizing Parameters 簇内,放置三个 **Numeric Control**(数值输入控件),标签为 Number of Samples(样本数量)、Lower Limit(下限)和 Upper Limit(上限)。在 Function Parameters 簇内,放置两个 **Numeric Control**,分别标记为 Prefactor(前因子)和 Power(幂次)。Number of Samples 的数据类型设置为 **I32**,所有其他数值常量的数据类型应该默认为 **DBL**。最后,在前面板放置一个 **XY Graph**(XY 图),其中 x 轴和 y 轴标签分别为 x 和 y = a * x^b。

将这些前面板上的对象整理成悦目的图案,作为辅助,你可以尝试工具栏里 **Alignment Tool**(对齐对象)工具和 **Distribution Tool**(分布对象)工具。使用这些工具,你必须首先使用高亮你所希望操作的一组对象,如图 6.10 所示。

在图标面板上弹出菜单,选择 **Edit Icon...**,然后使用图标编辑器(Icon Editor)设计一个新的图标。按下 **OK** 按钮保存你的设计,如图 6.11 所示。

x 的 N 个等间距采样值,范围从 x_0(下限)变化到 x_{N-1}(上限),可以通过确定相邻两点之间的间距 Δx 来创建:

$$\Delta x = \frac{x_{N-1} - x_0}{N - 1}$$

那么

$$x_i = x_0 + i \Delta x \qquad i = 0, 1, 2, \cdots, N-1$$

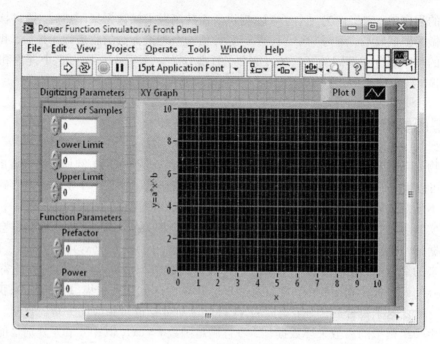

图 6.10　Power Function Simulator 的前面板

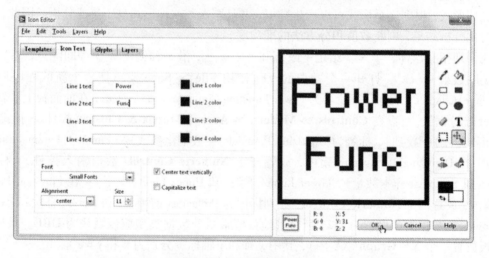

图 6.11　图标编辑器面板

一旦 x 值数组已知，那么 $y_i = f(x_i)$ 就可以计算出。这里（方便起见）我们把 f 当做幂函数。切换到程序框图，写如下代码。通过下面的 Mathscript 代码，产生 x 和 y 数组：

$$delta\_x = (up - lo)/(N-1)$$
$$x = lo : delta\_x : up$$
$$y = a * x.\wedge b$$

注意，Mathscript 算子 .^（句号在插入符号之后）执行明确的元素幂操作。如果你要"手动"创建 Mathscript 节点输出，可以在 x 和 y 的输出上弹出菜单，选择 **Choose Data Type ≫ 1D – Array ≫ DBL 1D**（选择数据类型≫一维数组≫DBL 1D）。$delta\_x$ 可以通过 **Choose Data Type ≫ Scalar ≫ DBL**（选择数据类型≫标量≫DBL）设置。最新版本的 LabVIEW 可能首先用 Mathscript 节点

写出代码，然后利用 LabVIEW 的自动分配数据类型特性创建三个输出 x、y 和 $delta\_x$。但是在 y 输出上弹出菜单时，你可能发现给 y 已经分配了数据类型 **1D CDL**（复双精度数的一维数组）。如果是这种情况，手动改变 y 的数据类型为 **1D DBL**（稍后我们将讨论为什么这样做）。这种改变会使 y 输出端有一个红色的警戒点，以框图形式提醒你，你已经违反了 LabVIEW 的自动数据类型选择。最后，output cluster（输出簇）很容易创建，在相关 **Bundle**（捆绑）图标的输出上弹出菜单，然后选择 **Create ≫ Indicator**（创建 ≫ 显示控件）即可，如图 6.12 所示。

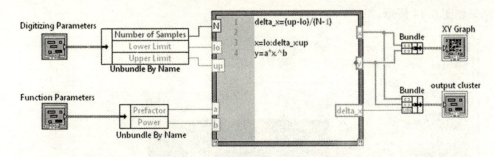

图 6.12 "手动"创建 Mathscript 节点输出

为什么 LabVIEW 的自动数据类型指派特性为 y 数组输出选择 **1D CBL** 呢？进行指派时，LabVIEW 会考虑这个变量所有可能的值。既然 $y = ax^b$，如果参数 x 是一个复数，幂次不是一个整数（例如，$b = 1/2$，那么 $y = a\sqrt{x}$），y 将是一个复数。因此，考虑到这种可能性，LabVIEW 为 y 选择数据类型 **1D CBL**。在我们之前的工作中，对 Power Function Simulator 的所有使用中，我们都很谨慎地把 x 设置为正数，将 b 设置为整数，所以 y 一定是个实数。因此，为了避免处理复数数据类型的复杂性，在这个程序中，我们可以放心地忽略 LabVIEW 的自动分配功能，设置 y 为双精度浮点型（实数）一维数组，如图 6.13 所示。

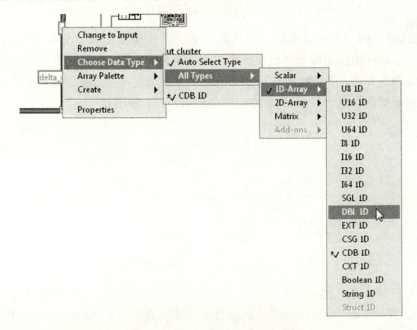

图 6.13 设置一维数组的数据类型

返回前面板，使用 ![cursor] 把所有对象放置好。在 output cluster 里，将顶部、中间和底部数组的显示控件分别标记为 x array(x 数组)、y array(y 数组) 和 delta_x(一个数组显示控件的标签是通过在索引显示上弹出快捷菜单并选择 **Visible Items** ≫ **Label** 来命名的；不要使用 ![A] 创建标签，因为它创建的是自由标签)。这种操作有助于激活簇的弹出菜单的 **AutoSizing** ≫ **Size to Fit**(自动调整大小 ≫ 调整为匹配大小)选项。所以在增加标签时，它会自动调整大小。如果进行这项操作时出现了错误，可以选择 **Edit** ≫ **Undo**(编辑 ≫ 撤销)，或者使用快捷键 <Ctrl + Z>，结果如图 6.14 所示。

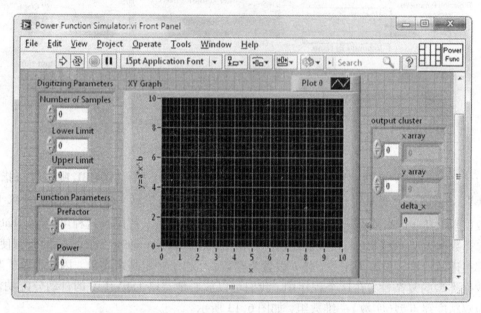

图 6.14　将输出簇添加到幂函数模拟器的前面板

最后，根据如图 6.15 所示帮助窗口里的方案，在连接器面板上分配接线端(在旧版的 LabVIEW 里，需要在图标面板上弹出快捷菜单，选择 **Show Connector**，使连接器面板可见)。也可以采用推荐的方法，使用默认的 12-接线端模式，或者再次在连接器面板上弹出快捷菜单，从 **Patterns** 选板里选择另一种排列(例如，两个输入，一个输出)。

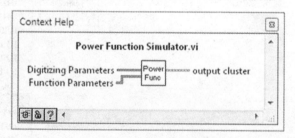

图 6.15　Power Function Simulator 的帮助窗口

给 5 个控件输入值，然后运行程序，验证它是可以工作的。一个成功运行的例子如图 6.16 所示。使用 **File** ≫ **Save** 菜单，将项目保存在文件夹 YourName\Chapter 6 中，然后关闭窗口。

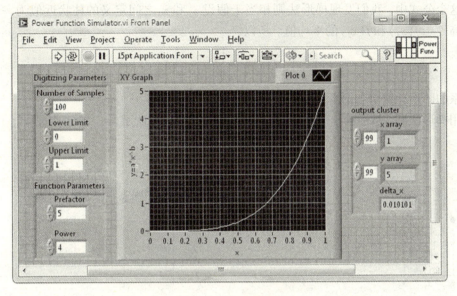

图 6.16　程序运行结果

6.5　基于梯形法则的数值积分

在图 6.17 中，我们有一个 x_i 值的序列，由恒定步长 Δx 间隔开。实曲线代表函数 $f(x)$，并且每一个 x_i 点处的值是已知的（如下面的实圆点所示），假设 $f(x_i) \equiv y_i$。

我们希望在 x_0 和 x_{N-1} 之间对 $f(x)$ 进行积分。积分在几何上可以解释为 $f(x)$ 曲线下两端点之间包围的总面积。在图 6.18 中，横坐标 x_1 和 x_2 之间，两个相邻的虚线定义了一个柱状的区域，它的顶部由曲线 $f(x)$ 界定。注意，在 x_0 和 x_{N-1} 之间，所有这些柱状面积之和等于我们要估算的积分值。因此，如果有一种一般的方法可以确定每一个柱状的面积，就可以估算这个积分。

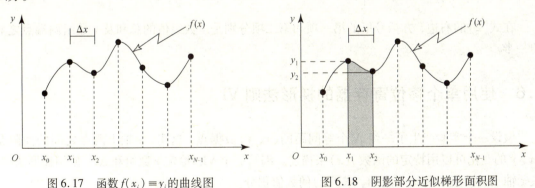

图 6.17　函数 $f(x_i) \equiv y_i$ 的曲线图　　图 6.18　阴影部分近似梯形面积图

当然，为特定柱形的面积编写一个通用公式，难点在于每一个面积有一个曲顶。在数值积分的梯形法则里，假设每一个柱状顶部的曲线 $f(x)$ 可以近似为一条直线。当 Δx 越来越小时，这种假设就越来越好。

然后，例如在图 6.18 中，在 x_1 和 x_2 之间阴影部分的柱形面积可以用梯形面积近似：

$$y_2 \Delta x + \frac{1}{2}(y_1 - y_2)\Delta x = \frac{1}{2}(y_1 + y_2)\Delta x$$

在这个公式中,我们发现梯形法则相当于假设 x_1 和 x_2 之间定义的柱状近似为一个矩形,矩形的高等于 $f(x_1)$ 和 $f(x_2)$ 的平均值。所以,

$$\int_{x_1}^{x_2} f(x) \, dx \approx \left[\frac{y_1 + y_2}{2}\right] \Delta x$$

这种关系的图形化解释如图 6.19 所示。

使用梯形法则,然后给出整个积分的近似值,如图 6.20 所示。

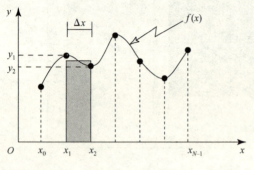

图 6.19　阴影部分近似矩形面积图

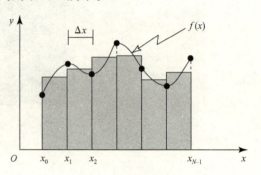

图 6.20　整个积分近似图

因此

$$\int_{x_0}^{x_{N-1}} f(x) \, dx \approx \left[\frac{y_0 + y_1}{2}\right] \Delta x + \left[\frac{y_1 + y_2}{2}\right] \Delta x + \cdots + \left[\frac{y_{N-2} + y_{N-1}}{2}\right] \Delta x$$

或者

$$\int_{x_0}^{x_{N-1}} f(x) \, dx \approx \left[\frac{1}{2} y_0 + y_1 + y_2 + \cdots + y_{N-2} + \frac{1}{2} y_{N-1}\right] \Delta x \quad [1]$$

在程序中,我们将会发现,使用下面的等效方法书写这个表达式是最方便的:

$$\int_{x_0}^{x_{N-1}} f(x) \, dx \approx \left[\{y_0 + y_1 + y_2 + \cdots + y_{N-2} + y_{N-1}\} - \frac{1}{2}\{y_0 + y_{N-1}\}\right] \Delta x \quad [2]$$

在式[2]的右边,方括号里的第一项和第二项分别是 y 数组值的总和及 y 数组两端点之和的一半。

6.6　使用单个移位寄存器的梯形法则 VI

假设一个实验产生了一组 N 个等间距的 (x, y) 数据点,这里,x 轴上两点之间的间隔是 Δx,y 的变化可以用特定的函数 $f(x)$ 来描述。编写一个 VI,给定 y 数组和 Δx,使用梯形法则,在 x 轴上两极值 x_0 和 x_{N-1} 之间,求 $f(x)$ 的数值积分。

构建前面板如图 6.21 所示,把 VI 保存在 YourName\Chapter 6 文件夹里,名为 Trapezoidal Rule(梯形法则)。给 Value of Integral(积分值)显示控件提供多位数字精度(**Digits of precision**),例如 10。记住,y array 的输入是在一个 **Array** 框架里放置一个数值输入控件(**Numeric Control**)而形成的。设计一个图标,分配连接器的接线端,使之与帮助窗口一致,如图 6.22 所示。

现在切换到框图。我们将使用 For 循环来计算数据集中 y array 值的总和。在一个基于文

本的语言里，可以写为

$$S = 0.0$$
$$\text{For} \quad i = 0, N-1$$
$$S = y(i) + S$$

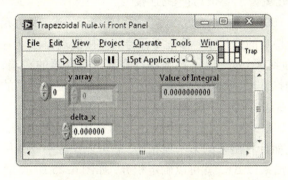

图 6.21　Trapezoidal Rule 的前面板

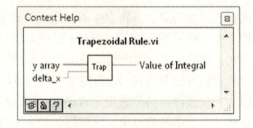

图 6.22　Trapezoidal Rule 的帮助窗口

要在 LabVIEW 中实现这个代码，可以构造图 6.23 所示的框图，类似于 6.2 节编写的 Sum to 100 程序的代码。因为我们是对双精度浮点型数据进行求和，所以连接一个 **Numeric Constant**（类型为 **DBL**，定义为 0.0）到它的左接线端，初始化移位寄存器为 0。

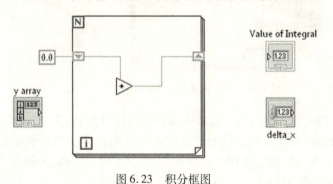

图 6.23　积分框图

下一步，我们利用 LabVIEW 的一种便捷性：除了它（之前研究过）在循环的输出端建立一个数组，自动索引功能也可以在循环的输入端建立数组索引。首先，完成图 6.24 所示的布线，然后我们再解释它的含义。仅将 y array 输入控件与剩余的 **Add** 输入连接起来。

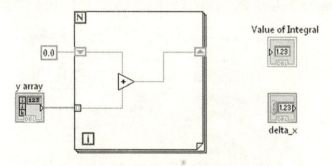

图 6.24　y array 输入控件与 **Add** 输入的连接图

注意，刚刚完成的外循环的连线是粗线（表示一个数组），在内循环里的连线细一些（表示一个标量）。这是为什么呢？在 For 循环中，自动索引默认激活，一旦执行，每次迭代时循环将按照顺序输入 y 数组里的一个元素。也就是说，在第一次迭代时，![i] 等于 0，y 数组索引为 0 的元素将被输入；第二次迭代时，![i] 等于 1，y 数组索引为 1 的元素将被输入；等等，直到 y 数组的最后一个元素到达。此外，当自动索引使一个 N 元素的数组进入到 For 循环时，LabVIEW 将会自动设置循环计数接线端到 N，因此免去了一条到 ![N] 的连接线。

图 6.24 中框图的作用方式类似于 Sum to 100 程序。For 循环逐步索引整个 y array 中的元素，随着索引的进行，累加这些数值。在一个特定的迭代中，移位寄存器的左接线端提供上一次迭代累加的总和。新索引的数组元素被累加到这个总和上，结果储存在移位寄存器的右端，用于下一次的循环迭代。当 For 循环完成它的操作时，y array 元素的总和包含在移位寄存器的右端。因此，这个接线端的输出数值是式[2]右边方括号中的第一项。

我们可以忽略式[2]右边方括号中的第二项。这一项是积分表达式的一个端点修正项。因为它仅仅涉及两个数组元素的和，所以与上面计算出来的第一项相比，它可能比较小。如果忽略了这个小的修正项，只需将 For 循环的输出乘以 Δx，就可以确定积分，如图 6.25 所示。

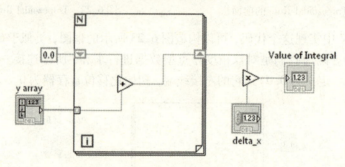

图 6.25　积分框图

尽管没有太多的工作，我们还是有必要编写代码来计算式[2]中的端点修正项，即 y 数组第一项和最后一项和的一半。我们将明确地把这个代码包含在当前的框图里，但会利用 LabVIEW 编程的模块化性质，把这个代码存储在它自己的 VI 中，称为 Endpoints（端点）。然后把 Endpoints 作为一个子 VI 包含在 Trapezoidal Rule 的框图里。

打开一个新的前面板，将它保存在 YourName\Chapter 6 文件夹里，将其命名为 Endpoints。在面板上的 Array 框架中放置一个数值控件，标记为 **Array**。同时，将数值显示控件标记为 Half of Endpoints Sum（端点和的一半）。在菜单栏里选择 **Edit Icon...** 命令，然后设计一个合适的图标，分配连接器面板的接线端，与图 6.26 所示的方式一致。图 6.27 为其帮助窗口。

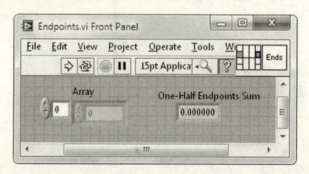

图 6.26　Endpoints 的前面板

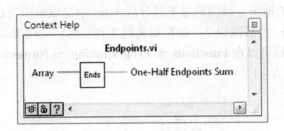

图 6.27　Endpoints 的帮助窗口

切换到框图。这里给定一个 N 元素的 Array，我们需要提取它的第一个（索引为 0）和最后一个元素（索引为 N-1）。**Index Array**（索引数组）图标可以实现这个功能。在 **Functions** ≫ **Programming** ≫ **Array**（函数 ≫ 编程 ≫ 数组）下可以找到此图标，它的帮助窗口如图 6.28 所示。

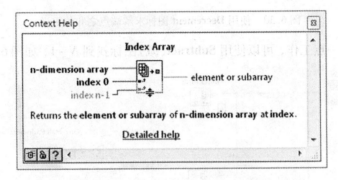

图 6.28　Index Array 图标的帮助窗口

当操作一个二维（或更高维）数组时，这个图标的适当配置可能需要一些思考。但就目前的需求而言，由于仅涉及一维数组，**Index Array** 图标很容易使用。仅仅需要将一个一维数组和一个包含整数的数值常量分别连接到 **n-dimensional array**（n 维数组）和 **index**（索引）输入上，这个整数就是提取出来的数组元素的索引。一旦提取出来，这个元素的数值就会出现在图标的 **element** 输出端。

另外一个有用的相关图标是 **Array Size**（数组大小），也可以在 **Functions** ≫ **Programming** ≫ **Array** 中找到。正如帮助窗口所示，这个图标反映了数组中当前元素的数量。在一维的情况下，在输入端给定一个 N 元素的一维数组，该图标在输出端返回整数（**I32**）N，如图 6.29 所示。

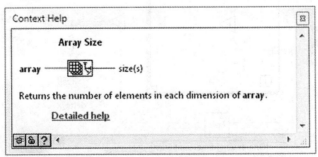

图 6.29　Array Size 图标的帮助窗口

完成图 6.30 所示的框图。该图的左半部分从 Array 中提取索引为 0 和 $N-1$ 的元素，右半部分对这两个元素求和，然后除以 2。保存相关的工作，然后关闭 Endpoints 程序。这个方便的 **Decrement**（减 1）图标可以在 **Functions ≫ Programming ≫ Numeric**（函数 ≫ 编程 ≫ 数值）下找到，用于创建整数 $N-1$。

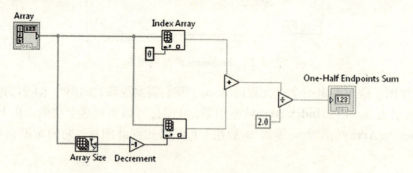

图 6.30　使用 **Decrement** 图标求解端点之和的一半

另外，再多做一点工作，可以使用 **Subtract**（减）图标找到 $N-1$，如图 6.31 所示。

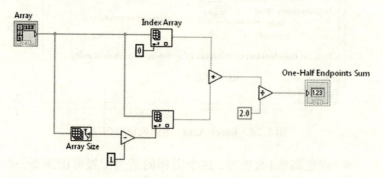

图 6.31　使用 **Subtract** 图标找到 $N-1$

返回到 Trapezoidal Rule 框图，使用 **Functions ≫ Select a VI…**，以图 6.32 的方式把 Endpoints 作为一个子 VI 包含在这个框图里。现在，这个程序充分体现了式[2]中的所有项。关闭 VI，保存相关的工作。

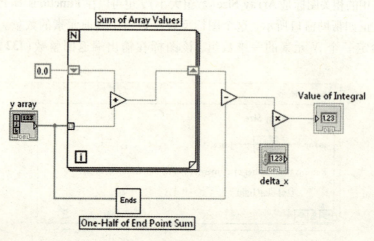

图 6.32　积分程序的最终框图

根据 Power Functions Simulator 提供一些已知的数据，我们来看看 Trapezoidal Rule VI 是否可以正常工作。构建图 6.33 的前面板，称为 Trapezoidal Test（梯形测试），保存在 YourName\Chapter 6 文件夹下。首先，很容易编写这个框图，然后利用这个图标的自动创建功能生成前面板对象。记得设计一个图标，分配连接器图标的接线端。Trapezoidal Test 的帮助窗口和程序框图如图 6.34 和图 6.35 所示。

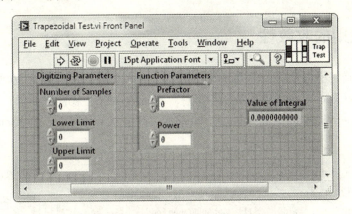

图 6.33　Trapezoidal Test 的前面板

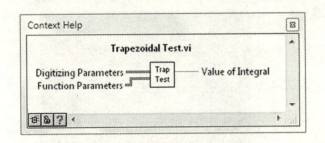

图 6.34　Trapezoidal Test 的帮助窗口

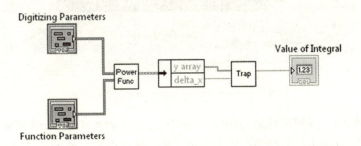

图 6.35　Trapezoidal Test 的程序框图

完成上述工作后，使用 Trapezoidal Test 从数值上计算积分 $\int_0^1 5x^4 dx$。经过分析，很容易表明这个积分的准确值等于 1。知道了这个真实值，就可以检测近似数值方法的准确度。

在 Trapezoidal Test 前面板的 Lower Limit 和 Upper Limit 控件中分别输入 1 和 0，选择 Prefactor 和 Power 分别为 5 和 4，然后使用 Power Function Simulator 编程计算 $f(x) = 5x^4$。

Number of Samples 的恰当值是不确定的。这个参数的较大值使得 Δx 较小。Δx 越小，函数 $f(x)$ 每个柱状的顶部变化就越小，而它的面积是计算积分所必需的。因此，柱状的顶部弯曲越少,根据梯形法则近似的假设,它就越接近直线。对于梯形法则近似而言,大的 Number of Samples 值的准确度就越高,但缺点是程序需要花费更长的时间运行。试着选择各种各样的 Number of Samples 来运行程序,注意每种情况下所得的 Value of Integral。在高精度和可接受的运行时间之间,能够找到一种很好的折中吗?记住,在分析估值时,积分值的准确值是 1.0000000⋯。

6.7 梯形法则的收敛性

为了探讨在确定所得积分值时 Number of Samples 的影响,编写图 6.36 所示的程序,称为 Convergence Study(Trap)[收敛性研究(陷阱)]。在新的面板上放置一个 XY 图,x 轴和 y 轴的标签分别为 Number of Samples 和 Value of Integral。将这个 VI 保存在 YourName\Chapter 6 文件夹下。

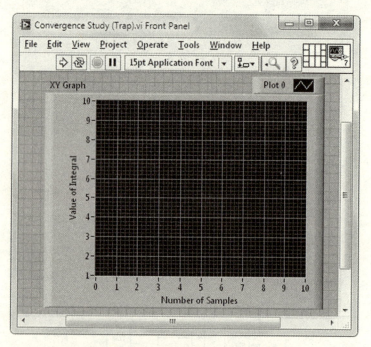

图 6.36 Convergence Study(Trap)的前面板

切换到程序框图。我们的计划是编写一段代码,从小到大递增 Number of Samples,在每一步中计算(使用 Trapezoidal Test)并存储积分值,然后把所得值组成的数组显示在 XY 图上。在程序框图中,**For Loop** 和 **Add** 函数随着每一次的迭代,产生 Number of Samples 的值,范围从 10~200。在 Trapezoidal Test 的输入端右击,弹出快捷菜单并选择 **Create ≫ Control**,从而创建这两个簇控件(见图 6.37)。

还有最后一个问题需要解决,就是对 Number of Samples 实现框图控制。其中,Number of Samples 是 Trapezoidal Test 的输入。目前写入 VI 时,Number of Samples 的值只能在前面板控制,然后使用簇线转移到 Trapezoidal Test,这个簇线来自 Digitizing Parameters 接线端。但是,图标 **Bundle By Name**(按名称解除捆绑)将允许我们在框图的簇线内拦截"被锁定"的 Number of Samples 的值,并在传到 Trapezoidal Test 的输入端之前改变这个值。

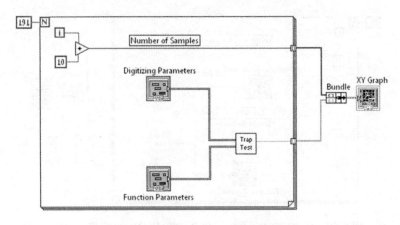

图 6.37　考虑样本数量对积分值的影响

下面就是完成这一功能的步骤。首先，删除连接 Digitizing Parameters 端和 Trapezoidal Test 的簇线。然后如图 6.38 所示放置 **Bundle By Name** 图标（在 **Functions** » **Programming** » **Cluster**，**Class**，**& Variant** 中）。

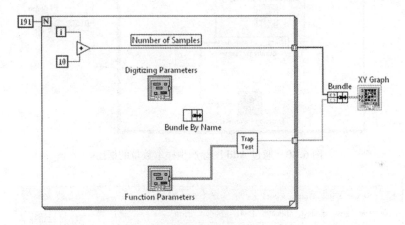

图 6.38　放置 **Bundle By Name** 图标

接下来，从 Digitizing Parameters 端连接到 **Bundle By Name** 的中心接线端。完成连接后，**Bundle By Name** 图标的输入（左）端将默认提供到这个簇的第一个元素（索引为 0）的访问。如果想访问一个不同的元素，仅需在这个输入上弹出快捷菜单，选择 **Select Item** 项，或者扩展 **Bundle By Name** 图标，就可以获取对簇中所有元素的访问（见图 6.39）。

最后，完成框图代码，如图 6.40 所示。到 Trapezoidal Test 的簇输入将通过 **Add** 图标（而不是来自前面板控件中的值）产生 Number of Samples 的值。

切换到前面板，使用 进行整理，保存相关的工作（前面板见图 6.41）。

运行用来计算积分 $\int_0^1 5x^4 \mathrm{d}x$ 的 Convergence Study（Trap）程序。前面板上 Number of Samples 的值并不重要，现在它由框图控制。可以发现存在一个（广义）最优的 Number of Samples 值。增加 Number of Samples 的值使其大于最优值，只会在积分值的准确度上产生额外的增强。如果想使用这个 VI 估算复杂的数值积分，需要选择一个合适的 Number of Samples 值，那么这种计算方法的收敛性研究是相当有用的。

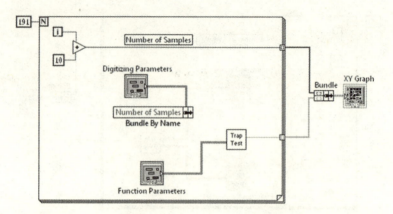

图 6.39　Digitizing Parameters 和 **Bundle By Name** 连接后的框图

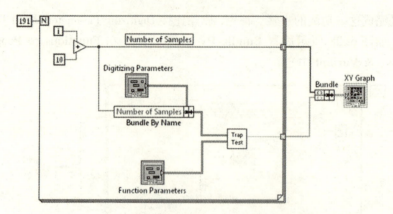

图 6.40　通过 **Add** 图标产生样本数量的框图

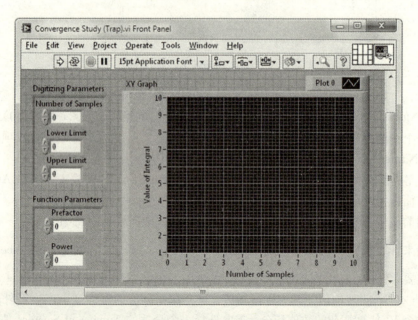

图 6.41　整理后的 Convergence Study(Trap)的前面板

6.8 使用多个移位寄存器的数值微分

在上一节中，移位寄存器中保存了当前值之前的一次循环迭代中创建的一个值。在这一节中，我们将探讨如何配置移位寄存器，让它记住不止一个值，而是之前循环迭代中的好几个值。我们将要编写一个程序，估算一个离散采样数据集里每一点处的导数，以此来探讨这种功能。

给定一个等间距的 N 元素集合 (x,y) 数据：

$$x_i = x_0 + i\Delta x \qquad i = 0, 1, 2, \cdots, N-1$$
$$y_i = f(x_i)$$

其中

$$\Delta x = \frac{x_{N-1} - x_0}{N-1}$$

f 是一个解析函数。在第 i 个数据点，导数可以用下面的表达式进行数值估算，其中涉及两个相邻数据点的知识：

$$\frac{\mathrm{d}y_i}{\mathrm{d}x} = \frac{y_{i+1} - y_{i-1}}{2\Delta x} \qquad [3]$$

编写程序估算式 [3] 时，将会遇到下面的问题：随着数组中的元素依次被读入 For 循环，在循环的第 i 次迭代中，之前读入的 y 值（比如 y_{i-1}）在移位寄存器中可以得到，但是即将读入的 y 值（比如 y_{i+1}）得不到。为了解决这个问题，我们只需要重写式 [3]，让 $i \to i-1$，然后导数表达式就可以变成

$$\frac{\mathrm{d}y_{i-1}}{\mathrm{d}x} = \frac{y_i - y_{i-2}}{2\Delta x} \qquad i = 2, 3, 4, \cdots, N-1 \qquad [4]$$

在式 [4] 中，i 的范围从 2 开始（不包含 0 和 1），因为 y_{-2} 和 y_{-1} 是未知的。

给定一个 For 循环，移位寄存器的配置如下所示。在循环的第 i 次迭代中，根据式 [4]，计算 $\mathrm{d}y_{i-1}/\mathrm{d}x$ 所需的所有数都是可以得到的。图 6.42 中的标签表示在特定的循环迭代中，出现在每一个移位寄存器端的数组元素的索引。

图 6.42　For 循环移位寄存器的配置

因此，由图 6.43 所示的子程序编写式 [4] 的代码。

按照式 [4] 执行这个框图，但是呈现给我们一个难题。因为 y_{-2} 和 y_{-1} 不存在，使用式 [4] 能够计算的最低索引的导数是 $\mathrm{d}y_1/\mathrm{d}x$，对应到 $i=2$。为了计算 For 循环第一次迭代即 🅸 等于 0 时的导数，移位寄存器顶部和底部的左接线端必须分别包含 y_1 和 y_0，同时自动索引功能应该

将数组 y 的 y_2 输入到循环中。为了初始化左接线端，仅需在循环外把期望值和它们相连。对于数组 y，必须剪切掉它的前两个值，这样原来的 N 元素数组中的 y_2 值就变成了新数组中索引为 0 的元素。新数组将包含有 $N-2$ 个元素。

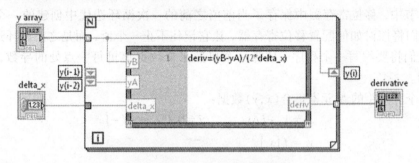

图 6.43 式[4]的子程序框图

编写一个 VI，称为 Extract First Two（提取前两个值），按照上面所期望的操作数组 y。构建图 6.44 所示的前面板，它接收数组作为一个输入，分别将该数组中 $i=0$ 和 $i=1$ 的元素输出到 Index-Zero Element（索引为 0 的元素）和 Index-One Element（索引为 1 的元素）数值显示控件。另外，Extract First Two 输出一个新的 Sliced-off Array（剪切数组），它是由从输入的 Array 中删除索引为 0 和索引为 1 的元素组成。将这三个输出封装在一个簇里，将 VI 保存在 YourName\Chapter 6 文件夹下。

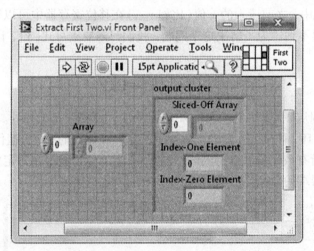

图 6.44 Extract First Two 的前面板

给图标面板设计一个图标，分配连接器面板的接线端，使它与图 6.45 所示的帮助窗口一致。

然后，程序框图如图 6.46 所示。

这里，我们使用 **Array Subset**（数组子集）图标，可在 **Functions ≫ Programming ≫ Array** 中找到。再次显示帮助窗口如图 6.47 所示。这个 VI 接收一个数组作为输入，然后存储序列元素的一个给定的数（ = **length**），从一个指定的索引（ = **index**）开始。接下

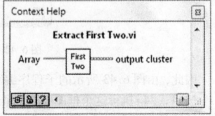

图 6.45 Extract First Two 的帮助窗口

来，VI 在子数组（**subarray**）中输出这些元素的子集，作为一个新的数组。当使用这个图标时，请记住数组（正如其他所有的 LabVIEW 结构）是从零开始索引的，也就是第一个元素的索引为 0，第二个元素的索引为 1，依次类推。

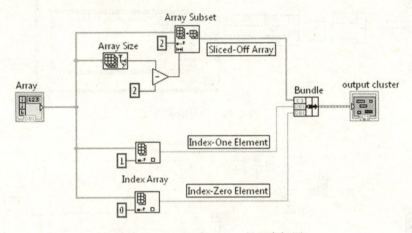

图 6.46　Extract First Two 的程序框图

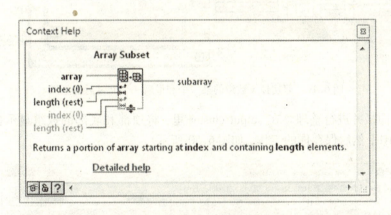

图 6.47　**Array Subset** 的帮助窗口

现在，我们准备编写一个 VI 实现微分。由 Power Function Simulator 提供，给出一个 N 元素的离散采样数据集。除了端点之外，VI 将估算每一点处的数值导数。计算出来的导数将显示在 XY 图中，同时也会显示在数组显示控件里，标记为 derivative（导数）。

在空白 VI 里，放置一个 XY 图，x 轴和 y 轴的标签分别为 x 和 Derivative。然后使用 **Five ≫ Save** 菜单，将这个 VI 保存在 YourName\Chapter 6 文件夹的 Power Function Derivative 之下。切换到框图，完成下面的代码。此图将计算出来的导数作为一个 $N-2$ 元素的数组，数组的第一个和最后一个元素分别是 dy_1/dx 和 dy_{N-2}/dx，这里，我们使用索引使它与来自 Power Function Simulator 中的原始 y 数组输入相对应。首先，在框图里放置 Power Function Simulator，应用弹出菜单的自动创建功能，创建 Digitizing Parameters 和 Function Parameters 簇控件，如图 6.48 所示。

最后，我们需要剪切来自 Power Function Simulator 中的 x 数组输出的第一个和最后一个元素，以使它的索引恰当地匹配 x 值和正确的导数数组元素。使用 **Array Subset** 实现这个剪切操作，如图 6.49 所示。然后，完整捆绑所得的 x 和 derivative 数组，把这个簇连接到 XY 图的接线端。在簇线上弹出快捷菜单来创建 output cluster。

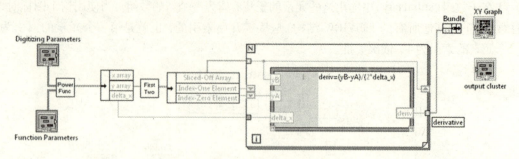

图 6.48　微分的框图

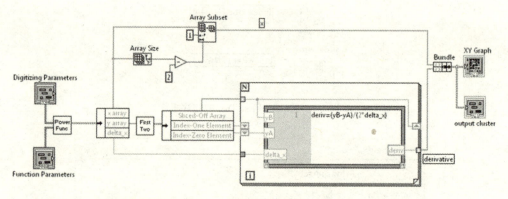

图 6.49　剪切掉 x 数组的第一个和最后一个元素后的框图

返回到前面板并进行整理。在 output cluster 里，将顶部和底部的数组显示控件分别标记为 x 和 derivative，然后保存你的工作，如图 6.50 所示。

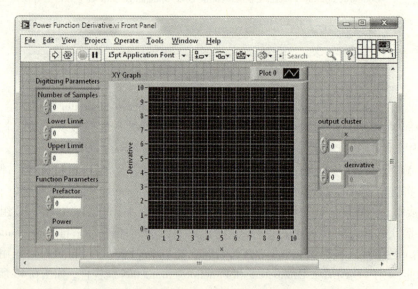

图 6.50　Power Function Derivative 的前面板

为了判断 VI 的编码是否正确，可以编写前面板程序，利用 Power Function Simulator 创建函数 $f(x) = 5x^2$。将 Number of Samples、Lower Limit 和 Upper Limit 分别设置为 100、0 和 1，然后运行 Power Function Derivative。在结果的 XY 图上，曲线的范围是我们预期的那样吗？

接下来，运行 VI 计算 $f(x) = 5x$ 的导数。结果是预期的那样吗？在这里可能需要手动设置 y 轴的刻度。

6.9　模块化和自动子 VI 创建

一个好的 LabVIEW 程序的标志之一就是它的模块化设计。在这样一个程序里，顶层 VI 作为一个主管，协调子 VI 集合的执行。在这种编程方法中，一个子 VI 用来执行每一个子任务，这些子任务是更高级的程序成功完成所有任务所必需的。模块化意味着每一个子 VI 可以作为一个独立的程序来执行（独立于顶层 VI），简化了程序员不可避免的程序调试工作。此外，因为子 VI 被设计用来实现明确的任务，所以在其他顶层程序中，它们可以作为子程序重复使用多次。

在我们刚刚完成的练习中，Power Function Derivative 是顶层 VI，Power Function Simulator 和 Extract First Two 是它的子 VI。从这个角度来看，程序员可能突然希望增加 Power Function Derivative 的模块化等级。例如，在框图的左上方区域，由若干个图标完成剪切 x 数组两个端点的子任务。因此，这组图标实现的是一个明确的任务，是子 VI 的比较好的候选者。

这里有一个非常有帮助的编程技巧。首先，使用 ▷ 选择希望包含在子 VI 中的一组框图对象，如图 6.51 所示。

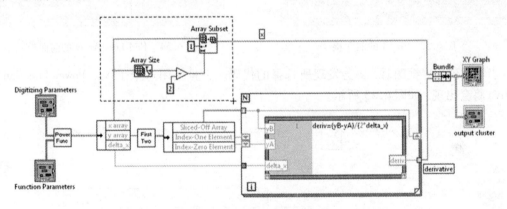

图 6.51　选择一组子 VI 对象

在释放鼠标按键时，这组对象将用一个选取框高亮标注。然后，在 **Edit** 下拉窗口里，选择 **Edit ≫ Create SubVI** 菜单。这组高亮标记的对象将自动转换成一个子 VI，并且有一个默认图标，如图 6.52 所示。

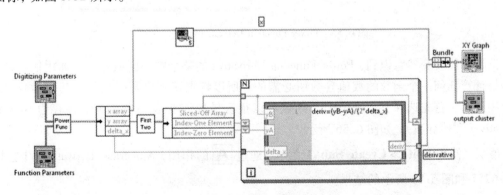

图 6.52　转换的子 VI 图标

要想查看这个子 VI, 可以双击它的图标, 这时将打开前面板(见图 6.53), 你将会找到新的子 VI 自动创建的输入控件和显示控件, 而且有默认标签。这个子 VI 本身也将有一个默认名。

可以使用 **A** 创建更多的准确的标签。同时, 可以使用 **File ≫ Save** 菜单给子 VI 命名。在图标面板上弹出快捷菜单, 选择 **Edit Icon...**, 可以设计子 VI 的图标。接线端会自动与输入控件和显示控件相关联, 但是这些关联可以在连接器面板上改变(如果希望)。下面, 我们将保留 LabVIEW 的自动接线端分配功能。

使用这些建议的方法来创建子 VI 的前面板(见图 6.53), 并将其称为 End-Less Array (无穷数组), 如图 6.54 所示。

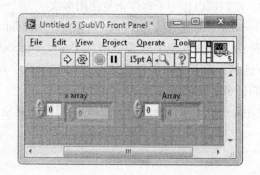
图 6.53 子 VI 的前面板

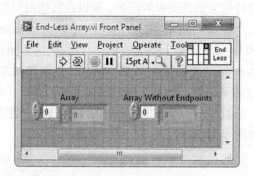
图 6.54 End-Less Array 的前面板

当切换到程序框图时, 将会发现所选择的代码。一旦关闭这个子 VI, Power Function Derivative 将会出现, 如图 6.55 所示。

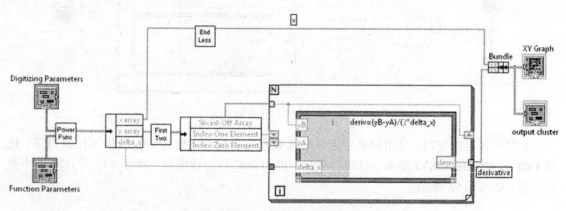
图 6.55 Power Function Derivative 的程序框图

读者可能会突然意识到, Power Function Derivative 的整个中心区域是一个通用代码, 这个代码是计算任何一个函数的数值导数所必需的。所以将来遇到除幂函数外的其他函数时, 可能会用到它。首先选择它, 这个中心区域可以很容易地演变成一个子 VI, 保存为 Numerical Derivative(数值导数), 如图 6.56 所示。

然后, 使用 **Edit ≫ Create SubVI** 菜单, 通过 **A** 的作用, Numerical Derivative VI 会显示如图 6.57 和图 6.58 所示的结果。

Power Function Derivative 的程序框图是一个模块化的模型, 如图 6.59 所示。

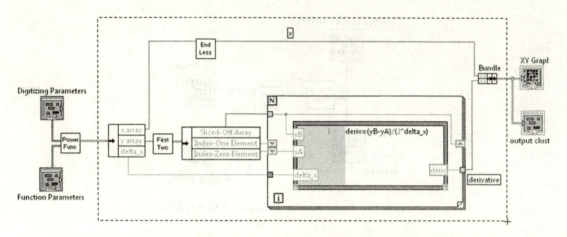

图 6.56 子 VI Numerical Derivative

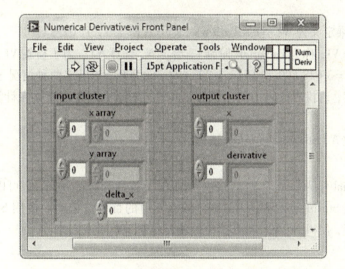

图 6.57 Numerical Derivative 的前面板

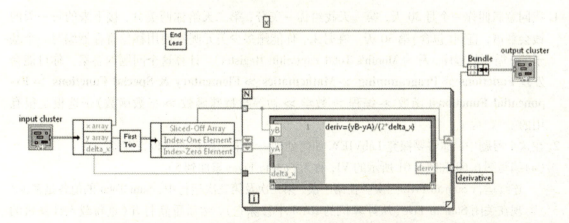

图 6.58 Numerical Derivative 的程序框图

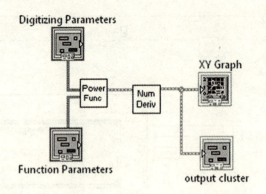

图 6.59 Power Function Derivative 的模块化模型

自己动手

整数 N 的阶乘定义为 $N! \equiv 1 \times 2 \times 3 \times \cdots \times (N-1) \times N$,且 $0! \equiv 1$。

(a) 编写一个 VI,称为 Factorial(阶乘),给定 N,计算 $N!$。为了检查 VI 的运行结果,让其计算 $10! = 3\,628\,800$ 和 $15! = 1\,307\,674\,368\,000$。如果这两种情况下程序不能给出正确的答案,请找出代码中的问题并修正它。Factorial 应该能够在计算 170! 时产生正确的值。

(b) 对于大数 N,Stirling 近似法表述为

$$\ln(N!) \approx N \ln(N) - N \qquad [5]$$

将 Factorial 作为一个子 VI,编写一个程序,称为 Stirling Test,它可以在 N 值的一个范围内画出 Stirling 近似法和 $\ln(N!)$ 的真实值的百分数偏差。使用 Stirling Test 确定 N 的最小值,使得 $\ln(N!)$ 和真实值的偏差小于 1%。

习题

1. 我同意雇佣你一个月 30 天,第一天我给你一美分,第二天给你两美分,接下来的每一天的钱会翻倍,直到(包含)第 30 天。在月末,你能赚多少美元呢?使用移位寄存器编写一个基于 For 循环的程序,称为 Month's Total Pay(Shift Register),计算这个问题的答案。你可能会发现 **Functions** ≫ **Programming** ≫ **Mathematics** ≫ **Elementary & Special Functions** ≫ **Exponential Functions**(函数 ≫ 编程 ≫ 数学 ≫ 初等与特殊函数 ≫ 指数函数)子选板是很有用的。

2. 在这个习题中,你将要探究 LabVIEW 如何处理一个未初始化的移位寄存器。

   (a) 编写图 6.60 和图 6.61 所示的 VI,称为 Sum to Five(累加到 5)。
   连续运行 Sum to Five 三次。在第一次、第二次及第三次运行中,Sum Total 的值各是多少?现在关闭 Sum to Five(从计算机的 RAM 中移除它),然后重新打开(重新载入计算机的 RAM 中)。连续运行三次,在第一次、第二次及第三次运行中,Sum Total 的值各是多少?

   (b) 通过删除连接到左边移位寄存器的数值常量,修正 Sum to Five。当程序运行时,移位寄存器没有被初始化。在修正之后(见图 6.62),保存 Sum to Five,关闭后再重新打开。

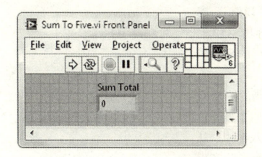

图 6.60 Sum to Five 的前面板

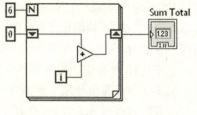

图 6.61 Sum to Five 的程序框图

连续运行 Sum to Five 三次，在第一次、第二次及第三次运行中，Sum Total 的值各是多少？

现在关闭 Sum to Five，然后再次打开，连续运行三次。在第一次、第二次及第三次运行中，Sum Total 的值各是多少？

(c) 基于你的观察，当程序首次载入 RAM（程序第一次运行前）时，未初始化的移位寄存器的默认值是多少？

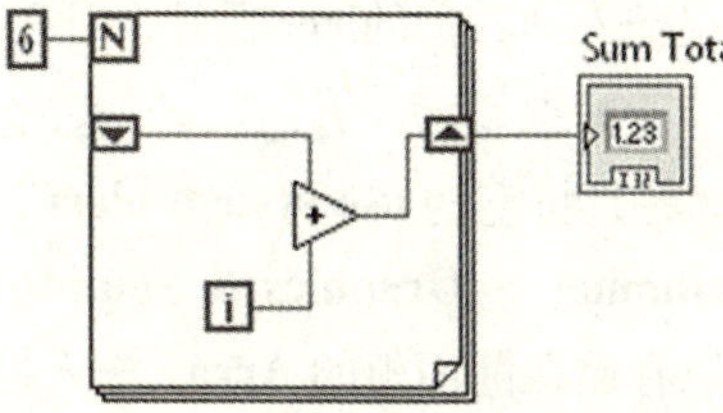

图 6.62 修正后的 Sum to Five 的程序框图

(d) 基于你的观察，程序第二次运行初始，未初始化的移位寄存器的值是多少？第三次运行初始呢？[未初始化的移位寄存器偶尔会在程序中作为一种存储器使用。]

3. 假设 x 是一个给定的正数。确定 $y = \sqrt{x}$ 平方根的牛顿迭代法如下。取 $y_0 = x/2$ 作为 y 的一个初始猜测。接下来，第一次迭代（$i = 0$）时，计算 y 的值为 $y_1 = \frac{1}{2}\left[y_0 + \frac{x}{y_0}\right]$。迭代这个过程，在第 i 次迭代时，$y_{i+1} = \frac{1}{2}\left[y_i + \frac{x}{y_i}\right]$，直到获得 y 的期望值。编写一个 VI，称之为 Newton's Square Root（牛顿平方根），实现这种方法。注意 $\sqrt{2} = 1.414\,213\,562\cdots$，要获得它精确到小数点后第四位的值需要多少次迭代（例 $\sqrt{2} = 1.4142$）？

4. 在 **Functions ≫ Programming ≫ Array** 下找到图标 **Reverse 1D Array**（反转一维数组），它将产生一个输出数组，这个数组里元素的顺序是图标输入端提供的数组的相反顺序。也就是说，如果数组(0,1,2,3)是输入，那么数组(3,2,1,0)是输出。除了 **Reverse 1D Array**，使用 **Functions ≫ Programming ≫ Array** 中任何一个与数组相关的可用图标来编写一个程序，称为 Reverse Array Elements（反转数组元素），它将实现和 **Reverse 1D Array** 同样的功能。Reverse Array Elements 的前面板应该包含一个 **Array** 输入控件和一个 **Array** 显示控件，分别标记为 Input Array 和 Output Array。将 Input Array 编为数组(0,1,2,3)，然后运行你的 VI，证明它可以正确执行。

5. 编写一个程序，称为 Running Average of Noisy Sine（噪声正弦的运行平均值），它将产生和画出噪声正弦波形的样本数，以及这个波形最近四次样本数的平均值（见图 6.63）。为了产生噪声正弦波形的一个样本，在 While 循环里使用下面的代码，其中 While 循环每 50 ms 迭代一次，直到按下一个停止键。

当噪声正弦波形的每个样本 y_i 产生时，在波形图里画出它及 $y = (y_i + y_{i-1} + y_{i-2} + y_{i-3})/4$。即

当前样本数和之前最近三次样本数的"滑动平均值"。参考波形图帮助窗口，确定如何在一个图里画出 y_i 和 $\bar{y}$。运行 Running Average of Noisy Sine，证明运行的平均值可以有效地"过滤"掉随机噪声。

6. 编写一个程序 Scale of A Major，它演奏 A 调的一个八度。在平均律调音中，相邻音阶的频率比是 $2^{1/12}$。首先，在移位寄存器里使用 For 循环，在一个八度中，从 $A_4(f_0 = 440 \text{ Hz})$ 到 $A_5(f_{12} = 880 \text{ Hz})$ 为这 13 个音阶产生一个频率数组 $f_n(n = 0, 1, 2, \cdots, 12)$。接下来，将这个数组输入到其他的 For 循环，用它弹奏 A 调的一个八度，

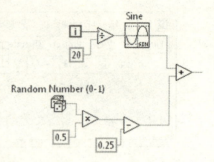

图 6.63　产生噪声正弦波形的框图

对应于频率 $f_0, f_2, f_4, f_5, f_7, f_9, f_{11}$ 和 f_{12}。让每一个音阶响 500 ms。使用 **Beep.vi** 演奏一个音符，并且将它的 **use system alert?**（使用系统报警？）设置为 FALSE。可以在 **Functions ≫ Programming ≫ Graphics & Sound**（函数 ≫ 编程 ≫ 图形与声音）找到 **Beep.vi**。A 调频率的索引可以存储在前面板的 **Array** 输入控件或者框图的 **Array** 常量中（通过在 Array 常量框架里放置一个数值输入控件来创建）。

7. 傅里叶分析告诉我们，一个方波 $y(x)$ 的周期和幅度可以按照下面正弦波的叠加来给定：

$$y(x) = \frac{4}{\pi} \sum_n \frac{\sin(2\pi n x)}{n} \qquad n = 1, 3, 5, 7, \cdots, \infty \qquad [6]$$

编写一个 VI，称为 Sum of Sines（正弦和），通过评估它的前 N 项（如果 $N = 3$，那么 $n = 1, 3, 5$ 项就包含在这个和里）来近似上面的和。VI 的前面板应该显示如下：一个用于输入期望的 N 值的数值输入控件 Number of Terms，以及一个用于画出 y vs. x 的 XY 图。观察方波的三个高分辨率的周期，估算 $x = 0$ 到 $x = 3$ 的范围内，$\Delta x = 0.001$ 时的总和（见图 6.64）。

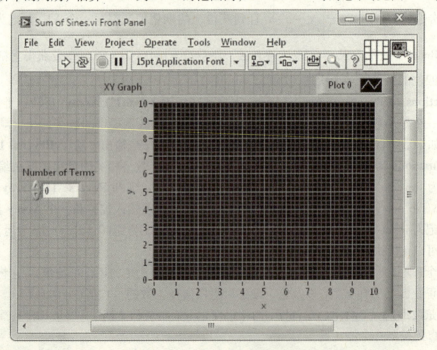

图 6.64　Sum of Sines 的前面板

设计程序时,考虑下面几点:
- 所有的正奇数可以由 $n = 2i + 1$ 确定,这里 $i = 0, 1, 2, 3, \cdots$。
- 如果每一次可以计算累加和的一项,那么这些项就可以使用移位寄存器的 For 循环进行累加。与奇数 n 相关的项形成一个有 3001 个元素的数组,这个数组包括在 $\Delta x = 0.001$、$x = 0$ 到 $x = 3$ 范围内 $\dfrac{4}{\pi}\sin(2\pi n x)$ 的值。这个一维数组可以使用 **Add** 图标与另外一个类似的一维数组相累加。由于 **Add** 的多态性,如果一维数组 y 和 y' 是输入,y 的每一个元素被叠加到对应的 y',那么所得的一维数组就是输出。也就是说,输出数组的第 i 个元素是 $y_i + y_i'$。
- 初始化一维数组,让它的每个元素值为 0。使用 **Initialize Array**(初始化数组)(可在 **Functions ≫ Programming ≫ Array** 找到)将 **element** 和 **dimension size** 分别连接到 0 和 N。

给 Number of Terms 一个相当小的值,运行 Sum of Sines。如图 6.65 所示,在 $y = +1$ 和 $y = -1$ 的附近,你会观察到"超调"峰(又称为振铃效应),这种影响称为吉布斯(Gibbs)现象。随着 Number of Terms 的增加,应该能够减小这种影响。Number of Terms 的值为多少时,吉布斯现象可以忽略不计(即"超调"峰仅仅是方波幅度的 5%)?(根据我们选择的 Δx,Number of Terms 所允许的最大值是 500。为什么?)

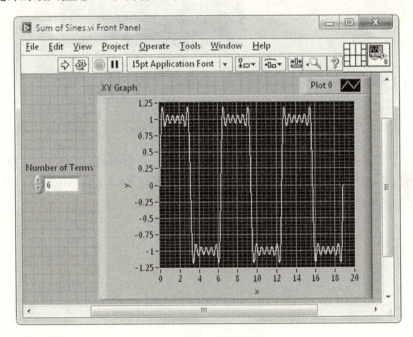

图 6.65 吉布斯现象

8. 在非真空中的情况下,下落物体的加速度 a(每单位时间速度的变化)可以用下面的关系来描述:
$$a = g - \alpha v^2 \qquad [7]$$

其中,$g = 9.8 \text{ m/s}^2$ 是真空中的重力加速度,v 是物体的瞬时速度,单位为 m/s,α 是一个常数,单位为 m^{-1}。速度的平方项描述了空气阻力的影响。随着物体获得更大的速度,速度平方这一项变得越来越重要。当物体获得最终的速度 v_T 时,物体不再加速,这时 $g = \alpha v_T^2$。

假设一个高处的物体在时间 $t = 0$ 静止释放,接下来的时间分为 N 小段,每一段为 Δt。然后对这个物体的下落采样 N 次,$t_n = n\Delta t$,$n = 0, 1, 2, \cdots, N - 1$。假设 v_n 是物体在 t_n 时刻的瞬时速度。如果物体在 t_{n-1} 时刻的速度 v_{n-1} 已知，并且 Δt 很小，式[7]可以用来确定 v_n：

$$v_n = v_{n-1} + a\Delta t = v_{n-1} + \left(g - \alpha v_{n-1}^2\right)\Delta t \qquad [8]$$

(a) 编写一个程序 Falling In Air(自由落体)，它将实现式[8]，确定一个下落物体在 t_n 时刻的速度 v_n。然后在一个修改过 x 轴的波形图里画出速度时间曲线，取 $\Delta t = 0.001$ s。Falling In Air 的前面板如图 6.66 所示。

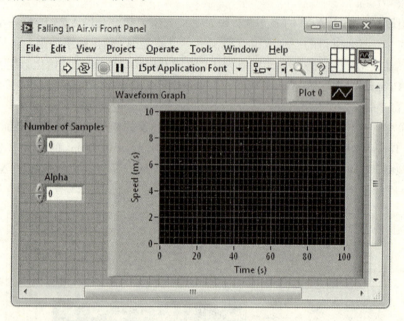

图 6.66　Falling In Air 的前面板

(b) 对于一个 1.0 千克的铁球、一个跳伞运动员、一个雨滴，它们的 α 数值分别约为 0.00092、0.0035 和 0.11。在这几种 α 数值下，运行 Falling In Air 程序。请计算释放以后，每个物体需要多长时间可以达到速度 v_T。

第 7 章 条件结构

7.1 条件结构的基础知识

在 LabVIEW 程序中,使用条件结构(Case Structure)来完成条件分支的功能。这种结构类似于文本编程语言中的"if-else"语句,可以在 **Functions** ≫ **Programming** ≫ **Structures**(函数 ≫ 编程 ≫ 结构)中找到。条件结构的默认类型为布尔类型,通过在分支选择器 ? 上连接 TRUE(真)或 FALSE(假)的布尔值,这种结构将在 TRUE 窗口或 FALSE 窗口分别执行各自的代码,使用 ▶ 工具可将分支选择器放在沿着条件结构左边界的任何地方。

一次只可以观察一个条件结构窗口。图 7.1 中的 TRUE 窗口是可见的,要查看 FALSE 窗口,可在顶部结构选择器标签 ◀True▶ 的减量(左)或增量(右)按钮上简单地单击鼠标,FALSE 窗口将会出现,如图 7.2 所示。

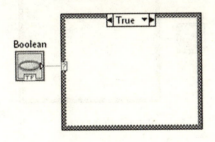

图 7.1　TRUE 窗口

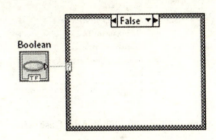

图 7.2　FALSE 窗口

当分支选择器连接如 **I32** 整数控件之类的数值量时,条件结构会自动将类型从布尔变为数值,如图 7.3 所示。

最初只有两个分支窗口(**0** 和 **1**)是可用的。图 7.3 中的选择器标签 ◀1▶ 表明 **Case 1**(分支 1)窗口目前可见,为了方便地添加另一个分支,可在条件结构边界任何地方弹出的快捷菜单中选择 **Add Case After**(在后面添加分支),如图 7.4 所示。

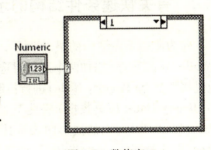

图 7.3　数值窗口

然后就会看到该结构现在有三个(**0**,**1** 和 **2**)分支,如图 7.5 所示。

通过重复上述过程,可以添加尽可能多的所需(正整数)分支,但不能超过最大允许的 2 147 483 648($=2^{31}$)个分支!如果分支选择器连接一个浮点数,LabVIEW 会将该浮点数转换为离它最近的整数值。如果提供给分支选择器的数是负值或超出了最大允许范围,LabVIEW 将选择默认的指定分支来执行(使用弹出的快捷菜单指定)。

最后,连接到分支选择器的枚举类型控件(Enumerated Type Control)可用于将条件结构的每一个分支自文档化,通常情况下它将成为分支选择控件的最佳选择。枚举类型控件(简称为枚举)是一种下拉列表控件,它将唯一的整数值和文本描述符列表中的每一项联系起来。当把枚举连接到条件结构的分支选择器后,其文本描述符(而不是相关的整数)就会出现在分支选择器的标签上(见图7.6)。如果明确地定义这些文本描述符,它们会直观地描述每一个条件结构程序框图的目的而不必使用自由标签来对每个分支文档化,这些文档对于尝试"破译"代码的其他程序员(和未来的自己)是无价的。

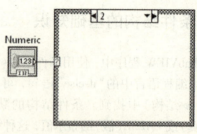

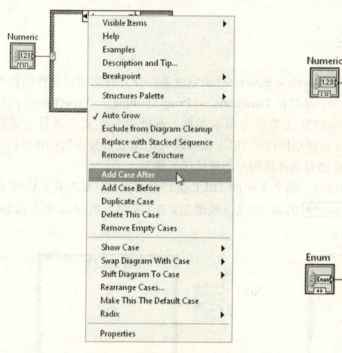

图7.5 三个分支窗口

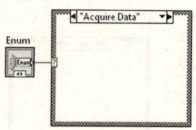

图7.4 弹出快捷菜单并选择 Add Case After

图7.6 枚举窗口

7.2 有关快速条件结构的示例:使用属性节点的运行时选项

作为使用条件结构的最初例子,可以给正弦波生成程序[即第 1 章的 Sine Wave Chart (While Loop)程序]添加两个运行时选项。如波形图表之类的前面板对象特性可在程序框图上通过属性节点(Property Node)进行控制。首先,使用 **Boolean Case Structure**(布尔条件结构)和 **History Data**(历史数据)属性节点,当 VI 正在运行时,可以使用户能够清除 Sine Wave Chart(While Loop)上的波形图表。其次,使用 **Enum Case Structure**(枚举条件结构)和 **Plot Area**(曲线绘图区)属性节点,可使操作者在运行时改变波形图表的背景颜色。

通过以下步骤开始创建一个 Sine Wave Chart(While Loop)的副本,打开 YourName\Chapter 1\ Sine Wave Chart(While Loop),然后选择 **File》Save As...** 菜单,在出现的对话框窗口中选择 **Copy》Substitute copy for original**,再按下 **Continue...** 按钮。在下一个窗口中,首先在 YourName 文件夹中创建一个名为 Chapter 7 的文件夹,然后在 YourName\Chapter 7 中将复制的 VI 保存在名为 Sine Wave Chart(While Loop with Runtime Options)的文件中。原始文件 Sine Wave Chart(While Loop)将会关闭(并安全保存在 YourName\Chapter 1 目录中),而新创建的文件 Sine Wave Chart(While Loop with Runtime Options)则会打开,并做好准备让用户修改。

在打开的 VI 前面板上添加一个 **Push Button**(开关按钮)[可在 **Controls》Modern》Boolean**(控件》新式》布尔)中找到],并给它命名为 Clear Chart?。在这个控件的弹出菜单上选择

Mechanical Action ≫ Latch When Pressed(机械动作 ≫ 单击时转换)。默认情况下,该按钮有一个布尔类型的 FALSE 值,编程设定它的运行机理以便于按下时按钮的值会变为 TRUE。当这个值改变后,如果在框图中立刻读取下一个值,按钮将会回到它的默认 FALSE 值(见图 7.7)。

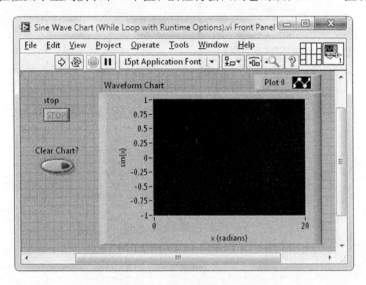

图 7.7　添加 Clear chart? 开关按钮

切换到程序框图。在框图上添加一个 **Case Structure**(条件结构)(选择 **Functions ≫ Programming ≫ Structures**),并把按钮的布尔类型接线端连接到条件结构的分支选择器,如图 7.8 所示。现在条件结构本质上是布尔类型,为了在 TRUE 和 FALSE 窗口之间切换,我们需要在顶部结构的 ◀True▶ 上单击鼠标。

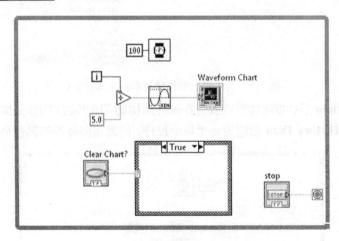

图 7.8　添加条件结构后的程序框图

接下来,我们将放置适当的属性节点来清除条件结构 TRUE 窗口内的波形图。然后,在前面板上按下开关按钮时将会执行清除图形的属性节点的操作。这个合适的属性节点称为 **History Data**,它的创建过程如下:在波形图表图标接线端的弹出菜单上选择 **Create ≫ Property Node ≫ History Data**(创建 ≫ 属性节点 ≫ 历史数据),如图 7.9 所示。在选择的时候,可以花些时间来细读波形图表属性的弹出菜单列表,而这些属性可通过属性节点而潜在控制。

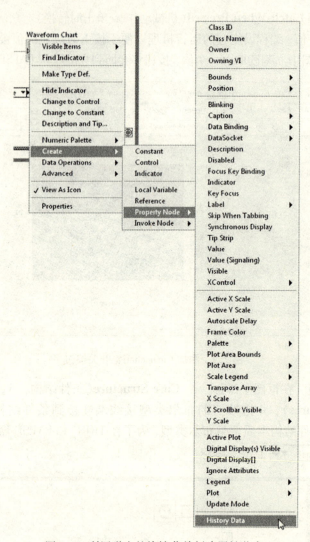

图7.9 利用弹出的快捷菜单创建属性节点

选定 History Data 后,将属性节点放置在条件结构的 TRUE 窗口中(见图7.10)。与大多数属性节点一样,将 History Data 创建为一个显示控件,因此指向外侧的黑色小箭头在它的右边。

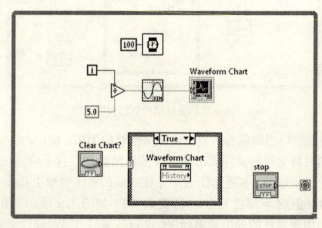

图7.10 设置属性节点

通过在其下面部分的弹出菜单上选择 **Change To Write**(转换为写入)，将这个图标改为控件(见图 7.11)。

黑色箭头在图标的左边且指向内侧，这表明 **History Data** 现在是一个控件。清除波形图表所需要的输入是一个 **Empty Array**(空数组)。在包含黑色箭头的区域上弹出快捷菜单，选择 **Create** ≫ **Constant**(创建 ≫ 常量)来产生 **Empty Array** 输入，如图 7.12 所示。

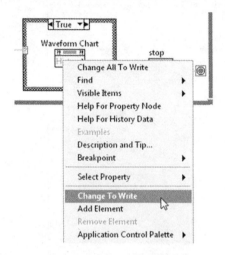

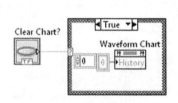

图 7.11　将图标改为控件　　　　图 7.12　空数组

保持条件结构的 FALSE 窗口为空白，这样当没有按下按钮且其值为默认的 FALSE 状态时，波形图表不会被清除。然后保存相关的工作。

回到前面板运行 VI，当按下 Clear Chart? 按钮时，波形图表应该被清除且正弦波图将在下一个 While 循环迭代中恢复。如果图形没有恢复，应该检查是否将按钮的 **Mechanical Action** 选项正确地选为 **Latch When Pressed**。

接下来我们将以编程的方式控制图形的背景颜色。首先在前面板上放置一个 **Enum** 控件[可在 **Controls** ≫ **Modern** ≫ **Ring & Enum**(控件 ≫ 新式 ≫ 下拉列表与枚举)中找到]，将这个控件标记为 Background Color，如图 7.13 所示。

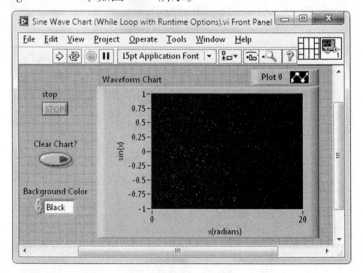

图 7.13　设置背景颜色

在 **Enum** 的弹出菜单上选择 **Edit Items...**。然后,在出现的对话框窗口中用以下 4 项——Black、Red、Green、Blue 对这个控件进行编辑,然后单击 **OK** 按钮(见图 7.14)。这个编程过程可参阅 3.9 节的内容。

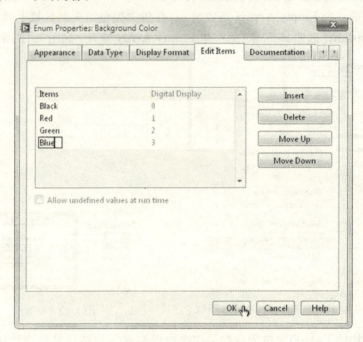

图 7.14　设置 4 项颜色

切换到程序框图,添加一个条件结构并将 **Background Color** 的枚举接线端连接到其分支选择器,如图 7.15 所示。

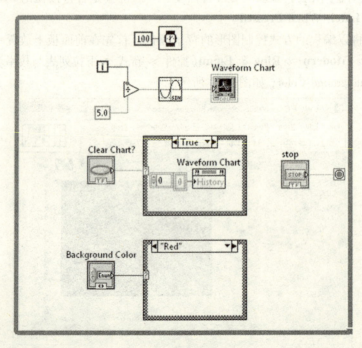

图 7.15　设置程序框图

当这个有 4 项内容的枚举最初连接分支选择器时，条件结构只包含两个窗口，它们对应于枚举列表中的前两项。为了创建所需的其他窗口，需要在分支选择器标签的弹出菜单上选择 **Add Case for Every Value**（为每个值添加分支），如图 7.16 所示。

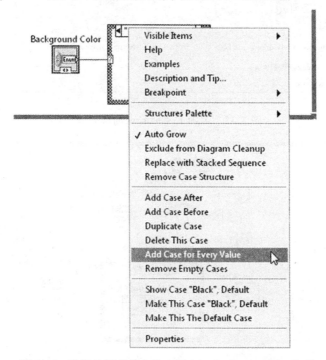

图 7.16　选择快捷菜单中的 Add Case for Every Value 选项

使用选择器标签，可以看到条件结构现在包含 4 个分别标记为 Black、Red、Green 和 Blue 的分支窗口。

波形图表的背景色是由 RGB 颜色方法生成的。在这种方法中，三种添加色即红、绿、蓝的不同灰度组合产生一个丰富的颜色库。对于 RGB 的 LabVIEW 实现，8 位用来表示每个添加色所需的灰度，其对应于范围 0~255 的十进制数。这 3 个十进制数都等价地转换为范围 00~FF 的两位十六进制数，红、绿、蓝的十六进制数称为 RR、GG 和 BB，然后将它们打包为一个 6 位的十六进制数 RRGGBB。例如，在这种模式下，FF0000 是纯红色，而 0000FF 是纯蓝色。幸运的是，LabVIEW 提供了一个名为 **RGB to Color.vi** 的图标，可以实现有关 RGB 颜色方法的细节操作。**RGB to Color.vi** 可在 **Functions ≫ Programming ≫ Numeric ≫ Conversion**（函数 ≫ 编程 ≫ 数值 ≫ 转换）中找到，它的帮助窗口如图 7.17 所示。在图标的 **R**、**G**、**B** 输入端提供 3 个十进制数，范围为 0~255 的这些数用无符号的 8 位整数 **U8** 表示。这些数字表示生成所需颜色的三种添加色的相对灰度，然后图标进行所需的数学操作以产生十六进制数 RRGGBB 并提供给 **Color** 输出端。

控制波形图表背景颜色的属性节点称为 **BG Color**，在波形图表的接线端上弹出快捷菜单，并选择 **Create ≫ Property Node ≫ Plot Area ≫ Colors ≫ BG Color**（创建 ≫ 属性节点 ≫ 绘图区域 ≫ 颜色 ≫ 背景色）来创建这个属性节点。将 **BG Color** 放置在程序框图上，然后在其弹出菜单上选择 **Change To Write** 使它的默认指示器模式变为一个控件。最后，在 4 个条件结构窗口上都放置三个适当的 **U8** 整数并连接它们。黑、红、绿、蓝的(**R, G, B**)值分别是(0, 0, 0)、(255, 0, 0)、(0, 255, 0)、(0, 0, 255)。图 7.18 显示了黑色的(Black)枚举分支。

其他三个分支结构的窗口如图 7.19 所示。

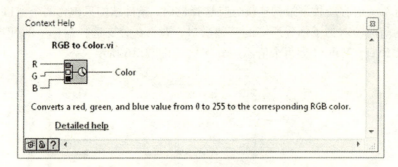

图 7.17　RGB to Color.vi 的帮助窗口

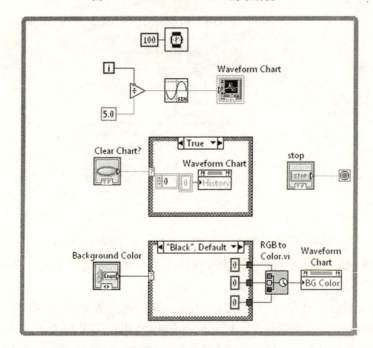

图 7.18　黑色分支窗口

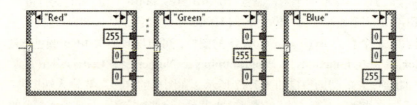

图 7.19　红、绿、蓝分支窗口

保存相关的工作，然后返回到前面板。运行 Sine Wave Chart(While Loop with Runtime Options)，并尝试在每个绘图区显示 4 种可能的背景颜色。

7.3　使用条件结构的数值积分

在本章的剩余部分，在编写一个使用辛普森(Simpson)准则完成数值积分的程序时，我们将在条件结构的使用上获得更多的经验。首先简单回顾一下有关辛普森准则的理论，它表明这种方法可将一个给定离散数据集上的数值积分巧妙地划分为 3 个独立的任务。实现上述方法需要编写 3 个 VI，每一个执行相应的任务，然后在名为 Simpson's Rule 的顶层数值积分程序内将这些程序打包为子 VI。在验证这个 VI 正确执行后，通过编写程序来结束工作。该程序对比了辛普森准则和最后一节研究的梯形法则之间的收敛性能。最后将研究一项新的 LabVIEW 技术——在 XY 图上放置多个平面图形。

7.4 基于辛普森准则的数值积分

假设曲线 $y = f(x)$ 在 x_1、x_2 和 x_3 处分别有已知值 y_1、y_2、y_3，其中 3 个 x 值之间的步长恒定，为 Δx。根据辛普森准则，x_1 到 x_3 区间上的 $f(x)$ 可由二次多项式 $y = Ax^2 + Bx + C$ 来近似，如图 7.20 所示。

基于三组已知数据求解提出的二次多项式会产生包含 3 个未知常数 A、B 和 C 的 3 个方程：

$$y_1 = Ax_1^2 + Bx_1 + C$$
$$y_2 = Ax_2^2 + Bx_2 + C$$
$$y_3 = Ax_3^2 + Bx_3 + C$$

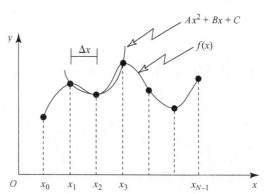

图 7.20　二次多项式近似图

根据已知的事实 $x_2 = x_1 + \Delta x$ 及 $x_3 = x_1 + 2\Delta x$，此时可以使用线性代数来解出这类包含 3 个未知数 A、B 和 C 的方程（自己尝试），我们得到

$$A = \frac{1}{2(\Delta x)^2}\left[y_1 - 2y_2 + y_3\right]$$

$$B = -\frac{1}{2(\Delta x)^2}\left[y_1(x_2 + x_3) - 2y_2(x_1 + x_3) + y_3(x_1 + x_2)\right] \quad [1]$$

$$C = \frac{1}{2(\Delta x)^2}\left[y_1 x_2 x_3 - 2y_2 x_1 x_3 + y_3 x_1 x_2\right]$$

曲线 $f(x)$ 下的面积可以近似如下：

$$\int_{x_1}^{x_3} f(x)\mathrm{d}x \approx \int_{x_1}^{x_3}\left(Ax^2 + Bx + C\right)\mathrm{d}x$$
$$= \frac{1}{3}A\left(x_3^3 - x_1^3\right) + \frac{1}{2}B\left(x_3^2 - x_1^2\right) + C\left(x_3 - x_1\right) \quad [2]$$

从式[1]可以知道 A、B、C 的值，将这些表达式代入式[2]，则式[2]的右侧（RHS）变为

$$\frac{y_1}{2(\Delta x)^2}\left\{\frac{1}{3}\left(x_3^3 - x_1^3\right) - \frac{1}{2}\left(x_2 + x_3\right)\left(x_3^2 - x_1^2\right) + x_2 x_3\left(x_3 - x_1\right)\right\}$$

$$-\frac{y_2}{(\Delta x)^2}\left\{\frac{1}{3}\left(x_3^3 - x_1^3\right) - \frac{1}{2}\left(x_1 + x_3\right)\left(x_3^2 - x_1^2\right) + x_1 x_3\left(x_3 - x_1\right)\right\}$$

$$+\frac{y_3}{2(\Delta x)^2}\left\{\frac{1}{3}\left(x_3^3 - x_1^3\right) - \frac{1}{2}\left(x_1 + x_2\right)\left(x_3^2 - x_1^2\right) + x_1 x_2\left(x_3 - x_1\right)\right\}$$

然后使用公式 $x_2 = x_1 + \Delta x$ 和 $x_3 = x_1 + 2\Delta x$，极大简化了该表达式并产生了以下著名的辛普森三点公式：

$$\int_{x_1}^{x_3} f(x)\mathrm{d}x \approx \left[\frac{1}{3}y_1 + \frac{4}{3}y_2 + \frac{1}{3}y_3\right]\Delta x \qquad [3]$$

这个关系式在两点梯形法则的基础上提供了一个改进的数值积分方法。值得注意的是，式[3]给出的积分区间大小为 $2\Delta x$，因此系数之和为 2，而且基于其推导过程，当函数 $f(x)$ 是一个小于等于二阶的多项式时，我们预测辛普森三点公式会给出准确的结果。让人惊奇的是，上述方程的对称性正好产生了有用的抵消，这使得式[3]甚至对于三阶多项式都是精确的。

对于 N 点的一组数据，其中

$$x_i = x_0 + i\,\Delta x \qquad i = 0, 1, 2, \cdots, N-1$$
$$y_i = f(x_i)$$

N 个 x 值可分成一系列的三点单元，有

$$\int_{x_0}^{x_{N-1}} f(x)\mathrm{d}x \approx \left[\frac{1}{3}y_0 + \frac{4}{3}y_1 + \frac{1}{3}y_2\right]\Delta x + \left[\frac{1}{3}y_2 + \frac{4}{3}y_3 + \frac{1}{3}y_4\right]\Delta x$$
$$+ \cdots + \left[\frac{1}{3}y_{N-3} + \frac{4}{3}y_{N-2} + \frac{1}{3}y_{N-1}\right]\Delta x$$

我们把每个方括号内的项称为"部分和"，那么上式可写成如下部分和的形式：

$$\int_{x_0}^{x_{N-1}} f(x)\mathrm{d}x \approx \sum_i \left[\frac{1}{3}y_{2i} + \frac{4}{3}y_{2i+1} + \frac{1}{3}y_{2i+2}\right]\Delta x \qquad i = 0, 1, 2, \cdots, \frac{N-3}{2}\,(N\text{为奇数}) \qquad [4]$$

其中总和中包含 $(N-1)/2$ 个部分和。然而这种计算积分的方法假定数据集的样本数 N 是一个奇数，这是因为只有 N 为奇数时，N 个数据点才能成功分为一系列的三点单元。

如果给定的数据点数为偶数，可用下面的方法计算数值积分：使用辛普森准则计算前 $N-1$（一个奇数）个点的结果，再用梯形法则计算剩余两点区间的结果。

$$\int_{x_0}^{x_{N-1}} f(x)\mathrm{d}x \approx \sum_i \left[\frac{1}{3}y_{2i} + \frac{4}{3}y_{2i+1} + \frac{1}{3}y_{2i+2}\right]\Delta x + \left[\frac{1}{2}y_{N-2} + \frac{1}{2}y_{N-1}\right]\Delta x$$
$$i = 0, 1, 2, \cdots, \frac{N-4}{2}\,(N\text{为偶数}) \qquad [5]$$

式[5]右边的第一项是辛普森准则之和，它包含 $(N-2)/2$ 个部分和，第二项是对数组 y 剩余的两个元素应用的梯形法则。

应用上述理论对 N 个数据的离散样本求积分时，必须执行 3 个子任务：(1)对于 N 个元素的数组，确定 N 为偶数还是奇数后使用合适的积分公式(式[4]或式[5])，并找到需要计算的部分和之数；(2)利用合适的积分公式求解辛普森准则部分；(3)N 为偶数时使用式[5]计算梯形法则部分。因此为了编写一个执行上述理论且称为 Simpson's Rule 的顶层程序，首先要为 3 个确定的子任务各自编写一个 VI，然后在顶层的 Simpson's Rule 程序中使用这 3 个程序作为子 VI。

7.5 使用布尔条件结构的校验因子

首先编写一个名为 Parity Determiner(校验因子)的 VI。考虑一个 N 元素的 Array 作为输入，这个程序将确定 N 是偶数还是奇数，然后计算辛普森准则意义下合适积分公式的部分和

数量，从式[4]和式[5]可以看出，N 为奇数、偶数的部分和数分别是 $(N-1)/2$ 和 $(N-2)/2$。

使用自定义的图标，并根据给定方案分配的连接器窗格来构造前面板，如图 7.21 所示，帮助窗口如图 7.22 所示。首先需要放置一个标记为 Number of Partial Sums 的 **Numeric Indicator**（数值显示控件），然后在 **Cluster**（簇）框架内放置一个标记为 Odd？的布尔显示控件 **Round LED**（圆形指示灯）（可在 **Controls ≫ Modern ≫ Boolean** 中找到），这样就创建了 output cluster（输出簇）。从簇的弹出菜单中选择 **Reorder Controls In Cluster…**（重新排序簇中控件），确保 Number of Partial Sums 和 Odd？分别是簇的元素 0 和元素 1。将 Array 控件和 Number of Partial Sums 显示控件的数据类型分别设置为 **DBL** 和 **I32**，使用 **File ≫ Save** 菜单在文件夹 YourName 中创建一个名为 Chapter 7 的文件夹，然后把 VI 保存在 YourName\Chapter 7 中，并命名为 Parity Determiner。

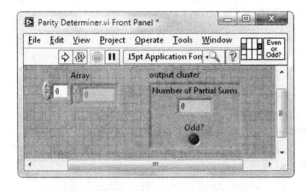

图 7.21　自定义前面板

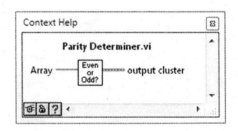

图 7.22　Parity Determiner 的帮助窗口

切换到程序框图。这里，我们使用 **Quotient & Remainder**（商与余数）图标（可在 **Functions ≫ Programming ≫ Numeric** 中找到）来确定 Array 中元素的个数是奇数还是偶数，这个图标的帮助窗口如图 7.23 所示。

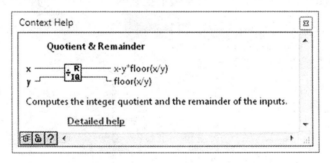

图 7.23　Quotient & Remainder 的帮助窗口

对应于其他编程语言中的模函数 $mod(x, y)$，当 x 除以 y 时，**Quotient & Remainder** 的输出端 **R** 使用公式 $R(x,y) = x - y * floor(x/y)$ 计算余数 R，其中 $floor$ 将其参数截断至邻近的最小整数。因此，当 N 为偶数和奇数时，$R(N,2)$ 分别等于 0 和 1。如图 7.24 那样编码，当 Array 中的元素个数是奇数（偶数）时，图中 **Equal?**（可在 **Functions ≫ Programming ≫ Comparison** 中找到）的布尔类型输出将会是 TRUE（FALSE），将这个输出连接到 **Bundle**（捆绑）图标的第二个（元素 1）输入。

把一个条件结构（从 **Functions ≫ Programming ≫ Structures**）添加到框图中，并将 **Equal?** 的输出连接到其分支选择器，如图 7.25 所示。

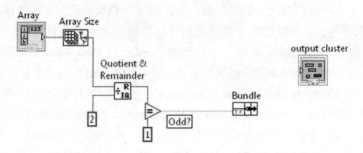

图7.24　奇偶校验的框图设置

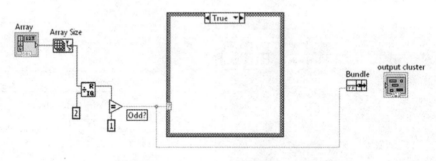

图7.25　连线图

N 为奇数时所需计算的部分和数为 $(N-1)/2$，对这个计算编程并写入条件结构的 TRUE 窗口中，然后把它的输出端连接到 **Bundle** 图标的第一个（元素 0）输入。图标 **To Long Integer**（转换为长整型）可在 **Functions ≫ Programming ≫ Numeric ≫ Conversion** 中找到。接下来，把 **Bundle** 的输出连接到 output cluster 的接线端，如图 7.26 所示（如果连线断开，那么前面板簇上 Number of Partial Sums 和 Odd？的顺序是不正确的；解决这个问题可参阅 3.12 节）。

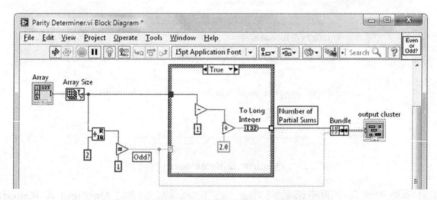

图7.26　TRUE 窗口的编程

值得注意的是，条件结构的输出通道为白色及按钮 **Run**（运行）出现故障，都表明 VI 还没有准备好运行。切换到 FALSE 窗口就会找到原因。

在一个条件结构中，所有输入（通道和分支选择器）数据对一切分支都是可用的。那么数据通道 **Array Size**（数组大小）在 TRUE 窗口中已经连接为输入，我们必须保证其数据在 FALSE 窗口也是有效的（见图 7.27）。然而，因为一个特定的条件结构窗口并不要求使用所有的有效输入，所以即使没有连接，只要输入通道出现黑色就表明这是一个合法的连线配置。

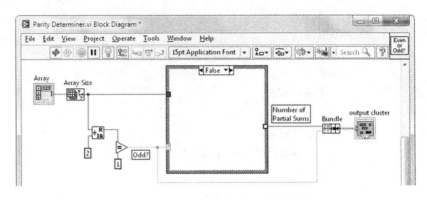

图 7.27　FALSE 窗口编程

输出通道遵守不同的规则：如果任何一个条件结构窗口为输出通道提供数据，那么其他所有的窗口也必须这样做。目前，FALSE 窗口缺少这个必要的输出通道连线，并且这个不合法的情形由通道的白色外观来提示，出现故障的 **Run** 按钮一般提示这类程序框图出现了错误。

当 N 为偶数时所需计算的部分和数为 $(N-2)/2$，在条件结构的 FALSE 窗口中将这个计算过程编程写入。一旦把它连接到输出通道，它就会拥有所有条件结构窗口（TRUE 和 FALSE）的连接，然后通道会变黑以表明现在是一个合法的输出通道。注意，**Run** 按钮现在是一个整体。

作为一种对 FALSE 窗口编程的替代方法，感兴趣的读者可以研究以下方法。首先选择 FALSE 窗口，在条件结构边界弹出的快捷菜单上选择 **Delete This Case**（删除本分支），这样会自动切换到之前编码的 TRUE 窗口。然后，既然需要一个非常相似的 FALSE 窗口编码，那么在条件结构边界弹出的快捷菜单上选择 **Duplicate Case**（复制分支），一个复制的且可以修改的图表将出现在新创建的 FALSE 窗口中，如图 7.28 所示。

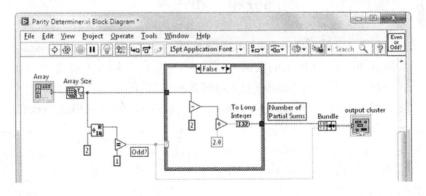

图 7.28　在 FALSE 窗口中的复制分支

回到前面板，并在 Array 上运行它以验证期望的 VI 功能，其中对 Array 编程后可获得 2、3、4 和 5 个元素[如果需要清除 Array 的所有元素，可在索引显示上弹出快捷菜单，选择 **Data Operations** ≫ **Reinitialize to Default Value**（数据操作 ≫ 重新初始化为默认值）]，当关闭该 VI 时在 YourName\Chapter 7 文件夹下保存其最终版本。

正如在第 3 章看到的，Mathscript 节点包含服从 if-else 语句语法的条件分支函数，综上所述，可以写出基于条件结构的代码以实现如下逻辑：

$$R = \text{mod}(N,2)$$
if $R = 1$
  $B = \text{TRUE}$
else
  $B = \text{FALSE}$
end
if $B = \text{TRUE}$
  $\text{Number of Partial Sums} = (N-1)/2$
else
  $\text{Number of Partial Sums} = (N-2)/2$
end

这样的条件分支可使用 Mathscript 节点来编写,如图 7.29 所示,对于 Mathscript 节点的输出端 **NumSum** 和 **B**,分别选择 **Choose Data Type ≫ All Types ≫ Scalar ≫ I32** 和 **Choose Data Type ≫ All Types ≫ Scalar ≫ Boolean**。

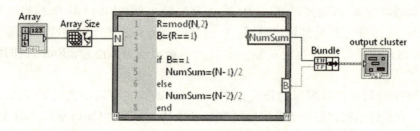

图 7.29 基于条件结构的代码

7.6 使用数值条件结构的部分和之和程序

接下来我们将编写一个名为 Sum of Partial Sums 的 VI,它利用式[4]和式[5]计算辛普森准则中的各项。构造如图 7.30 所示的前面板,将 Array 控件、delta_x 控件及 Simp Value 显示控件的数据格式设置为 **DBL**;将 Number of Partial Sums 控件的格式设置为 **I32**。也可以在 DBL 格式化对象的弹出菜单上选择 **Display Format...**,然后取消 **Hide trailing zeros**(隐藏无效零)并使得 **Significant digits**(有效数字)为 6 位。在 YourName\Chapter 7 文件夹中名为 Sum of Partial Sums 的路径下保存这个 VI。Sum of Partial Sums 的帮助窗口如图 7.31 所示。

现在开始为如图 7.32 所示的框图编写代码,编程思路如下:使用两个嵌套的 For 循环实现辛普森准则,外部的 For 循环使用 **Array Subset**(数组子集)图标从原始输入数组中依次挑出三点单元,内部的 For 循环用于计算每三点单元的部分和。所有的部分和在外部 For 循环的移位寄存器中累加,完成这个和式所需的 For 循环迭代次数由控件 Number of Partial Sums

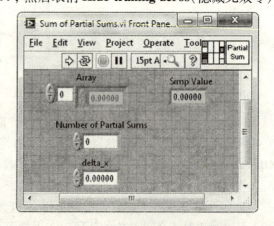

图 7.30 Sum of Partial Sums 的前面板

提供。由于整个输入数组必须传递到 **Array Subset** 图标（而不是每次循环迭代中的一个元素），因此必须在外部For循环通道的弹出菜单上选择 **Disable Indexing**。在程序框图中添加一些位置自由的标签以说明其工作原理。

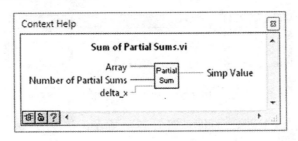

图7.31　Sum of Partial Sums 的帮助窗口

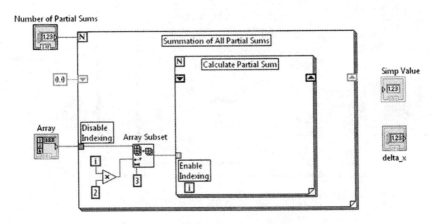

图7.32　Sum of Partial Sums 的程序框图

现在添加如图7.33所示的代码，用以计算每个部分和。

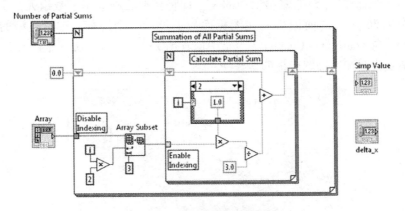

图7.33　进行连线设置后的程序框图

通过在内部 For 循环上启用索引选项，由 **Array Subset** 创建的子数组中的3个元素将会一次传递到循环中。没有必要连接内部 For 循环的计数接线端，它会自动设置为3。循环中的每3个值都由与辛普森准则一致的适当因子来加权，内部循环移位寄存器对当前部分和进行累加。通过外部循环移位寄存器的左侧接线端初始化该移位寄存器，当前部分和就会加到所有以前部分和的累加和中。

在给定的程序框图中，数值化的条件结构（**Case Structure**）用于提供由辛普森三点准则确定的正确加权因子序列 1 – 4 – 1。切记迭代接线端从 0 开始计数，三个条件结构窗口应该如图 7.34 所示。

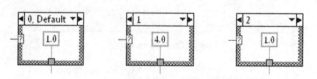

图 7.34　加权因子窗口

完成包含乘法因子 Δx 的图表（框图见图 7.35），在关闭该 VI 时确定保存了最终的工作。

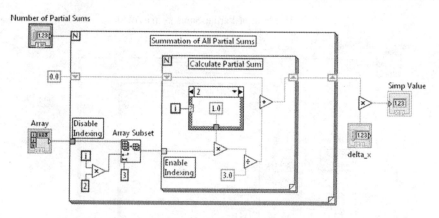

图 7.35　Sum of Partial Sums 的完整框图

7.7　使用布尔条件结构的梯形法则贡献

最后编写一个计算式[5]右侧第二项的 VI，即将梯形法则应用于数组元素数为偶数的积分。构建如图 7.36 所示的前面板并在图标面板上设计一个图标，布尔类型的控件是一个 **Round Button**，在 YourName\Chapter 7 目录中保存为 Even Ends。以一种和图 7.37 所示帮助窗口一致的方式来分配连接器面板的接线端。

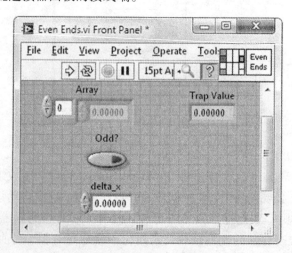

图 7.36　Even Ends 的前面板

现在编写如图 7.38 所示的程序框图。如果数组拥有偶数 N 个元素（Odd？为 FALSE），条件结构的 FALSE 窗口会确定倒数第二个元素（$i = N - 2$）的索引并形成只包含原始数组的最后两个元素（$i = N - 2$ 和 $i = N - 1$）的子数组，然后使用 Trapezoidal Rule VI 对该子数组进行数值积分。

对 TRUE 窗口进行编码，如图 7.39 所示，它表明梯形法则对奇数数组的贡献为 0 这一事实。

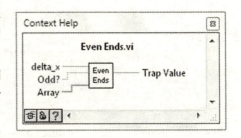

图 7.37　Even Ends 的帮助窗口

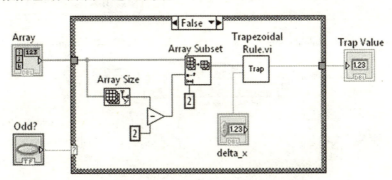

图 7.38　Even Ends 的连线图

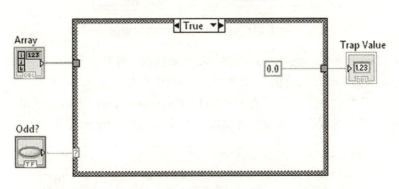

图 7.39　奇数数组的梯形法则

在关闭该 VI 时确定保存了最终的工作。

7.8　顶层的 VI——Simpson's Rule

现在我们准备编写顶层的 VI——Simpson's Rule。假设存在一组数量为 N 且间距相等的数据样本（x, y），其中样本在 x 轴上的间距为 Δx，y 的变化可由函数 $f(x)$ 来描述。当数组 y 和 Δx 作为输入时，希望编写一个程序来执行 x 轴上极值 x_0 和 x_{N-1} 之间 $f(x)$ 的辛普森准则积分。

构造前面板，如图 7.40 所示。在其弹出菜单中使用 **Display Format...**（显示格式）选项，并设置 **Value of Integral** 显示控件的 **Significant digits**（有效数字）为 10（左右），在 YourName\Chapter 7 中名为 Simpson's Rule 的路径下保存该 VI，它的帮助窗口如图 7.41 所示。

如图 7.42 所示，对程序框图进行编码，然后保存这些工作。

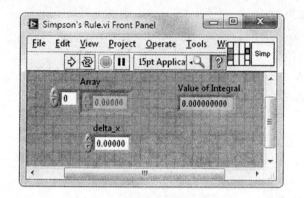

图 7.40 Simpson's Rule 的前面板

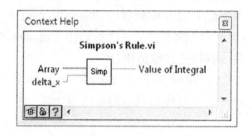

图 7.41 Simpson's Rule 的帮助窗口

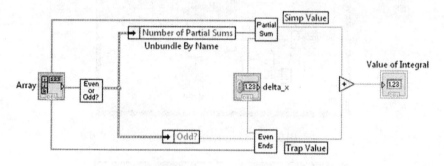

图 7.42 Simpson's Rule 的程序框图

通过 Power Function Simulator 给其提供一些已知数据，可看出 Simpson's Rule VI 是否正常工作。构造名为 Simpson Test 的前面板和框图，如图 7.43、图 7.44 所示。将该 VI 保存在 YourName\Chapter 7 文件夹下。为了在 **Unbundle By Name** 图标的输出接线端上选择所需的簇项，可使用单击接线端或在接线端的弹出菜单上使用 **Select Item** 选项。

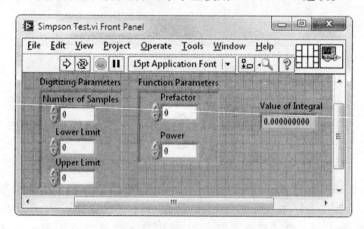

图 7.43 Simpson Test 的前面板

基于合适的前面板设置，使用 Simpson Test 来求解数值积分 $\int_0^1 5x^4 \mathrm{d}x$ [即对 Power Function Simulator 编程以计算 $f(x) = 5x^4$]。尝试多个 Number of Samples 值并观察这如何影响 Value of Integral 的精度。

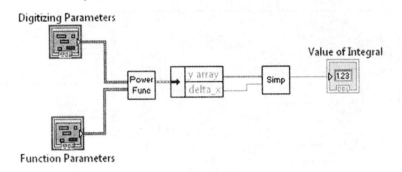

图 7.44 Simpson Test 的程序框图

7.9 梯形法则和辛普森准则之间的对比

最后，让我们比较一下梯形法则和辛普森准则的收敛性，并观察哪一个是更优越的方法。为了展示这项研究的结果，在新的前面板上放置一个 XY 图（**XY Graph**），并把该 VI 保存在 YourName\Chapter 7 中名为 Convergence Study(Trap vs. Simp)的路径下。XY 图中的 x、y 轴分别标记为 Number of Samples 和 Value of Integral，把曲线图例（Plot Legend）移到 XY 图右侧的开阔区域，如图 7.45 所示。

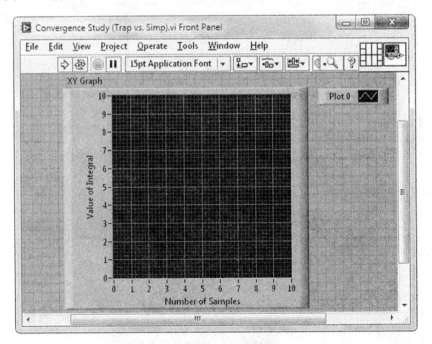

图 7.45 移动图例

如图 7.46 所示开始对框图编码，它将使用两种方法对 N 元数组进行数值积分。这里，N 的变化范围为 10~200，所以通过两种方法计算积分且将结果记录在 For 循环边界的数组中。在一个 XY 图上绘制所有的结果，梯形法则和辛普森准则的结果形成一个 xy 簇。然后，利用梯形法则和辛普森准则的 xy 簇建立的一个两元数组分别作为其第一（元素 0）和第二（元素 1）元素，对于 XY 图上的多重曲线而言，这样的簇数组正是所需的输入。

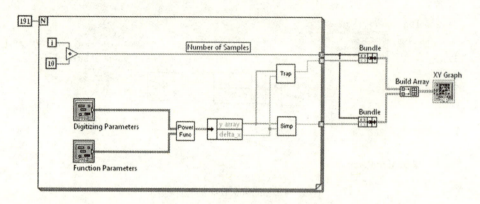

图 7.46　两种方法的连线图

为了完成这个图表，我们需要截断从 Digitizing Parameters 接线端发出的簇并用框图的数量值替换前面板的 Number of Samples 值。删除这个簇线，然后放置一个 **Bundle By Name** 图标并连接它，如图 7.47 所示。传递给 Power Function Simulator 的 Number of Samples 值由 **Add** 图标（而不是通过前面板上的控件）创建。

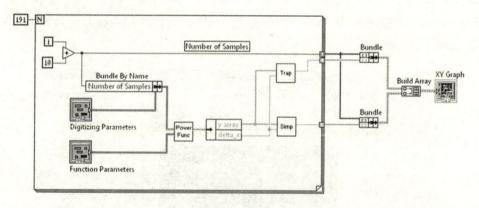

图 7.47　截断簇

返回到前面板。使用 ▶ 整理对象的排列，然后向下调整曲线图例的大小以包含两个图的信息，如图 7.48 所示。

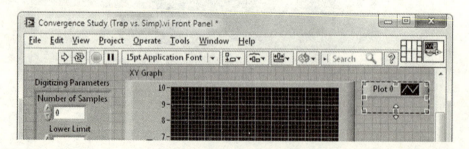

图 7.48　调整曲线图例

使用 A（或 ✋）在曲线图例中高亮显示文本 **Plot 0**（曲线 0），然后输入文本 Trap，以相似的方式用 Simp 替换 **Plot 1**（曲线 1），如图 7.49 所示。

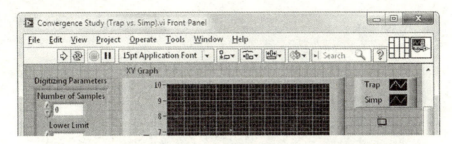

图 7.49 更改曲线图例

通过选择独特的特征可将曲线彼此区分。例如,为了选择一个特定图形的颜色,只需在曲线图例内的图标上弹出快捷菜单并选择 **Color** 项,然后单击喜欢的颜色即可(LabVIEW 可能已经为两个图形自动选择了不同的颜色),如图 7.50 所示。

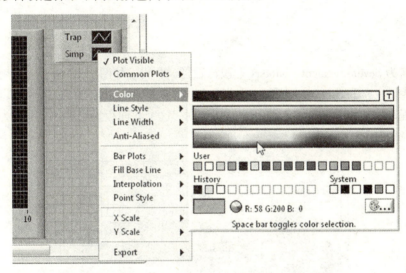

图 7.50 选择 **Color** 菜单项

保存这些工作。然后利用 Power Function Simulator 来程序化地运行 Convergence Study (Trap vs. Simp)并计算函数 $f(x) = 5x^4$。是否存在某种积分方法,可以比其他方法使积分更快地(即使用更小的 Number of Samples 值)收敛到准确值?

既然读者已经理解了这两种数值积分方法的内部运作原理,那么就可以查看 LabVIEW 的内置图标 **Numeric Integration. vi**(数值积分),它可在 **Functions** ≫ **Mathematics** ≫ **Integration & Differentiation**(函数 ≫ 数学 ≫ 积分与微分)中找到。

自己动手

编写一个名为 Five Blinking Lights(5 个闪烁灯)的 VI,其前面板有 5 个标记为 0~4 的 **Round LED**(圆形指示灯)布尔显示控件,如图 7.51 所示。使用条件结构开发一个程序,它以顺序 0-1-2-3-4 依次点亮这些 LED 并重复这个顺序直到按下 **Stop** 按钮。每个 LED 灯点亮 0.2 秒,使得整个 0-1-2-3-4 序列每秒发生一次。注意,可用 改变布尔类型常量的值。

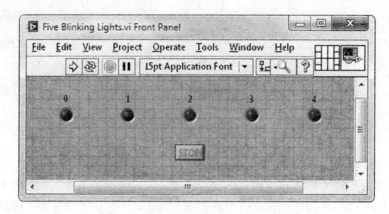

图 7.51　Five Blinking Lights 的前面板

习题

1. 构造一个名为 Seven-Segment Counter(七段计数器)的 VI。如图 7.52 所示，使用 7 个适当大小并标记为 A ~ G 的 **Square LED**(方形指示灯)布尔显示控件来形成一个七段显示。然后，对框图编程来完成以下功能：当按下运行按钮时，这个前面板显示计数，范围为 0 ~ 9，其中每个数字亮 1 秒。

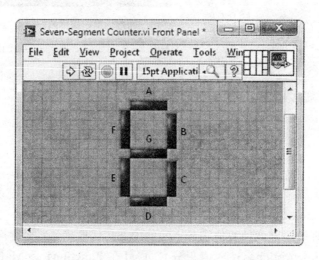

图 7.52　Seven-Segment Counter 的前面板

2. 当整数 $n = 1,2,3,4,\cdots$ 时计算黎曼(Riemann)函数 ζ，定义为

$$\zeta(n+1) = \frac{1}{n!}\int_0^\infty \frac{x^n}{e^x - 1}dx$$

这个函数出现在黑体辐射理论、Bose-Einstein 冷凝和晶格振动热容中。取 $n = 2$ 并使用 $2! = 2$ 这一事实，

$$\zeta(3) = \int_0^\infty \frac{1}{2}\frac{x^2}{e^x - 1}dx$$

对 Power Function Simulator 编程以便于计算 $\zeta(3)$ 的被积函数，然后在选择合适的 Number of

Samples、Lower Limit 和 Upper Limit 的基础上运行 Simpson Test。记住，使用 Mathscript 是一种明智的操作。如果 Lower Limit 选为 0 就会遇到问题，针对这个问题需要找到一个可以接受的解决方案。同时，Upper Limit 不能等于无穷。然而，由于被积函数的性质，Upper Limit 选为如 100 之类的一些数是可以接受的，为什么？优化你的选择，得到关于 $\zeta(3)$ 的尽可能准确的值。这个积分不能得到解析解，然而高精度的数值计算已经确定了一个很好的近似：$\zeta(3) \approx 1.202056903159594285 3997$。与该"正确"答案相比，Simpson's Rule 提供了多少位的精度？

3. 作为一种实现自动索引功能循环的替代方法，可用如图 7.53 所示的子框图建立一个数组。这里，**Build Array**(创建数组)图标通过每次迭代添加一个元素来构造数组，并且将这个随着迭代依次增加的数组存储在移位寄存器中。移位寄存器用图 7.53 所示的 **Empty Array Constant** 初始化，其通过在左移位寄存器(编码后在 For 循环内已经完成)的弹出菜单上选择 **Create** ≫ **Constant** 来创建。

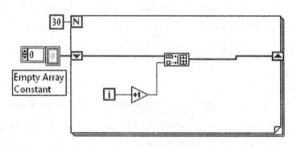

图 7.53 自动索引框图

使用图 7.53 的修改后形式编写一个名为 Multiples of 3,4, or 5 的程序，其形成一个数组，该数组包含小于等于 30 且能被 3、4 或 5 整除的所有整数，可以看出 **Functions** ≫ **Programming** ≫ **Boolean** 中的 **Compound Arithmetic**(复合运算)图标是有用的。

4. 编写一个基于条件结构的程序 Prime Detector(素数检测器)，它判决输入的整数是不是素数。这个 VI 的前面板如图 7.54 所示，其中需要测试的整数在 Integer 端输入，如果它被判决为素数，标记为 Prime? 的 **Round LED** 将点亮。

图 7.54 Prime Detector 的前面板

构建自己的 VI 并考虑素数的如下特性。由定义可知，素数能被 1 和它本身整除(即只有这两个因子产生的余数为 0)。因为偶数能被 2 整除，所以偶数不是素数。奇数 N 如果能表示为两个整数的乘积，其中一个整数小于等于 $\sqrt{N}$ 而另一个整数大于等于 $\sqrt{N}$，则它不是素数。因此测试一个奇数是不是素数，充分条件为它不能被除 1 以外所有小于等于 $\sqrt{N}$ 的奇数整除。值得注意的是，一个从3开始的奇数序列，可由 $N=2i+3(i=0,1,2,\cdots)$ 来构造。测试该VI可尝试输入 104717（素数）和 99763（不是素数）。下面整数中的哪一个是素数：101467，102703，97861？

5. 打开 Simpson Test 并使用 **File** ≫ **Save As...** 创建一个名为 Simpson Test（Built-In VI）的新VI。框图上用 **Numeric Integration. vi**（可在 **Functions** ≫ **Mathematics** ≫ **Integration & Differentiation** 中找到）替换 Simpson's Rule，并将积分方法的输入连接到 Simpson's Rule 程序。然后令 Number of Samples 等于 101，运行 Simpson Test（Built-In VI）去求解积分 $\int_0^1 5x^4 dx$。当用相同的前面板输入来运行 Simpson's Rule 时，Value of Integral 会得到同样的结果吗？

6. 编写一个名为 Temperature Scale Converter（温标转换器）的程序，它可在摄氏温度和华氏温度之间连续转换给定温度，直到按下 **Stop** 按钮。

   (a) 在前面板上放置一个 **Enum** 控件并对它编程使其包含两项：C to F、F to C。框图上把枚举接线端连接到一个条件结构的分支选择器，然后对 **C to F**、**F to C** 两种情形分别编程以执行运算 $F=1.8C+32$ 和 $C=(F-32)/1.8$。完整的前面板如图 7.55 所示。利用多个输入运行 Temperature Scale Converter 并确认它正确工作，例如，68°F⇔20°C，100°C⇔212°F。

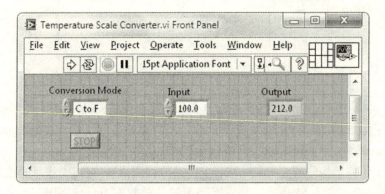

图 7.55 Temperature Scale Converter 的前面板

   (b) 将代码添加到你的 VI 中，以便当程序运行时 Input 控件和 Output 显示控件上的文本适合 Conversion Mode 的选择结果。为了完成这一任务，注意控件或显示控件的标签在运行时不能改变，但其标题可以改变，因此在前面板 Input 和 Output 的弹出菜单上禁用 **Label**（标签）并激活 **Caption**（标题）。然后在框图 Input 接线端的弹出菜单上选择 **Create** ≫ **Property Node** ≫ **Caption** ≫ **Text**（创建 ≫ 属性节点 ≫ 标题 ≫ 文本）。将产生的 **Property Node**（属性节点）放置在 **C to F** 分支内，并在弹出菜单上选择 **Change To Write** 以将其从显示控件切换到控件。再在属性节点上弹出快捷菜单，并选择 **Create** ≫ **Constant**，然后在刚产生的 **String Constant**（字符串常量）中输入文本"Input deg C"，重复这个过程使 Output 的标题为"Output deg F"。然后对 **F to C** 分支编程，使得 Input、Output 的标题分别为"Input deg F"和"Output deg C"。运行 VI 以验证标题正确执行，举例如图 7.56 所示。

7. 编写如图 7.57 所示的程序并命名为 Guess Number。这个 VI 随机生成一个 1~10 范围内的整数并指导你正确地猜测该整数，前面板如图 7.57 所示。这里，当 VI 运行时将猜测的整数输入到 Guess 控件，然后通过单击标记为 Enter Guess 的 **OK** 按钮将该值传递给框图。你将从 Message 字符串显示控件中收到关于猜测结果（如偏小、偏大、正确）的反馈。

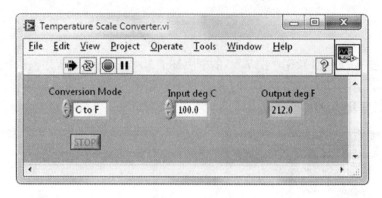

图 7.56 改变标题

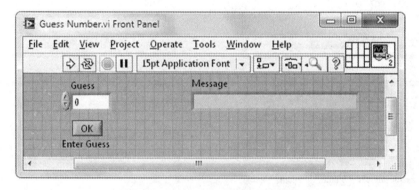

图 7.57 Guess Number 的前面板

如图 7.58 所示进行框图编码,其基于嵌套的 While 循环和条件结构,这样的程序架构称为一个状态机。状态机中 While 循环连续执行直到 ⬤ 设置为 TRUE,每次循环迭代执行条件结构中的一个分支(称为状态)。执行特定迭代时的状态完成了一些运算(如检查两个量相等),此外,在下一次迭代中它可选择执行哪一个状态。

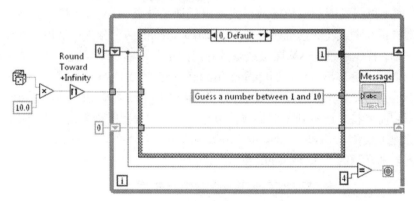

图 7.58 Guess Number 的程序框图

完成设置后运行 Guess Number 并验证它是否按预期执行。对于这种状态机,什么数存储在上层移位寄存器中?下层移位寄存器又如何呢?对于 5 个状态(0,1,2,3,4)中的某一状态,会执行什么操作及应选择什么状态为下一个状态呢?具体的程序框图执行细节如图 7.59 所示。

8. 一个低通滤波器的响应,即增益 G 作为频率 f 的函数,关系式由下式给出:

$$G = \frac{1}{\sqrt{1+\left(f/f_{3dB}\right)^2}}$$

其中 f_{3dB} 是滤波器的 3 dB 频率。图 7.60 的框图基于 Mathscript 的子程序绘出在 $f=1$ Hz 到 $f=10$ kHz 范围内、$f_{3dB}=2000$ Hz 时 G 对 f 的线性图。切记".^"是元素的幂运算,手动选择输出 G 的数据类型为 **DBL 1D**。

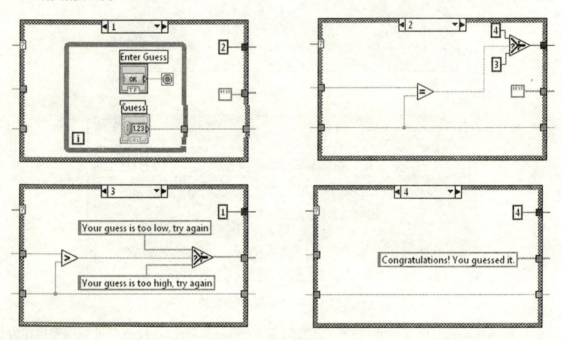

图 7.59　Guess Number 程序中的各种状态

分贝增益定义为 dB $= 20 \log_{10}(G)$。伯德图绘出增益(单位为 dB)对频率 f 的曲线,其中频率轴为对数。通过修改图 7.60 中的子程序而编写一个名为 Low-Pass Filter Plot 的程序,它允许用户在 XY 图上以线性图或伯德图的形式绘出低通滤波器响应。让用户通过名为 Bode? 的布尔转换器选择绘图类型,它可在框图 **Case Structure** 的两个分支中选取。对于伯德图所需的对数频率轴,首先通过在 XY 图接线端的弹出菜单上创建一个属性节点,然后选择 **Create ≫ Property Node ≫ X Scale ≫ Mapping Mode**(创建 ≫ 属性节点 ≫ X 标尺 ≫ 映射模式)。在属性节点的弹出菜单上,选择 **Change To Write**(转换为写入)并将其连接到常数 1,而创建线性频率轴需要将 0 连接到相似的属性节点。对 y 轴编程需要额外的工作,y 轴上可使用属性节点的弹出菜单 **Y Scale ≫ Name Label ≫ Text**(Y 刻度 ≫ 名称标签 ≫ 文本),将线性图或伯德图分别标记为 Gain 或 Gain(dB)。

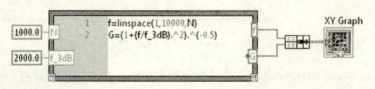

图 7.60　基于 Mathscript 的子程序

第8章 数据依赖性和顺序结构

8.1 数据依赖性和顺序结构基础

LabVIEW 是一种数据流计算机语言。它不同于其他绝大部分计算机语言所采用的控制流模式。在控制流语言中,程序每次以在程序中显式确定的顺序执行。这种像句子的陈述,例如如 C 和 Basic 程序,描述了过程 B 在过程 A 之后执行且过程 C 在过程 B 之后执行,它是这些基于文本的语言结构化后内在控制流的一种表现。作为比较,LabVIEW 程序遵守数据流的执行原则。它遵守一种称为数据依赖性的条件,即当一个框图(称为节点)的所有输入变为可用时,它就开始执行。在完成内部的操作后,这个节点将把处理结果送到输出端。数据流程序的一个有趣的优点在于,几个节点(如 A,B,C)可以通过 LabVIEW 的多任务能力而并行执行。无论节点 A 的输入与节点 B 和/或 C 的执行是否在时间上有重叠,这种并行执行都会发生。这种多任务能力有着增加系统吞吐量的潜力,特别是在一个特定节点的某部分执行涉及等待时(这在 DAQ 中很常见)。在 LabVIEW 中,当一个节点在等待一个事件时,并行过程很有效。反之,在控制流系统中,这种等待周期就仅仅是"死机"时间,它会令整个执行步骤停下来。

尽管读者可能会从之前学习的章节中留有对 LabVIEW 执行的初步印象,不过也可以将 LabVIEW 程序编写为一种保证"一次一步"的节点执行顺序。一个精通 LabVIEW 的程序员可以在编写框图时极大程度地利用数据依赖性,他可以将节点 A 的输出作为节点 B 的输入。这样的程序框图可以模仿控制流的执行,即完全执行 A 以后才能开始执行 B。在 LabVIEW 程序中,连线方式可以多次给需要顺序执行的部分提供一个良好的解决方案。当然,编写正确的连线配置需要程序员的一些操作技巧。

如果不使用一个基于数据依赖性的优雅连线,那么 LabVIEW 还提供了顺序结构,它是一种十分简单且清晰的方法来在一个程序中获得控制流。顺序结构有两种风格——平铺式顺序结构(Flat Sequence Structure)和层叠式顺序结构(Stacked Sequence Structure),它们都可以在 **Functions ≫ Programming ≫ Structures**(函数 ≫ 编程 ≫ 结构)中找到。在 LabVIEW 的开发历史中,平铺式的顺序结构比层叠式的顺序结构出现得晚。绝大多数 LabVIEW 迷都同意平铺式顺序结构会产生最可读的代码。因此,在本章我们开发的程序中,仅仅使用平铺式顺序结构。

当把一个平铺式顺序结构首次放在框图中时,如图 8.1 所示,它看起来像电影胶片的一帧。

可以增加第二帧,即在结构的外框上弹出快捷菜单,选择 **Add Frame After**(在后面添加帧),如图 8.2 所示。

这时,原始新增加的帧将并排出现。每帧所包围的区域可以使用 ▶ 来改变大小,如图 8.3 所示。

通过重复这个过程,你可以增加任意数目的新帧。比如,在图 8.4 中,创建了一个包含 3 帧的平铺式顺序结构。它的帧标签顺序地从左至右增加。

图 8.1 平铺式顺序结构

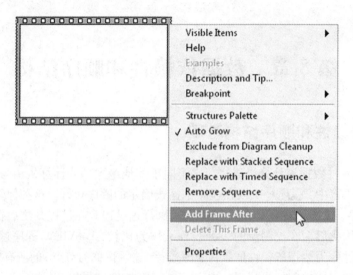

图 8.2 增加平铺式顺序结构的一帧

图 8.3 含两帧的平铺式顺序结构

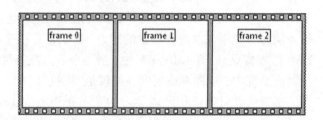

图 8.4 含有 3 帧的平铺式顺序结构

一个平铺式顺序结构顺序地从左至右执行。那么在如图 8.4 所示的结构中,第 0 帧(**frame 0**)首先执行,接下来是第 1 帧(**frame 1**),然后是第 2 帧(**frame 2**),直到最后一帧。这样,通过在不同的帧中放置对象,就可以使用顺序结构来控制执行的顺序,即使这些节点通过数据依赖性不能自然地组合在一起。此外,如果后续的帧需要前面帧所产生的某个数据,可以通过隧道(tunnel)来传递这个数据。比如,某人想从前面板的数据控件读入数据,等待半秒,再把这个数据显示在前面板的数值显示控件(Numeric Indicator)上,可以使用一个三步的顺序结构来完成它,具体代码框图如图 8.5 所示。

最后,可以使用隧道将数据输入到平铺式顺序结构的任意一帧中。每帧也可以通过隧道来发出一个输出数据。然而,根据数据流原则的一致性,这些数据直到平铺式数据结构的最后一帧执行完毕才能输出。那么,图 8.5 所描述的三步顺序结构也可以使用如图 8.6 所示的代码框图来完成。

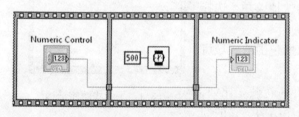

图 8.5 平铺式顺序结构的代码

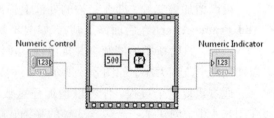

图 8.6 另一种实现方式

8.2 使用顺序结构的事件计时器

一个计时器可以度量一个给定事件的持续期,它给出了一个必须按既定顺序操作仪器的例子。开始指示计时开始,结束表示计时结束。要构建一个 LabVIEW 计时器 VI,那么在程序框图中使用顺序结构是很自然的。让我们构造这样的一个计时器去测量一些有趣的事情。我们将使用计时器去比较 LabVIEW 中的两种重复结构——For 循环和 While 循环构建一个给定数组所需的时间。我们的发现会让你吃惊的。

构建如图 8.7 所示的前面板。使用 **File ≫ Save** 菜单在 YourName 文件夹下建立一个名为 Chapter 8 的文件夹,并在此文件夹下将此 VI 保存为 Loop Timer(Sequence)。将 Number of Elements 控件和 For Loop Array 及 While Loop Array 显示控件的数据类型都改为 **I32**。并改变它们的大小使其适合大整数。将 For Loop Time(ms)和 While Loop Time(ms)显示控件的数据类型改为 **U32**。

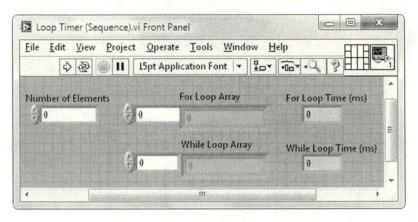

图 8.7 Loop Timer(Sequence)的前面板

切换到程序框图。我们将使用 **Tick Count(ms)**(时间计数器)作为计时基准。可以在 **Functions ≫ Programming ≫ Timing**(函数≫编程≫计时)中找到这个 VI,它的帮助窗口如图 8.8 所示。**Tick Count(ms)** 的输出是一个无符号的 32 位整数(**U32**),它记录了计算机开机后所经历的毫秒数。

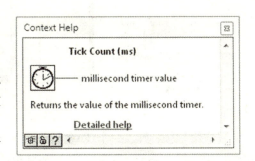

图 8.8 Tick Count(ms)的帮助窗口

测量逝去时间的方式如下:在一个事件的开始调用 Tick Count(ms),并在结束时再次调用。两个 Tick Count(ms)的输出之差就确定了事件所用的时间。

将一个平铺式顺序结构放在程序框图中。在其中的一帧里,放置一个 Tick Count(ms)并将它的毫秒值输出到帧边界的一个隧道上。这条线将包含在 For 循环开始时计算机的内部时钟值,For 循环将被放在下一帧中(见图 8.9)。

通过在顺序结构的边界处弹出快捷菜单并选择 **Add Frame After** 来创建第二帧。在这一帧中,建立一个 For 循环,它将创建一个有 N 个元素的数组,数组中每个元素的值等于它的索引。将这个数组输出到前面板上的 For Loop Array 显示控件中,这样可以查看它的元素。N 由 Number of Elements(元素个数)输入控件确定,它在顺序结构的外部,通过连线和隧道连接到 For 循环的计数器端,如图 8.10 所示。

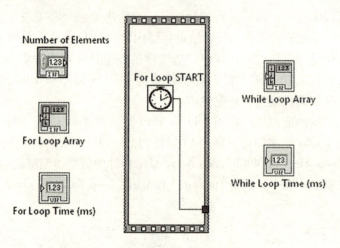

图 8.9　把 Tick Count(ms)放入程序框图

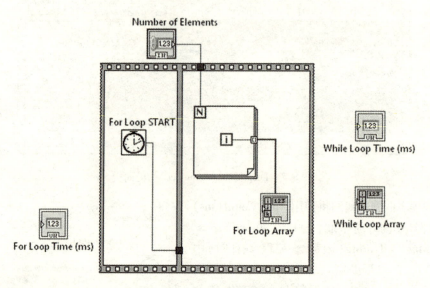

图 8.10　把 For 循环放入程序框图

建立第三帧,放入一个 **Tick Count(ms)** 控件,确定计算机在 For 循环停止时的计数器值。这时使用"减"来得到 For 循环开始和结束之间的毫秒差值(开始时间从第一帧的"隧道"中获得)。并将结果输出到前面板上的 For Loop Times(ms)(For 循环所用时间)显示控件中。最后,本帧的这个 **Tick Count(ms)** 控件也将作为 While 循环的开始时间。将它连线到一个隧道上,这样将可以在后续的帧中使用这个值,如图 8.11 所示。

建立第四帧,并将 While 循环代码放在其中。正如我们在第 2 章学习到的,将 N − 1 连线到 **Equal?** 图标下面的接线端,这样 While 循环就可以创建一个含 N 个元素的数组。记得将 While 循环的隧道中的 **Enable Indexing**(启用索引)打开,因为 While 循环默认选择的是 **Disable Indexing**(禁用索引),如图 8.12 所示。

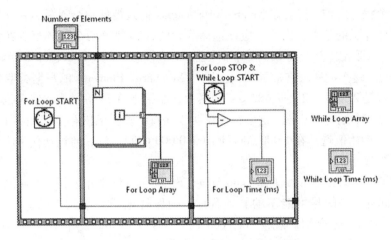

图 8.11　在程序框图中放入两个 Tick Count(ms)

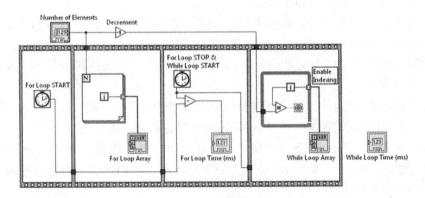

图 8.12　包含四帧的程序框图

最后,建立第五帧。使用 **Tick Count(ms)** 来确定 While 循环的结束时间,并减去 While 循环的开始时间(通过第三帧的隧道)。将这个值作为 While 循环的执行时间输出到前面板的 While Loop Time(ms) 显示控件中,如图 8.13 所示。

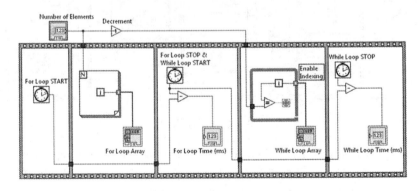

图 8.13　包含五帧的程序框图

现在完成了这个 VI,回到前面板并保存相关的工作。我们利用 Loop Timer(Sequence) 使 For 循环和 While 循环直接"竞争",确认一下是否某一种循环可以在生成一个 N 元素数组的任务中提供更优秀的性能。

在运行这个程序之前,需要在 Number of Elements 输入控件中给 N 输入一个合适的值。它的值将取决于计算机的速度和内存。应该选择巨大的 N 以使这两个循环至少在完成数组创建上耗费比较大的毫秒数(至少是10)。对于小于 10 毫秒的时间,**Tick Count**(**ms**)的精确度将会成为一个问题,这个问题会在后面讨论。既然 Number of Elements 的数据类型是 **I32**,那么 N 最大的允许值就是 $2^{31} - 1 = 2\ 147\ 483\ 647$。然而,如果把 N 取得过大,就会发现 Loop Timer (Sequence)出现一个运行时错误,这个错误说明程序将计算机的内存全部耗尽了。

可以将 N 的初始值选择在 1 000 000 到 10 000 000 中间。然后通过迭代来为你自己的系统确定一个合适的 N 值。

一旦找到了一个好的 N 值,关闭 Loop Timer(Sequence)程序并重新打开它来实现一个崭新的运行过程。同样,关闭尽可能多的其他程序,确保处理器将奉献它的资源块来运行 LabVIEW。输入 N 值,并运行 VI。观察 For Loop Time(ms)和 While Loop Time(ms)的结果值,你会发现 For 循环产生数组比 While 循环快得多。我们可以详细考察数组显示控件来确定 For 循环和 While 循环是否产生了同样的数组。

保持打开 VI,运行第二次、第三次、第四次乃至更多次数,注意观察每次运行后的 For Loop Time(ms)和 While Loop Time(ms)。你会发现第二次运行时输出的时间值比首次运行(打开 VI 后的第一次运行)有一个明显的下降。后面的运行几乎产生同样的结果,只是在毫秒数量级上有一点起伏。

为什么 While 循环比 For 循环在创建数组时花费了明显多的时间?在比较每个产生数组的循环时,注意到 While 循环需要一个 **Equal?** 图标来确定是否需要进一步的循环,但 For 循环没有这个需求。也许这个 **Equal?** 图标所需要的额外的执行时间造成了 While 较慢的循环速度。为了确认这个想法,如图 8.14 所示,在第二帧中也加入一个 **Equal?** 控件以使这两个循环等价(在 **Equal?** 图标的使用上)。

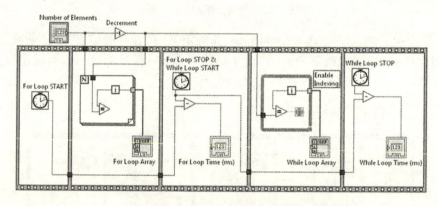

图 8.14　更改后的程序框图

运行这个 VI,当增加了这个控件后,For Loop Time(ms)和 While Loop Time(ms)相比较会怎么样?执行 **Equal?** 控件所需要的额外时间是否显著减慢了 For 循环创建数组代码的速度?

要理解为什么 While 循环比 For 循环在生成一个数组时花费更多时间的原因,必须首先了解 LabVIEW 是怎样使用内存的。当启动 LabVIEW 后,就为其分配了一块内存(在物理内存或者虚拟内存中)。这块内存用于程序的编辑、编译和执行。在运行 VI 时,内存管理器给任务分配了所需要的内存,注意数组和字符串必须存储在内存的连续块中这一约束。如果内存管理器不能为某个特定的字符串和数组找到一块足够大的内存,就会弹出一个对话框来说明

LabVIEW 不能分配所需的内存。

现在让我们思考一下当使用循环结构的自动索引特性来创建一个数据数组时发生了什么。在 For 循环时，LabVIEW 可以基于连到循环计数器端的值来预先确定需要创建的数组的大小。因此，内存管理器仅在循环首次执行时调用一次，那时就可以分配所需要的内存来存放数组。

然而，在 While 循环中，不能预先知道最终的数组大小。每次循环迭代时都会有一个新元素添加到已存在的数组末尾，这一过程将一直持续直到条件终端变为 TRUE，这时循环将完成它的执行。因为随着循环迭代，数组的大小持续增加，所以必须持续调用内存管理器来为存放这个持续增大的数组分配合适大小的内存块。这些重复调用管理器的过程将花费一定的时间，特别是当内存变得稀缺时。在内存紧张的情形下，内存管理器可能会花费额外的时间试图在其他内存中"洗牌"，直到找到一块合适的空间。

需要感谢 LabVIEW 中内嵌的某些智能功能，While 循环构造数组的能力没有上面所描述的那么"低效"。为了避免在每次循环时调用内存管理器，While 循环的自动索引特性将指示管理器每次不是仅仅分配一个新数组元素那么大的新内存，而是相当多的内存。通过这个技巧，在创建一个给定大小的数组时调用内存管理器的次数会变得较少。当然，在循环完成它的执行时，很可能会有一些没有使用的内存。这是因为在最后一次调用管理器分配内存时的过度慷慨的行为。因此，当循环结束时，LabVIEW 简单地命令管理器从目前已完成的数组中释放不需要的内存。这种灵活使用内存管理器的结果就是 While 循环和 For 循环在创建数组时所需的时间并没有很大的差别(例如，相差 10 的某次幂)，正如我们通过 Loop Timer(Sequence) 所发现的那样。

前面注意到，Loop Timer(Sequence) VI 的第一次运行比其后的运行要慢一些。这个观察可以追溯到内存管理器的使用。在程序首次运行时，管理器计算出了所运行 VI 内存块分配的特殊性。在其后的运行中，许多首次运行的内存分配简单地重用了一下，减弱了管理器的费时使用。

最后，是什么原因造成了第二次、第三次、第四次运行时在运行时间上的小波动？假设处理器并没有在许多已打开的程序之间进行多任务的切换，这些波动是由 LabVIEW 内嵌时间函数本质上的精确性造成的。这些函数是通过记录 Windows 系统中每 1 ms 的 CPU 中断次数来计时的。正是这种 **Tick Count(ms)** 图标的解决方案造成了观察时间的波动。这里所学到的经验就是 LabVIEW 的计时 VI 提供了一个简单而有效的方法来测量一个事件的持续期，它有 1 ms 的精度。然而在需要亚毫秒定时的时候(常见于采集一个模数转换序列)，这些函数并不精确。对于这些高精度的定时程序，可以使用 NI 公司的数据采集卡(DAQ)上的亚毫秒精度的时钟。

8.3 使用数据依赖性的事件计时器

一个有经验的程序员可以利用 LabVIEW 执行模式中的数据依赖性来强迫两个或者更多的节点顺序执行。因此，几乎总是可以不使用多帧顺序结构来使程序顺序执行。

在某些情况下，节点 A 的输出自然地被用做节点 B 的输入。那么这些连接在一起的节点将以 A 到 B 的顺序执行。LabVIEW 的文件 I/O 函数提供了这样一种例子。令 A 和 B 是两个文件相关的图标 **Open/Create/Replace File**(打开/创建/替换文件)和 **Write To Text File**(写入文本文件)。在所有的典型文件 I/O VI 中，它们各自的输入和输出分别称为 **file path**(文件路径)(或者 **file**)和 **refnum out**(引用句柄输出)。如果 A 以某种方法提供了一个 **file path**，当它执行完毕后，就输出了 **refnum out**。将这个输出连接到 B 的文件输入，我们就可以保证 A 先于 B 执行。可以回顾 5.8 节中所做的工作。我们在 Spread sheet Storage（OpenWriteClose）中实现了这一方法。此外，也会发现 LabVIEW 的函数为连接目的（例如文件 I/O 和 DAQ）包含了 **error in**（错误输入）输入端和 **error out**（错误输出）输出端，它们也可以用于将几个有关系的节点连接起来以保证顺序执行。

然而在很多情况下，A 的输出并不包含 B 的一个自然输入。在这种情形下，依然可以使用另外一种方法来获得顺序执行，这称为人工数据依赖性（artificial data dependency）。在这种方法中，仅仅是数据的到来，而不用考虑数据的值，就可以激发一个节点的执行。我们将在后面创建一个人工数据依赖性的例子。

下面编写一个由人工数据依赖性保证顺序执行的计时器框图。首先，打开 Loop Timer(Sequence)，并使用 **Save As...** 命令在 YourName\Chapter 8 中创建一个名为 Loop Timer(Data Dependency)的 VI。保持前面板不变，如图 8.15 所示。

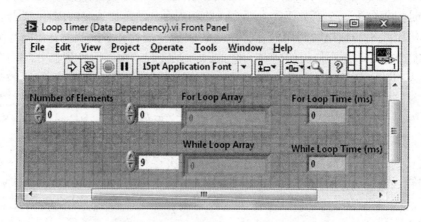

图 8.15 Loop Timer(Data Dependency)的前面板

切换到程序框图。在顺序结构的边界处弹出快捷菜单，选择 **Remove Sequence**（删除顺序结构）来删除这个平铺式顺序结构。如图 8.16 左边所示编写 For 循环，它将创建一个有 N 个元素的数组，数组中每个元素的值等于它的索引（程序框图右部还没有变化）。将 **Tick Count(ms)** 的输出连接到 For 循环的边界上。那么 **Tick Count(ms)** 的输出就是 For 循环的输入，这意味着直到 **Tick Count(ms)** 产生一个值之后，循环才能开始首次执行。这个时间值将用做 For 循环的开始值。在 For 循环内绝不会使用这个开始值，这样 **Tick Count(ms)** 输出的到达仅仅是激活了 For 循环，这就是人工数据依赖性的一个例子。

在 For 循环停止执行后，我们需要使用一个 **Tick Count(ms)** 来获得 For 循环的停止时间值，并计算出以毫秒计的运行时间。确保这个执行序列的技巧是将"停止值"代码放在一个单帧的如图 8.17 所示的平铺式顺序结构中。这个顺序结构中的代码将在结构的输入隧道上接收到一个值后开始执行。将开始时间值通过 For 循环连接到输出隧道上（注意失效循环的自动索引特性）。然后将此 For 循环的输出连接到平铺式顺序结构的输入上。For 循环将引发顺序结构代码的执行，如图 8.17 所示。

同样，在编写如图 8.17 所示的顺序结构时，被包围的 **Tick Count(ms)** 输出将连接到结构边界处的输出隧道上。接下来，我们将注意力转移到 While 循环上，它同样创建一个 N 元素的数组。这个隧道输出了 While 循环的开始时间值，当这个值到达 While 循环时就会引发循环的执行，这是人工数据依赖性的另一个例子。

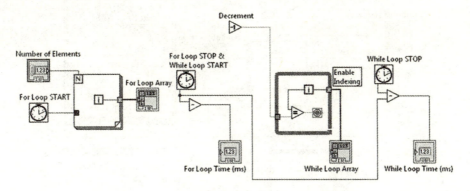

图 8.16　Loop Timer(Data Dependency)的程序框图

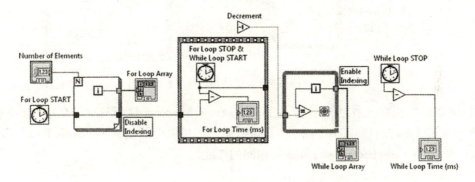

图 8.17　再次添加顺序结构后的程序框图

编写建立数组的 While 循环，它的执行是被 While 循环的开始时间值引发的，如图 8.18 所示。对于建立数组的操作，你不得不在 While 循环的边界处启用索引。

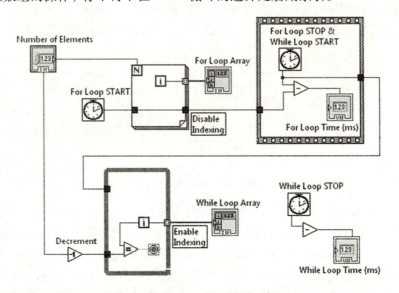

图 8.18　使用 While 循环后的程序框图

完成如图 8.19 所示的框图，它将计算基于 While 循环的创建数组所需的时间。

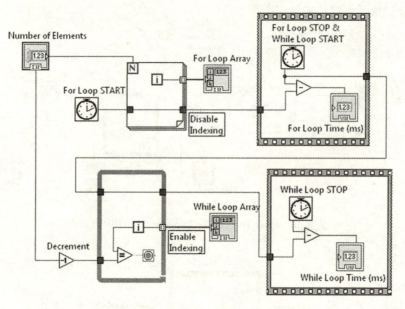

图 8.19　使用 While 循环后最终的程序框图

回到前面板并保存工作。选择合适的 Number of Elements 执行这个 VI。检查并观察由 For 循环和 While 循环所创建的期望的 N 元素数组。如果框图是正确的，Loop Timer(Data Dependency)和 Loop Timer(Sequence)应该有相同的性能。

8.4　高亮执行

为了巩固读者对 VI 执行方式的理解，让我们执行 LabVIEW 中最方便的调试工具，它被称为高亮执行(Highlight Execution)。在前面板上为 Number of Elements 输入某些较小的数，例如 10，然后切换到程序框图。在工具栏上，通过单击一个含有灯泡的按钮来使能高亮执行，如图 8.20 所示。

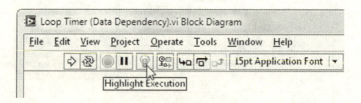

图 8.20　高亮执行工具

接下来单击 Run(运行)按钮。VI 将以慢动作方式执行，此时由气泡标记的数据沿着线传递，并且重要的数据由自动弹出的探针给出。因为框图是以慢动作方式执行，所以在高亮执行方式下得到的 For Loop Time(ms)和 While Loop Time(ms)是没有意义的。然而，这种执行模式为理解人工数据依赖性的概念提供了一个优美的视觉演示，如图 8.21 所示。

请读者在以后的工作中尽量多地使用高亮执行(但是要记得在结束使用以后，通过再次单击灯泡按钮将它关掉)。这个 LabVIEW 特性在定位 VI 的问题时是一个相当方便的调试工具。

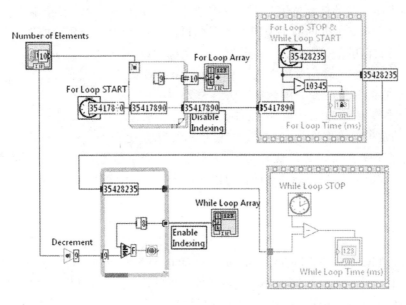

图 8.21　高亮执行示意

自己动手

编写一个名为 Reaction Time(反应时间)的 VI，用于测量用户的反应时间，它被定义为当 **Square LED**(方形指示灯)点亮直到用户按 **Stop**(停止)开关按钮所用的时间。这个程序的前面板包括一个停止开关按钮和一个方形指示灯的布尔显示控件，并适当拉大，还包括一个数值显示控件，称为 Reaction Time(ms)(反应时间)，前面板如图 8.22 所示。

Reaction Time 应该按下列步骤执行：(1)用户按下运行按钮并且快速将鼠标光标移动到 **Stop** 开关按钮上方。当运行按钮按下时，方形指示灯和反应时间分别初始化成未激活和 0；(2)在 **Run** 按钮按下一个随机时间(3~8 秒之间)之后，方形指示灯变成激活(亮)。(3)Reaction Time(ms)显示控件显示自从方形指示灯点亮后逝去时间的毫秒数，它将持续地快速变化。当用户按下停止按钮时，显示时间就停止了；(4)方形指示灯熄灭。

下面是一些有帮助的提示：

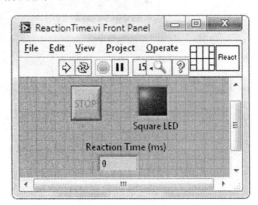

图 8.22　Reaction Time 的前面板

- 从 0 到 1 的随机数使用 **Random Number**(**0 – 1**)函数，可在 **Functions** ≫ **Programming** ≫ **Numeric**(函数 ≫ 编程 ≫ 数值)中找到。
- 在 **Stop** 按钮的弹出菜单上，确定 **Mechanical Action**(机械动作)选项的合适值。
- 前面板对象的属性(比如颜色、可见性和位置)可由程序框图通过属性节点控制。例如，为了创建一个点亮方形指示灯的属性节点，在它程序框图图标接线端的弹出菜单上选择 **Create** ≫ **Property Node** ≫ **Value**(新建 ≫ 属性节点 ≫ 值)。新出现的属性节点可以放在程序框图的任意位置(例如,从方形指示灯的图标接线端处删除),如图 8.23 的左半部分所示。朝外的箭头说明这个图标目前被配置为一个显示控件,它用于读取方形指示灯目前的值(真或假)。为了将这个图标变成一个输入控件,在它的弹出菜单上选择 **Change To Write**(变为写)。它的箭头就变为朝内的,如图 8.23 右边所示,表示属性节点变为一个输入控件。将一个布尔值为 TRUE 的常量连接到这个图标上,方形指示灯就会变成 TRUE,前面板的显示控件就会点亮。反之,一个布尔值为 FALSE 的常量将使方形指示灯熄灭。读者可以自由地为前面板对象在程序框图中放置无数的属性节点。

图 8.23 属性节点

习题

1. 编写一个名为 Five Blinking Lights(Sequence Structure)(5 个闪烁的灯)的 VI,它顺序地点亮前面板的 5 个 LED。如图 8.24 所示,在前面板上放置 5 个圆形的 LED,并标记为 0 到 4。使用一个顺序结构开发一个程序,以 0-1-2-3-4 的顺序一次点亮一个 LED,使每个 LED 保持亮 0.2 秒并保持 0-1-2-3-4 的模式连续重复点亮,直到在前面板上按下 **Stop** 开关按钮。为了创建 LED 的程序框图接线端的多个副本,在接线端上弹出的快捷菜单中选择 **Create ≫ Property Node ≫ Value**,正如在"自己动手"小节中所描述的那样。

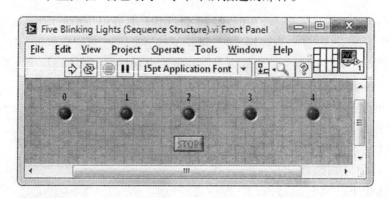

图 8.24 Five Blinking Lights(Sequence Structure)的前面板

2. 为了演示一个嵌套的 While 循环和条件结构可以与顺序结构完成相同的功能,编写一个名为 Five Blinking Lights(State Machine)的 VI。在程序框图中,使用一个嵌套的 While 循环和条件结构来创建以顺序 0-1-2-3-4 重复闪烁的 5 个前面板圆形 LED,直到按下前面板的 **Stop** 开关按钮才停止,这正如在习题 1 中所描绘的那样。你还会发现这个程序框图构架(称为状态机)相比顺序结构为 5 个闪烁的 LED 提供了一个更合理的解决方案(例如不再需要属性节点)。你也许会发现如下的函数很有用:**Functions ≫ Programming ≫ Numeric** 中的 **Quotient & Remainder**(商和余数)。

3. 编写一个名为 Magic Stop Button 的程序,它的前面板开始时显示为空白,如图 8.25 所示。正如图 8.26 所示,当这个 VI 开始运行时,一个闪烁的 **Stop** 开关按钮将显示在前面板上。当用户按下时,这个 **Stop** 开关按钮将消失,程序停止。为了编写这个程序,首先将一个 **Stop** 开关按钮放在前面板上,从弹出的快捷菜单中选择 **Visible ≫ Caption**(显示项 ≫ 标题),并将这个标题改为"Press this button to stop the VI"。然后在 **Stop** 开关按钮上弹出快捷菜单,选择 **Advanced ≫ Hide Control**(高级≫隐藏控件),使用 **Edit ≫ Make Current Values Default**(编辑≫当前值设置为默认值)将这个选择结果保护起来并保存这个 VI。

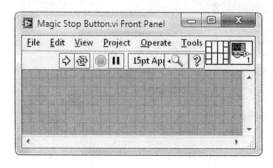

图 8.25 空白的前面板

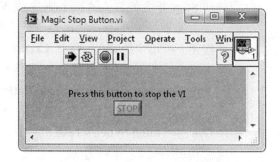

图 8.26 有开关按钮的前面板

编写程序框图,使得当这个程序开始运行时,**Stop** 开关按钮从变成可见的到它被单击时一直闪烁,最终 **Stop** 开关按钮再变成不可见。这个 **Stop** 开关按钮的属性(例如它的可见性、闪烁状态)可以通过创建合适的属性节点来控制(参见"自己动手"小节中的讨论)。

4. 如图 8.27 所示的部分程序框图将产生 100 个数据采样点,并在波形图表上绘制。

 (a) 编写一个名为 Two Charts(Simultaneous)的 VI,它将同时产生两个这样的 100 点的图形。也就是说,将两个波形图表放在前面板上,分别命名为 Chart 1 和 Chart 2。并编写程序框图以使 Chart 1 和 Chart 2 上的 100 点图在相同的时间间隔内画出。

 (b) 编写一个名为 Two Charts(Data Dependency)的 VI,它首先在 Chart 1 上画出 100 点图,然后再在 Chart 2 上画出。在程序框图中使用人工数据依赖性来实现这一操作(即不使用顺序结构)。

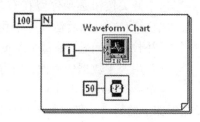

图 8.27 习题 4 的程序框图

 (c) 最后,在 Two Charts(Data Dependency)上增加代码,以使这两个波形图表在结束运行时清空。为了完成这个任务,在程序框图上放置一个单帧的顺序结构,并使用人工数据依赖性来保证这个程序框图对象是本 VI 结束运行前最后的执行项目。在这个顺序结构中,放置两个图形清除的属性节点,每个都对应于一个波形图表。可以在波形图表的弹出菜单上选择合适的属性节点,并选择 **Create ≫ Property Node ≫ History Data**(创建≫属性节点≫历史数据)。通过弹出菜单的 **Change To Write** 选项来将这个属性节点变为一个输入控件。**Create ≫ Constant**(创建≫常量)命令将产生一个符合需要的输入,即一个空数组(**Empty Array**),如图 8.28 所示。

5. 编写一个名为 Parallel While Loops with Reset 的 VI,它在程序框图中并行地执行两个 While 循环,在前面板的两个波形图表上同时产生独立的随机数(0、1 之间),按下 **Stop** 开关按钮时停止。把一个波形图表命名为 Chart 1,另一个命名为 Chart 2。

图 8.28 带一个空数组的程序框图

 (a) 首先,尝试使用如图 8.29 所示的框图编写 Parallel While Loops with Reset 来完成既定的

目标(即使用单个 **Stop** 开关按钮来同时停止执行 While 循环)。运行这个程序并证明它不会产生两个同时绘制的图形。简要描述这个框图的行为并解释原因。

(b) 为了得到正确的框图, 在一个 While 循环中直接连线 **Stop** 开关按钮, 另一个则连线 **Value** 属性节点。为了产生所需要的属性节点, 在 **Stop** 开关按钮上弹出快捷菜单, 选择 **Create》Property Node》Value**。当连线这个属性节点时, 直到 **Stop** 开关按钮的 **Mechanical Action** (机械动作)变为不像一个"门栓"模式[选择 **Mechanical Action》Switch When Pressed** (单击时转换)], 才会得到一个完整的连线。完成这个 Parallel While Loops with Reset 框图, 并验证它是否按期望的方式运行。

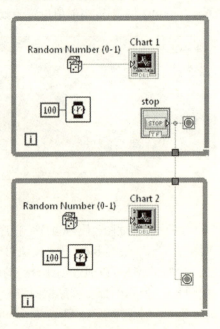

图 8.29 习题 5 的程序框图

(c) 当和一个 **Value** 属性节点相连时, **Stop** 开关按钮必须在一种"改变值"模式(而不是"门栓"模式)中。因此, 当按下 **Stop** 开关按钮来停止 VI 时, 这个开关按钮必须停留在布尔真值上以使 VI 完成执行, 这对以后运行这个程序是不方便的。为了补救这个问题, 给每个 While 循环输出一个数, 并利用人工数据依赖性, 使得在 VI 完成执行前 **Stop** 开关按钮的值返回到 FALSE。运行这个 Parallel While Loops with Reset 的最终版本, 并验证它是否按期望的方式执行。

6. 探索如下的另一种创建数组程序框图的功能。这些框图故意避免使用循环的自动索引特性。它试图解释这种自动特性做了什么。使用帮助窗口来理解这些不熟悉的与数组相关的函数(在 **Functions》Programming》Array** 中)。

(a) 编写如图 8.30 所示的基于 For 循环的程序框图, 它在循环结构之前初始化一个合适大小的数组(每个元素定义为 0)。并在循环中使用 **Replace Array Subset** (替换数组子集)图标来避免进一步地调用内存管理器。将这个 VI 保存并命名为 Loop Timer(Alternate #1)。运行 Loop Timer(Alternate #1) 和 Loop Timer(Sequence), 比较每个程序使用 For 循环创建一个相同 N 元素数组的运行时间。这两个时间可比吗? 还是一个显然比另一个快?

(b) 接下来, 编写如图 8.31 所示的基于 While 循环的程序框图。它将移位寄存器初始化为一个空数组并在每次迭代时给数组添加元素。将这个 VI 保存并命名为 Loop Timer(Alternate #2)。运行 Loop Timer(Alternate #2) 和 Loop Timer(Sequence), 比较每个程序使用 While 循环来创建一个相同 N 元素数组的运行时间。为什么 Loop Timer(Alternate #2) 的性能这么差? 尽管它在时间上没有效率, 但是在处理数组元素数量不大的小程序时, 这个程序框图通常在 While 循环中将 **Build Array** 的输出连线到波形图的输入端, 从而绘制一个"实时"图像(在一个校准的 x 轴上)(见习题 7)。

(c) 这个最终的基于 While 循环的程序框图先初始化一个比所需空间还要大的数组(图 8.32 显示了 15 000 000 个元素, 你选择的 N 可能会不一样), 使用 **Replace Array Subset** 图标顺序地将数值放到数组开头的 N 个元素中。然后使用数组子集将数组多余的部分去掉。编写如图 8.32 所示的 VI 并将这个 VI 保存并命名为 Loop Timer(Alternate #3)。运行

Loop Timer(Alternate #3)和 Loop Timer(Sequence),比较每个程序使用 While 循环创建一个相同 N 元素数组的运行时间。为什么 Loop Timer(Alternate #3)执行得很快?

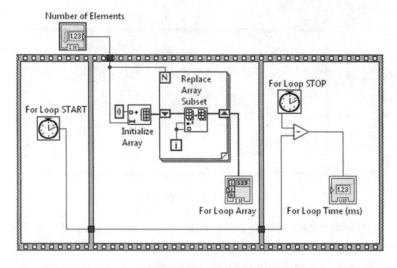

图 8.30 习题 6 基于 For 循环的程序框图

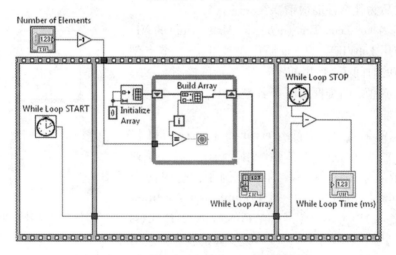

图 8.31 习题 6 基于 While 循环的程序框图

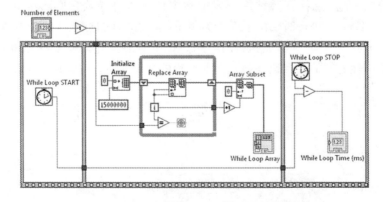

图 8.32 习题 6 最终的程序框图

7. 编写一个 Real-Time Waveform Graph 程序，它的程序框图如图 8.33 所示。这个程序框图在一个 While 循环内部创建一个数据数组，在每次循环中，将这个持续增长的数组绘制在一个波形图上。

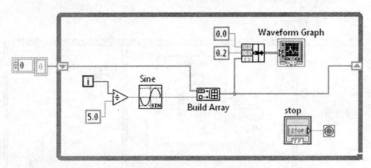

图 8.33　习题 7 的程序框图

在前面板上，关闭波形图的自动缩放 x 轴的功能，并手动将它的范围设置在从 0 到一个很大的数（比如 20 000）之间。运行 Real-Time Waveform Graph，基于观察结果，确定在什么情况下（比如在多少次迭代以后）VI 的设计导致了一个糟糕的性能。解释本程序在执行某个较大次数迭代之后为什么性能很糟糕？

8. 编写一个名为 For Loop Time(Icon vs. Mathscript) 的 VI，它将比较使用 LabVIEW 的 For 循环和 Mathscript 节点创建数组所需的时间 T。使用如图 8.34 所示的框图。
对于不同的 N 值，两个框图的 T 各是多少？哪一个框图有最好的性能？

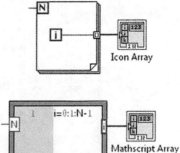

图 8.34　习题 8 的程序框图

9. 许多 LabVIEW 函数图标中都有 **error in** 和 **error out** 接线端。它们也可以通过数据依赖性用于顺序执行一系列这样的函数。作为这种计数的一个例子，使用两个 **Elapsed Time**(已用时间)和一个 **Prompt User for Input**(提示用户输入)Express VI(可以在 **Functions** ≫ **Express** 中找到)来创建一个名为 Time To Press OK 的程序。它用于测量用户在对话框上单击 **OK** 按钮所需的时间。将 Express VI 配置为如图 8.35 所示，并将它们用线连在一起，从错误接线端引发的数据依赖性将导致它们从左至右顺序地执行。现在的 Elapsed Time 在执行时输出了以秒为单位(通用的)的时间。因此，两个 Elapsed Time 图标的输出差值给出了当 VI 开始执行时与用户按下对话框的 **OK** 按钮之间的逝去时间值。加入计算这个消耗时间值的代码并显示在前面板的数值显示控件 Time To Press OK(s)上。

图 8.35　习题 9 所用的 Express VI

第 9 章　分析 VI：曲线拟合

在接下来的实验练习中，我们将使用热敏电阻作为温度传感器。热敏电阻的阻抗与温度($R-T$)曲线符合一个著名的解析函数，这一有用特征方便了其作为校准温度计的使用。表9.1给出了某特定热敏电阻(爱普科斯模型 B57863S0103F040)的 $R-T$ 数据。如果读者在本章最后的"自己动手"部分使用不同的热敏电阻，那么就要采用适合特定实验装置的热敏电阻 $R-T$ 数据。

表 9.1　爱普科斯(Epcos)模型 B57863S0103F040 热敏电阻的 $R-T$ 数据

温度(℃)	阻抗(kΩ)	温度(℃)	阻抗(kΩ)
−50.00	670.1	35.00	6.531
−45.00	471.7	40.00	5.327
−40.00	336.5	45.00	4.369
−35.00	242.6	50.00	3.603
−30.00	177.0	55.00	2.986
−25.00	130.4	60.00	2.488
−20.00	97.07	65.00	2.083
−15.00	72.93	70.00	1.752
−10.00	55.33	75.00	1.481
−5.00	42.32	80.00	1.258
0.00	32.65	85.00	1.072
5.00	25.39	90.00	0.9177
10.00	19.90	95.00	0.7885
15.00	15.71	100.00	0.6800
20.00	12.49	105.00	0.5886
25.00	10.00	110.00	0.5112
30.00	8.057		

9.1　热敏电阻阻抗−温度数据文件

在本章中，我们将学习如何校准热敏电阻，其具体方法为将热敏电阻的 $R-T$ 数据拟合成一个称为 Steinhart-Hart 方程的公式。将校准数据读入拟合程序的能力是因情况而异的。对于将数据输入 VI 这一问题，我们将探索的一种方法是读取包含相关信息的磁盘文件。

在实验开始前，如果创建并保存一个包含热敏电阻 $R-T$ 数据(使用提供的表格或自己设备上的数据)的电子表格格式的文件，这将会非常有用。第 5 章已经介绍过，在电子表格格式中，制表符将列分开，而行结束(EOL)符将行分开。

我们可以使用电子表格数据分析程序或文字处理器来创建所需的文件，并将其存储在 Thermistor R-T Data.txt 中。例如，使用 Microsoft Word 构建 ASCII 电子表格文件，它显示在包含热敏电阻阻抗(千欧)和温度(摄氏度)数据的插图中，如图 9.1 所示。在保存这个文件时，需要注意使用 **Save**(保存)或 **Save As...**(另存为)命令并在 **Format**：选项中选择 **Plain Text**(∗.txt)而不是 **Word Document**(∗.docx)。这个过程创建了一个没有任何 Word 格式字符的 ASCII 文本文件。注意，不要在文件的末尾添加一个额外的行结束符。

或者，如果使用基于电子表格的程序来创建文件，就要将其保存为 **Text**(**Tab delimited**)(**.txt**)文件。这个选项位于 **Save**、**Save As...** 还是 **Export**(导出)菜单项的列表下取决于所使用的程序。确保以正确的方式保存这个文件，从而避免文件中包括一堆依赖于程序的格式化字符。也许检查生成所需文件的最好方式是使用文字处理器将其打开，以观察是否如图 9.1 所述。

把 R-T 数据的电子表格文件带到实验室中，在这一章的工作中将会需要它。

9.2 使用热敏电阻的温度测量

在许多有效的电子温度传感器(包括铂电阻温度计、热电偶及 AD 公司的 AD590 之类的半导体器件)中，热敏电阻用于灵敏度高、体积小、强度高、响应时间快和成本低的场合。利用适当的支持电路，热敏电阻的测量精度可在相当宽的范围(大约 100℃)内达到 0.01℃。热敏电阻高灵敏度的唯一代价是其阻抗是温度的非线性函数。过去，热敏电阻的非线性是一个明显的缺点，它导致用户使用基于电阻的线性网络或使用如 β 公式(见下文)这类不准确的阻抗温度转换方法。幸运的是，微处理器的广泛应用使得准确(并有些复杂)的温度校准模型开始使用，它在准确测量温度方面大大简化了热敏电阻的使用。

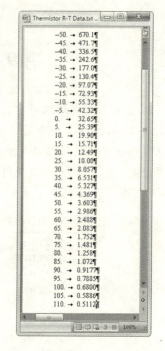

图 9.1 热敏电阻的 R-T 数据

大多数热敏电阻的活跃层由具有半导体性质的金属氧化物合金组成。作为一种半导体的特性，当热敏电阻的温度升高时，活跃层中的松散(价)电子从各自的结合位点热释放，并成为传导电子。通过这种机制，热敏电阻的阻抗随着温度的升高而减小，从而使得这类器件作为温度传感器很实用。既然束缚电子状态的能量更低，那么活化能界 E 将导通状态和绝缘状态分隔开。因此，在给定温度 T(开尔文)时我们预计达到激活概率，以及传导电子的密度 n 将正比于玻尔兹曼(Boltzmann)因子，也就是说，

$$n = n_0 \exp\left[-\frac{E}{kT}\right] \qquad [1]$$

其中 n_0 是在极高温度下传导电子的密度，k 是玻尔兹曼常数。容易解释当材料充满这些传导电子时，其电阻率 ρ 由下式给出，

$$\rho = \frac{m}{ne^2\tau} \qquad [2]$$

其中 e 和 m 分别是电子的电荷和质量。散射时间 τ 是传导电子传送直到被晶格振动、杂质或其他材料特有的散射机制散射的平均时间。

因此假设 e、m 和 τ 均独立于温度，我们希望依赖于温度的 ρ 完全取决于和 n 相关的玻尔兹曼因子。把式[1]代入式[2]，预计得到

$$\rho = \rho_0 \exp\left[\frac{E}{kT}\right] \qquad [3]$$

其中 ρ_0 是独立于温度的常数，由下式给出，

$$\rho_0 = \frac{m}{n_0 e^2 \tau} \qquad [4]$$

样本的宏观电阻 R 由下式确定,

$$R = \rho \frac{L}{A} \qquad [5]$$

其中 L 和 A 分别是样本的长度和横截面面积。

因为固体样本的几何形状随着温度改变的变化不大,我们期望依赖于温度的 R 将会效仿 ρ 的特性,因此

$$R = R_0 \exp\left[\frac{E}{kT}\right] \qquad [6]$$

其中 R_0 是(假定的)独立于温度的常数

$$R_0 = \frac{mL}{An_0 e^2 \tau} \qquad [7]$$

如果所有的逻辑都是正确的,则我们期望依赖于温度的热敏电阻阻抗应由方程[6]来描述。两边同时取对数,方程可写为下面的线性关系式:

$$\frac{1}{T} = -\frac{k}{E}\ln R_0 + \frac{k}{E}\ln R \qquad [8]$$

或

$$\frac{1}{T} = A + B\ln R \qquad [9]$$

其中 A、B 是定义为 $A \equiv -k\ln R_0/E$ 和 $B \equiv k/E$ 的常数。方程[9]就是所谓的 β 公式(B 有时写成 β),它预测当热敏电阻依赖于温度的阻抗数据图形表示为 $1/T$(y 轴)和 $\ln R$(x 轴)时,将产生一条直线,其 y 轴截距和斜率分别等于 A 和 B。

尽管我们有这个期望,但是实验发现,把真实的热敏电阻 R-T 数据绘为 $1/T$ 和 $\ln R$ 的关系式时表现出一些非线性。斜率 B 不是常数,而是随着温度的降低而减小。在一个小的温度范围(如 10℃)内,B 的变化非常小,以至于 β 公式能够预测温度不确定性约为 0.01℃时的热敏电阻性能。然而,对于热敏电阻适用的更大温度范围,β 公式不足以对这些数据建模。

我们的理论中必然缺失了一些东西。回顾上述推导,有人可能怀疑独立于温度的散射时间的这个假设。很容易想象,随着温度升高,传导电子移动得更快和/或晶格振动变得更加明显,从而缩短散射时间 τ。传导电子密度的指数——玻尔兹曼因子活化仍将主导阻抗的温度依赖性,更合适的依赖于温度的散射时间可以解释 $1/T$ 和 $\ln R$ 绘图中观察到的轻微非线性。

我们怎样才能更准确地模拟 R-T 数据?遗憾的是,金属氧化物热敏电阻的电传导理论仍然是不完整的,它并不能提供一个足以替代方程[9]的更精确的关系式。(事实上,并不是所有的研究人员都认同上面主张的半导体能带模型,一些研究者反而认为这些材料上的电流产生于一个晶格转变点到下一个转变点上载荷子的"跳跃"。)鉴于这种理论的空白,有关热敏电阻的最新文献解释了 $1/T$ 和 $\ln R$ 曲线的非线性,它使用了将 $1/T$ 看做 $\ln R$ 多项式的标准曲线拟合方法。即温度的倒数可写成下面的 n 阶多项式:

$$\frac{1}{T} = A + B\ln R + C(\ln R)^2 + \cdots + Q(\ln R)^n \qquad [10]$$

从这一点来看,方程[9]是一个在一阶项处截断的多项式。通过保留高阶项,方程将在更大的温度范围内保持有效性。

从这个想法出发,研究人员发现,一个典型的有效热敏电阻在100℃的温度范围内可由三阶多项式准确模拟:

$$\frac{1}{T} = A + B \ln R + C (\ln R)^2 + D (\ln R)^3 \qquad [11]$$

这个关系式可用于把阻抗转换为温度,其精度等于原始的 $R-T$ 数据(通常是 0.005 ~ 0.01℃)。

1968年,两名海洋学家 Steinhart 和 Hart 发现,在 -70℃ 到 135℃ 的范围内包含了达到 200℃ 的建模范围(他们尤其对 -2℃ 到 +30℃ 的海洋学范围感兴趣),忽略上面关系式中的二阶项时,其在准确性方面并没有重大损失。那么方程[11]简化为

$$\frac{1}{T} = A + B \ln R + D (\ln R)^3 \qquad [12]$$

方程[12]称为 Steinhart-Hart 方程并广泛用于热敏电阻校准。对于一个典型的热敏电阻,阻抗用欧姆衡量时常数 A、B、D 的数量级分别为 10^{-3}、10^{-4} 和 10^{-7}。当然,温度必须使用开氏温标。

9.3 线性最小二乘法

多次科学探究的过程是如下进行的:研究人员做实验来研究一个特定的物理现象并得到一个有 N 个数据的样本 (x_j, y_j)。关闭仪器后,研究人员应用合适的曲线拟合方法来确定数据表明的函数关系式 $y = f(x)$。一旦有了这个 $f(x)$,科学家就可以通过检验每个模型正确预测实验观测到的 $f(x)$ 的能力,来判断所提出的理论模型解释研究现象的真实性。本节将寻找一种从给定数据集 (x_j, y_j) 推导出准确的 $y = f(x)$ 的曲线拟合方法,这种技巧在上述过程中起着至关重要的作用。我们将把这个技巧用于校准一个温度传感的热敏电阻。

一个函数关系式 $y = f(x)$ 经常可以方便地表示为一组基函数 b_k 的线性组合,这种模型的一般形式为

$$y = f(x) = \sum_{k=0}^{M-1} a_k b_k(x) = a_0 b_0 + a_1 b_1 + \cdots + a_{M-1} b_{M-1} \qquad [13]$$

其中,基函数 $b_k(x)$ 是 x 的已知函数而 a_k 是线性系数。例如,如果 $b_k = x^k$,那么 $f(x) = a_0 + a_1 x + a_2 x^2 + \cdots + a_{M-1} x^{M-1}$ 是一个 $M-1$ 阶的多项式。此外,如果 $b_k = \cos(kx)$,那么 $f(x)$ 是一个由傅里叶级数描述的函数。注意,函数 $b_k(x)$ 是 x 的非线性函数,然而系数 a_k 以线性形式出现在方程[13]中。

一旦决定将 $f(x)$ 表示为一组基函数的线性组合,我们就需要一些方法来确定方程[13]中 a_k 的合适系数以便于准确地描述给定数据。数据分析理论提供了这样的一种方法。因为所有的数据采集过程受到随机错误的影响,所以重复采集特定的实验量将产生一个数值服从高斯("钟形曲线")分布的数组。仔细考虑这一事实的复杂细节,它表明当选择 a_k 使误差函数 e 最小时,方程[13]将最好地描述给定的 N 个数据样本 (x_j, y_j),其中误差函数定义为

$$e \equiv \sum_{j=0}^{N-1} \left[y_j - f(x_j) \right]^2 = \sum_{j=0}^{N-1} \left[y_j - \sum_{k=0}^{M-1} a_k b_k(x_j) \right]^2 \qquad [14]$$

注意，e 是实验确定的 y_j 值和由拟合函数 $y=f(x_j)$ 得到的 y 值之间偏差的一个量度，其中 y 取决于选取的系数 a_k 的值。已经提出了很多确定 a_k 使给定数据集 e 最小化的算法，这些算法都可分类在线性最小二乘法中。LabVIEW 中可用的方法是奇异值分解（SVD）、Givens、Householder、下三角 – 上三角（LU）分解和 Cholesky 算法。感兴趣的读者可以查阅数值分析的教材如 *Numerical Recipes*（剑桥大学出版社），它详细地描述了这些方法。

LabVIEW 提供了内置 VI，它将数据的线性最小二乘拟合实现为方程[13]的函数形式。对于拟合过程中需要高性能（如尽可能快的执行时间，尽可能小的文件）或精细控制（如最小二乘法的选择）的应用程序，应该采用可在 **Functions** ≫ **Mathematics** ≫ **Fitting**（函数 ≫ 数学 ≫ 拟合）中找到的低级曲线拟合图标。然而，在要求不高的情况下，高级 **Curve Fitting**（曲线拟合） Express VI 将提供与低级图标中所写代码一样的结果，不过高级方法提供更好的编程体验。

下面我们将编写一个程序，它将热敏电阻的 $R-T$ 数据拟合为 Steinhart-Hart 方程。为了这个任务，我们将使用 **Curve Fitting Express** VI 来执行线性最小二乘拟合算法。

9.4 使用前面板控件将数据输入到 VI

为了编写曲线拟合 VI，首先必须理解如何将给定的 $R-T$ 数组输入到 LabVIEW 程序中。输入数组值的最直接方法是通过前面板数组控件。让我们编写一个以这种方式工作的 VI，构建如图 9.2 所示的前面板。放置两个数组控件[首先选择 **Array**（数组）框架，然后在里面放置 **Numeric Control**（数值输入控件）]，其中一个标记为 T（Celsius），另一个标记为 R（kilohm）。接下来，添加一个 **XY Graph**（XY 图），其 x 轴、y 轴分别标记为 Temperature（Celsius）和 Resistance（kilohm），以便于可以在图形上查看热敏电阻数据。使用 **File** ≫ **Save** 菜单，在 YourName 文件夹中创建一个名为 Chapter 9 的文件夹，然后在 YourName\Chapter 9 中将该 VI 存为 R-T Data Input（Array Control）。

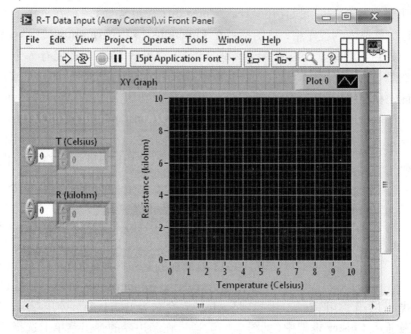

图 9.2　数组控件的前面板

切换到程序框图。编写接收输入数组的代码,如图9.3所示,把它们捆绑成一个簇,然后把这个簇传递到 **XY Graph** 以便于绘图。

图中的 **Bundle**(捆绑)图标创建了一个包含两个元素的簇。连接到捆绑顶部和底部接线端的输入分别成为簇的索引0和索引1元素。当这个簇传递给 **XY Graph** 图标接线端时,索引0和索引1元素分别标绘为 x 轴和 y 轴变量。因此,图9.3产生了一个阻抗(y 轴)和温度(x 轴)关系图。

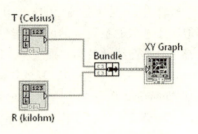

图9.3　捆绑连线图

回到前面板。这里的处理难度较大,我们需要手动把热敏电阻校准数据表中的所有温度值输入到 T(Celsius)控件,然后把数据表中的所有阻抗值输入到 R(kilohm)控件。文中只键入给定热敏电阻校准表中的前五个数据。

温度:	−50.00	−45.00	−40.00	−35.00	−30.00
阻抗:	670.1	471.7	336.5	242.6	177.0

切记,数组控件的小的左手框(称为索引显示)表明显示的元素的索引,更大的右手框(称为元素显示)是元素的实际数值。使用 ✋ 可以增加或减小索引显示。使用这个工具也可以高亮显示元素的内部,然后输入所需的数值。

现在,我们想把信息永久地存储在这两个数组中。也就是说,每次打开 VI 时希望数组初始化为这些数值。为了完成这一想法,选择 **Edit ≫ Make Current Values Default**(编辑 ≫ 当前值设置为默认值)。保存相关的工作。

运行 VI 后会看到一幅热敏电阻阻抗作为温度的函数的曲线图,其中温度的范围从 −50℃ 到 −30℃。尝试关闭、然后打开 VI,重复这个过程几次。希望每次加载程序时,读者都会发现两个前面板数组初始化为热敏电阻数据。

为了便于将来参考,也可以使用 **Array Constant**(数组常量)图标在框图上直接放置一个数组,从而将数据输入到程序中,该图标可在 **Functions ≫ Programming ≫ Array**(函数 ≫ 编程 ≫ 数组)中找到。就像前面板的 **Array** 框架一样,**Array Constant** 配有一个索引显示和一个元素显示容器,你可以用所需数据类型(数值、布尔值、字符串或簇)的常量来填充它。在这种方法中,首先在程序框图中把 **Array Constant** 放在适当的位置上,然后从 **Functions ≫ Programming ≫ Numeric**(即 **DBL** 类型)中选择 **Numeric Constant**(数值常量),并将其放置在元素显示容器中。使用相关的数值序列对数组常量进行编程,由此生成的框图如图9.4所示。

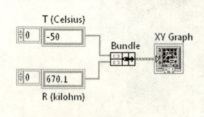

图9.4　数值型连线

普遍认为好的 LabVIEW 风格是在簇中把相关的编程对象分组。这种方法产生结构清晰的前面板,减少了框图线(引起线混乱)的数量,再加上使用 **Unbundle By Name**(按名称解除捆绑)图标,就可以产生一个自文档化的 VI。让我们以这种方式重组 R-T Data Input(Array Control)程序。在 VI 前面板的空白区域上放置一个 **Cluster**(簇)框架[可在 **Controls ≫ Modern ≫ Array, Matrix & Cluster**(控件 ≫ 新式 ≫ 数组、矩阵与簇)中找到],并把它命名为 R-T Data。使用 ▶,把 T(Celsius)和 R(kilohm)依次拖入 **Cluster** 框架中(见图9.5)。通过在簇边界的弹出菜单上选择 **AutoSizing ≫ Size to Fit**(自动调整大小 ≫ 调整为匹配大小),簇就可以自动调整大小。

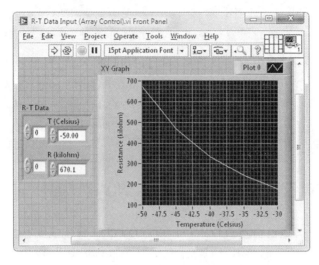

图 9.5　调整 Cluster 框架的前面板

切换到程序框图。移除断线和 **Bundle** 图标。然后使用 工具将 **XY Graph** 图标接线端和 R-T Data 用线连接起来(见图 9.6)。

这样工作就完成了。这就是我们的程序。回到前面板并保存这些工作,运行 VI 以验证它是否正常工作。

图 9.6　连接图标数据

有一个微妙但很重要的特点,可用于获得有效的阻抗(y 轴)和温度(x 轴)图形。也就是说,簇控件中的元素是有序的,这个顺序不是基于簇框架中元素的位置,而是最初取决于编程中元素放置在簇框架中的顺序。放置在簇框架中的第一个元素的索引为 0,第二个元素的索引为 1,依次类推。考虑一个两元素的簇作为输入,XY 图将索引 0、索引 1 元素和 x 轴、y 轴分别联系起来。因此,目前程序希望簇框架中的 T(Celsius)、R(kilohm)分别为索引 0 和索引 1。为了验证这个顺序,在簇框架边界的弹出菜单上选择 **Reorder Controls In Cluster...**(重新排序簇中控件),前面板将改变其外观,如图 9.7 所示。

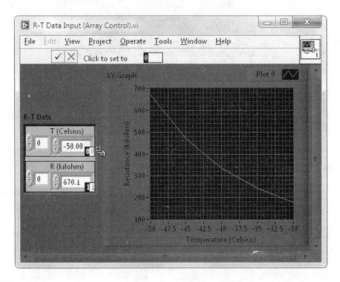

图 9.7　更改前面板外观

在每个簇元素的右下角,其当前簇索引由白盒子中的元素给出。鼠标光标变换为簇顺序光标,它通过单击相关联的黑盒子来改变簇元素的索引。一旦建立新的索引分配,单击 **Confirm** 按钮 ✓ 可以将此顺序固定下来,而单击 **Cancel** 按钮 ✗ 将恢复到原始设置。

使用簇框架上弹出的快捷菜单中的 **Reorder Controls In Cluster...** 选项,首先对簇排序以便于 VI 绘出温度(y 轴)和阻抗(x 轴)的曲线。单击 **Confirm** 按钮,然后运行 VI 查看 $T-R$ 图。接下来,通过改变簇顺序来创建一个 $R-T$ 图[即用曲线图表示阻抗(y 轴)和温度(x 轴)]。关闭 VI 时保存相关的工作。

9.5 通过从磁盘读取文件将数据输入到 VI

将数据输入到 VI 的另一种方法是从以前创建的磁盘文件中读取它。实验前让我们编写一个可以接收和绘制以前产生的热敏电阻电子表格数据的 LabVIEW 程序。

构建如图 9.8 所示的前面板,它简单地包含了一个 x 轴、y 轴分别标记为 Temperature(Celsius)和 Resistance(kilohm)的 **XY Graph**。对这个 VI 设计一个图标,然后将其保存在 Your-Name\Chapter 9 中名为 R-T Data Input(Spreadsheet)的路径下。

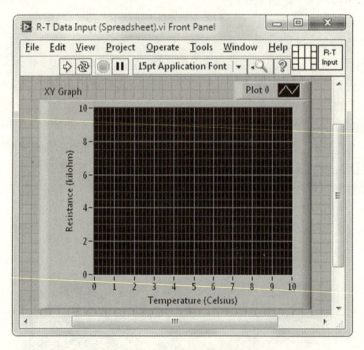

图 9.8 带有 **XY Graph** 的前面板

切换到程序框图。使用 **Read From Spreadsheet File.vi**(读取电子表格文件)图标可将一个 ASCII 格式的电子表格文件读入 VI,该图标可在 **Functions ≫ Programming ≫ File I/O**(函数 ≫ 编程 ≫ 文件 I/O)中找到。这个图标(当配置为如下解释的双精度浮点数时)的帮助窗口如图 9.9 所示。与其他更复杂的 LabVIEW 函数一样,**Read From Spreadsheet File.vi** 有很多专门的用途,因此它有许多输入和输出连接。其输入默认值如括号中所示。帮助窗口上图标的输入标记为粗体、正常或浅色时分别表示每个输入是必需的、推荐的或可选的。必需的输入(**Read From Spreadsheet File. vi** 中没有)要求连接,否则图标不会执行。如果需要,推荐的和可选的输入控制了可供使用的功能。可选输入不太常用,除非在帮助窗口的左下角单击 **Show Optional Terminals and Full Path**(显示可选接线端和完整路径)按钮 , 否则标签不会出现(在给定的帮助窗口)。

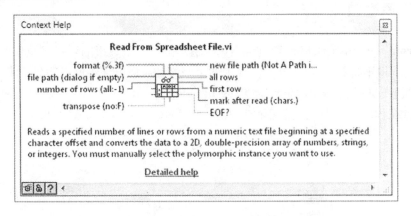

图 9.9 **Read From Spreadsheet File. vi** 的帮助窗口

在框图上放置 **Read From Spreadsheet File. vi**。这个图标是多态的,意味着它可以配置为读取包含双精度浮点数、整数或字符串的电子表格文件。使用图标的多态 VI 选择器实现这种格式的选择。操作多态 VI 选择器可如图 9.10 左侧所示用 单击它,或如右侧所示在其弹出的快捷菜单上选择 **Select Type**(选择类型)。由于数据文件包含浮点数,因此可以使用上述中的一种方法将图标设置为 **Double**(双精度)模式。

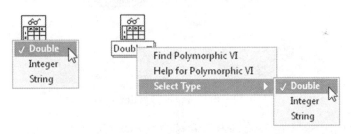

图 9.10 选择 **Double** 模式

使用 **Create ≫ Constant**(创建 ≫ 常量)将包含电子表格格式的 $R-T$ 数据文件路径的 **Path Constant** 连接到 **file path** 输入端(为了找到窗口文件的确切路径,使用鼠标右键单击文件的图标或名称,并在弹出的快捷菜单中选择 **Properties**),如图 9.11 所示。如果这个输入未连接,当程序运行时会出现一个对话框窗口,它将提示用户输入所需的文件。

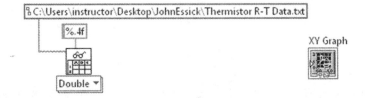

图 9.11 文件路径

同时将包含%.4f的 **String Constant**(字符串常量)连接到 **format** 输入，它将小数点后边的默认值从不充足的3位变为4位(或者更多)，从而增加数值精度。最后，因为我们希望读取整个文件，这种情况对应于 **number of rows** 输入的默认值，所以不需要连接这个输入端。

9.6 切分多维数组

Read From Spreadsheet File. vi 在 **all rows** 输出端以二维数组的形式呈现数据。这个数组有两列，因此不得不将其分开("切分")成为两个一维数组以方便绘制XY图。使用 **Index Array**(索引数组)图标(可在 **Functions ≫ Programming ≫ Array** 中找到)来完成切分过程。把这个图标放置在程序框图中，注意它最初只有一个 **index** 输入端，如图9.12所示。

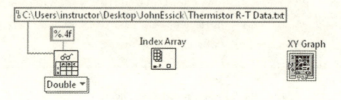

图 9.12　加入 **Index Array** 图标

接下来，将 **Read From Spreadsheet File. vi** 的 **all rows** 输出连接到 **Index Array** 的 **n-dimension array** 输入(见图9.13)。二维数组的粗线将会出现，并且 **Index Array** 自动产生第二个 **index** 输入。

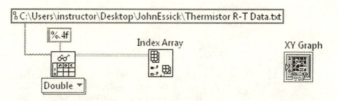

图 9.13　电子表格连接 **Index Array**

顶部和底部的索引输入显示为填满的和镂空的小黑框，分别表示行索引和列索引。首先，让我们从二维数组获取温度值。已知温度值都包含在索引0(第一)列，因此把包含0的 **Numeric Constant** 连接到 **Read From Spreadsheet File. vi** 的列(底部)索引，如图9.14所示。

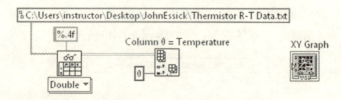

图 9.14　数值常量连到索引

注意，一旦连接到数值常量，列索引输入变为填满的黑框，它表明选中特定的列。现在，如果想要挑出列中的第8个温度值(其行索引为7)，那么需要把包含7的 **Numeric Constant** 连接到顶部索引输入。然后 **Index Array** 将会输出这个单数组元素。

然而，我们想得到整列的温度值而不是单个温度值。为了指导 **Index Array**"切分"整列，不需要连接行索引输入（见图 9.15）。未连接时行索引是禁用的（即没有选中特定的行），图标将以一维数组的形式输出选中列的所有行。注意，未连线的行索引输入显示为镂空框，这表明该输入的索引已经关闭。

重复上述过程在索引 1 的列（第 2 列）中切分出阻抗数据。

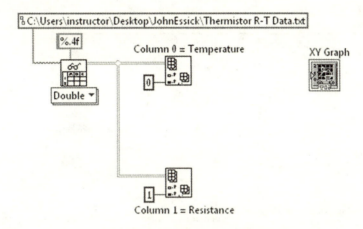

图 9.15　电子表格连接阻抗索引

图 9.16 中的每个 **Index Array** 图标将输出一个一维数组。把这两个一维数组捆绑起来形成一个 xy 簇并将其连接到 XY 图的接线端。

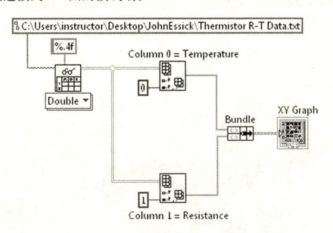

图 9.16　捆绑一维数组

回到前面板，保存这些工作，然后运行 VI。这时应该呈现出热敏电阻阻抗（y 轴）和温度（x 轴）的完美曲线图。注意，阻抗随着温度的升高而呈指数衰减。这是发生在热敏电阻复合材料中热激发过程的鲜明特征。

如果在 VI 试图打开数据文件时出现错误，应仔细检查框图 **Path Constant** 中的文件路径是否完全正确（为了找到窗口文件的确切路径，右键单击文件的图标或名称，并在弹出的快捷菜单中选择 **Properties**）。进一步检查以确保正确构建了数据文件——这种错误很容易通过有策略地运行程序而检测到，这种策略包括放置探针和/或高亮显示执行过程。数据文件末尾多余的 EOL 字符是一个常见问题。

在接下来的练习中我们将使用 R-T Data Input(Spreadsheet)作为程序中的子 VI,该程序将 $R-T$ 数据拟合为 Steinhart-Hart 方程。我们需要以两种不同的形式:摄氏度-千欧和开尔文-欧姆来访问给定的温度和阻抗数据。

为了以两种所需的形式提供数据,将两个显示控件簇添加到如图 9.17 所示的 VI 中。首先,在 **Bundle** 图标引出的簇线的弹出菜单上使用 **Create** ≫ **Indicator** 创建一个名为 Celsius-kilohm 的显示控件簇。

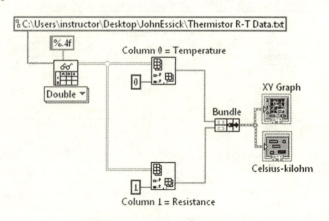

图 9.17　连接显示控件簇

切换到前面板,将 Celsius-kilohm 簇显示控件放置在适当的位置。在其索引显示的弹出菜单上选择 **Visible Items** ≫ **Label**(显示项 ≫ 标签),使得簇中每个数组的标签可见。将数组的顶部和底部分别标记为 T(Celsius)和 R(kilohm),如图 9.18 所示。不要使用 A 进行标记,因为这将创建自由的而不是定义的标签。

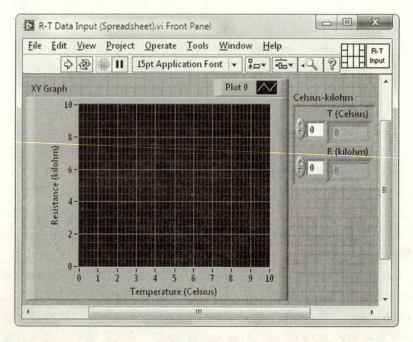

图 9.18　显示标签

切换回框图并完成设置,如图 9.19 所示。这段代码把以摄氏度给出的温度数组转换到开氏温标(通过给摄氏温度数组的每个元素加上标量常量 273.15)。此外,以千欧给出的阻抗也转换为欧姆(通过给千欧阻抗数组的每个元素乘以标量常量 1000)。如果使用 **Create** ≫ **Constant** 产生两个所需的 **Numeric Constant**(使用 273.15 和 1000 编程),则首先需要创建这些常量(即把数组线连接到 **Add** 和 **Multiply** 图标之前),否则会创建一个数组常量而不是一个标量数值常量。把两个输入连接到 **Bundle** 后,可以使用 **Create** ≫ **Indicator** 产生 **Kelvin-ohm** 显示控件簇。

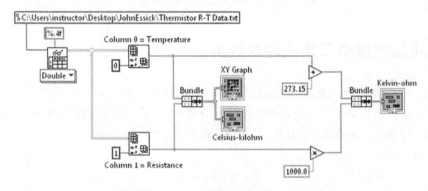

图 9.19 数组转换

切换到前面板。把 **Kelvin-ohm** 显示控件簇放置在适当位置,然后通过在每个数组的弹出菜单中选择 **Visible Items** ≫ **Label**,将顶部和底部数组分别命名为 T(Kelvin) 和 R(ohm)(见图 9.20)。最后,分配连接器窗格的接线端使其与图 9.21 所示的帮助窗口一致。

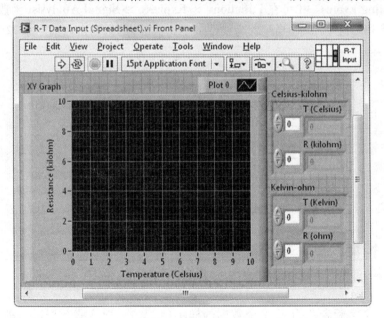

图 9.20 显示控件前面板

运行 VI 确保每个簇中出现正确的温度和阻抗值。例如,确保数组中的最后一个元素没有额外的零(如果存在额外的零,则需要修改 Thermistor R-T Data.txt 文件)。然后,关闭 VI 时保存这些工作。

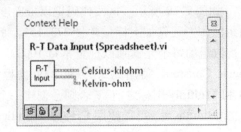

图 9.21 数据输入的帮助窗口

9.7 使用线性最小二乘法的曲线拟合

既然我们已经知道如何把热敏电阻数据输入到程序中,那么就可以编写一个 VI,它使用线性最小二乘法将这些数据拟合为 Steinhart-Hart 方程(见方程[12])。初看 Steinhart-Hart 方程似乎没有遵循线性最小二乘理论(见方程[13])假定的形式。然而,如果定义 $y \equiv 1/T$ 和 $x \equiv \ln(R)$,则 Steinhart-Hart 方程变为

$$y = A + Bx + Dx^3 \qquad [15]$$

它服从给定方程[13]的形式,其基函数为 $b_0 = 1$、$b_1 = x$ 及 $b_2 = x^3$,系数为 $a_0 = A$、$a_1 = B$ 及 $a_2 = D$。方程[15]称为线性化的 Steinhart-Hart 方程。曲线拟合 VI 的策略是:输入热敏电阻的 $R-T$ 数据,用公式 $x = \ln(R)$ 和 $y = 1/T$ 更改这些数据,然后使用 **Curve Fitting**(曲线拟合)Express VI 进行线性最小二乘拟合以得到 A、B 和 D 的值。

Curve Fitting Express VI 可在 **Functions** ≫ **Express** ≫ **Signal Analysis**(函数 ≫ Express ≫ 信号分析)中找到。这个图标(当配置为线性最小二乘法)的帮助窗口如图 9.22 所示。

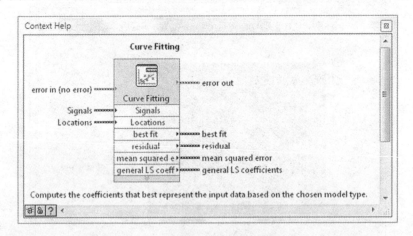

图 9.22 Curve Fitting 的帮助窗口

这里假定一个实验者获得了 N 个数据的样本(x_j, y_j)。把这些数据以一种包含 x 和 y 的 N 元数组形式输入到 Express VI 中,其输入端为 **Locations**(位置)和 **Signals**(信号)。用 M 个基函数 $b_k(x)$ 对其编程后,VI 将找到给定 $b_k(x)$ 的特定线性组合,它们很好地描述了这些数据。也就是说,输入到这个图标的数据拟合为方程[13]且系数 a_k 的优化值是 **general LS coefficients**(广义最小二乘估计系数)接线端的输出。除了 a_k 的优化值,这个图标还输出"最佳拟

合"y值的数组,其中

$$y_j^{\text{best fit}} \equiv f(x_j) = \sum_{k=0}^{M-1} a_k b_k(x_j) \qquad [16]$$

而且输出包括N元残差数组R,其中这个数组的第j个元素定义为

$$R_j \equiv y_j - y_j^{\text{best fit}} \qquad [17]$$

以及均方误差(mse),其定义为

$$\text{mse} \equiv \frac{1}{N}\sum_{j=0}^{N-1} R_j^{\,2} \qquad [18]$$

残差数组和均方误差可作为拟合曲线误差的衡量标准。

构建如图9.23所示的前面板。为了对比产生的最佳拟合y值和原始数据,可采用一个XY图,它画出了两条有差异的曲线[例如,选择不同的颜色或点型,并在**Plot Legend**(曲线图例)中的一条曲线上禁用插值;回顾如何在一个XY图上放置多个图形,可参阅7.9节],并分别命名为Data和Best Fit。此外,在标记为Best-Fit Coefficients的数组显示控件上显示a_k的确定值。在该显示控件上弹出快捷菜单,并规定其使用科学记数法(使用**Display Format...**设置)的格式显示数值。在YourName\Chapter 9中将该VI保存为R-T Fit and Plot。

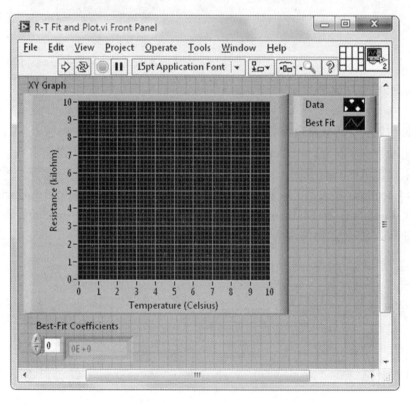

图9.23　R-T Fit and Plot的前面板

切换到框图并在其上放置**Curve Fitting** Express VI。当它第一次放置在框图上时,Express VI将打开如图9.24所示的对话框窗口,其中可以配置它的运算规则。从几个可能的拟合选项中选择**General least squares linear**(广义线性最小二乘估计)。标记为**Models**(模型)的方框将被激活,在这里可以定义线性最小二乘拟合操作中要使用的基函数。数据将拟合为线性化

的Steinhart-Hart方程,其基函数为$b_0 = 1$、$b_1 = x$及$b_2 = x^3$,因此在**Models**框中的第1行~第3行分别输入1、x和x^3。

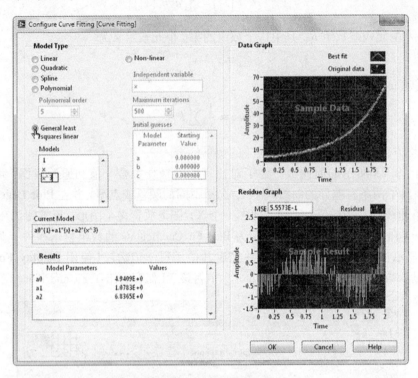

图9.24 曲线拟合配置窗口

单击**OK**按钮,对话框窗口将关闭且**Curve Fitting**图标将出现在框图上(见图9.25),其输入端和输出端得到了扩展[除了**error in**(错误输入)和**error out**(错误输出)]。

在框图上放置R-T Data Input(Spreadsheet),然后完成图9.26所示的代码,它在曲线拟合的**Signals**和**Locations**输入端分别提供$y = 1/T$和$x = \ln(R)$数组。**Natural Logarithm**(自然对数)图标可在Functions » Mathematics » Elementary & Special Functions » Exponential Functions(函数 » 数学 » 初等与特殊函数 » 指数函数)中找到。

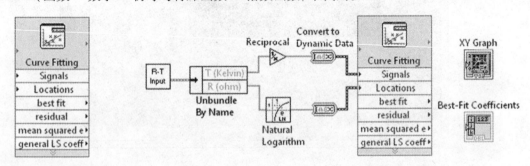

图9.25 曲线拟合图标　　　　　图9.26 转换数据类型

Express VI以动态数据类型(DDT)的格式接收和返回信息,它呈现为深蓝色的带状线。DDT捆绑携带数据的相关信息。例如,当携带一个数值数组时,DDT还包括数据的标签名称,以及获得数据时的日期和时间。当把**Reciprocal**(倒数)的输出连接到曲线拟合的**Signals**输入端时，**Convert to Dynamic Data**（转换至动态数据）图标将自动插入到连线。这个图标把由 **Reciprocal** 产生的一维浮点型数组转换为如曲线拟合之类的 Express VI 所用的动态数据类型。同样，当把 **Natural Logarithm** 的输出连接到曲线拟合的 **Locations** 输入端时，**Convert to Dynamic Data** 图标也将自动插入。如果需要在框图上手动放置 **Convert to Dynamic Data**，它可在 **Functions ≫ Express ≫ Signal Manipulation**（函数 ≫ Express ≫ 信号操作）中找到。

最后，添加如图 9.27 所示的代码，绘出原始数据和最佳拟合结果并进行比较。这里在框图上必须手动放置 **Convert from Dynamic Data**（从动态数据转换）图标（可在 **Functions ≫ Express ≫ Signal Manipulation** 中找到）。当首先在框图上放置 **Convert from Dynamic Data** 时，其对话框窗口将打开；选择 **Conversion ≫ 1D array of scalars-automatic**（转换 ≫ 一维标量数组-自动）和 **Scalar data type ≫ Floating point numbers**（double），然后按下 **OK** 按钮。曲线拟合的 **best fit** 输出端包含 $y_j^{\text{best fit}}$ 值的数组。因为 $y = 1/T$，其中 T 的单位为开尔文，所以绘出对比图之前这个数组的单位必须转换成摄氏温度。

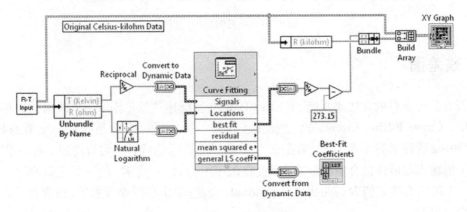

图 9.27　对比图连线

回到前面板并运行 VI，完成运行后，**Best-Fit Coefficients** 数组显示控件将在索引 0、1、2 上分别显示 Steinhart-Hart 方程的常数 A、B 和 D。

为了方便阅读，可以通过以下步骤使所有的三数组元素立即可见。首先，在前面板 **Best-Fit Coefficients** 显示控件的边界上放置 ，这样它就变成了一个网格光标 （见图 9.28）。

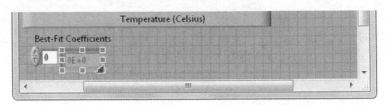

图 9.28　带网格光标的前面板

然后向右拖动网格光标，直到创建了两个额外的显示控件（见图 9.29）。

当松开鼠标按钮时，数组元素 0、1、2 的显示控件将会可见。索引显示提供了最左边指示器显示元素的索引（见图 9.30）。

可以记录热敏电阻的 A、B 和 D 的结果值，以供将来使用。使 A、B 和 D 的数量级分别为 10^{-3}、10^{-4} 和 10^{-7}，哪一个是常见热敏电阻的典型值？XY 图是否可以表明拟合的 Steinhart-Hart 方程准确描述了热敏电阻与温度有关的阻抗特性？

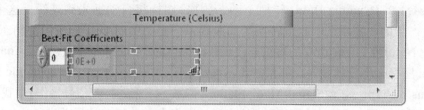

图 9.29　创建显示控件

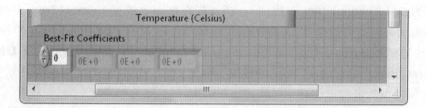

图 9.30　可见的显示控件

9.8　残差图

是否有一种定量的方法来判断 Steinhart-Hart 方程描述热敏电阻 R–T 数据的好坏？答案是肯定的，**Curve Fitting** Express VI 就提供了这样一种方法。确定最佳拟合 y 值的数组后，**Curve Fitting** 程序为每个索引 j 计算定义为 $R_j \equiv y_j - y_j^{\text{best fit}}$ 的残差。可以看出，残差是 **Signals** 端实际 y 值输入与最佳拟合值的偏差，因此提供了拟合过程"优劣"的一个定量测度。从 $j=0$ 到 $j=N-1$ 的所有残差值 R_j 是曲线拟合 **residual**（残差）输出端的 N 元数组（包含在动态数据类型连线内）的输出。

一般来说，对于来自输入实验数据的曲线拟合最佳值偏差的定量显示，可以简单绘出 **residual** 数组输出对一些合适量（如 **Positions** 端的 x 数组输入）的曲线。然而，目前的问题是通过 $y=1/T$ 使 Steinhart-Hart 方程线性化，因此由曲线拟合计算出的残差是开尔文温度（简称开氏温度）倒数的偏差。即 **residual** 输出 R 由下式给出：

$$R \equiv y - y^{\text{best fit}} = \frac{1}{T} - \frac{1}{T^{\text{best fit}}} \qquad [19]$$

其中 T 是实验中的开氏温度，而 $T^{\text{best fit}}$ 是曲线拟合的最佳拟合开氏温度。定义 $\Delta y \equiv y - y^{\text{best fit}}$ 和 $\Delta(1/T) \equiv 1/T - 1/T^{\text{best fit}}$，可以得到

$$R \equiv \Delta y = \Delta\left(\frac{1}{T}\right) \qquad [20]$$

为了得到一个更直观地度量，定义开氏温度的残差为"温度残差" $R^T \equiv T - T^{\text{best fit}} = \Delta T$。然后，如果 $y=1/T$，对于较小的 ΔT（相比于 T 本身），

$$\Delta y \approx \frac{dy}{dT}\Delta T = \frac{d}{dt}\left(\frac{1}{T}\right)\Delta T = \left(-\frac{1}{T^2}\right)\Delta T \qquad [21]$$

由于 $R = \Delta y$ 和 $R^T = \Delta T$，所以方程 [21] 表明温度残差可由曲线拟合的残差输出决定，其关系式为

$$R^T \approx -T^2 R \qquad [22]$$

由于 R^T 测量的是开氏温度的差异,其单位可以是开尔文或摄氏度,因为这两个温度尺度的间隔程度大小相同。

在 R-T Fit and Plot 的前面板上放置第二个 XY 图,并将其 x 轴和 y 轴分别标记为 Temperature(Celsius)和 Temperature Residual(Celsius)(见图 9.31)。

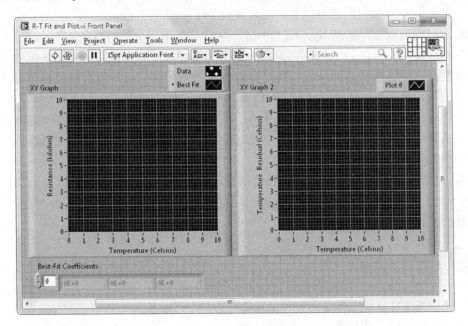

图 9.31　有两个 XY 图的前面板

切换到框图并添加如图 9.32 所示的代码,该框图计算温度残差并将其发送到前面板以便于显示。

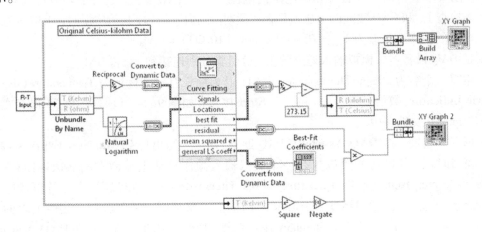

图 9.32　计算温度残差的程序框图

回到前面板并保存这些工作,然后运行 VI。是否有一个 Steinhart-Hart 方程持续过高地估计温度值($R^T<0$)的温度范围?是否有一个持续低估温度值($R^T>0$)的范围?如果所需热敏电阻的校准精度为 ±0.05℃(即 Steinhart-Hart 值落在实际温度 ±0.05℃ 的范围内),那么在什么样的温度范围可以运用热敏电阻?

在曲线拟合时,如果拟合算法中使用的基函数的数量增加,那么我们期望获得更好的拟合效果。因此,一个三阶多项式(见方程[11])应该比删除了二阶项的Steinhart-Hart方程(见方程[12])能更好地拟合热敏电阻数据。

让我们看看这个猜想是否正确。切换到框图并双击 **Curve Fitting** Express VI。当对话框窗口打开时,选择 **General least squares linear**,在 **Models** 框中使用 4 个基函数 $b_0 = 1$、$b_1 = x$、$b_2 = x^2$ 及 $b_3 = x^3$ 对 VI 编程以进行拟合。然后单击 **OK** 按钮。

然后返回到前面板。扩展 Best-Fit Coefficients 使其包括四个显示控件,之后运行 VI。修改后拟合的准确性(由温度残差图决定)提高了多少?你的结果和声称二阶项可从拟合方程中删除且准确性没有明显损失的 Steinhart-Hart 方程一致吗?记住,当每个附加项必须手动计算或需要额外的模拟电路时,这种拟合方式可以极大地节省处理时间。

注意,通过添加 $(\ln R)^2$ 项、1、$\ln R$ 和 $(\ln R)^3$ 项的新系数均不同于 Steinhart-Hart 方程产生的系数。这种现象源于这样一个事实:使用的基函数 x^k 不是正交的。可以选修线性代数课程以获得更多的细节。

最后,尝试把热敏电阻数据拟合为 β 公式(见方程[9])。一阶多项式拟合中只需要两个基函数:$b_0 = 1$ 和 $b_1 = x$。运行 R-T Fit and Plot 程序,然后相比于 Steinhart-Hart 方程,评价由 β 公式得到的准确性。

自己动手

设计一个基于计算机的数字温度计,它使用本章中已经校准的热敏电阻作为温度传感器。构建这个仪器的步骤如下:

1. 搭建如图 9.33 所示的电路,它通过热敏电阻产生 0.1 mA 的恒定电流。希望该电路包括高输入阻抗的单位增益放大器缓冲区,从而隔离来自电压检测电路的热敏电阻电路。如果可能,使用安培表精确测量通过热敏电阻的电流。由于电阻公差,它可能轻微偏离 0.1 mA。用电压表检查 V_{out} 和 GND 之间的电压差是否在预期范围内。例如,接近室温时,阻抗约为 10 kΩ 的热敏电阻的两端电压差为 $V_{out} = IR \approx (0.1 \text{ mA})(10 \text{ kΩ}) = 1 \text{ V}$。

2. 把 DAQ 设备差分模拟输入通道的正、负引脚分别连接到 V_{out} 和 GND。

3. 编写一个名为 Digital Thermometer 的 VI,其前面板有一个标记为 Temperature(deg C) 的 **Numeric Indicator**(数值显示控件)和一个 **Stop** 按钮,如图 9.34 所示。将该 VI 保存在 Your-Name\Chapter 9 文件夹中。

在框图上放置一个 **DAQ Assistant**(DAQ 助手)图标。当出现 **Create New Express Task...** 对话框窗口时,对其进行配置以执行一个模拟输入操作且从电流激发的热敏电阻(**Acquire Signals ≫ Analog Input ≫ Temperature ≫ Iex Thermistor**)中输出温度,位于连好的电路(如 **ai0**)的特定 AI 通道上。当 **DAQ Assistant** 对话框窗口出现时,使用适合于热敏电阻的 Steinhart-Hart 值对其进行配置。三个 Steinhart-Hart 系数(即本章中的 A、B、D)在 **DAQ Assistant** 对话框窗口中分别标记为 A、B 和 C。也可以选择 **Selected Units ≫ deg C**,**Iex Source ≫ External**,**Iex Value ≫ 100u**(意思是100 μA = 0.1 mA;如果可以,使用电流的测量值),**Configuration ≫ 4-Wire**,以及 **Acquisition Mode ≫ 1 Sample**(**On Demand**)。然后单击 **OK** 按钮关闭对话框窗口。当 **DAQ Assistant** 图标出现在框图上时,将其放入一个 While 循环内并完成所需的额外代码,以便在前面板的 Temperature(deg C) 显示控件上每 0.5 s 或 1 s 产生并显示一次温度读数。这个过程不断重复,直到按下前面板上的 **Stop** 按钮。

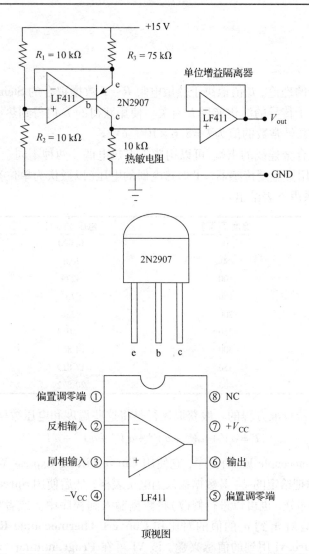

图 9.33 "自己动手"部分的硬件电路。0.1 mA 的恒定电流流过热敏电阻

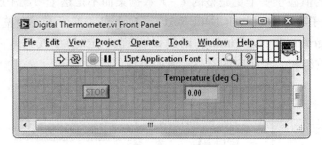

图 9.34 数字温度计的前面板

对于 myDAQ 用户：

myDAQ 不支持 DAQ 助手的温度选项。因此，配置 DAQ 助手以获得热敏电阻两端的电压，然后将该值输出到 MathScript 节点，在这个节点中使用欧姆定律和 Steinhart-Hart 方程分别确定热敏电阻的阻抗和温度。

一旦完成后，运行 Digital Thermometer 并用它测量室温和你体表的温度。

习题

1. 根据本章开始讨论的理论，B 值取决于热敏电阻 $R-T$ 数据拟合的 Steinhart-Hart 方程，并且它和热敏电阻中电子传导的活化能界 E 有关。使用获得的 B 值得到热敏电阻以电子伏（eV）为单位的 E。玻尔兹曼常数的值为 $k = 8.6 \times 10^{-5}$ eV/K。

2. 通过加入铜和铜镍合金连线的末端，可以构造 T 形热电偶。两种不同金属的连接点产生和温度有关的电压，可用做温度传感器。T 形热电偶的电压（以微伏为单位）是温度（以摄氏度为单位）的函数，关系由下表给出。

温度 T(℃)	电压 V(μV)
0	0.000
50	2036
100	4279
150	6704
200	9288
250	12 013
300	14 862
350	17 819
400	20 872

这个温度传感器校准方程的一般获取途径是将这些温度和电压数据拟合为以下方程：

$$T = a_1 V + a_2 V^2 + a_3 V^3 + a_4 V^4 + a_5 V^5 + a_6 V^6 \qquad [23]$$

编写一个名为 Thermocouple Fit 的程序，它使用 **Curve Fitting** Express VI 确定方程[23]中的系数 a_1 到 a_6。考虑把给定的 $T-V$ 数据输入到电子表格，然后使用 **Spreadsheet Read**（参见第 5 章的"自己动手"部分，也可以进行修改）将数据输入到程序中。或者也可以使用数组控件输入数据。（可能会对 a_1 到 a_6 的值的对比和 **Convert Thermocouple Reading. vi** 中的子 VI **Volts to Temperature. vi** 用到的值感兴趣，该 VI 可在 **Programming ≫ Numeric ≫ Scaling** 中找到。a_1 到 a_6 的值源于一个更完整的 $T-V$ 数据集而不是这个习题中所用到的数据集。）

3. 如图 9.35 所示的子程序实现 Wait Until Next ms Multiple（等待下一个整数倍毫秒），它可在 **Functions ≫ Programming ≫ Timing**（函数 ≫ 编程 ≫ 定时）中找到。它将产生一个包含毫秒计时器值的 y 数组和一个相应的索引 y 值的整数 x 数组。

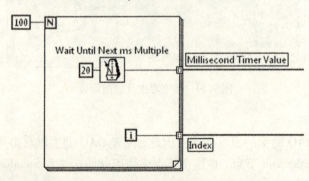

图 9.35 Wait Until Next ms Multiple 的框图

(a) 参考 Wait Until Next ms Multiple 的帮助窗口，然后解释为什么这个子程序产生的(x,y)数据应该服从直线方程 $y = mx + b$，其中 m 和 b 分别是直线的斜率和 y 轴截距。这条直线上 m 的期望值是多少？

(b) 在名为 Wait Until Next ms Fit 的 VI 的框图上放置上述子程序。在相同的框图上放置一个 **Curve Fitting** Express VI，对其编程以执行给定数据(x,y)的线性拟合，并将斜率的结果输出到前面板。当运行完成的 VI 时，你会获得 m 的预期值吗？

4. 谐振电路由一个电感、一个电阻和一个电容组成，并且电容由一个振幅 V_{in} 恒定但频率 f 变化的交流输入电压驱动。一个实验者测量电路在几个频率 f 下的输出电压幅度 V_{out}，并计算每个频率下的电路增益，其中增益定义为输出和输入电压幅度的比值（即 $G \equiv V_{out}/V_{in}$）。这个实验的结果如下表所示。

频率 f(Hz)	增益 G	频率 f(Hz)	增益 G
1500	0.070	2300	0.861
1600	0.084	2400	0.442
1700	0.102	2500	0.281
1800	0.128	2600	0.206
1900	0.168	2700	0.164
2000	0.235	2800	0.136
2100	0.374	2900	0.117
2200	0.740	3000	0.103

这种谐振电路的理论分析可以预测和频率相关的增益 $G(f)$，如下所示：

$$G = \frac{1}{\sqrt{1 + \left[\frac{1}{\Delta f}\left(f - \frac{f_0^2}{f}\right)\right]^2}} \qquad [24]$$

其中常量 f_0 和 Δf 分别是谐振频率、半功率点(3 dB)的带宽（$G = 1/\sqrt{2}$ 时有一个频率小于 f_0，一个频率大于 f_0；带宽定义为这两个频率之差）。

编写一个名为 Resonant Circuit 的 VI，它将给定的实验数据 G–f 拟合为理论预测关系式 $G(f)$（见方程[24]）。在 VI 的前面板上，通过在同一个 XY 图上绘出数据和最佳拟合两条曲线以对比它们，并在数组显示控件上显示常量 f_0 和 Δf 的最佳拟合值。

对你的工作有以下一些建议：

- 考虑将给定的 G–f 数据输入到电子表格中，然后使用 Spreadsheet Read（参见第 5 章的"自己动手"部分）将数据输入到程序中。或者可以使用数组控件输入数据。
- 因为参数 f_0 和 Δf 以非线性的方式出现在方程[24]中，所以使用 **Curve Fitting** Express VI 中的 **Model Type ≫ Non-linear**（模型类型 ≫ 非线性）选项进行拟合过程。对于 **Model Parameters**（模型参数），令 $f_0 = a$ 和 $\Delta f = b$，必须为 a 和 b 提供 **Starting Values**（起始点）。为了使由曲线拟合实现的非线性拟合算法正常运行，这些关于 a 和 b 的最初猜测值需要某种程度上接近最终的最佳拟合值。
- 程序运行一次后，将 **Curve Fitting** 对话框窗口关闭，**Signals** 和 **Locations** 数组将会加载到这个 Express VI 中。然后可以打开 **Curve Fitting**（通过双击它的图标）并交互式地运行它。因此，可以使用一系列的 **Starting Values** 迭代式地运行 **Curve Fitting**，直到确定产生成功的拟合选项为止。

5. Steinhart-Hart 方程可写为 $T = \dfrac{1}{A + Bx + Cx^3}$,其中 $x = \ln R$。在这种形式中,常数 A、B 和 D 以非线性的方式出现。从 R-T Fit and Plot 开始,使用 **File ≫ Save As...** 创建一个名为 R-T Fit and Plot(Nonlinear)的新 VI。修改框图以便于 **Curve Fitting** 将输入的热敏电阻数据拟合为以上形式的 Steinhart-Hart 方程(必须对 **Curve Fitting** 编程以进行非线性拟合;理解习题 4 给出的建议)。对于 A、B、D 及温度残差 $R^T \equiv T - T^{\text{best fit}}$,确认获得(几乎)相同的值,因为它们都是通过本章实现的线性最小二乘法得到的。

6. 编写一个名为 Noisy Sine Fit 的程序,它将有噪正弦波输入拟合为正弦函数。

   (a) 首先在框图上放置一个 **Simulate Signal**(仿真信号)Express VI,它可在 **Functions ≫ Express ≫ Input**(函数 ≫ Express ≫ 输入)中找到。当其对话框窗口打开时,对该 Express VI 进行设置以产生样本数为 100、采样频率为 10 000 Hz、噪声类型为 **Uniform White Noise** 的正弦波。关闭窗口并配置 **Simulate Signal** 图标,使前面板包括正弦波频率、幅值及噪声幅值,如图 9.36 所示。

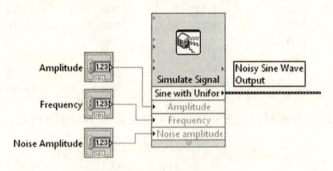

图 9.36　正弦波框图

在前面板上放置一个波形图并绘出来自于 **Simulate Signal** 的有噪正弦波输出。将 Amplitude(幅值)、Frequency(频率)和 Noise Amplitude(噪声幅值)分别设置为 1、250 和 0.6,运行 VI 以验证程序功能正确。

   (b) 在前面板上放置一个数组显示控件并将它标记为 Best-Fit Amplitude and Frequency。然后在程序框图中放置一个 **Curve Fitting** 图标并对它编程以执行函数 $a * \sin(2 * 3.14 * b * x)$ 的非线性拟合。你还需要提供参数 a 和 b 的初值估计。关闭对话框窗口后,把仿真信号的输出连接到曲线拟合的 **Signals** 输入端。由此产生的动态数据型连线将自动创建曲线拟合所需的独立变量 x(即不需要在 **Locations** 输入端显式地连接任何内容)。将非线性系数的输出连接到前面板数组显示控件。最后,只需加上一条线,就可以使曲线拟合的 **best fit** 输出连接到由 **Simulate Signal** 产生的有噪正弦波。然后将自动出现一个 **Merge Signals**(合并信号)Express VI(见图 9.37),使得波形图上绘出两条曲线。

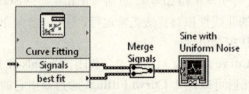

图 9.37　合并信号框图

(c) 选取多个 Amplitude、Frequency 和 Noise Amplitude 运行完成的 VI。为了使有噪正弦波拟合为一个好的正弦函数，很可能不得不对拟合参数初值估计的选择进行实验。对于参数初值必须仔细挑选。

7. 从时间 $t = 0$ 开始，一个未知 C 值的电容通过电阻 $R = 47$ kΩ 放电。为了确定 C 值，随着电容器的放电，每 5 毫秒间隔测量一次板间的电压差，可以得出以下数据集。

t (s)	0.005	0.010	0.015	0.020	0.025	0.030
V (V)	8.7	6.3	4.5	3.3	2.4	1.7

理论上，V 和 t 的关系式由下式给出：

$$V = V_0 e^{-t/RC} \quad [25]$$

其中 V_0 是电容在 $t = 0$ 时的电压。

(a) 通过两边同时取对数，以线性化的形式重写方程 [25]，即以 $y = mx + b$ 的形式。然后编写一个名为 Discharging Capacitor(Linear) 的程序，它从给定的 V 和 t 数据中确定 C（以 μF 为单位）的值和 V_0 的值。构建 VI 以便于数据集输入到框图中，其中数据用于构造合适的 x 数组和 y 数组，然后将框图中的数据输入到 **Curve Fitting** 图标中。对 **Curve Fitting** 进行设置使其将输入数组拟合为直线方程，使用产生的最佳拟合参数 m 和 b 来计算 C 和 V_0，然后在前面板上显示这些值。

(b) 编写另一个程序且命名为 Discharging Capacitor(Nonlinear)，它也从给定的 V 和 t 数据中确定 C 和 V_0。构建 VI 以便于数据集输入到框图中，其中对 **Curve Fitting** 图标进行设置以将输入数组非线性拟合（理解习题 4 的建议）为方程 $y = ae^{-x/b}$。使用产生的最佳拟合参数 a 和 b 计算 C（以 μF 为单位）和 V_0，然后在前面板上显示这些值。

(c) 运行 Discharging Capacitor(Linear) 和 Discharging Capacitor(Nonlinear)。对于 C 和 V_0，你从每个 VI 获得什么值？两种方法会产生一样的结果吗？

8. 编写一个基于 Mathscript 的程序且命名为 Discharging Capacitor(Mathscript)，它分析习题 7 中描述的放电电容实验。特别是，使用 Mathscript 命令 $[p,s] = polyfit(x,y,n)$ 将电压和时间数据拟合为方程 [25] 的线性形式。在 Mathscript 交互式窗口中通过输入 *help polyfit* 可找到该命令的描述。构建这个 VI 的步骤如下：

(a) 输入给定的 V 和 t 数据并将其作为 *Mathscript* 节点的行向量。使用命令 $V = [8.7\ 6.3\ 4.5\ 3.3\ 2.4\ 1.7]$ 创建行向量 V。然后在前面板的 XY 图上绘出 V 和 t 的关系图，其上的数据点为实点且没有插值。

(b) 通过两边同时取对数且定义 $y = ln(V)$ 和 $x = t$，方程 [25] 可线性化为一阶多项式 $y = a_0 + a_1 x$ 的形式，其中 a_0 和 a_1 是常量。在 Mathscript 节点上添加所需的代码以构成 y 数组（使用 *help basic* 找出自然对数的 Mathscript 命令），然后使用 $[p,s] = polyfit(x,y,1)$ 确定常量 a_1 和 a_0。这些常量将作为 p 行向量的第 1 个和第 2 个元素，即 $p(1) = a_1$ 和 $p(2) = a_0$（和 LabVIEW 数组不同，Mathscript 数组索引从 1 开始，而不是 0）。使用最佳拟合值 a_1 和 a_0 计算 C（以 μF 为单位）和 V_0 并在前面板显示控件上显示这些值。

(c) 最后，生成一个包含时间值的数组并命名为 *tfit*，它的取值从 $t = 0$ 到 0.030 s，增量为 0.001 s。然后创建另一个数组并命名为 *Vfit*，它通过求解方程 [25] 的最佳拟合形式产生，即 $Vfit = V_0 \exp(-tfit/RC)$，其自变量取值范围为 *tfit* 中的所有值。最后，在绘有 V 对 t 实验数据的 XY 图上绘出 *Vfit* 对 *tfit* 使用内插的线图。

(d) 运行 Discharging Capacitor(Mathscript)。可以得到有关 C 和 V_0 的什么值？最佳拟合曲线是否准确描述了 V 对 t 的数据关系？

9. 数据的曲线拟合必须由基于调查所描述现象的理论来指导。考虑下面的假设情况：为了研究两个量 y 和 x 之间的关系，一个实验者使用实验系统得到 y 作为 x 函数的 7 个样本，结果在下表中给出。当然，这些数据反映了关联两个量的真实数学函数 $y(x)$，但实验系统中的噪声或多或少地掩盖了这个关系。实验者知道，正在研究现象的理论表明，测定量可通过二阶多项式 $y(x) = a_0 + a_1 x + a_2 x^2$ 相联系，其中在适当的单位上有 $a_0 = 6.0$、$a_1 = 4.0$ 及 $a_2 = 2.0$。

x	1.0	2.0	3.0	4.0	5.0	6.0	7.0
y	10	24	34	54	75	101	133

为了比较实验结果和理论预测关系式，可利用以下方式分析数据：

(a) 编写一个名为 Polynomial Fit 的程序，它在 XY 图上绘出给定数据并将这些数据输入到 **Curve Fitting** Express VI。对 Express VI 编程以便于把数据拟合为二阶多项式，并在前面板的显示控件上显示产生的 **polynomial coefficients**：a_0、a_1 和 a_2。此外，在程序框图中，包括用图 9.38 的代码生成一个最佳拟合多项式 y_{fit} 的很好的解，并在前面板的 XY 图上绘出这条曲线和给定数据[需要使用图标 **Reverse 1D Array**（反转一维数组），因为函数 *polyval* 需要 **Curve Fitting** 产生的逆向多项式系数]。a_0、a_1 和 a_2 的拟合值如何与理论预期值相比较？为什么这些实验确定的系数没有完全吻合理论值？定性描述（用一两句话）最佳拟合多项式描述测量数据点的好坏。

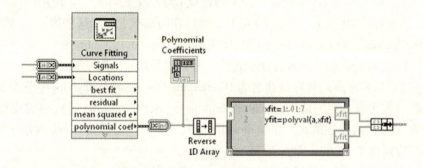

图 9.38　多项式拟合框图

(b) 对于得到的数据，使用高阶多项式可以获得更好的拟合。为了证明这一事实，对 **Curve Fitting** 重新编程以便于它把给定数据拟合为四阶多项式。在 XY 图上，四阶拟合得出的 y_{fit} 比(a)部分进行的二阶拟合是否更顺利地和实验数据取得一致？对于 a_0、a_1、a_2、a_3 和 a_4，得到了什么值？这些值中的前三个如何与理论预期值进行对比？解释为什么尽管四阶多项式为实验数据提供了一个更佳的匹配，但是(a)部分进行的二阶拟合在实验结果和给定理论之间提供了最好的对比。

(c) 有趣的是，$N-1$ 阶拟合多项式将由 N 个给定的数据样本完美拟合。使用程序证明这一事实。这里，我们继续深入分析(b)部分的处理。通过在拟合函数中提供很多的灵活性，我们拟合了实验噪声，但这是以关系式 $y(x)$ 为代价的。

第10章 分析 VI：快速傅里叶变换

10.1 傅里叶变换

假设通过测量模拟量 x 来研究某种物理现象，该模拟量随时间 t 连续变化，也就是 $x = x(t)$。基于我们前面几章的讨论，我们期望 $x = x(t)$ 可以建模为 M 个基函数 $b(t)$ 的线性组合：

$$x(t) = \sum_{k=0}^{M-1} a_k b_k(t) \qquad [1]$$

傅里叶变换就是这样一种模型的一个例子。19 世纪的数学家 Baron Jean Baptiste Joseph Fourier 的开创性工作，以及后来数学家们的努力，证明了复指数函数 $\exp(i2\pi ft)$ 的无限集合构成了完整的基函数。任意的函数都能由此基函数的线性组合来构成。其中 f 是所有的频率，从 $-\infty$ 到 $+\infty$，$i = \sqrt{-1}$。因为任意一个函数都需要频率间隔无限接近的无限多个复指数函数来构成，所以式[1]中的求和就变成了积分，即

$$x(t) = \int_{-\infty}^{+\infty} X(f) e^{i2\pi ft} df \qquad [2]$$

"傅里叶成分 $X(f)$"是频率为 f 的指数项的幅度（很快将准确地说明使用幅度一词的含义）。一般而言，$X(f)$ 是复值函数，同时携带幅度和相位信息，本章我们会仔细讨论这一点。相反，傅里叶成分 $X(f)$ 可以通过如下公式求得：

$$X(f) = \int_{-\infty}^{+\infty} x(t) e^{-i2\pi ft} dt \qquad [3]$$

式[3]和式[2]分别称为傅里叶变换和逆傅里叶变换。

10.2 离散采样和奈奎斯特频率

在实际的实验中，我们无法对变量 x 进行连续采样，必须对其进行 N 次离散采样。如果采样时间间隔相等，也就是相邻两次的采样的时间之差是 Δt，那么采样频率 f_s 就是

$$f_s = \frac{1}{\Delta t} \qquad [4]$$

N 次连续的采样时间是

$$t_j = j\Delta t \qquad j = 0, 1, 2, \cdots, N-1 \qquad [5]$$

根据这种采样方案，存在一个我们预计能检测到的最大频率的正弦波。这个限制的原因就是：为了观测一个正弦信号，至少应该先抽取到它的正峰值，然后在下一次采样时，抽取到其负峰值，接着在第三次采样时抽取到其正峰值，等等。因此，对于正弦信号而言，最小的采样速率就是每个周期采样两次。在实验中，每 Δt 秒的设备就要接收一次数据（采样频率 $f_s = 1/\Delta t$），能检测的最大频率正弦信号的周期就是 $T = 2\Delta t$。这个检测的极限就是奈奎斯特频率 $f_{nyquist}$，表达式如下：

$$f_{\text{nyquist}} = \frac{1}{2\Delta t} = \frac{f_s}{2} \qquad [6]$$

此外，对一个 $x(t)$ 的波形在间隔相等的 t_j 采样 N 次，就只能确定其傅里叶变换中 N 个间隔相等的、频率为 f_k 的傅里叶成分 $X(f)$。这个结论来自于一个默认的假设：假设 $x(t)$ 是周期信号，$x(t) = x(t + N\Delta t)$。这种标准使得波形 $x(t)$ 只由那些包含在 N 个采样序列的整数倍周期的频率成分构成。很明显，常数函数（零频）满足这个标准。下一个能接受的最低频率，其周期是 $N\Delta t$，频率就是 $f_1 = 1/N\Delta t = f_s/N$。在能接受的频率范围 $-f_{\text{nyquist}}$ 到 $+f_{\text{nyquist}}$ 内，其余的频率 f_k 是 f_1 的整数倍。定义相邻两个频率之间的间隔是 $\Delta f = f_s/N$。离散的采样数据确定的 N 个间隔相等的频率 f_k 是

$$f_k = k\left(\frac{f_s}{N}\right) = k\Delta f \qquad k = -\frac{N}{2}+1,\cdots,0,\cdots,+\frac{N}{2} \qquad [7]$$

尽管式[7]看起来有缺陷，因为它忽略了频率 $-f_{\text{nyquist}}$（由 $k = -N/2$ 决定），然而由于 $x(t)$ 周期性的本质，两个极端频率 $\pm f_{\text{nyquist}} = \pm f_s/2$ 事实上描述的是相同的基函数。因此在上边的关系式中，k 值严格从 $-N/2 + 1$ 变化到 $+N/2$。

10.3 离散傅里叶变换

通过前面介绍的离散采样所造成的约束，我们可以用如下的和的形式对傅里叶变换积分（见式[3]）进行如下近似：

$$X(f_k) = \int_{-\infty}^{+\infty} x(t) e^{-i2\pi f_k t} dt \approx \sum_{j=0}^{N-1} x(t_j) e^{-i2\pi f_k t_j} \Delta t \qquad [8]$$

注意，使用式[4]、[5]和[7]，可得

$$f_k t_j = (k\Delta f)(j\Delta t) = kj\frac{f_s}{N}\Delta t = \frac{kj}{N} \qquad [9]$$

把式[9]代入式[8]，注意到 Δt 是常数，可以得到

$$X(f_k) \approx \Delta t \sum_{j=0}^{N-1} x(t_j) e^{-i2\pi jk/N} \equiv \Delta t X_k \qquad [10]$$

将离散傅里叶变换定义为

$$X_k \equiv \sum_{j=0}^{N-1} x(t_j) e^{-i2\pi jk/N} \qquad k = -\frac{N}{2}+1,\cdots,0,\cdots,+\frac{N}{2} \qquad [11]$$

最终用如下和的形式对逆傅里叶变换积分（见式[2]）进行近似：

$$x(t_j) = \int_{-\infty}^{+\infty} X(f) e^{i2\pi ft_j} df \approx \sum_{k=0}^{N-1} X(f_k) e^{i2\pi f_k t_j} \Delta f \qquad [12]$$

把式[10]代入式[12]得到

$$x_j \approx \sum_{k=0}^{N-1} X_k \Delta t \, e^{i2\pi f_k t_j} \Delta f \qquad [13]$$

使用式[9]，同样注意到 $(\Delta t)(\Delta f) = (1/f_s)(f_s/N) = 1/N$，式[13]就成为离散逆傅里叶变换。

$$x_j \approx \sum_{k=0}^{N-1} \frac{X_k}{N} e^{i2\pi f_k t_k} = \sum_{k=0}^{N-1} \frac{X_k}{N} e^{i2\pi kj/N} \equiv \sum_{k=0}^{N-1} A_k e^{i2\pi kj/N} \qquad [14]$$

式[11]和式[14]给我们提供了一种对实验信号 x 进行谱分析的方法。已知对 x 进行 N 个均匀时间间隔 t_j 的采样，我们首先用离散傅里叶变换的定义（见式[11]）计算 X_k 的 N 个值。根据傅里叶变换的意义，认为信号 x 就是由 N 个在不同频率 f_k 处振荡的信号构成，式[14]告诉我们，在每个频率 f_k 处的振荡的幅度 A_k 是

$$A_k = \frac{X_k}{N} \qquad [15]$$

因为 A_k 是由复值 X_k 得到，一般而言 A_k 是复值函数。我们把 A_k 称为复幅度。A_k 随频率 f_k 而变化的图像称为采样信号 x_j 的频谱。

直到现在，我们认为 k 是 $-N/2 + 1$ 到 $+N/2$ 之间的所有整数。然而很容易就可以看出，式[11]关于 k 是呈周期性的，周期是 N：

$$X_{k+N} = \sum_{j=0}^{N-1} x(t_j) e^{-i2\pi j(k+N)/N} = \sum_{j=0}^{N-1} x(t_j) e^{-i2\pi j k/N} e^{-i2\pi j} = X_k \qquad [16]$$

因为 j 是整数，所以 $\exp(-i2\pi j) = 1$。根据式[16]。在 $-N/2 + 1$ 到 -1 取值的负值 k 等价于在 $+N/2 + 1$ 到 $+N-1$ 取值的 k。因为在计算机程序中，数组的索引通常是正整数，在计算式[11]的算法中，k 通常的取值是从 0 到 $N-1$（包含了一个完整的周期）。这是基于 VI 的 LabVIEW 傅里叶变换一直以来的做法。VI 输出一个包含 N 个离散傅里叶变换值 X_k 的数组，索引从 0 到 $N/2$ 的元素是 X_0 到 $X_{N/2}$ 的序列（属于取值范围是 $0 \leq f \leq +f_{nyquist}$ 的正频率），索引从 $N/2 + 1$ 到 $N-1$ 的元素是 $X_{-N/2+1}$ 到 X_{-1} 的序列（属于取值范围是 $-f_{nyquist} < f < 0$ 的负频率）。

10.4 快速傅里叶变换

从 20 世纪 60 年代中期开始，一种有效地计算傅里叶变换的算法得到了广泛使用。这个算法就是著名的快速傅里叶变换，它利用了式[11]的内在对称性；这种对称性是由于原始数据的采样周期性（时间间隔为 Δt 的 N 个均匀采样）而出现的。"蛮力"计算公式[11]需要 N^2 级的复数乘法操作，而 FFT 只需要 $N \log_2 N$ 这样的操作即可完成计算任务。这个算法节省的时间量是巨大的，尤其当 N 非常大的时候。比如考虑一个能产生 1024 个数据点的数字振荡装置。为了分析这个集合的频谱，FFT 算法比直接用式[11]计算要快 100 多倍。对于包含 10^6 个数据的较大集合，FFT 要快 50 000 倍。

除了数据点是均匀的假设以外，FFT 使用中还存在另外一个限制。在推导 FFT 的算法中，我们假设数据点的数目是 2 的指数幂（也就是说，$N = 2^m, m = 1, 2, 3, \cdots$）来得到最大的计算效率。如果 N 不是 2 的指数幂，存在计算离散傅里叶变换的算法（称为离散傅里叶变换或者 DFT），但其速度要比 FFT 慢许多。

10.5 频率计算器 VI

将要实现的 LabVIEW FFT（快速傅里叶变换）图像遵循如下的规定：输出的离散傅里叶变换取值 X_k，为一个包含 N 元素的数组；这些元素的索引从 0 到 $N-1$，其对应于取值在 $-f_{nyquist} < f \leq +f_{nyquist}$ 范围内的 N 个均匀间隔的频率。这个数组的元素索引从 0 到 $N/2$，其对应的是 X_0 到 $X_{N/2}$ 的序列，它们属于取值为 0 到 $+f_{nyquist}$ 的正频率，元素索引从 $N/2 + 1$ 到 $N-1$ 的元素是 $X_{-N/2+1}$ 到 X_{-1} 的序列，它们属于取值为 $-f_{nyquist} + \Delta f$ 到 $-\Delta f$ 的负频率。

让我们先编写一个计算与 FFT 输出的每一个数组元素相关的频率的程序,随后将这个程序作为子 VI 来使用。从创建如下的前端选板开始,如图 10.1 所示。在 YourName\Controls 目录中使用输入控件选板中的 **Select a Control…**(选择一个输入控件),得到 Digitizing Parameters(数字化参数)输入控件簇(如果还没有创建输入控件簇,可以参见 3.12 节)。用图 10.2 所示的帮助窗口按步分配连接器的终端,并设计一个图标。选择 **File ≫ Save** 在 YourName 文件中创建文件夹 Chapter 10,并在 YourName\ Chapter 10 中将这个 VI 保存为 Frequency Calculator(频率计算器)。

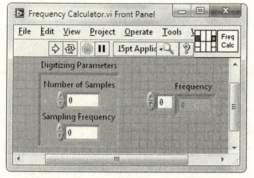

图 10.1 频率计算器的前端选板

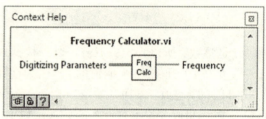

图 10.2 Frequency Calculator 的帮助窗口

现在我们编写一个程序框图,如图 10.3 所示,其能够产生包含频率 f_k 的 N 元素数组,索引从 0 到 $N-1$。我们想要频率 f_k 的索引 k 与 FFT 图标输出的数组中 X_k 的索引相同。相邻频率 f_k 之间的间隔为 $\Delta f = f_s / N$,f_s 是采样频率。从前面几段的讨论中,我们看到 f_k 可以通过下边的方式去计算:

$$f_k = \begin{cases} k\Delta f & k = 0, 1, 2, \cdots, \dfrac{N}{2} \\ (k-N)\Delta f & k = \dfrac{N}{2}+1, \cdots, N-1 \end{cases} \qquad [17]$$

根据图 10.4 的说明,使用 **Case Structure**(条件结构)对这个公式编程。

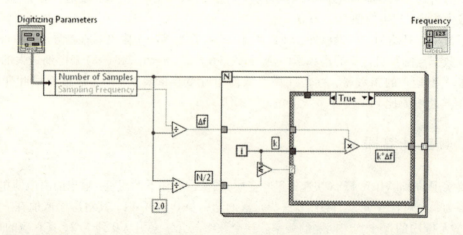

图 10.3 程序框图示意图

另外可以使用图 10.5 所示的 **Mathscript Node**(Mathscript 节点)对式[17]进行编程。注意

与 LabVIEW 数组不同，Mathscript 节点的数组索引从 1 开始，而不是从 0 开始。因此在 Mathscript 节点中，N 元素输出数组 f，索引是从 1 到 N。然而在 Mathscript 节点的输出 f，这个数组会成为 LabVIEW 形式的数组，也就是其索引是从 0 到 $N-1$。可以使用 Frequency 数组指示器来验证它确实是如此。

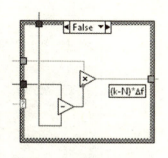

图 10.4 输出数组索引

回到前面板。在 Number of Samples(采样点数)和 Sampling Frequency(采样频率)输入控件中分别输入 1024 和 2000，运行 VI。如果运行正常，从 0 到 +1000、增量为 $2000/1024 \approx 1.95$ 的正频率会出现在 Frequency 数组中，索引是 0 到 512。负频率成分(近似) -998.05 到 -1.95 会保留在数组元素内，索引从 513 到 1023。

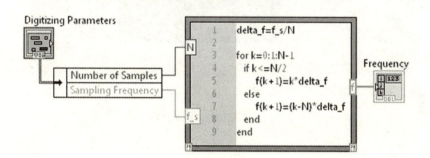

图 10.5 Mathscript 节点

10.6 正弦信号的 FFT

为了掌握 FFT 信号处理是如何工作的，我们分析一些由已知复幅度 A_k 和频率 f_k 构成的正弦波的数据，把这些数据输入到 FFT 算法中，对合成的结果 X_k 除以 N 来得到 A_k 的谱，然后确定这个谱是否匹配已知的输入信号。我们将要使用 Waveform Simulator(波形模拟器)来合成一个 N 元素数组数据，它是在第 3 章创建的，保存在 YourName\Chapter 3 目录中。我们使用 Frequency Calculator 来产生包含 f_k 的 N 元素数组。

根据图 10.6 所示构建前面板，将其命名为 FFT of Sinusoids(正弦信号快速傅里叶变换)，并保存在 YourName\Chapter 10 目录中。可以使用 **Controls** » **Select a Control...** 在 YourName\Controls 得到输入控件簇，或者如果在程序框图中放置了 Waveform Simulator，也可以单击鼠标右键，从弹出的快捷菜单中选择 **Create** » **Control**(创建 » 输入控件)选项。我们会在 **XY Graph**(XY 图)中画出复值 A_k 的图像，x 轴和 y 轴分别是频率和复幅值。由于 A_k 是复值，我们通过两幅图像分别画出其实部和虚部。使用 **Plot Legend**(曲线图例)来创建这两个图像，分别记为 Re[A]和 Im[A]。通过颜色对两者进行区分(回顾一下如何在 XY 图放置多个图像，参见 7.9 节)。

FFT 算法输出的离散傅里叶变换值 X_k 是复值。LabVIEW 中有表示复数的数据类型，**FFT. vi** 图标输出的 X_k 就是这种数据类型。**FFT. vi** 的帮助界面如图 10.7 所示[在 **Functions** » **Digital Signal Processing** » **Transforms**(函数 » 数字信号处理 » 变换)中可以找到]。在我们的程序中，x 中输入的数组是纯实数。由于 FFT 图标是多态的，因此它可以自动调整，从而接收这种纯实数的输入。相反，我们在 x 中输入复值数组，它同样会自动调整。**FFT** {**x**}的输出是复值 X_k。

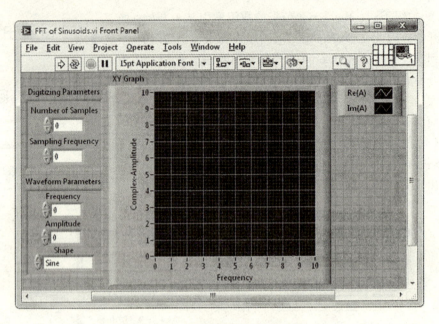

图 10.6　正弦信号 FFT 的前面板

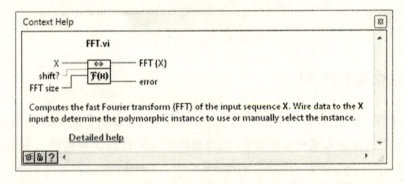

图 10.7　FFT.vi 的帮助窗口

现在根据图 10.8 编写程序框图，在 **Functions ≫ Programming ≫ Numeric ≫ Complex**（函数 ≫ 编程 ≫ 数值 ≫ 复数）可以找到 **Complex To Re/Im** 图标。

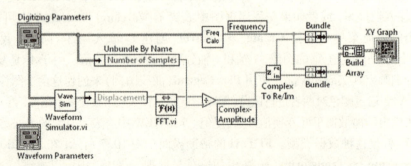

图 10.8　加入 **Complex To Re/Im** 图标

返回到 FFT of Sinusoids 的前面板，保存相关的项目。

10.7 将 FFT 应用到多种正弦输入

使用 Waveform Parameters 输入控件,给 VI 进行编程来产生一个余弦函数,其幅度是 4,频率是 250 Hz。注意,使用幅度一词是指一个正弦函数的峰值高度(相对于 0 来讲)。对于 Digitizing Parameters,将 Number of Samples 和 Sampling Frequency 分别设为 1024 和 2000。记得 FFT 算法要求输入数据的采样个数是 2 的幂次,因此我们选择 $N = 2^{10} = 1024$。运行程序。VI 将会找到正、负频率 f_k 的复幅度 A_k 的实部和虚部,一直到奈奎斯特频率 $\pm f_{nyquist} = \pm f_s/2$。我们选择 $f_s = 2000$ Hz,奈奎斯特频率就是 1000 Hz。输入的余弦振荡频率是 250 Hz,其处在 FFT 的检测范围之内。

如果一切运行正常,VI 应该以如下的形式输出余弦输入的傅里叶变换:除了 $f = \pm 250$ Hz,$A = +2$,在其余的频率 f 处,复幅度的 A 实部等于 0。在所有频率 f 处,A 的虚部都是 0。

为什么这是对余弦输入的正确表示呢?A 的幅度为什么是 2,而不是 4 呢?为了理解结果,将输出代入式[14]。

$$\begin{aligned} x_j \approx \sum_{k=0}^{N-1} A_k e^{i2\pi f_k t_j} &= (+2)e^{i2\pi(250)t_j} + (+2)e^{i2\pi(-250)t_j} \\ &= 4\left[\frac{e^{i2\pi(250)t_j} + e^{i2\pi(-250)t_j}}{2}\right] \\ &= 4\cos[2\pi(250)t_j] \end{aligned}$$

在最后一步中,使用了等式 $\cos x = (e^{ix} + e^{-ix})/2$。因此我们看到复值幅度的输出确实是幅度为 4 的余弦函数输入的正确表示。

尝试一下正弦输入,能得到什么结果?使用 Waveform Parameters,编写 FFT of Sinusoids 程序产生一个正弦函数,其幅度是 4,频率是 250 Hz。将 Number of Samples 和 Sampling Frequency 分别设为 1024 和 2000,运行 VI。应该发现在 $f = +250$ Hz,幅度的虚部 $A = -2$,在 $f = -250$ Hz,幅度的虚部为 $A = +2$,其他的地方均为 0。在所有的频率处,幅度 A 的实部都是 0。为了说明这是对输入的正确表示,再来看一下式[14],注意:

$$\begin{aligned} x_j \approx \sum_{k=0}^{N-1} A_k e^{i2\pi f_k t_j} &= (-2i)e^{i2\pi(250)t_j} + (+2i)e^{i2\pi(-250)t_j} \\ &= 4\left[\frac{e^{i2\pi(250)t_j} - e^{i2\pi(-250)t_j}}{2i}\right] \\ &= 4\sin[2\pi(250)t_j] \end{aligned}$$

我们利用了 $i = -1/i$ 和 $\sin x = (e^{ix} - e^{-ix})/2i$。

有两个频率与其他的频率表现完全不同:零频和奈奎斯特频率。首先,对常数直流级函数(也称为零频)$x_j = 4.0$,编写 FFT of Sinusoids 程序。将 Number of Samples 和 Sampling Frequency 分别设为 1024 和 2000,运行 VI。注意,在单一频率 $f = 0$ 处,出现完整幅度(称为直流成分),而不是先前研究的在非零频情况下,正、负频率处出现幅度值的一半。

现在编程 FFT of Sinusoids,使用下面的在奈奎斯特频率处振荡的函数:

$$x_j = 4.0\cos[2\pi(1000)t_j]$$

再一次运行 VI，Number of Samples 和 Sampling Frequency 分别设为 1024 和 2000。如果一个奇怪的对角线出现在最终的 FFT 图像中，可以在 **Plot Legend** 上弹出快捷菜单消除它；在 **Interpolation**(内插)选项中，取消"connect-the-dots"(连接点)的画图模式。与零频情况类似，会发现在单一频率 $f_{nyquist}$ 处出现完整的振荡幅度。

下面是对我们上面观察到的结果的总结，当在 $t=0$ 时刻开始以 2000 Hz 采样时，产生数据集合的余弦函数会取得峰值。对于 1000 Hz 的奈奎斯特频率波形，每个周期采样两次得到的数据集合就是如下的峰值序列：波峰，波谷，波峰，波谷，等等。我们发现对这个数据集合使用 FFT 算法，可在 $f_{nyquist}$ 处得到振荡幅度的正确的值(比如 4.0)。

遗憾的是，对奈奎斯特频率情况进行深入的分析，就会出现糟糕的情况。试着编程 FFT of Sinusoids，使其产生一个奈奎斯特频率振荡。但这一次是正弦函数：

$$x_j = 4.0 \sin[2\pi(1000)t_j]$$

运行 VI，将 Number of Samples 和 Sampling Frequency 分别设为 1024 和 2000。在这种情况下，会发现在 $f_{nyquist}$ 处没有振荡幅度。为什么在这个数据集中看不到 1000 Hz 的正弦振荡？

如果感兴趣，可以试着在产生数据集合的正弦函数的参数中包含一个相位常数 δ(弧度)，使得在 $t=0$ 时刻，其取值既不是峰值也不是零(分别对应余弦和正弦)。为了产生这个函数，双击 FFT of Sinusoids 程序框图的图标，打开 Waveform Simulator，然后编程 Waveform Simulator 的 **User-Defined** 函数，即

$$x_j = 4.0 \sin[2\pi(1000)t_j + \delta]$$

在 Waveform Parameters 输入控件簇中将 Shape 选为 User-Defined(用户定义)，运行 FFT of Sinusoids。对于任何非零值的 δ，FFT 会产生正确的振荡幅度吗？

为了总结我们对奈奎斯特频率的发现，对离散的采样数据集合做 FFT，仅当奈奎斯频率振荡与采样函数同相时，在 $f_{nyquist}$ 处得到的合成幅度值才是准确的。在实际的实验中，我们无法保证这一点，所以应该小心地处理 $f_{nyquist}$ 处的复幅度值。因此，在下面的工作中忽略在奈奎斯特频率处所得到的傅里叶频率成分。

下面在 Waveform Simulator 的程序框图中设置 **User-Defined** 函数，使其同时包含两个振荡的正弦函数，再加上一个直流分量。例如：

$$x_j = 8.0 + 4.0 \sin[2\pi(250)t_j] + 6.0 \cos[2\pi(500)t_j]$$

然后运行 FFT of Sinusoids，读者可以理解这个输出吗？

最后，当输入同时包含相同振荡频率的正弦和余弦时，会出现什么结果？利用 **User-Defined** 函数运行 FFT of Sinusoids：

$$x_j = 4.0 \sin[2\pi(250)t_j] + 6.0 \cos[2\pi(500)t_j]$$

不得不进行一些改变，例如为了准确地看到输出，需要改变每幅图像的 **Point Style**(点类型)。读者可以理解这些实部和虚部的图像吗？

10.8 复值幅度的模

这一节用实部和虚部之和来表示一个复数，也就是 $z = x + iy$。然而正如我们所知道的，一个复数同样可以表示为一个模 r 乘以一个相位因子 $e^{i\phi}$，$r = \sqrt{x^2 + y^2}$，$\tan\phi = y/x$。这与前边的

例子一样。我们说一个系统在频率 f 处振荡,就是说它由幅度为 B 的正弦函数和幅度为 C 的余弦函数之和构成。

$$x = B\sin[2\pi ft] + C\cos[2\pi ft] \qquad [18]$$

然后,定义 $\theta = 2\pi ft$,使用负指数函数来表示正弦和余弦函数:

$$x = B\frac{e^{i\theta} - e^{-i\theta}}{2i} + C\frac{e^{i\theta} + e^{-i\theta}}{2}$$

$$= \frac{1}{2}(C - iB)e^{i\theta} + \frac{1}{2}(C + iB)e^{-i\theta}$$

从图 10.9 中可以看到,$(C + iB) = re^{+i\phi}$,$(C - iB) = re^{-i\phi}$,$r = \sqrt{B^2 + C^2}$,$\phi = \arctan(B/C)$。

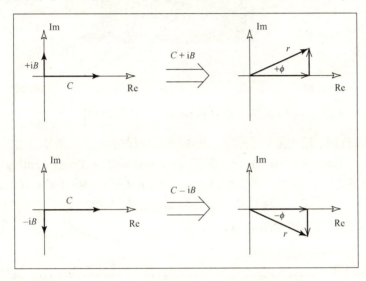

图 10.9 复数和指数函数的关系

于是:

$$x = \frac{1}{2}(re^{-i\phi})e^{i\theta} + \frac{1}{2}(re^{+i\phi})e^{-i\theta}$$

$$= r\frac{e^{i(\theta-\phi)} + e^{-i(\theta-\phi)}}{2} \qquad [19]$$

$$= r\cos(\theta - \phi)$$

由 $\theta = 2\pi ft$,$r = \sqrt{B^2 + C^2}$、$\phi = \arctan(B/C)$ 及式[18]和式[19],我们发现:

$$x = B\sin(2\pi ft) + C\cos(2\pi ft) = \sqrt{B^2 + C^2}\cos(2\pi ft - \phi) \qquad [20]$$

式[20]告诉我们在频率 f 处振荡的余弦和正弦函数联合起来能构成一个在频率 f 处振荡的、有一个相移的单独的余弦函数,其幅度等于正弦、余弦函数幅度的矢量和。

下面编写一个名为 FFT(Magnitude Only)(快速傅里叶变换——只有模)的 VI。当给定输入数据集合 x_j 后,计算其在频率 f_k 处振荡的净幅度,但忽略其相位信息(也就说不管它在此处振荡的形式是纯正弦波、纯余弦波、还是两者的组合)。打开 FFT of Sinusoids,选择 **File ≫ Save As...**,在 YourName\Chapter 10 目录中创建一个名为 FFT(Magnitude Only)的 VI。在 **XY Graph** 中使用 **Plot Legend** 只画出一个图像,记为 Mag(A),并把 **XY Graph** 的 y 轴记为 Magnitude of Complex-Amplitude(复幅度的模),如图 10.10 所示。

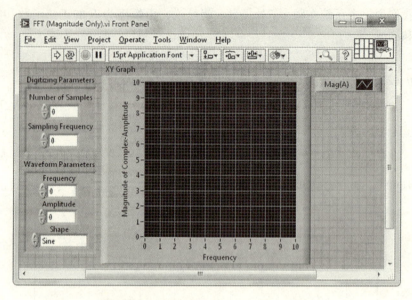

图 10.10　FFT(Magnitude Only)的前面板

现在修改程序框图，使用复幅度的实部和虚部，使得可以计算和显示它的模。使用 **Complex To Polar** 代替 **Complex To Re/Im** 图标(在 **Functions》Programming》Numeric》Complex** 中)。实现这个操作的简单方式就是：在 **Complex To Re/Im** 上弹出快捷菜单，然后选择 **Replace**(替换)菜单项。从这里很明显就知道该如何去做。完成这个程序框图所必须进行的修改，其完整的程序框图如图 10.11 所示。

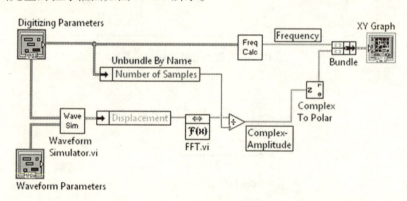

图 10.11　修改程序框图

编写 Waveform Simulator 的 **User Defined** 函数，使其能计算两个正弦和余弦函数之和，其幅度分别为 3 和 4，频率 f 均为 250 Hz。

$$x = 3.0\sin\left[2\pi(250)t\right] + 4.0\cos\left[2\pi(250)t\right]$$

根据式[20]，上面的波形等价于：

$$x = \sqrt{3^2 + 4^2}\cos\left[2\pi(250)t - \arctan(3/4)\right]$$

运行 FFT(Magnitude Only)，Number of Samples 和 Sampling Frequency 分别设为 1024 和 2000。输出是净幅度为 $\sqrt{3^2 + 4^2} = 5$、频率为 250 Hz 的单一余弦曲线吗？

傅里叶变换的方法是用复指数基函数集合的线性组合来表示一个函数。因为 $\cos(2\pi ft) = (e^{i2\pi ft} + e^{-i2\pi ft})/2$，所以余弦函数的幅度等于正频率和负频率的负指数基函数 $e^{\pm i2\pi ft}$ 的复幅度除以 2。当然这个"除以 2"有两个例外：在零频（就是 $e^{i2\pi(0)t} = 1$）和奈奎斯特频率 $f_{nyquist}$ 处的基函数。对于给定的输入数据集合，当我们要画出其频谱时，通常利用频率空间的复幅度的对称性，只画出正频率部分并且让其复幅度是原来的两倍。这样我们就直接画出了在频率 $|f_k|$ 处振荡的正弦信号的净幅度，同时，其相位信息被完全忽略掉了。

修改 FFT（Magnitude Only），使其根据上面描述的方式显示输入数据的频谱。我们忽略在 $f_{nyquist}$ 处的傅里叶成分，因为正如之前看到的，有时它的值是令人怀疑的。由于 y 轴的值现在等价于在每个正频率 f_k 处振荡的正弦波的净幅度，重新标记 **XY Graph** 的 y 轴，并使 **Plot Legend** 为 Amplitude。图 10.12 所示的程序框图完成了我们期望的特性。

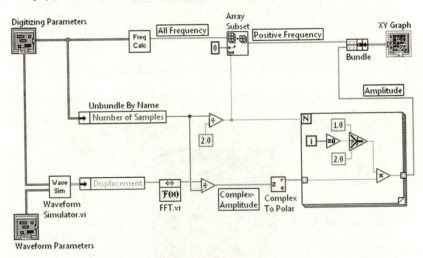

图 10.12　重新标记 **XY Graph**

运行 VI，验证其能正确工作。一旦满意就保存项目。

10.9　观察（频谱）泄漏

作者这里有好消息，也有坏消息要告诉读者。首先来说坏消息。使用下面的函数重新对 FFT（Magnitude Only）进行编程：

$$x = 4.0 \cos [2\pi(250)t]$$

运行 VI，将 Number of Samples 和 Sampling Frequency 分别设为 1024 和 2000，它的频谱如图 10.13 所示。

使用 **Plot Legend**，改变 **Point Style** 使得每个画出的点都可见。然后改变 x 轴的端点来放大在 $f = 250$ Hz 处的谱峰。放大峰值的简单方法就是使用 **XY Graph** 的放大工具。为了能看到放大工具，首先在 **XY Graph** 的内部弹出快捷菜单，选择 **Visible Items** ≫ **Graph Palette**（可见条目 ≫ 图形调色板），如图 10.14 所示。使用 🖑 工具，单击放大工具 🔍（这看起来像一个放大镜），选择 **X-Axis Zoom**（x 轴放大）选项。

当鼠标放置在图像上时，它会变成一个小的放大镜，选择想要放大的区域，单击和拖曳如图 10.15 所示。

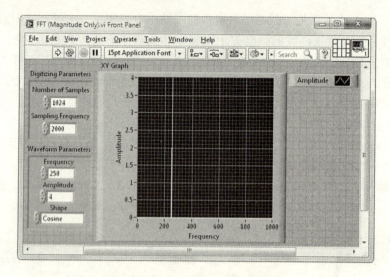

图 10.13 $4.0\cos[2\pi(250)t]$ 的频谱

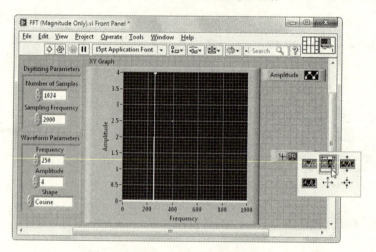

图 10.14 选择放大图像的工具

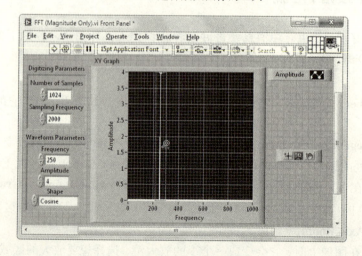

图 10.15 选择和放大图像

释放鼠标时，x 轴将会以想要的方式得到重新调整，如图 10.16 所示。

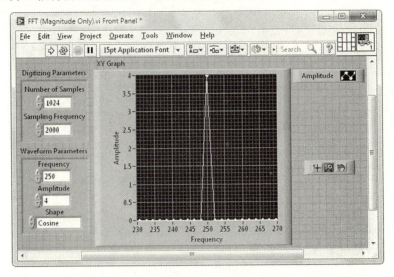

图 10.16　重新调整 x 轴的尺度

如果想回到原来的图像，从放大工具菜单中选择 **Zoom to Fit**（合适放大），它会重新自动缩放两个轴，使得所有的数据重新展示如图 10.17 所示。

这个谱看起来很完美，不是吗？在频率 f = 250 Hz 处的幅度是 4，在别的地方是零，这正是我们所期望的。

那么问题是什么？用如下函数编程 FFT（Magnitude Only），重复上述步骤。

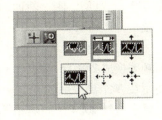

图 10.17　回到原来的图像

$$x = 4.0 \cos[2\pi(249)t]$$

奇怪的是，最终的谱看起来不再像一个高度为 4 的尖状的 delta 函数，而是一个加宽了的峰值小于 4 的函数，如图 10.18 所示。

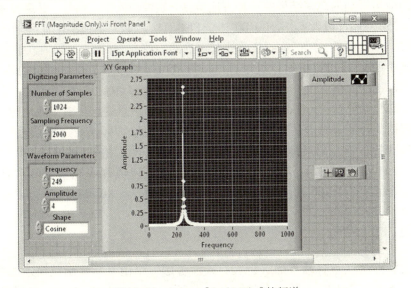

图 10.18　$4.0\cos[2\pi(249)t]$ 的频谱

放大峰值，以进一步观察，如图 10.19 所示。

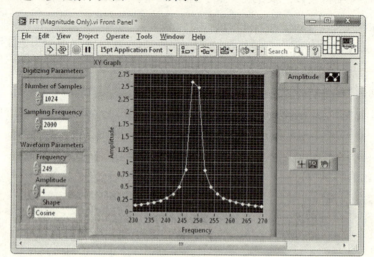

图 10.19　放大的频谱

从表面上来看，这个频谱似乎在告诉我们输入数据在好几个不同的频率处振荡，大概范围是 230 Hz 到 270 Hz。然而，我们知道这是不对的，输入数据只是一个真正频率为 249 Hz 的纯正弦信号。

这时碰到了一个奇怪的现象。为什么输入频率是 250 Hz 时，基于 FFT 的 VI 能正常工作，而频率换成 249 Hz 就不行了呢？出现这个矛盾的原因是：首先，除了 249 Hz 之外，实际一直使用在 N 个离散频率 f_k 之一处振荡的正弦和余弦函数来产生输入数据。比如由式[7]，当我们要求得到 1024 个间隔相等、采样频率为 2000 Hz 的数据时，FFT 算法产生的 N 个离散频率 f_k 的复幅度 A_k 是

$$f_k = k\left(\frac{2000\text{ Hz}}{1024}\right) \qquad k = -511, \cdots, 0, \cdots, +512$$

可以验证 250 Hz 和 500 Hz 都是其中的 f_k。准确地说它们分别是 f_{128} 和 f_{256}。

总结我们前边得到的观察结果的一种方法就是：如果输入正弦信号，振荡频率就是其中的 f_k，例如 $f_{128} = 250.00$ Hz 或者 $f_{256} = 500.00$ Hz。FFT 算法就能完美地产生那些输入数据的频谱（那就是尖状的 delta 函数，在正确的频率处有正确的幅值）。然而，如果输入的正弦信号振荡频率不等于其中的 f_k，例如 249 Hz，处于 $f_{127} = 248.05$ Hz 和 $f_{128} = 250.00$ Hz 之间，那么最终得到的频谱是不准确的。事实上，正如同它的频谱幅度一样，本应该严格地在频率 f 处呈现尖状，但现在它偏离了中心点，并在邻域 f_k 处散开了。频谱信息的这种散布效应称为泄漏，是由于离散采样数据集合的点数 N 是有限的所造成的一种假象。可以通过重新运行 FFT（Magnitude Only）来证明这一点，对其编程使其计算一个 249 Hz 的余弦波形的 FFT，首先将 Number of Samples 设置为 512，然后 1024，2048，4096，等等。会发现随着 N 增大，得到的谱越来越像 delta 函数（此时在 **XY Graph** 的弹出菜单上，取消 **X Scale** ≫ **AutoScale X** 会很有用）。

10.10　泄漏的分析

不难得出解释这些观察结果的解析表达式。考虑一个由复指数函数描述的振荡频率是 f 的波形 $x(t) = A\exp(\mathrm{i}2\pi ft)$，$A$ 是一个常数。一旦我们理解了这个波形的傅里叶变换的"单

尖",那么理解正弦波形的"双尖"频谱特性就会很容易。对复值指数波形进行傅里叶变换（见式[11]），X_k 的值就是

$$X_k = \sum_{j=0}^{N-1} A e^{i2\pi f(j\Delta t)} e^{-2\pi jk/N}$$

因此

$$X_k = A \sum_{j=0}^{N-1} \left[e^{i2\pi(f\Delta t - k/N)} \right]^j \qquad [21]$$

这个级数就是著名的有限几何级数，其和的形式如下：

$$\sum_{j=0}^{N-1} x^j = \frac{1-x^N}{1-x} \qquad [22]$$

用式[22]计算式[21]中的和，再经过一些代数和三角级数的关系，得到了如下形式的离散傅里叶变换 X_k 的幅度值：

$$|X_k| = \left| A \frac{\sin\left[\pi N(f\Delta t - k/N)\right]}{\sin\left[\pi(f\Delta t - k/N)\right]} \right| \qquad [23]$$

这个公式描述了由程序 FFT(Magnitude Only) 决定的特性。

让我们研究一下式[23]。首先，考虑输入频率 f 等于 f_k 中的某个频率，记为 $f_{k'}$。让 $f = f_{k'} = k'(f_s/N) = k'(1/N\Delta t)$，式[23]变为

$$|X_k| = \left| A \frac{\sin\left[\pi(k'-k)\right]}{\sin\left[\pi(k'-k)/N\right]} \right| \qquad [24]$$

当 $k \neq k'$ 时，差 $(k'-k)$ 是一个小于 N 的整数，使得式[24]中的分子是 0，而分母不是 0。因此 $k \neq k'$ 时，$|X_k| = 0$。然而当 $k \neq k'$ 时，分子、分母同时为 0，根据 Hopital 准则，$|X_k| = AN$。因此我们预计出得到的频谱是一个 delta 函数，在单一频率 $f_{k'}$ 处呈现尖峰，高度为 $|A_{k'}| = |X_{k'}|/N = A$。这个预测与我们在 FFT 算法中输入为 $f = f_{128} = 250$ Hz 和 $f = f_{256} = 500$ Hz 的振荡所得到的观察相吻合。

第二，考虑当输入频率 f 并不等于 f_k 中的频率时的情况。注意式[4]和式[7]，可以简化式[23]的形式：

$$f\Delta t - \frac{k}{N} = \frac{f}{f_s} - \frac{f_k}{f_s} = \frac{f - f_k}{f_s}$$

式[23]成为

$$|X_k| = \left| A \frac{\sin\left[\pi N\left(\frac{f-f_k}{f_s}\right)\right]}{\sin\left[\pi\left(\frac{f-f_k}{f_s}\right)\right]} \right|$$

由于 $\Delta f = f_s/N$，

$$|X_k| = \left| A \frac{\sin\left[\pi\left(\frac{f-f_k}{\Delta f}\right)\right]}{\sin\left[\pi\left(\frac{f-f_k}{f_s}\right)\right]} \right| \qquad [25]$$

检查式[25]可以看到,在f不等于其中的频率f_k的假设下,$|X_k|$的值都不为0。然而,距频率f最近的频率f_k会使得式[25]中的分母达到最小值。因此在频率f的邻域内的f_k,其对应的$|X_k|$达到最大值。为了更好地理解式[25]的意义,使用如下熟悉的参数来画出复幅度的模$|A_x| = |X_k|/N$随着频率f_k的变化图像:$f_s = 2000$ Hz,$N = 1024$,$A = 4.0$,$f = 249$ Hz。然后,$\Delta f = f_s/N = 2000/1024$,$f_k = k\Delta f$,$k = -511, \cdots, 0, \cdots, 512$。当输入为249 Hz、幅度为4的余弦函数时,这个图像就会预测出FFT(Magnitude Only)的输出,如图10.20所示。

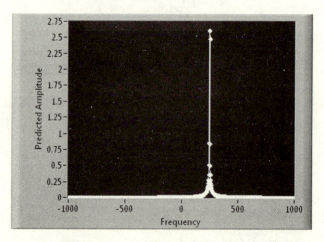

图10.20　$|A_k|$随着f_k变化的图像

放大尖峰,进一步观察,我们看到式[25]对我们前边看到的FFT(Magnitude Only)的输入是249 Hz时的频谱泄漏提供了完美的理论预测,如图10.21所示。

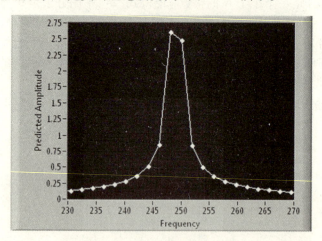

图10.21　放大的249 Hz信号的频谱

10.11　使用卷积理论描述泄漏

卷积理论来自于高等数学里的一个强大的结论,是另外一种理解泄漏问题的方法。从卷积理论来看,就是下面的情况:当我们获得有限数量N的离散采样点,在进行FFT谱估计时;事实上这些数据是我们通过时间上的一个矩形窗观察无限的数据集合$d_j(j = -\infty, \cdots, -1, 0 + 1, \cdots, +\infty)$而得到的。数学上我们可以定义一个矩形窗函数 $w(t_j)$,在观察数据的时间间隔 $t_j = j\Delta t$, $j = 0$ 到 $j = N-1$ 内其取值为 1;在其他地方的取值为 0。然后,N 个有限采样数据点 x_j 由 $x_j = d_j w_j$ 之积决定。图 10.22 中给出了这种思路。

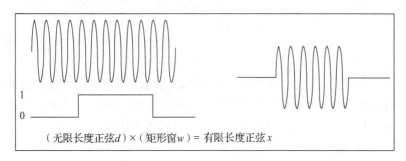

图 10.22　矩形窗函数和要采样的函数乘积

让我们将 d_j 和 w_j 的傅里叶变换分别记为 D_k 和 W_k。与我们的有限长度数据集合相关的问题就成为:"对 $x_j = d_j w_j$ 之积进行傅里叶变换时会发生什么?"根据著名的卷积理论,两个函数 d_j 和 w_j 之积的傅里叶变换等于两个函数傅里叶变换 D_k 和 W_k 的卷积。两个连续函数的卷积记为 $D*W$,定义为

$$D(f)*W(f) = \int_{-\infty}^{+\infty} D(\phi) W(f-\phi) d\phi \qquad [26]$$

在离散的情况下,这个定义成为

$$(D*W)_k = \sum_{m=-N/2+1}^{N/2} D_m W_{k-m} \qquad [27]$$

尽管在一般情况下,确定两个函数的卷积是很复杂的,但在下面的重要情况下它很容易确定。D_m 是频率在 f_n 处的单位幅度的 delta 函数,也就是除了 $D_{m=n} = 1$ 之外,对于其他所有的 m 都有 $D_m = 0$。然后根据式 [27],我们发现 $(D*W)_k = W_{k-n}$,意味着卷积结果只是函数 W 的移位。因此,它以 f_n 而不是 $f=0$ 为中心。使用连续函数在图 10.23 中给出了这个思路。

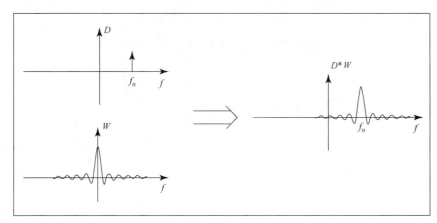

图 10.23　delta 函数和连续函数的卷积

这个例子使我们对泄漏现象有了新的见解。考虑输入形式为 $x(t_j) = A\exp(i2\pi f t_j)$ 的有限长度复指数的情况,其可以描述为无限长度的复指数函数 $d(t_j)$ 和一个矩形窗函数 $w(t_j)$ 的乘

积。对于无限长的复指数函数的傅里叶变换 D，当然是一个高度为 A、在频率 $+f$ 处的 delta 函数，而矩形窗函数的离散傅里叶变换很容易表示为（不管单位幅度的相位因子）

$$\left(W_{\text{rectangle}}\right)_k = \frac{\sin\left[\dfrac{\pi f_k}{\Delta f}\right]}{\sin\left[\dfrac{\pi f_k}{f_s}\right]} \qquad [28]$$

$f_s = 2000$ Hz、$N = 1024$ 时，式[28]的图像如图 10.24 所示（将频率视为连续变量）。注意在高频处 $W_{\text{rectangle}}$ 的可观幅度，我们可以定性地认为它来自于矩形窗函数的上升和下降的边沿（回忆对方波的傅里叶分析，其陡峭的边沿是由高频处出现的谐波引起的）。$W_{\text{rectangle}}$ 在频率 f_k 处的值 $\left(W_{\text{rectangle}}\right)_k$ 在图中由点给出。

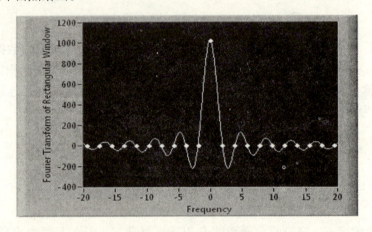

图 10.24 式[28]的图像

有限长度复指数函数的傅里叶变换 X 的幅度是 $W_{\text{rectangle}}$ 和幅度为 A、频率为 $+f$ 的 delta 函数的卷积形成的。这个卷积的结果就是把 $W_{\text{rectangle}}$ 沿着频率轴平移，使其中心在频率 $+f$，然后再乘以 A。于是

$$|X_k| = |(D*W)_k| = \left|A\frac{\sin\left[\dfrac{\pi(f_k - f)}{\Delta f}\right]}{\sin\left[\dfrac{\pi(f_k - f)}{f_s}\right]}\right| \qquad [29]$$

注意式[29]等价于"描述泄漏"的式[25]。

下面，画出式[29]的图像，如图 10.25 所示，$f_s = 2000$ Hz、$N = 1024$，f 等于其中的 f_k；也就是 $f = f_{128} = 250$ Hz。为了简化起见，令 $A = 1$。注意所有的 $|X_k|$ 由点标出；除了 $f_{128} = 250$ 处的 $|X_{128}|$ 之外，其余的值都落在了式[29]的过零点处。因此在这种情况下，离散傅里叶变换的频谱将会是一个 delta 函数。

将 f 变成 249 Hz 的非 f_k 值，得到的式[29]的图像如图 10.26 所示。注意 $|X_k|$ 由点标出，现在都落在了由式[29]确定的曲线的非零处，出现了频谱泄漏现象。

卷积理论提供了如下的见解：正是矩形窗函数所包含的频率范围太大（由式[28]以及前边的图像可以看出），于是就产生了远离于输入频率 f 的幅度等于频率 f_k 处幅度的谱泄漏。

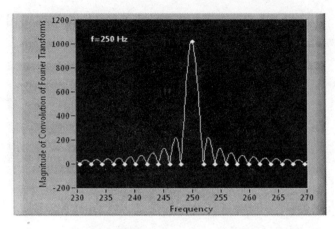

图 10.25 式[29]的图像

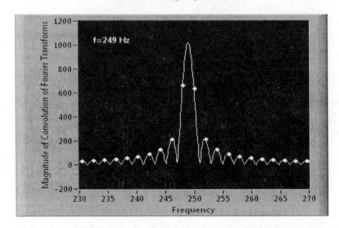

图 10.26 在频率为 249 Hz 时,式[29]的图像

10.12 加窗

现在作者将给出好消息。由于高速计算机的强大处理能力,可以选择对有限长的输入数据加上某种形式的窗函数,而不是矩形窗函数。一旦计算机收集到矩形加窗之后的数据集合$(x_{rectangle})_j$,所需做的只是用软件构造一个想要的窗w_j,然后形成积$x_j = w_j(x_{rectangle})_j$。我们可以选择一个窗函数,使得其傅里叶变换的高频成分最少,那么谱泄漏就很容易得到抑制。定性地讲,产生谱泄漏的高频成分来自于矩形函数的边沿处的连续跳变,因此构造的"期望"的软件窗函数应该有一个更平滑的上升沿和下降沿。汉宁(Hanning)窗的定义是

$$(w_{hanning})_j = 0.5\left[1-\cos\left(\frac{2\pi j}{N}\right)\right] \qquad j=0,1,\cdots,N-1$$

是这样一种软件窗函数的常用选择。汉宁窗和矩形窗画在下面,以进行比较(如图 10.27 所示)。

让我们对 FFT(Magnitude Only)中的数据集合加窗,看看它如何改善频谱泄漏。为了对 Waveform Simulator 产生的数据集合加窗,需要选择 **Scaled Time Domain Window.vi**(加权时域窗),它在 **Functions ≫ Signal Processing ≫ Windows**(函数≫信号≫窗口)中。它的帮助窗口如图 10.28 所示。

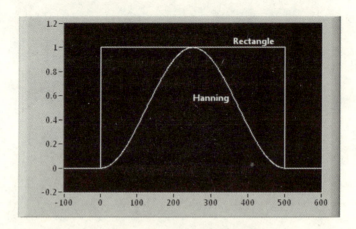

图 10.27　汉宁窗和矩形窗

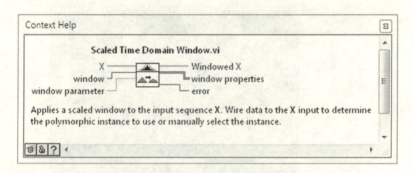

图 10.28　**Scaled Time Domain Window.vi** 的帮助窗口

对于这个图标,给输入 x 提供"要被加窗"的数据,在 **window** 处使用枚举类型("Enum")输入控件,选择想要的窗函数。最终的数组(等于数据和窗函数的乘积)在 **Windowed x** 处输出。**Window properties**(窗特性)簇是一个两元素绑定的簇,可选择窗的等效噪声带宽(ENBW)和相干增益。在一些计算中这些窗参数十分重要,我们马上就会看到这一点。

当使用 **Scaled Time Domain Window.vi** 时,用户必须从大概 20 个可用的窗函数中选择一个,将其应用到输入数据的数组中。每个窗都有自己的一些特性,例如中心主瓣宽度、滚降系数,在一些特殊的应用中要优化这些参数。一般而言,在大多数情况下,汉宁窗是一个合适的选择。这个窗抑制了频谱泄漏,使得输入数据的频率能很好地分辨出。表 10.1 列举了一些常用的窗函数,以及它们最适合应用的地方。

表 10.1　最常使用的窗函数

窗 函 数	最 优 应 用
汉宁	适用于各种情况
汉明	能分辨出间隔较小的正弦波
顶部平坦	对不同频率信号的幅度进行精确度量
凯撒	对两个频率十分接近而幅度差别较大的信号有较好的分辨率
矩形	对两个频率十分接近并且幅度几乎相同的信号有较好的分辨率

切换到 FFT(Magnitude Only)的程序框图。如图 10.29 所示,其中包含 **Scaled Time Domain Window.vi**,这样从 Waveform Simulator 中得到的数据集合先被加窗,然后送到 **FFT.vi**

图标。此外，在 **Scaled Time Domain Window. vi** 的 **window** 输入处单击鼠标右键弹出快捷菜单，选择 **Create ≫ Control** 创建一个有助于选择窗函数的前端枚举输入控件。

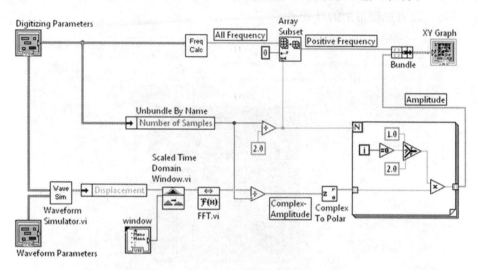

图 10.29　创建前端枚举输入控件

转到前面板，如图 10.30 所示，找到标记为 **window** 的枚举输入控件，将其放到合适的位置，保存相关的项目。

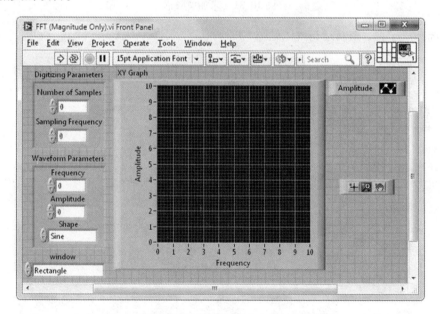

图 10.30　放置标记为 **window** 的枚举输入控件

使用 **Create ≫ Control** 它来产生前面板 **window** 输入控件的一个好处就是：创建它时，LabVIEW 会自动根据文本消息的顺序加载这个枚举控件。这些文本消息标记着 **Scaled Time Domain Window. vi** 的 **window** 输入的已有属性。使用 🖑 回顾一下 **window** 输入控件提供的选择顺序。

让我们探索一下加窗的正面效应。将 Number of Samples 和 Sampling Frequency 分别设置为 1024 和 2000，编程 VI 使其产生波形 $4.0\sin[2\pi(249\text{ Hz})t]$。适当地对坐标轴加权，放大期

望的尖峰；比如 x 轴范围是 230 到 270，y 轴是 0 到 4(如图 10.31 所示)；然后单击 XY 图，使用弹出的快捷菜单关闭 x 轴和 y 轴的自动调整刻度选项。运行 VI，在 **window** 输入控件中选择矩形窗，这时便没有加窗带来的好处了。

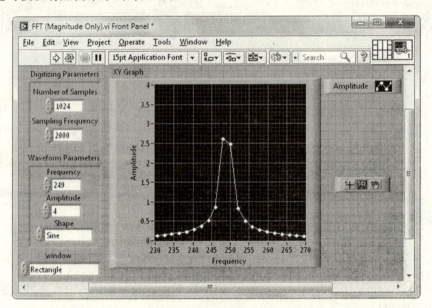

图 10.31 未加窗频谱

现在选择汉宁窗，重新运行 VI(见图 10.32)。

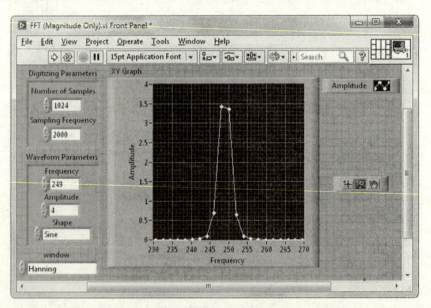

图 10.32 加汉宁窗后的频谱

选择汉宁窗后，频谱泄漏急剧下降，这里就是作者要带给大家的好消息。

为了说明有些窗函数在特殊的应用中表现得更好，考虑一下分辨频率十分接近而幅度差别很大的两个正弦波形，这种问题在语音重建研究中经常遇见。使用 Waveform Simulator 的 **User-Defined** 选项，将下边的波形输入到 FFT(Magnitude Only)中。

$$x = 4.0\sin[2\pi(249)t] + 0.1\sin[2\pi(253)t]$$

输入这个波形(需要适当调整 XY 图的 y 轴刻度,运行 FFT(Magnitude Only)几次,每一次选择不同的 **window**。对于凯撒窗,得在 **Scaled Time Domain Window.vi** 的窗参数中输入一个数(试一下 3)。对于这个特定的应用,哪个窗函数的性能最好?哪个窗函数能更好地观察到被 249 Hz 尖峰(由于较大的频谱泄漏)隐藏的峰值较小的 253 Hz 尖峰?

将输入波形变为两个频率接近、幅度相同的正弦函数:

$$x = 4.0\sin[2\pi(249)t] + 4.0\sin[2\pi(253)t]$$

现在,哪个窗能更好地分辨出这些尖峰(展现出两个尖峰之间最陡峭的距离)?

最后,顶部平坦窗被优化为能产生一个幅度与输入波形相匹配的尖峰。在 FFT(Magnitude Only)中输入 $4.0\sin[2\pi(249\ \text{Hz})t]$,选择各种不同的窗。这些窗函数产生的谱峰值与使用顶部平坦窗产生的值为 4 的谱峰值接近吗(与其他窗得到的结果进行比较)?

10.13 估计频率和幅度

作者甚至可以提供更多的好消息。定义在频率 f_k 处的峰值功率为 $P_k \equiv A_k^2$。那么我们前边观察到的产生有限宽度谱峰的正弦输入频率 f,可以通过加权和进行估计,每一次观察到的 f_k 都用其峰值功率进行加权,也就是

$$f \approx \frac{\sum_k f_k P_k}{\sum_k P_k} = \frac{\sum_k f_k A_k^2}{\sum_k A_k^2} \quad [30]$$

这是对构成峰值的 k 个值求和。

幅度为 $P \equiv A^2$ 的正弦,其峰值功率 A,可以估计为

$$P \approx \frac{\sum_k P_k}{\text{ENBW}} = \frac{\sum_k A_k^2}{\text{ENBW}} \quad [31]$$

ENBW 是在分析过程中,产生这个尖峰所使用的窗函数的有效噪声带宽。一旦 P 确定,那么正弦幅度就是 $A = \sqrt{P}$。

编写一个名为 Estimated Frequency and Amplitude 的 VI,它能实现式[30]和式[31]。把这个程序保存在 YourName\Chapter 10 文件夹下。其前面板看起来应该像图 10.33 所示。正频率和幅度数组的索引分别从 0 和 1 开始,这是为了使 Input Arrays 输入控件簇与 FFT(Magnitude Only)程序框图中的这两个数组的绑定方式相一致。在这个簇上弹出快捷菜单,使用 **Reorder Controls In Cluster...**(在输入控件簇中重调整),确保这两个数组的索引是合适的。分配连接器面板的终端,使其与图 10.34 所示的帮助窗口一致。

现在编码如下的程序框图,如图 10.35 所示。因为这样做很容易,所以我们可以让式[30]和式[31]对所有的 k 进行求和;但是其实只需包括那些明显非零的 A_k 对应的 k 值,也就是说在峰值的邻域内的这些值。

保存这个 VI 并关闭它。

返回到 FFT(Magnitude Only)的程序框图,根据图 10.36 所示,把 Estimated Frequency and Amplitude 包含在其中。从 **Scaled Time Domain Window.vi** 的输出 **window properties** 簇

中使用 **Unbundle By Name**(按名称解除捆绑)图标得到可以选择的窗的 ENBW(使用标签 eq noise BW)。使用 **Create** ≫ **Indicator** 创建 Estimated Values 簇。

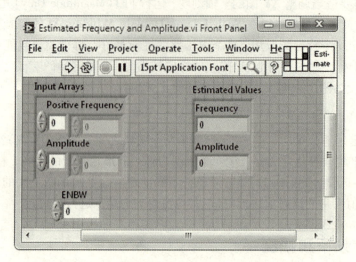

图 10.33　前面板布局

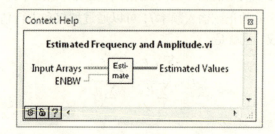

图 10.34　**Estimated Frequency and Amplitude.vi** 的帮助窗口

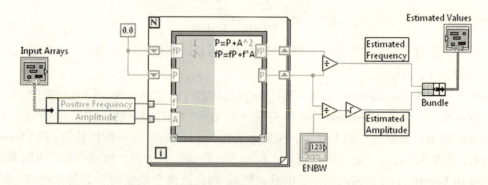

图 10.35　程序框图

转换到前面板,合适地放置 Estimated Values(见图 10.37)。在这个簇中,在 **Frequency** 和 **Amplitude** 显示控件上单击鼠标右键,弹出快捷菜单,选择 **Display Format...** 选项,取消 **Hide trailing zeros**(隐藏尾部零)。然后保存项目。

使用各种窗函数来运行 VI,通过上面显示的 Digitizing Parameters 和 Waveform Parameters 的值,相信会对得到的 Frequency 和 Amplitude 的估计值非常满意。

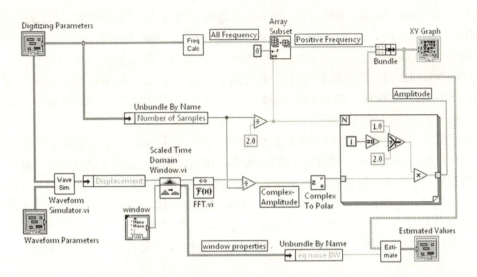

图 10.36 加入 Estimated Frequency and Amplitude

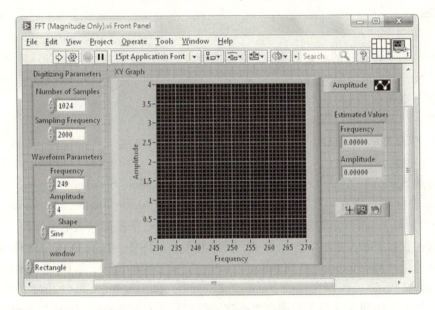

图 10.37 放置 Estimated Values

10.14 混叠

最后，我们使用 FFT(Magnitude Only)程序来说明一下混叠现象，这是由于对输入信号的数字化采样频率太小，导致最后得到的数字化波形的频率要比真实的频率小很多。在第 4 章中，我们发现对输入频率为 f 的信号以采样频率 f_s 进行采样，仅当 $f \leqslant f_{nyquist}$ 时，得到的数字化波形的频率也是 f，$f_{nyquist} = f_s/2$ 是奈奎斯特频率。相反，如果输入信号频率 $f > f_{nyquist}$，那么数字化波形的频率 $f_{alias}(\neq f)$ 如下：

$$f_{alias} = |f - nf_s| \qquad n = 1,2,3,\cdots \qquad [32]$$

f_{alias} 的范围是 $0 \leqslant f_{alias} \leqslant f_{nyquist}$。

对 FFT(Magnitude Only)进行编程，使其输入波形是幅度为 4 的正弦波。选择最喜欢的窗，例如通用的汉宁窗。在 Digitizing Parameters 中，将 Number of Samples 和 Sampling Frequency 分别设置为 1024 和 2000。然后，我们可以想到当输入正弦波频率超过奈奎斯特频率 $f_{nyquist} = f_s/2 = 2000$ Hz$/2 = 1000$ Hz 时，混叠就发生了。根据如下的输入正弦波频率的顺序，运行 VI 几次：1200 Hz，1500 Hz，1800 Hz，2000 Hz，2800 Hz，3300 Hz，7700 Hz。式[32]能正确地预计观察到的每个输入的混叠频率吗？

在这个练习中，我们受益于已经知道了输入信号的真实频率，因此能通过式[32]来了解为什么数字化的过程会产生一个不正确的低频率的输出。然而，在真正的实验中，我们并不知道输入信号的真实频率；除了假设数字化的波形与输入信号有着同样的频率之外，并没有其他的信息可以利用。也就是说，我们假设在数字化的过程中，输入信号不会混叠。为了确保这个"无混叠"的假设是成立的，实验者有必要首先确定这个数字化系统的奈奎斯特频率（基于已知的采样频率），然后确保输入到这个数字系统中的信号的频率没有超过奈奎斯特频率（比如使用低通滤波器）。

自己动手

建立一个基于计算机的频谱分析仪，它能把输入的电压波形数字化，然后对得到的数据进行傅里叶变换，展示最终的频谱。

完成如下步骤。

1. 编写一个 Spectrum Analyzer VI。

   打开 FFT(Magnitude Only)，使用 **File ≫ Save As...** 创建一个称为 Spectrum Analyzer 的 VI，并把它保存在文件夹 YourName\Chapter 10 中。

   转换到 Spectrum Analyzer 程序框图。删除图标 Waveform Simulator 和 Waveform Parameters。在框图上放置一个 **DAQ Assistant**，选择 **Acquisition mode ≫ N Samples**，它将在 DAQ 器件的一个特定的差分通道（比如 **ai0**）中执行一个模拟输入电压操作。如果需要，可以包含数字触发选项。如果愿意，在你的程序框图中，扩展 **DAQ Assistant** 接线端，使其包括 **data**、**number of samples** 和 **rate**。完成必要的修改，使 **DAQ Assistant** 能够从 Digitizing Parameters 簇中接收 Number of Samples 和 Sampling Rate 的值；然后在指示的采样频率下得到 N 个数据；把这些得到的数据数组送到 **Scaled Time Domain Window.vi**。最后在 While 循环中嵌入所有的程序框图代码，使得能够重复地产生和画出频谱，直到我们单击前端的 **Stop** 按钮。保存相关的 VI。

2. 操作基于计算机的仪器。

   使用函数发生器，在已经编程的 DAQ 助手（比如 **ai0**）的 DAQ 器件的模拟输入通道中，输入频率为 100 Hz 的正弦波电压。如果配置了 DAQ 助手的数字化触发，就要把函数发生器的同步输出输入到 DAQ 器件的适当引脚。分别将 Number of Samples、Sampling Frequency 的值设置为 1024 和 2000。选择 **window**，运行频谱分析器，看看最终的输入电压信号的频谱。Estimated Values 中的 Frequency 和 Amplitude 的值与已知的输入信号的值相比怎么样？试着在 $0 \leqslant f \leqslant 1000$ Hz 范围内改变输入正弦波的频率 f，在这个范围内这个仪器工作正常吗？

3. 探索有趣的输入。

第10章 分析Ⅵ：快速傅里叶变换

增加输入的正弦波频率，使其超过奈奎斯特频率，这样就看到了混叠效应。使用式[32]解释观察到的结果。

试着输入一个幅度是 1 V（在 −1 V 和 +1 V 之间振荡）、频率大概是 180 Hz 的方波。对单位幅度频率是 f 的方波进行傅里叶分析，预计这个波形等价于如下形式的正弦波之和：

$$\frac{4}{\pi}\sum_{n\ \text{odd}}\frac{1}{n}\sin[2\pi nft]=\frac{4}{\pi}\left\{\sin[2\pi ft]+\frac{1}{3}\sin[2\pi(3f)t]+\frac{1}{5}\sin[2\pi(5f)t]+\cdots\right\}$$

注意到这个正弦波的和只包括奇数谐波频率 $f, 3f, 5f$, 等等。当输入是方波时，Spectrum Analyzer 的输出与这个傅里叶之和相吻合吗？是否注意到方波的高次谐波项发生的混叠？

习题

1. 使用 FFT（Magnitude Only）来研究混叠。编写 Waveform Simulator 中的 **User-Defined** 选项，使其产生数字信号 x，它包含频率分别为 $f_1 = 25$ Hz、$f_2 = 70$ Hz、$f_3 = 160$ Hz、$f_4 = 510$ Hz，幅度均为 1 的 4 个输入正弦波（也就是 $x = \sin[2\pi(25)t] + \sin[2\pi(70)t] + \sin[2\pi(160)t] + w\sin[2\pi(510)t]$）。然后在 FFT（Magnitude Only）的前面板将 Number of Samples、Sampling Frequency、Shape 和 window 分别设置为 4096、100、User-Defined、Rectangle。运行 FFT（Magnitude Only），记录在观察到的最终的频谱中 4 个尖峰所对应的频率。识别每一个尖峰，说明其是与信号 x 相关的真实频率还是数字化过程中产生的混叠频率。对于每一个混叠频率，使用式[32]识别出发生混叠的真实频率（f_1、f_2、f_3 或者 f_4）。

2. 使用 FFT（Magnitude Only）来探索对输入信号长时间采样来改善频率分辨率。编写 Waveform Simulator 的 **User-Defined** 选项。假设实验中的 x 由两个幅度为 4、频率十分接近分别是 399 Hz 和 401 Hz 的两个信号构成，也就是 $x = 4\sin[2\pi(399)t] + 4\sin[2\pi(401)t]$。然后在 FFT（Magnitude Only）的前面板将 Sampling Frequency、Shape、window 分别设置为 2000、User-Defined 和 Rectangle。

    （a）运行 FFT（Magnitude Only），将 Number of Samples 设置为下边的一系列的数值：128, 256, 512, 1024, 2048, 4096；模拟对输入信号的采样时间越来越长。注意在每次实验中得到的频谱，399 Hz 和 401 Hz 尖峰是否能分辨出。

    （b）两个频率尖峰开始能够分辨出的 Number of Samples 的门限值是什么？根据 FFT 的理论知识，解释在这个研究中所使用的各种参数值是如何决定这个门限值的。

3. 观察方波的傅里叶变换。根据如下的选择来编程 FFT（Magnitude Only）、Number of Samples、Sampling Frequency 为 4096 和 5000；将 Frequency、Amplitude 和 Shape 分别设置为 180、1 和 square。利用这些来模拟一个频率 $f = 180$ Hz、在 0 V 和 +1 V 之间振荡的方波。傅里叶分析预测出这个波形等于一个 DC 成分（模是 0.5）加上正弦波之和，如下所示：

$$0.5+\frac{2}{\pi}\sum_{n\ \text{odd}}\frac{1}{n}\sin[2\pi nft]=0.5+\frac{2}{\pi}\left\{\sin[2\pi ft]+\frac{1}{3}\sin[2\pi(3f)t]+\frac{1}{5}\sin[2\pi(5f)t]+\cdots\right\}$$

注意这个正弦波之和只包括奇数谐波频率 $f, 3f, 5f, \cdots$。幅度分别为 $2/\pi, 2/3\pi, 2/5\pi, \cdots$。最后，把 **window** 设置为顶部平坦窗，使得傅里叶尖峰有一个精确的幅度。

运行 FFT(Magnitude Only)，记录在最终的傅里叶频谱中观察到的尖峰所对应的频率和幅度。识别出这些尖峰所对应的谐波，包括混叠形成的尖峰。最后总结一下这些观察到的尖峰的幅度是否与傅里叶分析期望得到的相吻合。

4. 使用 FFT(Magnitude Only)来探索一下当把一个纯正弦波信号输入到非线性检测器或者放大器时，出现的频率翻倍(也有3倍)现象(例如二极管检测器的无线电波、非线性晶体的单色光)。为了研究这个效应，使用 Waveform Simulator 中的 **User-Defined** 选项来模拟如下的过程：一个纯正弦输入 $x(t) = A\sin(2\pi ft)$ 通过一个非线性放大器产生一个输出信号 $a(x)$：

$$a(x) = \alpha x + \beta x^2$$

α 和 β 是常数，并且 α 远大于 β。记住在 Mathscript 节点中，". ^"代表元素之间的幂次操作。运行 FFT(Magnitude Only)，f、α、β 分别设置为某个值($f = 250$ Hz、$\alpha = 10$、$\beta = 1$ 可能是一个好的出发点)，寻找 $a(x)$ 的频谱。

(a) 对于 f 而言，在频谱中观察到了哪些频率？

(b) $a(x)$ 中的 x^2 项产生了正弦波之积，根据下面的三角等式，它可以重新写为

$$\sin\theta\sin\phi = \frac{1}{2}[\cos(\theta-\phi) - \cos(\theta+\phi)]$$

通过这个等式，预测应该出现在 $a(x)$ 的频谱中的频率。是否能观察到这些频率？

(c) 探索当放大器更加非线性化时，$a(x) = \alpha x + \beta x^2 + \gamma x^3$。对于 f 而言，在频谱中观察到了哪些频率？

5. 观察如下的幅度调制波形的频谱中的单边带频谱。

(a) 在 FFT(Magnitude Only)程序框图中，将 Waveform Simulator 子 VI(同时还有它的输入控件簇)替换为 AM Wave(在第 3 章的"自己动手"小节中编写过)。将 Number of Samples、Sampling Frequency、Signal Frequency 和 Modulation Frequency 分别设为 1024、2000、250、50，运行 FFT(Magnitude Only)。观察到的频谱中包含一个中心谱峰和"边带谱"，对于 f_{sig} 和 f_{mod} 而言，中心峰值的频率是多少？边带谱离中心峰值的距离是多少？

(b) 在 AM 无线电接收机中，从天线中接收到的 AM 波，被送往一个非线性的二极管检测器中进行解调。通过适当地修改 AM Wave 的程序框图，让的 AM 波 $x(t)$ 通过非线性放大 $a(x) = x^2$，对这个解调过程进行模拟。运行 FFT(Magnitude Only)，对于 f_{sig} 和 f_{mod} 而言，识别在合成的频谱中所有的频率成分[注意到这些频率中有一个频率是 f_{mod}，通过适当的滤波(低通)，可以把它选出来送往无线电扬声器。在光学上，实现这个技术可以产生两个光学激光频率，这两个频率的间隔是一个较小的"无线电频率"]。

6. 已知一个输入为包含很多不同频率的交流电压之和，锁相放大器能选择性地测量其中之一的频率对应的振荡幅度。这个仪器的工作原理可以用下面的步骤来模拟。首先，假设锁相放大器的输入信号 y_{sig} 是三个频率分别为 100 Hz、200 Hz、300 Hz，幅度分别为 4、6、8 的正弦波之和，也就是 $y_{sig} = 4\sin[2\pi(100)t] + 6\sin[2\pi(200)t] + 8\sin[2\pi(300)t]$。然后，如果用户计划让这个仪器测量 200 Hz 的正弦波幅度，这个仪器内部会产生一个参考信号 $y_{ref} = 2\sin[2\pi(200)t]$，输出积 $x = y_{sig}y_{ref}$。最后这个仪器对 x 进行滤波，确定出现在 x 中的直流成分，并输出这个直流值。

(a) 使用 FFT(Magnitude Only)来更深入地理解前面介绍的理论。首先编写 Waveform Simulator 的 **User-Defined** 选项，使其产生已知的 y_{sig}、y_{ref} 和积 $x = y_{sig}y_{ref}$。记住在 Mathscript 节点中，". *"代表元素之间的乘积操作。下一步，运行 FFT(Magnitude Only)，将 Number of Samples、Sampling Frequency、Shape 分别设为 1024、2000 和 User-Defined。你会发现 x 中出现了好几个频率，其中包括 $f=0$。这个直流成分与在 y_{sig} 中的 200 Hz 正弦波的幅度相比怎么样？

(b) 将参考信号改为 $y_{ref} = 2\sin[2\pi(300)t]$，运行 FFT(Magnitude Only)，现在得到的直流成分等于多少？

(c) 根据三角等式 $\sin\theta\sin\phi = \dfrac{1}{2}[\cos(\theta-\phi)-\cos(\theta+\phi)]$，能解释从 x 中观察到的频率吗？

7. 编写一个称为 FFT(Express) 的程序，它使用 **Spectral Measurements** Express VI（在 **Functions ≫ Express ≫ Signal Analysis** 中能找到）对 Waveform Simulator VI 中的已知输入数据进行快速傅里叶变换。在前面板上放置两个波形图像。把一个图像记为 FFT(Peak Magnitude)，x 轴和 y 轴分别是 Frequency 和 Amplitude；把另外一个图像记为 FFT(Phase)，x 轴和 y 轴分别是 Frequency 和 Phase(Degrees)。根据图 10.38 所示完成这个程序框图。这里波形模拟器的输出直接被封装成一种波形数据类型，这种数据类型能直接输入到 Express VI 中。在 **Functions ≫ Programming ≫ Waveform** 中的图标 **Build Waveform** 把初始时刻 **t0**（称为时间标签）、采样时间增量 **dt** 和波形数组结合在了一起。使用 **Get Date/Time In Seconds**（在 **Functions ≫ Programming ≫ Timing** 中）创建这个时间标签。当 **Spectral Measurements** 对话框窗口打开时，选择 **Selected Measurement ≫ Magnitude(Peak)**，**Window ≫ Hanning** 和 **Phase ≫ Convert to degree**。在 FFT(Express) 的前面板中，将 Number of Samples、Sampling Frequency 分别设为 1024、2000。

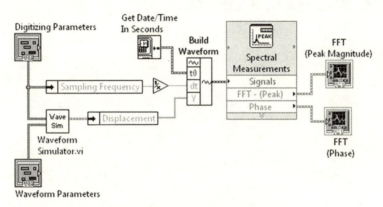

图 10.38　FFT(Express) 的程序框图

(a) 对 VI 进行编程，使其产生一个幅度为 4.0、频率为 250 Hz 的余弦函数，并运行 VI。使用这两个图像来确定在 $f=250$ Hz 处最终的幅度和相位（关闭 x 的自动缩放功能，手动缩放使其显示有限的一定频率范围内的图像可能有助于观察）。然后对 VI 编程，使其产生一个幅度为 4、频率为 250 Hz 的正弦函数，并运行 VI。使用这两个图像来确定在该输入时刻，$f=250$ Hz 处的幅度和相位。

(b) 在本章中，你会发现 $f=250$ Hz 的余弦和正弦函数，其复幅度分别是 $A=+2$ 和 $A=-2i$。将这两个复数写成 $A=|A|e^{i\theta}$ 的形式，预测余弦和正弦函数的 FFT 期望的相位 θ。这些值与在(a)中观察到的值相比怎么样？

(c) 编写 Waveform Simulator 的 **User-Defined** 选项，使 $x=4\cos[2\pi(250)t+\pi/6]$，然后运行 FFT(Express)。在前面板的两个图像上显示的 $f=250$ Hz 的幅度和相位与期望的相吻合

吗？输入 $x = 4\sin[2\pi(250)t + \pi/6]$ 重新运行这个程序。

8. 使用函数发生器，将一个频率大概是 180 Hz 的方波电压输入到图 10.39 所示的低通滤波放大器中，其中 $R = 15\text{ k}\Omega$，$C = 0.015\text{ μF}$，3 dB 频率由 $f_{3\text{dB}} = 1/2\pi RC$ 给出。将这个滤波器的输出连接到 DAQ 设备的模拟输入通道上，该 DAQ 设备已经放到 Spectrum Analyzer 的程序框图上的 DAQ 助手（就是 **ai0**）中。将 Number of Samples、Sampling Frequency 分别设为 1024、2000，运行频谱分析器来看一下滤波器输出的电压信号的频谱成分。

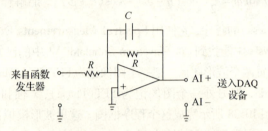

图 10.39　低通滤波放大器

（a）计算 $f_{3\text{dB}}$。根据这个频率，感觉能观察到方波的哪些谐波？这些谐波的幅度与一次谐波的幅度之比应该是多少（看看"自己动手"小节中的讨论）？实际观察到了哪些谐波，它们的幅度是多少（与一次谐波的幅度进行比较）？对于期望的和实际观察到的之间的误差，说说你的看法。

（b）观察到的尖峰都是由超过 f_{nyquist} 的谐波频率发生的混叠引起的吗？如果是这样，为了消除这些尖峰，是应该增加 C，还是降低 C？

第 11 章　数据采集与使用 DAQmx VI 产生数据

在第 4 章给出了数据采集的基本概念。回顾相关的内容后，使用 **Measurement & Automation Explorer**(**MAX**)(测量及自动化浏览器)来识别连接到计算机的 DAQ(数据采集)设备(如命名为 dev1 的 PCI-6251)。从设备引脚分配图，确定了分别连接差模输入通道 ai0、数字触发通道 PFI0(若可用)、模拟输出通道 ao0 以及地的相关引脚。使用手头可用的电缆，将这些引脚与函数发生器、直流电压源及示波器相连。

由于第 4 章的工作，我们已经能够使用基于 LabVIEW **DAQ Assistant**(DAQ 助手)的程序，去控制多功能数据采集(DAQ)设备的操作。正如你所知道的那样，DAQ 助手是一个复杂的高层 Express VI，通过使用对话框窗口，可以配置其去执行各种各样的数据采集及生成任务(例如模拟输入、数字输出)。在这一章里我们将展示，在配置 DAQ 助手来执行一个特定的任务时，在其光鲜的、操作简单的用户界面下，LabVIEW 可以自动生成定制的代码去完成要求的任务。这个定制的代码是基于低级图标集合，称为 DAQmx VI。本章我们将学习如何使用 DAQmx VI 编写自己的程序，并探索相比使用 DAQ 助手，这种低级的编程方法所带来的灵活性与性能的提升。

11.1　DAQmx VI

由 NI 公司制造的任何多功能 DAQ 设备都具有大量的数据采集(也称为读或输入)操作及数据生成(又称为写或输出)操作的功能。当一个程序员选择执行这样的一个操作时，这个选择(在电压通道 ai0 上进行模拟输入)连同其特定定时(如采样频率)和触发(如模拟触发)选择，称为一个任务(task)。为了设计一个 DAQmx 任务，需要依据一个包含 5 个连续步骤的模板：创建和配置任务，开始任务，读或写数据，停止任务，清除任务。每个 DAQmx 图标都在 **Functions ≫ Measurement I/O ≫ NI-DAQmx**(函数 ≫ 测量 I/O ≫ NI-DAQmx)中可以找到，它被设计用来执行这些要求的步骤之一。通过适当地配置一系列图标，可以设计出一个完整的 DAQmx 任务。因此，大多数基于 DAQmx 的数据采集和生成程序都在框图上被组织成如图 11.1 所示的结构。

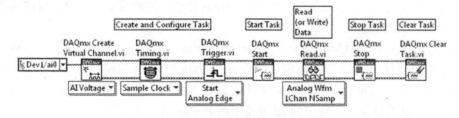

图 11.1　DAQmx 的数据采集和生成程序

在这个程序框图中，任务明确地由 **DAQmx Start Task**(DAQmx 开始任务).vi 开始，并在 **DAQmx Stop Task**(DAQmx 结束任务).vi 处结束。然而，如果 **DAQmx Read**(DAQmx 读取).vi

不是在 **DAQmx Start Task.vi** 之后及不在 **DAQmx Stop Task.vi** 之前时，**DAQmx Read.vi** 将自动启动。当这个 VI 完成工作后，它将停止任务。类似的过程还适用于 **DAQmx Write**（DAQmx 写入）**.vi**。因此，基于 DAQmx 的程序框图通常可以写为图 11.2 的简化形式。

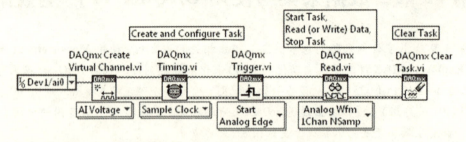

图 11.2　DAQmx 的程序框图的简化形式

许多 DAQmx 图标为多态 VI。当将其放入程序框图时，多态 VI 都与一个多态 VI 选择器相关联，在选择器的下拉菜单中包括 VI 可能的操作模式。例如，**DAQmx Read.vi** 只需简单地对其多态 VI 选择器做出适当的选择，就可以执行一个模拟输入电压或数字输入操作。使用 单击选择器，或者在选择器上单击右键弹出快捷菜单，单击 **Select Type**（选择类型）选项，从而对选择器做出选择。通过这个过程，**DAQmx Read.vi** 通过配置可在接近 50 种不同的模式下运作。如图 11.3 所示，我们展示如何用 来选择 Analog ≫ Single Channel ≫ Multiple Samples ≫ 1D DBL（模拟 ≫ 单通道 ≫ 多样本 ≫ 一维 DBL），它将指示 **DAQmx Read.vi** 执行单通道 N 样本的模拟输入操作，并以一维双精度浮点数组的形式输出数据。

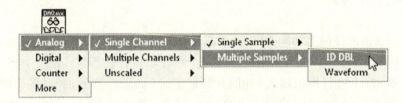

图 11.3　以一维双精度浮点数组的形式输出数据的选项

11.2　直流电压下简单的模拟输入操作

为了了解如何编写基于 DAQmx 程序的第一步，让我们构建一个 VI，它可以把计算机变成一个电压表。对于这个 VI，我们将使用三个 DAQmx 图标，因此我们首先简要描述这些程序框图对象中每个对象的功能。

首先，考虑多态的 **DAQmx Create Virtual Channel**（DAQmx 创建虚拟通道）**.vi**。当把它放置在程序框图中时，该 VI 可以被定义（"创造"）为接近 70 种不同类型的任务（例如使用计数器输入类型来确定波形的频率）。图 11.4 显示了为创建一个"电压表"任务所需的多态 VI 选择器的选项，也就是在一个特定的 AI 通道上的数字化电压的任务。

多态 VI 的帮助窗口与多态 VI 选择器的选项相对应。配置为 **Analog Input ≫ Voltage**（模拟输入 ≫ 电压）后，**DAQmx Create Virtual Channel.vi** 的帮助窗口如图 11.5 所示。注意，唯一必需的输入（粗体字所示）为 **physical channels**（物理通道），所有其他的输入（正常文本所示)都是推荐的，也就是可以根据需要选用，也可以悬置（采用默认值）。一旦指定 **physical channels** 的模拟输入通道，这个图标就会创建一个虚拟通道，其中的配置信息包括 AI 通道名称、允许输入的电压范围及输入终端配置(如差模)。这个虚拟通道成为信息的一部分，被打包在一起来定义一个任务。如果任务已经存在且提供在 **task in**(任务输入)输入端，那么新创建的虚拟通道会被添加到这个任务中。然而，如果 **task in** 悬置，则一个新任务将在新创建的虚拟通道上被创建。(修改过或新创建的)任务通过 **task out**(任务输出)输出端输出，以供其他 DAQmx 图标使用。

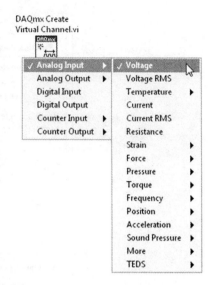

多态 **DAQmx Read. vi** 执行实际的数据采集。配置这个图标使其在一个通道内实现单样本模拟输入电压操作及以双精度浮点数的数据形式输出，在多态 VI 选择器中选择 **Analog ≫ Single Channel ≫ Single Sample ≫ DBL**(模拟 ≫ 单通道 ≫ 单样本 ≫ DBL)。在做出这个选

图 11.4 创建一个"电压表"任务所需的多态VI选择器的选项

择后，这个图标的帮助窗口如图 11.6 所示。一旦在 **task/channels in**(任务/通道输入)输入端配置如图 11.6 的配置信息，这个图标将在 **data**(数据)输出端以双精度数值形式输出数字化电压值。此外，还可以在 **task out** 输出端输出任务定义。如前所述，如果 **DAQmx Start Task. vi** 和 **DAQmx Stop Task. vi** 没有明确地出现在程序框图中，这个图标将自行启动和停止任务。

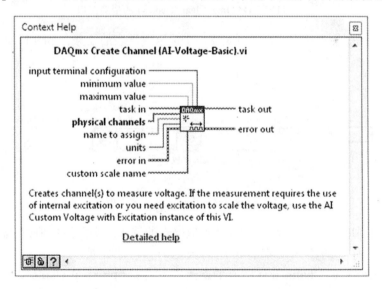

图 11.5 **DAQmx Create Virtual Channel. vi** 的帮助窗口

最后，**DAQmx Clear Task**(DAQmx 清除任务). **vi** 的帮助窗口如图 11.7 所示。这个图标在 **task in** 输入端结束任务，释放全部计算资源，例如任务保留的内存分配。一旦任务被清除，它就不能再次运行；必须创建一个新的相似的任务(如果还要执行数据采集)，然后运行。

注意，以上三个图标通过错误簇报告错误，它出现在 **error in**(错误输入)和 **error out**(错误输出)接线端。

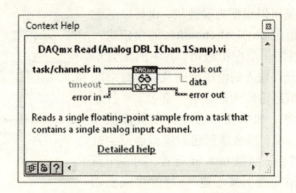

图 11.6　DAQmx Read.vi 的帮助窗口

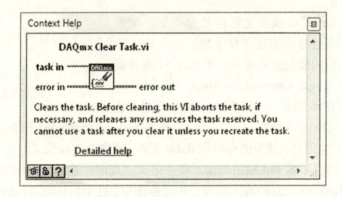

图 11.7　DAQmx Clear Task.vi 的帮助窗口

通过将这三个图标连接在一起，可实现一个读取电压表的任务，如图 11.8 所示。

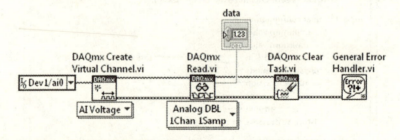

图 11.8　读取电压表的任务实现

这种连线图利用了 LabVIEW 中称为数据依赖性的编程原则。简单地说，数据依赖性意味着一个图标直到所有的输入端都有可用的数据时，它才能被执行。在这个程序框图中，**DAQmx Create Virtual Channel.vi** 所有的输入都有连接（**physical channels** 是唯一必要的输入，必须显式连接；所有的无连接的推荐输入都由 LabVIEW 隐式地连接到它们的默认值）。因此，当运行这个程序框图时，**DAQmx Create Virtual Channel.vi** 立即执行。完成后，**DAQmx Create Virtual Channel.vi** 在它的 **task out** 接线端将任务输出到 **DAQmx Read.vi** 的 **task in** 输入端。由于数据依赖，**DAQmx Read.vi** 直到它从 **DAQmx Create Virtual Channel.vi** 接收到任务后才能执行。然后，在 **DAQmx Read.vi** 完成其执行后，它将任务从它的 **task out** 接线端传递到 **DAQmx Clear Task.vi** 的 **task in** 输入端。只有这样，**DAQmx Clear Task.vi** 才能执行。因此,通过这个编程技巧,我们保证图标将以所希望的序列执行:首先是 **DAQmx Create Virtual Channel.vi**,然后是 **DAQmx Read.vi**,最后是 **DAQmx Clear Task.vi**。

此外,为了报告错误而将 DAQmx 图标正确地连接在一起的方式,如图 11.8 所示。如果在链中的一个点发生了错误,随后的图标将不会执行,并且错误消息将被传递给 **General Error Handler**(通用错误处理器)**.vi**,它将错误信息显示在一个对话框窗口中。**General Error Handler.vi** 在 **Functions ≫ Programming ≫ Dialog & User Interface**(函数≫编程≫对话框与用户界面)中可以找到。除了使用此对话框显示错误报告,还可以将错误信息传递给前面板的错误簇以供查看。

好的,下面准备编写简单的电压表程序。打开一个新的 VI,使用 **File ≫ Save** 命令,首先在 YourName 文件夹中创建一个文件夹,命名为 Chapter 11,然后将该 VI 命名为 DC Voltmeter (DAQmx)[直流电压表(DAQmx)],保存在 YourName\Chapter 11 文件夹下。

切换到程序框图,编写如图 11.9 所示的程序,它在差分模拟输入通道 ai0 端以 0.5 秒的时间间隔不断读取和显示电压差,直到前面板按下 **Stop Button**(停止按钮)或发生错误。在弹出的快捷菜单中选择 **Create ≫ Constant** 来创建 **DAQmx Create Virtual Channel.vi** 的输入连接常量。通过使用 🖐 单击菜单按钮 ▼,在 **physical channels** 输入处创建 **DAQmx Physical Channel Constant**(DAQmx 的物理通道常量) ▼。我们将看到在特定 DAQ 设备(在上次运行时由 MAX 决定)中显示可用模拟输入通道的列表。否则,可以高亮显示 **DAQmx Physical Channel Constant** 内部,以及手动输入所需 AI 通道(如 Dev1/ai0)的名称。还要注意,这个程序框图配置的模拟输入通道可接受的最小和最大电压分别为 $V_{min} = -10$ V 和 $V_{max} = +10$ V。在程序框图中为 DAQ 设备配置合适的值。

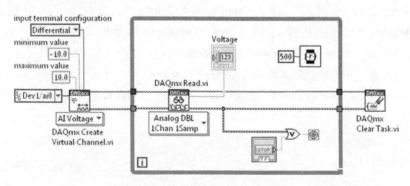

图 11.9 电压表程序的程序框图

当把错误簇与 **Or**(或)图标的输入端相连时,若出现错误连接,此时(较老的)LabVIEW 版本需要把错误簇的状态值解捆绑(unbundle)出来,如图 11.10 所示(可参考 4.10 节)。

切换到前面板。根据需要安排两个对象的位置,将显示控件重命名为 Voltage。n 比特模拟-数字转换过程的电压分辨率 ΔV 由 DAQ 设备决定,即 $\Delta V = (V_{max} - V_{min})/2^n$。所以对于一个设备如 PCI-6251,当 $n = 16$ 时,$\Delta V = (20V)/2^{16} = 0.3$ mV。当 $n = 14$ 时(如 USB-6009)时,$\Delta V = 1$ mV。使用此信息来选择 Voltage 显示控件上适当的 **Digits of precision**(数字精度)值。例如,如果 $\Delta V = 0.3$ mV,**Digits of precision** 应该为 4 位。保存相关的工作(见图 11.11)。

下面将(大约)+5 V 的输入电压连接到 DAQ 设备的差分模拟输入通道 ai0。例如,在一个 PCI-6251 板的差分模式下,引脚 68 连接 +5 V 电压,引脚 34 接地;当在 USB-6009 中,引脚 2

连接+5 V 电压，引脚3 接地。在 myDAQ 及 NI ELVIS II 中，标记为 AI 0⁺ 和 AI 0⁻ 的引脚分别连接+5 V 和 GND。如果电压源为浮动的，用一根额外的线将它的负极终端与 DAQ 设备的 AI GND 引脚相连（见4.6 节的讨论）。

运行 DC Voltmeter（DAQmx），观察它是否能正确地读取输入电压。

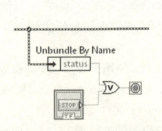
图 11.10　解捆绑错误簇的状态值

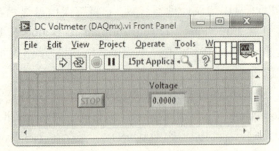
图 11.11　电压表程序的前面板

11.3　数字示波器

对多态 VI 选择器进行快速变化及增加一个或两个额外的 DAQmx 图标，可以将直流电压表改变成数字示波器程序。将这个新的 VI 命名为 Digital Oscilloscope（DAQmx）[数字示波器（DAQmx）]——获得 N 个等距的随时间变化的模拟输入电压样本，然后快速绘制所得的数组数据。重复这个过程，我们将获得一个波形输入的实时显示。

打开 DC Voltmeter（DAQmx），使用 **File** ≫ **Save As...** 命令创建一个新的程序，称为 Digital Oscilloscope（DAQmx），并将其存储在 YourName \ Chapter 11 文件夹下。在前面板，删除 **Numeric Indicator**（数值显示控件），将其换成 **Waveform Graph**（波形图），其 x、y 轴分别标记为 Time 和 Voltage。此外，使用 **Select a Control...**（选择输入控件）。将一个 Digitizing Parameter（数字化参数）簇放在前面提到的 YourName\Controls 中，并将其放在前面板上（如果之前还没有将 Digitizing Parameter 簇存储在 YourName\Controls 下，请参考3.12 节的操作）。保存相关的工作（见图11.12）。

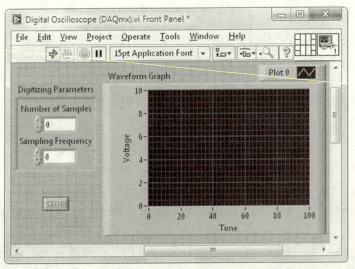

图 11.12　Digital Oscilloscope（DAQmx）的前面板

切换到程序框图。删除所有断线。然后，使用👆单击 **DAQmx Read.vi** 的多态 VI 选择器，选择 **Analog** ≫ **Single Channel** ≫ **Multiple Samples** ≫ **Waveform**（模拟 ≫ 单通道 ≫ 多样本 ≫ 波形）。图 11.13 显示了如何使用👆去做出这个选择，它指示 **DAQmx Read.vi** 在一个通道内实现 N 样本模拟输入操作并以波形数据类型输出数据。

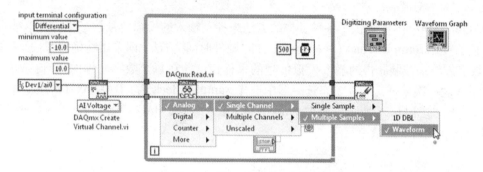

图 11.13　Digital Oscilloscope(DAQmx)的程序框图

什么是波形数据类型？参考 2.9 节的讨论，当使用波形图在校准后的 x 轴上绘制含有 N 元素采样值的一维数组时，如图 11.14 所示，就可以形成包含 x 轴的初始值 x_0，x 轴上相邻数据的增量 Δx，以及一维数据数组本身所组成的簇。

类似于 Express VI 使用的动态数据类型，波形数据类型自动将这些项(x_0、Δx 和一维数据数组)打包在一条线上。因此，通过对 **DAQmx Read.vi** 编程，它的输出将是波形(而不是一维 DBL)格式，其 **data** 输出端可以直接连接到波形图接线端。所得到的波形将与上面给出的"捆绑"代码产生相同的校准图。

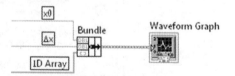

图 11.14　波形数据类型的显示

将 **Waveform Graph** 图标的接线端放入 While 循环，并连接到 **DAQmx Read.vi** 的 **data** 输出。注意带状棕色连线，它表示波形数据类型。同时，删除 **Wait(ms)** 图标及其他在 While 循环内相关的 **Numeric Constant**(数值常量)(见图 11.15)。

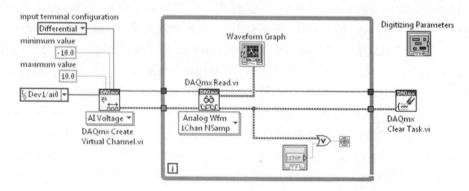

图 11.15　改后的 Digital Oscilloscope(DAQmx)的程序框图

现在我们把程序框图按如下方式进行解读：通过 **DAQmx Create Virtual Channel.vi** 可以实现一次性创建任务。然后这个任务被传递到 While 循环内，在每次迭代中，**DAQmx Read.vi** 在给定的采样频率 f_s 下可以获得 N 个数据样本，然后将这些数据发送到 **Waveform Graph** 去绘制。这个数据采集及显示过程不断重复,直到其 **Stop Button** 被按下或发生错误时,While 循环停止其执行。在退出 While 循环后,通过 **DAQmx Clear Task.vi** 来完成任务的一次性删除。

未连接的 Digitizing Parameters 簇提醒我们,还有更多的工作要做,也就是说,通过对所需的 N 和 f_s 赋值来设置 DAQ 设备。为完成这一任务,我们需要使用多态 **DAQmx Timing**(DAQmx 定时).vi 图标。

DAQmx Timing.vi 提供了各种各样的方法来控制输入的模拟信号数字化。在这些可能性中,我们将使用 **Sample Clock**(采样时钟),即"硬件时间"方法,即采用精确频率(称为采样时钟)的数字方波来控制获得的输入模拟信号的采样速度。在每个数字时钟的上升(或者下降)数字沿,实现一次采样。当在多态选择器中选择 Sample Clock 后,**DAQmx Timing.vi** 的帮助窗口将出现,如图 11.16 所示。如果 source(源)输入悬置,DAQ 设备内置("on-board")的采样时钟将被当做所需的数字边沿。

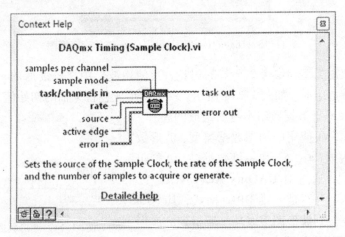

图 11.16 **DAQmx Timing.vi** 的帮助窗口

在程序框图中放置 **DAQmx Timing.vi**,如图 11.17 所示。由于这个图标配置的时间信息成为任务定义的一部分,因此把它放在 While 循环外,这样它只执行一次。这里,Number of Samples(样本数)和 Sampling Frequency(采样频率)分别与 **samples per channel**(每通道样本数)和 **DAQmx Timing.vi** 的输入 **rate**(速率)相连。使用弹出菜单 Create ≫ Constant,创建环(ring)常量并连接到 **DAQmx Timing.vi** 的 **sample mode**(采样模式)输入端。然后选择其 **Finite Samples**(有限样本)模式。在这种模式下,**DAQmx Read.vi** 每次执行时,都会获得有限数量的采样值(由 **samples per channel** 的值给定)。保存相关的工作。

返回到前面板,将 Number of Samples 和 Sampling Frequency 分别设置为 100 和 1000。将函数发生器的正极和负极(地)输出端分别连接到 DAQ 设备的引脚 AI 0$^+$ 和 AI 0$^-$,然后调整函数发生器的设置,使它能够输出一个振幅小于 10 V、频率大约为 50 Hz 的模拟正弦波。运行 Digital Oscilloscope(DAQmx)。如果一切顺利,我们将看到一幅频率为 50 Hz 的正弦波的大约 5 个周期的图像。

我确信读者对基于计算机的仪器印象深刻,但与此同时,考虑它的一个明显缺陷。最有可能的是,正在观察的正弦波轨迹并不固定,而是向左或向右移动。稍微改变由函数发生器产生的正弦波频率,绘制的正弦波可能会先往一个方向移动,然后再向另一方向移动。在第 4 章已经解释过,在这里遇到的问题可以通过适当触发我们的数字示波器得以解决,也就是说,在刚开始,所有 N 个样本都来自于同一个定义明确的输入周期信号的一个周期中。为使 Digital Oscilloscope(DAQmx)成为一个有用的程序,我们必须内置触发功能。

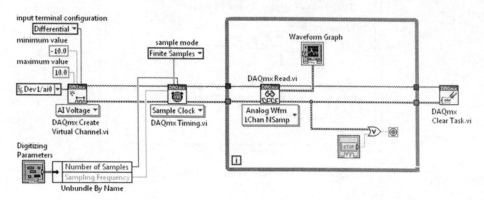

图 11.17　继续编程 Digital Oscilloscope(DAQmx)的程序框图

在商业示波器中,触发由以下的方式来完成。输入信号由模拟"穿越电平"电路来监控。这个电路的目的是确定每次的输入信号只要通过指定的电压电平,则立即触发范围内的数据采集过程。通过前面板上的旋钮,示波器的用户设定电路的门限值并指定是通过从上向下(负向,或下降沿)或从下向上(正向,或上升沿)才能触发采样。

许多 NI 公司的 DAQ 设备有能力去实现上述模拟穿越电平的触发过程。例如,PCI-6251 和 ELVIS II 具有这种能力;然而,低成本的 USB-6009 和 myDAQ 则没有此项功能。为了让所有的读者可以在他们的 Digital Oscilloscope(DAQmx)VI 中包括触发功能,我们将在程序中实现另外的一个模式——数字沿触发,因为这种模式可以在几乎所有的 NI DAQ 设备中使用(在撰写这本书的时候 myDAQ 是个例外;myDAQ 使用者可以参照第 4 章的习题 8 来寻求此问题的软件解决方法)。

数字信号可以有两种可能的状态,分别为高和低。在 NI DAQ 设备的数字端口,这些状态符合晶体管-晶体管逻辑(TTL)标准,即高(接近)为 5 V 和低为(接近)0 V。数字信号的两个状态之间相互交替,从低到高的转变称为上升沿,而高到低的转变称为下降沿。在数字边沿触发下执行数据采集操作,可以将数字信号连接到适当的 DAQ 设备的引脚上。然后,通过选择适当的软件设置,所需的数据采集操作可以在数字信号为上升沿或者下降沿时"触发"进行。

如果 Digital Oscilloscope(DAQmx)正在运行,那么停止它,然后切换到其程序框图。我们将使用多态 **DAQ Trigger**(DAQ 触发).**vi** 图标为此 VI 添加触发功能,其可以配置一个任务,包括数字、模拟或更多其他形式的触发。配置这个图标在其数字触发模式下,在其多态选择器中选择 **Start ≫ Digital Edge**(开始 ≫ 数字边沿)。在配置完成后,**DAQ Trigger.vi** 的帮助窗口如图 11.18 所示。所需的 **source** 输入指定与数字触发信号连接的 DAQ 设备引脚(如 PFI0)。

在程序框图中添加 **DAQmx Trigger.vi**,如图 11.19 所示。单击鼠标右键,从弹出的快捷菜单中选择 **Create ≫ Control**(创建 ≫ 输入控件)来创建前面板控件 **edge**(边沿)。同时,使用 **Create ≫ Constant** 来创建一个 **DAQmx Terminal Constant**(DAQmx 接线端常量),并连接到 **source**。使用 单击菜单按钮,将向你呈现一个可用触发引脚的可供选择的列表。或者,可以高亮 **DAQmx Terminal Constant** 的内部,并在 DAQ 设备内手动输入所需触发引脚的名称(如 Dev1/PFI0)。

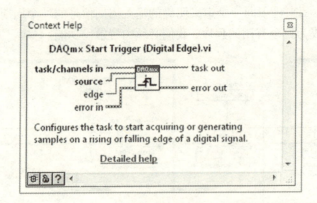

图 11.18　DAQmx Trigger.vi 的帮助窗口

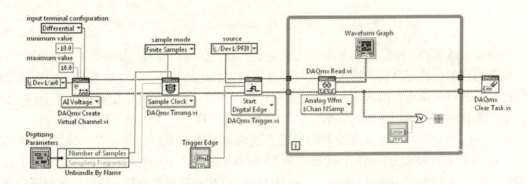

图 11.19　重新设置的 Digital Oscilloscope（DAQmx）的程序框图

返回到前面板。如果需要，排列对象以适应新的控件及改变它的标签：从 edge 到 Trigger Edge（触发边沿）。Digital Oscilloscope（DAQmx）程序现在为数字边沿触发完成了新的配置。保存相关的工作（见图 11.20）。

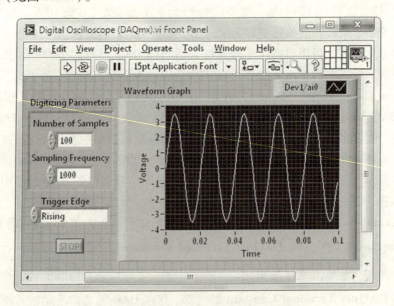

图 11.20　Digital Oscilloscope（DAQmx）的前面板

在其主输出处除了产生一个频率为 f 的正弦波之外，函数发生器还产生了一个具有相同频率的 TTL 数字信号，在其同步（有时称为 TTL 或触发输出）端输出。TTL 信号的数字边沿与正弦波周期的特定点处的时间相同步。例如，在许多函数发生器模型中，TTL 信号的上升沿发生在正弦波的峰值，还有可能发生在正弦波正向过零点处。因此，同步输出提供了一个方便的数字信号，其可以通过数字边沿触发，控制正弦波数据的采集（即总可以在一周期内的同一时间点开始）。

将函数发生器的同步输出连接到 DAQ 设备的数字触发引脚上。例如，在 USB-6009 设备中，同步的正极和负极（地）接线端分别连接到 PFI0（引脚 29）和 GND（引脚 32）。在 PCI-6251 中，同步的正极和负极接线端分别连接到 PFI0（引脚 11）和 GND（引脚 12）。在 NI ELVIS II 中，相应的引脚分别标记为 PFI 0（或触发器）和 GROUND。

在前面板，将 Number of Samples、Sampling Frequency 及 Trigger Edge 分别设置为 100、1000 及上升沿触发（Rising），将函数发生器产生的正弦波频率设置为大约 50 Hz。运行 Digital Oscilloscope(DAQmx)。随后应该看到一个"稳定的"50 Hz 正弦波大约 5 个周期的图像。

停止运行 Digital Oscilloscope(DAQmx)，然后将 Trigger Edge 改为下降沿触发（Falling）。运行 VI。你应该再次看到一个"稳定的"50 Hz 正弦波大约 5 个周期的图像。但这一次正弦波从周期中的不同点开始。

11.4　Express VI 自动代码生成

现在，我们已经获得了一些有关 DAQmx VI 的经验，并且了解了 Express VI 自动代码生成的特点。下面，我们可以使用 DAQ 助手，实现刚刚在 Digital Oscilloscope(DAQmx) 程序框图编程实现的相同任务。

在程序框图的空白处放置 **DAQ Assistant** Express VI。当 **Create New Express Task**⋯（创建新的 Express 任务）对话框窗口打开时，选择 **Acquire Signals** ≫ **Analog Input** ≫ **Voltage** ≫ **ai0**（获取信号 ≫ 模拟输入 ≫ 电压 ≫ ai0），然后单击 **Finish**（完成）按钮。以上这些选择是我们在为多态 VI 选择器及在 Digital Oscilloscope(DAQmx) 程序框图中的 **DAQmx Create Virtual Channel. vi** 的源输入编程时所确定的选项。

接下来，当 **DAQ Assistant** 对话框窗口打开时，在 **Configuration**（配置）选项卡下的 **Signal Input Range**（信号输入范围）框中选择 **Max** ≫ **10** 和 **Min** ≫ **-10**。并且选择 **Terminal Configuration** ≫ **Differential**（终端配置差分），在 **Timing Settings**（时间设置）框中，选择 **Acquisition Mode** ≫ **N Samples**（实现模式 ≫ N 个样本）。在 **Triggering**（触发）选项卡下的 **Start Trigger**（开始触发）框中，选择 **Trigger Type** ≫ **Digital Edge**（触发类型 ≫ 数字边沿），**Trigger Source** ≫ **PFI0**（触发源 ≫ PFI0），以及 **Edge** ≫ **Rising**（边沿 ≫ 上升沿）。在 Digital Oscilloscope (DAQmx) 的程序框图中，以上这些选择是我们为 **DAQmx Create Virtual Channel. vi**、**DAQmx Timing. vi** 及 **DAQmx Triggering. vi** 图标编程时所确定的相应选项。

按下 **OK** 按钮，退出 **DAQ Assistant** 对话框窗口。接下来我们将看到一个对话框窗口，其说明了 LabVIEW 正在构建一个基于 DAQmx 的能够执行所选择任务的 VI。在 LabVIEW 创造了这个（隐藏的）底层代码后，返回到 Express VI 的程序框图图标中。

为了查看在对话框窗口内配置的、LabVIEW 为任务创建的基于 DAQmx 的代码，在 Express VI 图标上单击鼠标右键，从弹出的快捷菜单中选择 **Open Front Panel**（打开前面板），然后将转换进入接下来的对话框窗口。当前面板打开时,切换到程序框图,我们发现基于 DAQmx 的代码非常类似于为 Digital Oscilloscope(DAQmx)所编写的程序框图。如果需要,可以修改、保存或者像使用任何其他 LabVIEW 程序那样运行这个 VI。

11.5 Express VI 的限制

如果 **DAQ Assistant** Express VI 可以自动为任何数据采集生成操作编写所需的底层代码,为什么人们还想自己手动来编写基于 DAQmx 的代码?这个问题的答案是,Express VI 的开发人员设计了这些完成定义明确的、广泛需要的任务的高级功能。如果需要完全符合这些特定的任务,那么此时 Express VI 很适合使用。然而,如果需求在一定程度上偏离 Express VI 定义的功能或如果项目需要实现最大的软件效率,Express VI 方法可能无法提供需要的灵活性和性能水平。

作为一个简单展示 Express VI 限制的例子,可以打开 Digital Oscilloscope(Express),它是在第 4 章编写并存储在 YourName\Chapter 4 目录中的基于 DAQ 助手的数字示波器程序。这个程序为数字触发,并希望在 AI 通道 ai0 处输入模拟信号。那么需要配置一个函数发生器来产生一个(接近)100 Hz 的正弦波,并在 ai0 及 DAQ 设备的 PFI0 引脚分别输入此正弦波及发生器的同步输出。在 VI 的前面板,Number of Samples 和 Sampling Frequency 分别设置为 100、1000,然后运行 Digital Oscilloscope(Express)。结果将看到数字化的正弦波的大约 10 个周期的波形。

现在,我们想"放大"一个周期内的正弦波,可以简单地通过增加 10 倍的采样频率来完成,同时保持相同的样本数量。当 Digital Oscilloscope(Express)正在运行时,将 Sampling Frequency 更改为 10000(必须单击 ✓ 或按下 <Enter> 键,确认选择)。我们会发现 VI 没有做出对这一新的采样频率的响应。

在程序运行时,缺乏对于改变采样频率的相应响应是 DAQ 助手的一个内在特征。DAQ 助手在 **Run** 按钮按下后,仅按照第一次运行时设置的各种数字化参数(包括它的采样频率)来执行。为了演示 DAQ 助手的这个特点,单击 **Stop Button**,终止 Digital Oscilloscope(Express)。接着,将 Sampling Frequency 设置为 10000,再按下 **Run** 按钮。你会发现 DAQ 助手接受了新的采样频率,数字正弦波的一个周期将被显示出来。

遗憾的是,由于 DAQ 助手的基本功能设计,没有办法修改 Digital Oscilloscope(Express),使得其在运行时实时改变 Sampling Frequency。事实上,为了优化 VI 的性能,我们编写的 Digital Oscilloscope(DAQmx)具有与 Digital Oscilloscope(Express)相同的功能。也就是说,由于数字化参数没有必要在每个 While 循环迭代时更新,因此我们把所有配置的 DAQmx 图标放在循环外。

然而,基于 DAQmx 代码的优势是灵活性。如果现在决定让 Digital Oscilloscope(DAQmx)能够在运行时对其前面板输入的改变实时响应,可以做出如下改动。首先,在 While 循环上单击鼠标右键,从弹出的快捷菜单中选择 **Remove While Loop**(见图 11.21)。

然后,修改程序框图使得将 **DAQmx Timing.vi** 和 **DAQmx Trigger.vi** 包含在一个新放置的 While 循环中,如图 11.22 所示。最后保存相关的工作。

运行这个修改过的 Digital Oscilloscope(DAQmx)版本。试着改变前面板的 Number of Samples、Sampling Frequency 及 Trigger Edge 的值,此时就会发现该版本可实现实时响应。

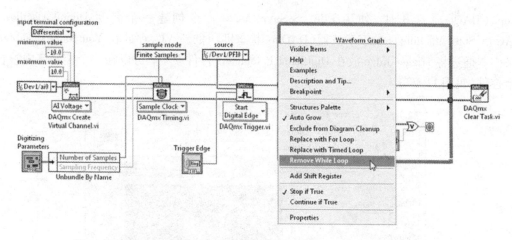

图 11.21　Digital Oscilloscope(DAQmx)的程序框图，选择删除 While 循环

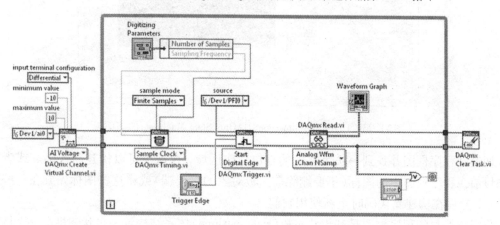

图 11.22　Digital Oscilloscope(DAQmx)的程序框图，放置在新的 While 循环中

11.6　使用状态机架构来改善数字示波器

在修改 Digital Oscilloscope(DAQmx)时，为了获得运行时的实时响应而牺牲了性能效率。也就是说，大多数包含在程序框图中的 DAQmx 图标功能为简单的设置(**DAQmx Create Virtual Channel.vi**，**DAQmx Timing.vi**，**DAQmx Trigger.vi**)或关闭(**DAQmx Clear Task.vi**)数据采集操作，因此，只需调用一次，或者仅占据 Digital Oscilloscope(DAQmx)中 While 循环迭代中的一小部分。这些打开和关闭操作都称为开销操作，在目前编写的程序中，其中的两个开销操作(**DAQmx Timing.vi**，**DAQmx Trigger.vi**)在每次 While 循环迭代中执行。由于数据处理系统无法在开销时间数字化(采样)实时数据输入流，因此在程序中包含它们增加了程序的停滞时间，这是不必要的，它们占用每次迭代周期时间的比例的增加使得系统对输入数据不敏感。随着停滞时间的增加，越来越多周期的重复输入数据将流过系统的输入，但未被检测出来("采集到")。在某些情况下，例如想收集大量数据周期并想将它们相加进而求平均来抑制随机噪声，低下的编程效率会使你错过一个输入数据周期里的非常重要的部分，这样很容易增加实验的完成时间(通常是几分钟，有时甚至几小时)。

如果想要解决上述问题，可以编写下面的程序，它仅在必要时执行设置、关闭操作(如仅当在前面板的 Trigger Edge 控件发生变化时，**DAQmx Trigger.vi** 才能执行)。在 Digital Oscilloscope(DAQmx)打开时，使用 **File ≫ Save As…** 命令创建一个名为 Digital Oscilloscope (DAQmx State Machine)[数字示波器(DAQmx 状态机)]的新 VI，存放在 YourName\Chapter 11 目录中。通过将 Trigger Edge 放在 Digitizing Parameters 控件簇中，可以在一个控制簇中整合这三个控件(见图11.23)。

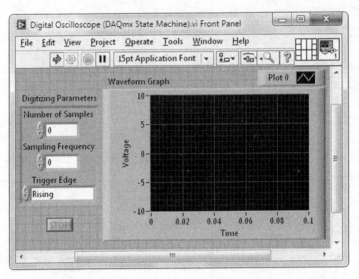

图 11.23　Digital Oscilloscope(DAQmx State Machine)的前面板

切换到程序框图并找到一块足够大的空白工作区域，在这里可以构建新代码。或者可以删除目前在程序框图中的图标(不要删除前面板对象的接线端)或将这些图标先放在一些偏僻的地方，然后在构建新代码时重新使用它们。

我们将编写的程序框图是基于状态机(state machine)体系结构。一个状态机由一个嵌套的 While 循环和条件结构(Case Structure)组成。当 ⬛ 被设置为 TRUE 时，While 循环不断执行，并且在每次循环迭代中，其中一个条件结构的条件将被执行(称为一个状态)。在一个特定的迭代中将执行某些特定的操作(如读取数据)，此外，还可以选择哪个状态将在下一次迭代中执行。状态机的程序框图模板如图11.24 所示。使用存储在一个移位寄存器中的枚举常量来选择状态。类似地，从一个状态到另一个状态需要传递的信息都存储在其他移位寄存器中。

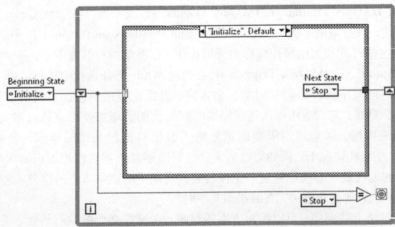

图 11.24　Digital Oscilloscope(DAQmx State Machine)的程序框图

对于数字示波器状态机,需要 5 个状态:创建任务,检查设置,更改设置,读取数据,清除任务。因此,我们需要为这 5 个状态创建一个程序框图上的枚举常量(Enum Constant)。

为创建所需的 **Enum Constant**,你可以简单地通过 **Functions** ≫ **Programming** ≫ **Numeric**(函数 ≫ 编程 ≫ 数值)来获得这个图标,将其放入框图中,在其上弹出的快捷菜单中选择 **Edit Items...**(编辑项),然后将 5 个状态名称输入出现的对话框窗口中。关闭对话框窗口后,完整的枚举常量将出现在程序框图中。可以通过克隆操作(使用 ▶ 单击对象同时按下 <Ctrl> 键)来得到它的多个副本。

下面将概述另一种创建所需枚举常量的方法,它涉及 **Control Editor**(控件编辑器)及其包含的选项,这是一种非常方便的方法。按如下步骤打开 **Control Editor**:首先,在打开的 VI 窗口顶部或是 **Getting Started** 窗口中选择 **File** ≫ **New…**,**New** 对话框窗口就会打开。在 **Create New** 框中,在 **Other Files** 文件夹中找到 **Custom Control** 并双击它。**Control Editor** 窗口就会打开,其类似于一个 VI 的前面板。

当 **Control Editor** 窗口打开时,激活 **Controls Palette**(控件选板),然后将 **Enum**(枚举常量)[在 **Controls** ≫ **Modern** ≫ **Ring & Enum**(控件 ≫ 新式 ≫ 环与枚举)中可以找到]放置在里面(见图 11.25)。

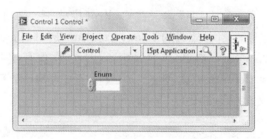

图 11.25　枚举常量的前面板

在 **Enum** 上弹出的快捷菜单中选择 **Edit Items...**,在 **Items** 框中编辑 5 个状态的名称(见图 11.26)。

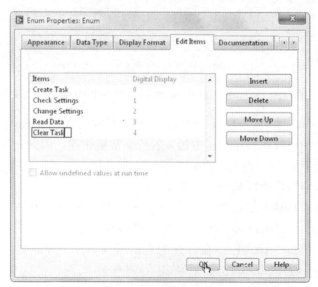

图 11.26　编辑枚举常量

在完成对 5 个状态的编程后,按下 **OK** 按钮。然后返回到 **Control Editor** 窗口,此时它将包含完整的枚举常量。可以调整枚举常量的大小,使得其所有的文本都可见(见图 11.27)。

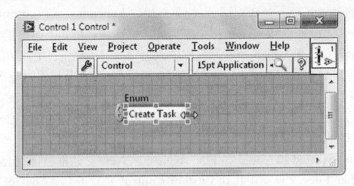

图 11.27　前面板上的枚举常量

最后,单击 **File ≫ Save**,在 YourName\Controls(如果该文件夹不存在,就创建它)下保存这个定制的控件命名为 Oscilloscope States(示波器状态)。扩展名.ctl 将被自动添加。然后关闭 **Control Editor** 窗口。

为了将来作为参考,上面的方法描述了在 **Control** 模式下,如何保存我们自定义的对象。在这种模式下,我们在程序框图中放置的 **Enum Constant** 是 Oscilloscope States 文件的一个独立的副本,它被保存在 YourName\Controls 目录中。相反,在保存定制的控件之前,可以通过选择 **Type Def.**,在 **Type Definition**(类型定义)[或者相关的 **Strict Type Definition**(严格类型定义)]模式下保存自定义对象,如图 11.28 所示。

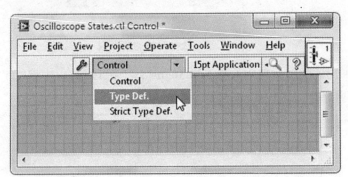

图 11.28　在 **Type Definition**(或者 **Strict Type Definition**)模式下保存自定义对象

当 Oscilloscope States 文件以 **Type Definition** 模式保存在 YourName\Controls 中时,它变成一个主文件,并与每一个放在程序框图中相关的枚举常量相连。因此,Oscilloscope States 文件的任何变化将被传递到每一个相关的枚举常量。当在编写一个状态机并在工程中必须添加一个额外的状态时,这个特性可以相当节省劳动力。

通过构造 **Create Task**(创建任务)状态,开始编写 Digital Oscilloscope(DAQmx State Machine)的程序框图,如图 11.29 所示。为获得一份自定义枚举的副本,在函数选板中单击 **Select a VI…**(选择一个 VI)。在打开的对话框窗口中,导航到 YourName\Controls 文件夹并双击 Oscilloscope States.ctl。随后将返回到程序框图,在这里可以放置自定义的 **Enum Constant**。

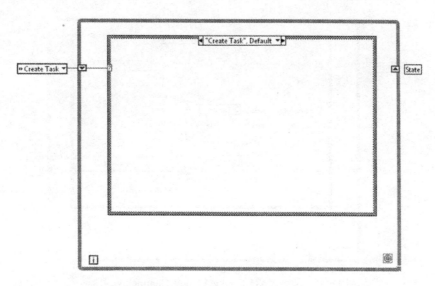

图 11.29　加入枚举常量后的 Digital Oscilloscope(DAQmx State Machine) 的程序框图

当 **Enum Constant** 连接到条件结构的选择器接线端时，两种与 **Enum Constant** 的前两项（**Create Task** 与 **Check Settings**）相关联的条件将被激活。在条件选择器标签上单击鼠标右键，从弹出的快捷菜单中选择 **Add Case for Every Value**（为每一个值添加 Case）。条件结构将会为 5 种状态分别创建一个新的条件（见图 11.30）。

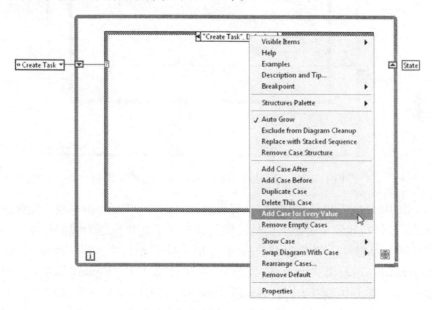

图 11.30　为 5 种状态添加新的条件

在 **Create Task** 状态中放置 **DAQ Create Virtual Channel. vi** 图标，将它配置为 **Analog Input ≫ Voltage**，并完成其他的代码，如图 11.31 所示。在程序框图中，**Enum Constant** 所需的项可以使用 🖐 单击它来选择。

切换到 **Check Settings** 状态并在这里放置 Digitizing Parameters 图标接线端。完成代码如图 11.32 所示，它读取当前簇中的值并将它们存储在一个移位寄存器中以供后续迭代中使用。

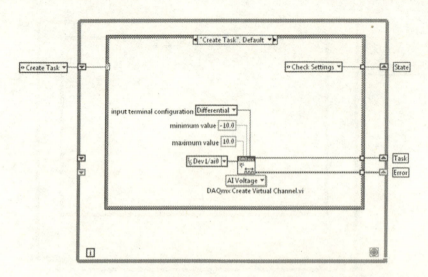

图 11.31　放置 DAQ Create Virtual Channel.vi 图标

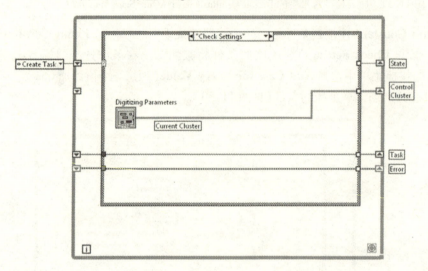

图 11.32　放置 Digitizing Parameters 图标的接线端

对 **Check Settings** 状态进行编程，它会将当前的 Digitizing Parameters 簇与先前迭代的 Digitizing Parameters 簇进行比较来确定前面板设置是否发生了变化。因为我们正在检测整个当前簇与整个之前簇是否相等，在 **Equal?** 图标上弹出快捷菜单，并选择 **Comparison Mode** ≫ **Compare Aggregates**（比较模式 ≫ 比较集合）。在这种模式下，**Equal?** 输出一个布尔值（在 **Compare Elements** 模式中，在两个簇中分别对每一对相关的元素进行比较并输出布尔值数组）。如果没有发生变化（**Equal?** 为 TRUE），选择 **Take Data**（读取数据）为下一个执行状态。相反，如果发生了变化（**Equal?** 为 FALSE），选择 **Change Settings**（更改设置）为下一个状态。这里使用的 **Select**（选择）图标可在 **Functions** ≫ **Programming** ≫ **Comparison** 中找到。同时，创建 **Cluster Constant**（簇常量）来初始化移位寄存器，可在移位寄存器上弹出快捷菜单并选择 **Create** ≫ **Constant** 来实现这个功能（见图 11.33）。

切换到 **Change Settings** 状态，并如图 11.34 所示进行编码。**Unbundle by Name**（按名称解除捆绑）的输出端顺序已被选好（使用 ），以防止输出混乱。

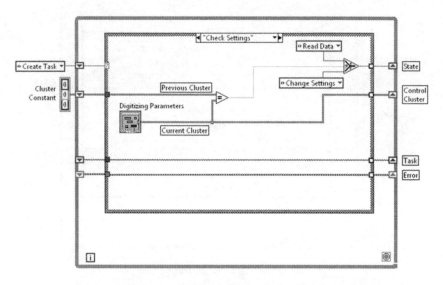

图 11.33　创建 **Cluster Constant**(簇常量)来初始化移位寄存器

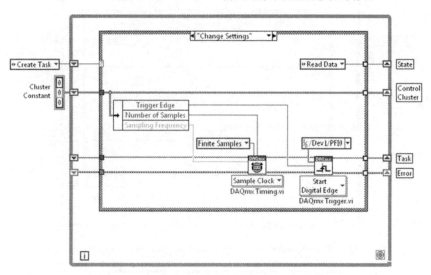

图 11.34　切换到 **Change Settings** 状态进行编码

接下来，为 **Read Data** 状态编程。在这里，如果 **Stop Button** 被按下(其值变为 TRUE)，选择 **Clear Task**(清除任务)为下一个执行状态。另外，如果没有 **Stop Button** 被按下(此时它的值为 FALSE)，选择 **Check Setting** 为下一个状态(开始另一个周期的数据采集)(见图 11.35)。

最后，切换到 **Clear Task** 状态并且如图 11.36 所示完成程序框图。使用这个代码，当 **Clear Task** 状态执行完成后，由于 **Clear Task** 枚举常量将会被传递到 **Equal?** 的上层接线端，使得布尔常量 TRUE 输出到 **Or** 图标，进而将 TRUE 传递到 ⓞ。因此，While 循环将在下一次迭代中停止执行。在任何时候，如果状态机在执行时发生一个错误，也将停止 VI 的执行。

注意，条件结构的两个输出隧道并不是被实线填充的，表明这些接线端并不与全部 5 种状态相连。这些不是实线的通道都存在一个编程错误，因此在 VI 可以运行之前，必须先纠正它。

单击 5 种状态时，我们发现与任务相关的输出隧道仅在 **Clear Task** 状态下悬置。由于没有任务输出到 **DAQmx Clear Task.vi**，可以简单将通道连接为图 11.37 所示。

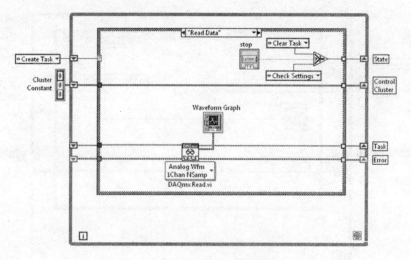

图 11.35　编辑 **Read Data** 状态

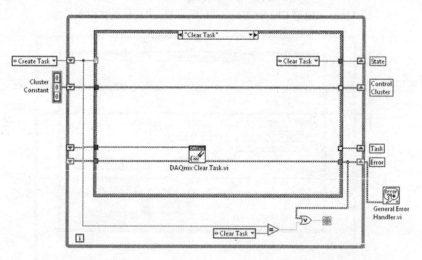

图 11.36　完成 Digital Oscilloscope(DAQmx State Machine)的框图设置

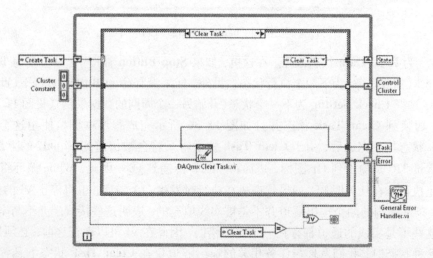

图 11.37　简单连接通道

对于簇相关的输出通道，**Create Task** 状态是问题所在。通过以下的连线方式来解决这个问题，如图 11.38 所示。

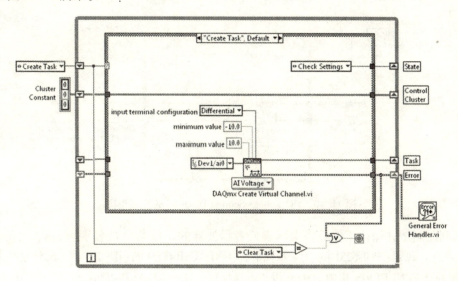

图 11.38　更改连接方式

现在这个项目完成了。返回到前面板并保存工作。运行 VI 并观察它是否正常工作。

11.7　模拟输出操作

通过简单地重新配置我们现在熟悉的 DAQmx 图标，可以实现模拟输出操作。首先编写一个程序来输出要求的电压值。在一个新的 VI 中，放置一个 **Numeric Control**（数值输入控件），标记为 Voltage，并放置一个 **Stop Button**。如果需要，可以隐藏 **Stop Button** 的标签（通过 **Visible Items ≫ Label** 关闭它），并使电压控制的数字精度满足特定 DAQ 设备的要求。在 YourName \ Chapter 11 文件夹下保存 VI 并命名为 DC Voltage Source（DAQmx）（见图 11.39）。

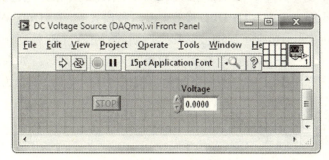

图 11.39　DC Voltage Source（DAQmx）的前面板

切换到程序框图，编写如图 11.40 所示的代码，它将在 AO 通道 ao0 处输出所要求的模拟电压，直到单击 **Stop Button** 或发生错误时停止运行。在给定对话框中的 **minimum value** 和 **maximum value** 的值适合 USB-6009 DAQ 设备使用。如果使用一个 M 系列的 DAQ 设备，如 PCI-6251，可以将 **minimum value** 和 **maximum value** 分别设置为 -10 和 10。使用多态 VI 选择器，配置 **DAQmx Create Virtual Channel. vi** 和 **DAQmx Write. vi** 分别为 **Analog Output ≫**

Voltage 和 Analog ≫ Single Channel ≫ Single Sample ≫ DBL 模式。在 RSE 输出端的配置中，ao0 引脚的输出电压是以 DAQ 设备的 AO GND 为参考的。

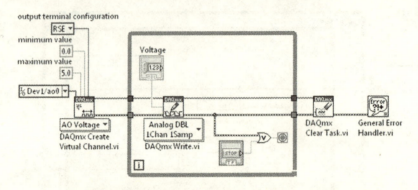

图 11.40 DC Voltage Source(DAQmx)的程序框图

返回到前面板并保存工作。将电压表或者示波器的正极与负极分别与 DAQ 设备的 AO 0 (USB-6009 的引脚 14；PCI-6251 的引脚 22)和 AO GND(USB-6009 的引脚 13；PCI-6251 的引脚 54)相连。在 myDAQ 与 NI ELVIS II 中，AO 0 以它本身标记，AO GND 分别以 AGND 和 GROUND 标记。然后以各种 Voltage 值运行 VI。我们会发现，当电压设置超过 minimum value 和 maximum value 设定的允许范围时，程序将停止运行。

完成后，把 Voltage 设置为 0，运行 DC Voltage Source(DAQmx)，因此通道 ao0 保持在零电压状态。

11.8 波形发生器

如果 DAQ 设备支持硬件定时模拟输出操作(PCI-6251、myDAQ、ELVIS II 可以实现；而 USB-6009 不行)，尝试构建以下的硬件定时波形发生器，称为 Waveform Generator(DAQmx) [波形发生器(DAQmx)]。这个 VI 基于 **DAQmx Write. vi** 图标并配置为 **Analog ≫ Single Channel ≫ Multiple Samples ≫ 1D DBL** 模式。在这种模式下，**DAQmx Write. vi** 的帮助窗口如图 11.41 所示。在这里，包括了周期波形几个周期的、由 N 个双精度浮点数组成的一维数组作为 **data** 的输入。这个图标将这个 N 元素数组写入内存缓冲区。如果 **auto start**(自动开始)设置为 TRUE，图标将指示 DAQ 设备开始输出模拟电压值序列，其值为内存缓冲区中的一维数组所定。

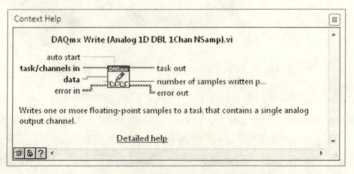

图 11.41 **DAQmx Write. vi** 的帮助窗口

在 Waveform Generator(DAQmx)中,使用 Waveform Simulator(波形模拟器)来创建"波形描述"数组,其操作是由 Digitizing Parameters 和 Waveform Parameters 控制簇所控制的。从一个空白的 VI 开始,建立如图 11.42 所示的前面板。从 YourName\Controls 文件夹下可以找到 Digitizing Parameters 和 Waveform Parameters。在 YourName\Chapter 11 文件夹下保存这个 VI 并命名为 Waveform Generator(DAQmx)。

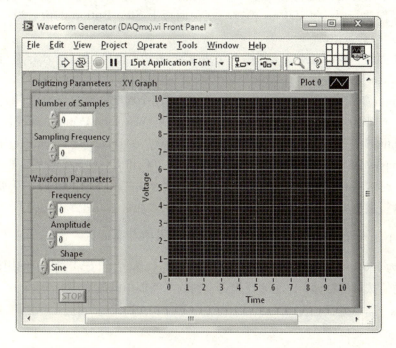

图 11.42　Waveform Generator(DAQmx)的前面板

切换到程序框图并按如图 11.43 所示进行编程。将波形模拟器的 Displacement(位移)数组与 **DAQmx Write.vi** 的 **data** 输入相连。另外,将 Sampling Frequency 与 **DAQmx Timing.vi** 的 **rate** 输入相连,并配置这个图标的 **sample mode** 为 **Continuous Samples**(连续采样)。

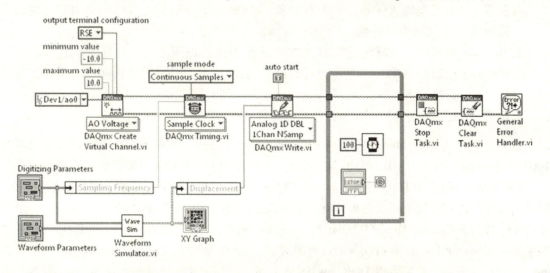

图 11.43　Waveform Generator(DAQmx)的程序框图

当此程序框图运行时，**DAQmx Write.vi** 将一个 N 元素 Displacement 数组写入与定义的 AO 任务相关的内存缓冲区中，并在前面板上将数组绘制为 **XY Graph**(XY 图)以供用户查看。此时，连续 AO 操作将会被启动。在这个操作中，DAQ 设备将以循环方式在选定的模拟输出通道中输出规定的电压序列(即当数组的最后一个值输出后，下一个输出值是数组的第一个值)。输出电压从一个值变化("更新")为下一个值的速率由 Sampling Frequency 控制。在这种连续的模拟输出操作执行时，每 100 ms 检查一次前面板上 **Stop Button** 的值。当按钮被单击时，AO 任务停止运行并被清除。

返回到前面板并保存工作。然后，将示波器的正极、负极(地)输入分别与 DAQ 设备的 AO 0 和 AO GND 引脚相连。

对 Waveform Generator(DAQmx)进行编程去创建两个周期的振幅为 5 V、频率为 100 Hz 的正弦波，其每个周期由 100 个样本组成。也就是说，在 Waveform Parameters 控件簇中，将 Frequency、Amplitude 和 Type 分别设置为 100、5 和 Sine；在 Digitizing Parameters 控件簇中，将 Number of Samples 和 Sampling Frequency 分别设置为 200 和 10000。运行 VI，如果示波器触发得当，就会看到在单击 VI 的 **Stop Button** 之前，将会连续产生一个 100 Hz 的正弦波。

如果没有将整个周期的正弦波写入内存缓冲区会发生什么情况？停止 VI。此时编写程序仅将 $1\frac{1}{2}$(而不是两个)个周期的 100 Hz 正弦波写入内存缓冲区。也就是除了将 Number of Samples 更改为 150，所有的前面板设置都和以前一样。然后运行 VI。由于使用循环方式，内存缓冲区内的值按顺序存储，你能解释所观察到的示波器中的波形吗？

自己动手

建立一个(未加工的)基于 DAQmx 的频率计 VI，称为 Frequency Meter(DAQmx Count Edges)[频率计(DAQmx 计数边沿)]，它可以确定输入到 DAQ 设备的数字信号的频率。构建过程如下所示。

1. 配置一个计数器输入任务，在 DAQ 设备(如 Dev1/ctr0)中使用 counter 0 对输入端的下降数字边沿(如 PFI0)计数。
2. 在 While 循环中，编写代码在每次迭代循环中执行以下步骤：启动计数任务，等待 100 ms，读取在 100 ms 内的累计计数值 N，计算频率 $f = N/(0.1s)$，并将其发送到前面板显示，然后停止任务。
3. 配置 While 循环，当按下前面板停止按钮或发生错误时，此时停止任务。

在完成了 Frequency Meter(DAQmx Count Edges)的配置后，将函数发生器的同步输出端与 DAQ 设备 counter 0(和 GROUND)的输入相连，然后使用它去测量这种数字信号的频率。

(可选阅读)所有的 DAQ 设备，包括 USB-6009，都可以对数字信号的下降沿计数；因此，每个人都可以进行上述项目。如果你有一个更高级的 DAQ 设备(如 PCI-6251)，构造另一个频率计 VI，称为 Frequency Meter(DAQmx Frequency)[频率计(DAQmx 频率)]，其中 DAQmx 任务被配置为 **Counter Input** ≫ **Frequency**(计数器输入 ≫ 频率)[与 **Counter Input** ≫ **Count Edges** 相对应]。此外，并不使用 **Wait**(**ms**)图标来测量时间，时间测量可以使用 DAQ 设备上更加精准的时钟来实现。

习题

1. 观察一个被 DAQ 设备数字化的模拟输入信号的分辨率 ΔV，并验证与第 4 章的预测方程[1]的结论是一致的，也就是说，$\Delta V = V_{span}/2^n$。编程进入 Digital Oscilloscope(DAQmx)，将一个慢变模拟信号(如 1 Hz 三角波)及函数发生器的同步输出端分别连接到模拟输入通道及数字触发引脚。以快速采样频率和少量的采样样本运行 Digital Oscilloscope(DAQmx)，以便在获得的轨迹中，输入信号为常量。停止 VI，然后通过改变 y 轴的缩放值，放大获得的数据数值[或者，可以使用一个 **Probe**(探针)来查看数据样本值]。在"高放大率"下，你会发现这个具有接近"常量"输入信号的数据样本值在不同层级上分散地分布着(由于电子噪声)。在两个相邻层级之间测量电压间距 ΔV。你观察到的 ΔV 与在式[1]中的预测值相等吗？

2. 将一个模拟信号在送入到数字转换器之前先通过一个低通滤波器，可以抑制混叠效应。为了演示这个过程，编程进入 Digital Oscilloscope(DAQmx)，将一个模拟正弦波信号及函数发生器的同步输出端分别连接到模拟输入通道及数字触发引脚。

   在 Digital Oscilloscope(DAQmx)的前面板上，设置 Number of Samples 和 Sampling Frequency 分别等于 100 和 1000，设置函数发生器的正弦波频率 f 约为 100 Hz。运行 Digital Oscilloscope(DAQmx)。如果一切顺利，你将看到一个大约十周期的 100 Hz 正弦波的稳定图像。关掉 y 轴的自动调整大小选项。

   接下来，在函数发生器设置 f 约为 1900 Hz，然后微调 f 直到 Digital Oscilloscope(DAQmx)显示一个约为 100 Hz、发生混叠的波形。使用第 4 章的式[2]解释为什么输入 $f = 1900$ Hz 时，由于数字化(采样)时发生混叠，会显示 100 Hz 的正弦波。

   最后，在函数发生器上不改变频率设置，将 $f = 1900$ Hz 的正弦波电压在输入到 DAQ 设备之前，先通过图 11.44 所示的低通放大器，其中 $R = 15$ kΩ 及 $C = 0.1$ μF。当 Digital Oscilloscope(DAQmx)正在运行时，是什么因素导致混叠信号的振幅相对于未经过滤波器处理的信号有所衰减？什么是低通滤波器的 3 dB 频率带宽 $f_{3dB} = 1/2\pi RC$？如果想要进一

   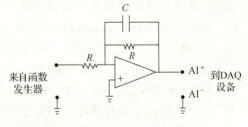

   图 11.44 习题 2 中的低通滤波器

   步减弱混叠信号的幅值，可以更换滤波器中的什么组件？(这个过程可以通过使用具有更陡的过渡带的低通滤波器而不是这里简单的一阶电路来实现。)

3. 建立一个双通道数字示波器。在 Digital Oscilloscope(DAQmx)打开时，使用 **File ≫ Save As...** 去创建一个新的 VI，名为 Dual Digital Oscilloscope(DAQmx)[双通道数字示波器(DAQmx)]。在程序框图中，必须改变单个物理信道的选择(如 Dev1/ai0)为两个通道的列表。使用 **DAQmx Create Virtual Channel** 的帮助窗口去学习创建这样一个列表的正确语法。在程序框图中，需要编辑这个物理通道的列表来完成程序。

   一旦完成了 VI，DAQ 设备已经编入程序框图，将一个电压波形及从函数发生器产生的同步数字信号连接到 DAQ 设备的两路 AI 通道。此外，添加同步输出数字信号到 DAQ 设备的 PFI0 通道。运行 Dual Digital Oscilloscope(DAQmx)并确认它能同时显示两路输入。

4. 热电偶作为温度传感器已被广泛使用。热电偶是由两种不同的金属接合构成，例如，由铜

和康铜所组成的 T 形热电偶。这种接合会产生毫伏级电压，并且还具有很强的温度依赖性，比较于"冷接点"参考温度，这里的温度可被测量。冷接点可以非常方便地由称为冷接点补偿器(CJC)的一种紧凑型电子设备提供，有效地使参考温度等于 0℃。

将热电偶连接到 CJC，然后将 CJC 的正负输出分别与 DAQ 设备的 AI 0^+ 和 AI 0^- 引脚相连。使用 DC Voltmeter(DAQ)[直流电压表(DAQ)]作为指导，编写一个程序称为 Thermocouple Thermometer(DAQmx)[热电偶温度计(DAQmx)]，在停止按钮被单击前，每 250 毫秒读取一次热电偶电压，并将该值转换成对应的摄氏温度，然后在前面板显示控件上显示该温度。当使用冷接点补偿器时，将 **CJC Source**(CJC 源)和 **CJC Value**(CJC 值)分别设定为恒定值和 0。为特定类型的热电偶(如 T 形)编程设定 **Thermocouple Type**(热电偶类型)。

运行 Thermocouple Thermometer(DAQ)，用它来测量室温及皮肤的温度。

5. 使用 Digital Oscilloscope(DAQmx)来衡量 RC 电路的时间常量。将函数发生器同步输出端输出的 TTL 数字方波通过一个 RC 串联电路(如图 11.45 所示)与 DAQ 设备的 PFI0 通道相连。在 RC 电路中，$R = 4.7$ kΩ 和 $C = 0.1$ μF。方波在由低向高(由高向低)的状态跳变时，电容器将通过电阻器充电(放电)。设置方波频率为低频率(例如 10 Hz)来使得每次状态跳变时电容器能实现完全充放电。为了观察电容器放电，使用 Digital Oscilloscope(DAQmx)的模拟输入通道去测量电容器的电压。然后选择 Number of Samples、Sampling Frequency 及 Trigger Edge 为合适的值，观察电容器放电并精确测量其时间常量 τ。由定义，τ 是电容器的电压放电到 $e^1 = 0.37$ 倍初始值时所花费的时间。比较测量值与理论上的预期值 $\tau = RC$ 是否相同。

为了在放电曲线上测量电压，你可能希望激活光标，在波形图上单击鼠标右键，从弹出的快捷菜单中选择 **Visible Items ≫ Cursor Legend**(显示项 ≫ 光标图例)。当光标图例出现时，在弹出的快捷菜单上选择 **Create Cursor ≫ Single Plot**(创建光标 ≫ 单曲线)。一旦激活，通过将光标移动到图中特定的数据点上，这一点的 x、y 坐标将显示在光标图例中。

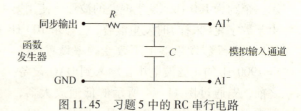

图 11.45 习题 5 中的 RC 串行电路

6. 编写一个程序，称为 Waveform Generator(DAQmx State Machine)[波形发生器(DAQmx 状态机)]，允许在程序运行时，DAQ 设备输出的模拟波形的参数可以改变。程序框图使用状态机体系结构。当检测到前面板设置的变化时，这项任务必须在采样频率改变之前被停止。

7. 使用在第 9 章"自己动手"小节中已给定的信息，建立一个称为 Digital Thermometer (DAQmx)[数字温度计(DAQmx)]的基于 DAQmx(而不是基于 **DAQ Assistant** Express VI) 的程序，用于实现一个数字温度计。

8. 使用在第 10 章的"自己动手"小节中已给定的信息，建立一个称为 Spectrum Analyzer (DAQmx)[频谱分析仪(DAQmx)]的基于 DAQmx(而不是基于 **DAQ Assistant** Express VI) 的程序，用于实现一个频谱分析仪。

9. 在这个习题中，你将使用 Measurement & Automation Explorer(MAX)创建一个任务。这种方法提供了一种与本章所用不同的方法(本章的任务被创建在程序框图中)。通过以下步骤使用 MAX 来创建一个数字示波器任务，它类似于 Digital Oscilloscope(DAQmx)VI：当 MAX 打开时，右键单击 **Data Neighborhood**(数据邻居)，并选择 **Create New...** ≫ **NI-**

DAQmx Task(创建≫NI-DAQmx 任务)。在接下来的对话框窗口,选择 **Acquire Signals ≫ Analog Input ≫ Voltage ≫ ai0**,将任务命名为 Oscilloscope(示波器),然后按下 **Finish** 按钮。在 MAX 窗口中,你将发现 **Configuration** 选项卡显示的任务信息。在这里,选择 **Acquisition Mode ≫ N Samples**(获取模式≫N 个样本)、**Samples to Read ≫ 100**(读取样本≫100)及 **Rate(Hz) ≫ 1 k**。接下来,单击 **Triggering** 选项卡,并选择 **Trigger Type ≫ Digital Edge**。最后,单击在窗口顶部附近的 **Save** 按钮。现在创建的任务就完成了。

(a) 为了实现任务,打开一个空白 VI,以 Digital Oscilloscope(MAX Task)[数字示波器(MAX 任务)]命名并保存。在框图上放置一个 **DAQmx Task Name**(DAQmx 任务名称),在 **Functions ≫ Measurement I/O ≫ DAQmx**(函数≫测量 I/O ≫DAQmx)中可以找到。使用 🖑 单击菜单按钮并选择 **Oscilloscope**。然后,完成如图 11.46 的程序框图。

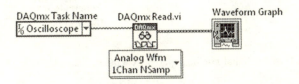

图 11.46 Digital Oscilloscope(MAX Task)的程序框图

使用函数发生器,将 100 Hz 正弦波电压波形和同步输出数字信号分别与 DAQ 设备的 AI 0 和 PFI0 通道相连。运行 Digital Oscilloscope(MAX Task),并验证它获得了一条 N = 100 个样本的跟踪曲线。

(b) 此外,DAQmx Task Name 还可以自动生成代码。要实现这个功能,可以打开一个空白的 VI 并将其保存,并命名为 Digital Oscilloscope(MAX Task Autocode)[数字示波器(MAX 任务自动编码)]。在程序框图中放置一个 **DAQmx Task Name**,使用 🖑 单击菜单按钮并选择 Oscilloscope。此时,在 DAQmx Task Name 上单击鼠标右键,并从弹出的快捷菜单中选择 **Generate Code ≫ Configuration and Example**(生成代码≫配置与示例)。连接到配置子 VI 的 **DAQmx Read. vi** 图标将被自动创建。打开此子 VI,你会发现熟悉的代码。利用 100 Hz 正弦波及函数发生器产生的数字同步信号输入,运行 Digital Oscilloscope(MAX Task Autocode),并验证它可以获得一条具有 N 个样本的跟踪曲线。通过一些简单的修改,还可以将这个 VI 转换为一个与 Digital Oscilloscope(DAQmx)功能相同的程序。

10. 在这个习题中,你将使用 Measurement & Automation Explorer(MAX)来创建一个"虚拟通道"。这种方法提供了一种与本章中使用的不同的替代方法,在程序框图中,其用 **DAQmx Create Virtual Channel. vi** 图标来创建虚拟通道。通过以下步骤,使用 MAX 来创建一个模拟输入电压的虚拟通道,类似于在 Digital Oscilloscope(DAQmx)VI 中所使用的:

当 MAX 打开时,右键单击 **Data Neighborhood** 并选择 **Create New... ≫ NI-DAQmx Global Virtual Channel**(创建≫NI-DAQmx 全局虚拟通道)。在接下来的对话框窗口中,选择 **Acquire Signals ≫ Analog Input ≫ Voltage ≫ ai0**,将虚拟通道命名为 AI Voltage,然后按下 **Finish** 按钮。在 MAX 窗口中,你会发现 **Configuration** 选项卡将显示虚拟通道,在这里可以选择有关虚拟通道的参数,例如信号输入范围和终端配置。如果将参数从默认值改变为其他值,则要单击窗口顶部附近的 **Save** 按钮。现在就完成了虚拟通道的创建。

为了实现虚拟通道,打开 Digital Oscilloscope(DAQmx),使用 **File ≫ Save As...**,创建一

个新的 VI，命名为 Digital Oscilloscope（MAX Virtual Channel）[数字示波器（MAX 虚拟通道）]。在程序框图中，删除 **DAQmx Create Virtual Channel.vi** 图标(以及各种连接到它的项)，然后用 **DAQmx Global Channel**（可以在 **Functions** ≫ **Measurement I/O** ≫ **DAQmx** 中找到）替换它。使用 单击菜单按钮并选择 AI Voltage。然后，简单修改程序框图如图 11.47 所示。

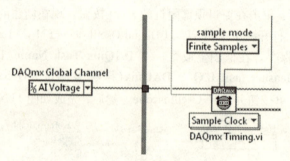

图 11.47　Digital Oscilloscope(MAX Virtual Channel)的程序框图

使用函数发生器，将 100 Hz 正弦波电压波形和同步数字信号与 DAQ 设备的 AI 0 和 PFI0 通道相连。运行 Digital Oscilloscope（MAX Virtual Channel），并验证它与 Digital Oscilloscope（DAQmx）具有相同的功能。

第 12 章 PID 温度控制项目

在本章中,我们将应用 LabVIEW 编程技巧来创建一个基于反馈、高精度地控制一个铝块的温度系统。这项工作将通过一个热电设备控制电流来完成,这个热电设备在铝块和大热库之间充当一个"热泵"。当电流通过这个热电设备朝某个方向流动时,这个设备将热从铝块泵到热库,这样就把铝块降温了。当电流朝另外一个方向流动时,它将热从热库泵到铝块,这样就把铝块升温了。我们的工作是使用比例-积分-微分(PID)控制算法来编写一个顶层的名为 PID Temperature Controller(PID 温度控制)的 VI,这个算法将产生把铝块维持在"设置点"温度 $T_{\text{set-point}}$ 所需的电流。如果程序编写正确,PID Temperature Controller 应该能把铝块的温度维持在 $T_{\text{set-point}}$,其涨落幅度在 0.05℃之内。

12.1 电热设备的基于电压控制的双向电流驱动

搭建如图 12.1 所示的电路。它的目的是为电热(TE)设备的加热和降温能力提供所需的相当大的双向电流。电压水平 V_{in} 被当做是一个"选择器码字",它确定了通过电热设备模块的电流的幅度和方向。如果在电路中提供 ±10 V 的电源有内置的安培表,可以使用它们来监视通过电热设备的电流,并去掉插入在图 12.1 中的电流表。附录 A 将讨论关于实现这个电路的重要的要素,特别是对它产生的巨大的热量散热的需求(和方法)。

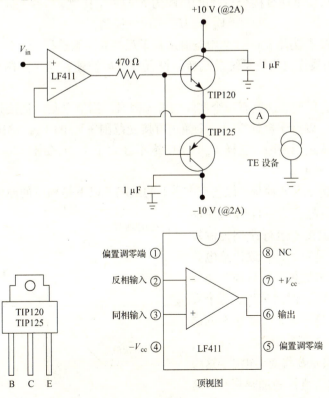

图 12.1 电压控制的双向电流驱动电路

分别使用 YourName\Chapter 4 和 YourName\Chapter 11 文件夹下的 DC Voltage Source (Express) 和 DC Voltage Source (DAQmx) 来产生各种电压 V_{in}。首先，当 V_{in} 是正（负）时进行测试，电流以合适的方向通过电热设备在实验设备上对铝块进行加热（降温）。如果一个正的 V_{in} 对铝块降温，那么请将电路中的电热设备反向连接。其次，找到正的和负的电压 V_{sat}，其中 V_{sat} 是让电热设备饱和的最小 V_{in} 电压值。饱和电流值由连接到 TIP 晶体管的电源情况所决定。然后，我们把可接受的 V_{in} 值限定在 $\pm V_{sat}$ 之间。

12.2　PID 温度控制算法

创建一个数字 PID 温度控制器，它可以将铝块的温度控制在一个给定点温度的 0.05℃ 误差之内。这个给定点温度可以在 0~40℃ 之间任意选择。

这样一个控制器的算法如下：
1. 使用热敏电阻作为温度传感器来读取铝块的温度 T_{block}。
2. 将 T_{block} 与所需的设定点温度 $T_{set\text{-}point}$ 进行对比。
3. 基于这个对比结果来确定 V_{in} 的最优值，命令电热设备加热或降温，让 T_{block} 接近 $T_{set\text{-}point}$。
4. 在 V_{in} 端把这个电压值输入到这个基于电压控制的双向电流驱动电路。
5. 持续地重复这个过程，获得这个铝块所需的温度控制。

比例控制方法提供了一种简单的过程，它在温度控制算法中确定在 V_{in} 端输入的电压值。在这个算法中，所需的设定点温度 $T_{set\text{-}point}$ 和实际采集到的温度 T_{block} 之差被定义为误差 $E \equiv T_{set\text{-}point} - T_{block}$。那么简单地直接令控制电压 V_{in} 为 E 的一个比例，

$$V_{in} = AE \quad （比例控制） \tag{1}$$

其中 A 是一个常数，称为增益。这个增益值是基于观察或实验选择的。选择它的依据如下：当 $T_{set\text{-}point}$ 变化时，A 的最优值将使系统跳到新的设置点然后快速在这个点附近稳定（参见下面的讨论）。

在试图实现式 [1] 时，这里有一个实际的考虑因素。当所采集的温度远离设置点时，误差 E 将变得如此之大，以至于会计算出一个超过可接受范围 $\pm V_{sat}$ 的 V_{in}。解决这个问题的方式是对式 [1] 中的表达式进行截断，这样 V_{in} 的幅度绝不会大于 V_{sat}。在图 12.2 中画出了这个比例控制算法的图形化表示。

尽管比例控制算法非常简单，但它有本质上的缺陷。以下是相应的原因。假设起初采集到的温度值是房间的温度，并且所选择的 $T_{set\text{-}point}$ 超过房间的温度。运行比例控制算法，初始的误差 E 是正的，导致传给电热设备的命令是对样本加热。到目前为止算法的使用都很好。随着时间流逝，这个算法将发布合适的加热命令，以使样本的温度越来越接近所需的设置点温度。当 T_{block} 接近 $T_{set\text{-}point}$ 时，正误差 E 将变得很小，这将导致比例控制算法谨慎控制加热操作，这样可以小心地使温度接近 $T_{set\text{-}point}$。然后，

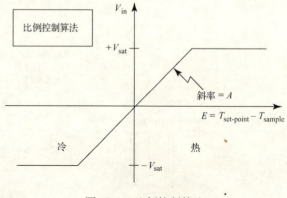

图 12.2　比例控制算法

在 T_{block} 等于 $T_{set\text{-}point}$ 这一决定性的时刻，误差 E 变成0，比例控制算法将电热设备电源关闭。这是一个缺陷。遗憾的是，样本在高温时，它将持续地通过传导、对流和辐射三种热传递过程将热量释放到周围（室温）环境中。因此，要把一个样本的温度维持在室温之上的给定点温度，必须持续地使热量流入样本来抵消它在环境中丢失的热。因为比例控制算法在 T_{block} 等于 $T_{set\text{-}point}$ 时关闭了加热，样本将永远不可能在所需的温度保持稳定。确切地说，样本将在某个温度 $T_0 < T_{set\text{-}point}$ 处稳定。在"神奇"温度 T_0 处，正误差 E 会命令电热设备产生合适的热量来抵消在这个温度时释放到环境中的热量。基于相似的原因，设置在低于室温的温度将使温度稳定在 $T_0 > T_{set\text{-}point}$。

幸运的是，有一种简单的方法来应对这个比例控制算法中的缺陷——简单地在式[1]的右边包括一个常数项 V_0。

$$V_{in} = AE + V_0 \qquad [2]$$

当实现这个表达式时，比例项将按以前的方法让样本的温度移动到给定点。然后，一旦达到给定点（其中 $E = 0$），V_0 将命令电热模块产生所需固定的热量（或降温）来抵消从环境损失（或获得）的热量，这样就把样本的温度固定在 $T_{set\text{-}point}$ 了。当然，V_0 必须精确地选择，这样环境在 $T_{set\text{-}point}$ 时对样本的影响就可以完美地中和了。

现在是最好的消息。有一种智能控制算法，将自动找到它适合于所选择的给定点的 V_0 的合适值。在比例-积分（PI）控制方法中，与其把 V_0 定义为一个固定的常数，不如把它定义为一个用来构建正确常数的积分项。它在运行时依下面的表达式创建：

$$V_{in} = AE + B\int E\,dt \qquad \text{(PI 控制)} \qquad [3]$$

这里，积分结果将给出这个算法中整个执行期内误差的动态和。在 T_{block} 低于 $T_{set\text{-}point}$ 期间，将给这个和贡献一个正值。当 T_{block} 高于 $T_{set\text{-}point}$ 时，将贡献一个负值。因为在贡献时是一个自修正的方式，所以式[3]的第二项将最终收敛于使样本稳定在给定点 $T_{set\text{-}point}$ 所需的常数 V_0。从这个观点，误差 E 将等于0，积分值（也就是 V_0）将不再变化。

为了减弱振荡引入了微分项，它对控制算法提供了更进一步的改善。这个所谓的比例-积分-微分（PID）控制算法为

$$V_{in} = AE + B\int E\,dt + C\frac{dE}{dt} \qquad \text{(PID 控制)} \qquad [4]$$

其中 A、B 和 C 都是常数。对离散数据采样的实验室环境，其中误差 E 将每 Δt 秒确定一次，n 个采样之后的控制电压的值 V_{in} 可被近似为

$$V_{in} = AE_n + B\,\Delta t\sum_{m=0}^{n}E_m + \frac{C}{\Delta t}\{E_n - E_{n-1}\} \qquad \text{(离散采样PID)} \qquad [5]$$

其中和 $\sum_{m=0}^{n}E_m$ 是由自控制算法启动以来所有的误差值确定的。

12.3 PID 温度控制系统

通过重新修改第9章的"自己动手"小节中建立的基于热敏电阻的数字温度计电路，我们开始搭建数字温度控制系统。被嵌入在铝块中的热敏电阻将用来监测 T_{block}。如果需要，如图12.3所示增加一个 $1\ \mu F$ 的电容来抑制高频噪声，并增加一个增益为1的缓冲，用于防止电压敏感的电路把热敏电阻电路在低温时加载进来（此时热敏电阻的阻抗很大）。然后将 V_{out} 和 GND 连接到 LabVIEW 系统模拟输入通道的输入端。

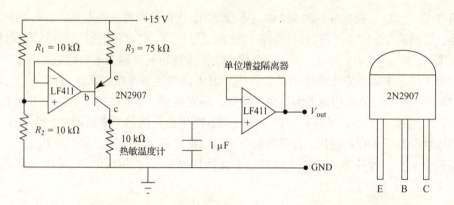

图 12.3 数字热敏温度计的硬件电路。一个 0.1 mA 的恒定电流通过热敏电阻

接下来,在 YourName 文件夹下创建一个名为 Chapter 12 的文件夹,并在 YourName\Chapter 12 文件夹下创建一个名为 PID Temperature Controller 的 VI。按照如下的指导来对 PID Temperature Controller 进行编码。

12.3.1 铝块温度

对铝块温度无噪声的测量(假设它等于所嵌入的热敏电阻的温度)是温度控制算法工作正常的一个必要条件。为了对所读取的热敏电阻温度进行平均处理用于消除涨落,可以尝试以下方法:在每次采集温度时,快速对热敏电阻采集 N 次温度,然后对它们进行平均。在热敏电阻的 Steinhart-Hart 系数给定以后,使用 DAQ 助手或者 **DAQmx** VI 来获得一个 N 元素的温度采样值数组。为了求得这个数据集的平均值,可以查看 Functions » Mathematics » Probability & Statistics(函数 » 数学 » 概率与统计)中可用的 VI。

12.3.2 控制算法

为了确定电热设备加热和降温的热量,在软件中实现这个离散采样的 PID 控制算法。记住式[5]中的 Δt 是相邻两次获取误差 E 的时间间隔;仔细考虑在实际的 VI 中这个值是多少。同样确保包括了一个截断特性,也就是说,如果式[5]产生了一个超过 V_{sat} 的 V_{in},那么把 V_{in} 的幅度截断到 V_{sat}。我们将不得不通过观察和实验来确定 A、B 和 C 的最优值。如果设置同附录 A 中所描绘的相似,尝试一下 $A = 7$、$B = 1$ 及 $C = 0.5$。

12.3.3 电热设备的输出

使用 DAQ 助手来产生由 PID 控制所确定的 V_{in} 值,它使用 LabVIEW 的模拟输出通道,并将其输出到电热设备的基于电压控制的双向电流驱动电路中。

12.3.4 前面板

这里需要发挥一下创造性。记住我们有一大组控件,指示器以及图形。当按下一个按钮时,一个前面板控件将和 $\sum_{m=0}^{n} E_m$ 复位到 0 是一个令人感到非常顺手的可选的特性。

当读者在使用这个温度控制系统时,请把它介绍给朋友和老师。

第 13 章 独立仪器的控制

本章所需要的硬件

为了完成本章的练习,你必须有一个配有通用接口总线(GPIB)或通用串行总线(USB)接口的独立仪器,最好是安捷伦 34410A(或者 34401A)数字万用表。对于使用 GPIB 通信,你还必须要有一个 NI GPIB 设备和计算机相连。这个设备可以是一个插在 PCI 扩展槽上的 PCI-GPIB 卡并使用 GPIB 电缆和仪器相连,或者是一个 GPIB-USB 设备,它连接在仪器上和 PC 上的 USB 端口之间。对于使用 USB 通信,仅仅需要一个合适的 USB 线缆来连接仪器与计算机的 USB 端口。

如果你正在完成本章练习,接口总线和仪器之间的通信中断了(比如说在你编程时发生了一个偶然性的错误),通信过程经常可以通过关闭仪器再打开或者重启计算机来恢复。

13.1 使用 VISA VI 进行仪器控制

在之前的章节中,已经使用 LabVIEW 软件来将一台个人计算机(连接到一个合适的 NI DAQ 设备)变成好几个便利的实验室仪器。具体地,可以对这个系统编程,使其变成一个 DC 电压表,数字滤波器,频谱分析仪,波形发生器,以及数字温度计。暂停一下,考虑如下的诱人景象:也许在现代实验室仅有的仪器是一个配有 DAQ 设备的由 LabVIEW 控制的计算机。也就是说,通过简单地编写一些合适的 VI,对于你——一个顶尖的仪器专家来说,也许可以使用单个的基于 LabVIEW 的数据采集和获取系统来满足实验室的仪器需求。这个系统极大的灵活性避免了购买一些昂贵的独立电子仪器的需要,比如电源、函数信号发生器、皮安计、频谱分析仪和示波器。

这些在之前章节编写的实现各种功能的 VI 展示了上面的诱人景象,至少在特定的情况下是可以实现的。但现在不要抛弃独立仪器。许多现代科研仪器的时间、速度、灵敏度及同时的数据处理的需求远远超出 DAQ 设备的能力。比如,尽管我们创建的基于 LabVIEW 的数字示波器在观测音频范围的频率上(小于 20 kHz)工作良好,但是在显示由光电倍增管发出的在几个纳秒范围内的电压脉冲就不适合了。在后一种情况下,一个独立的配有一个非常快的模数转换器(在时间尺度上的采样频率为每秒采样几个 G)的数字示波器将顺利地完成这个任务。因此,独立仪器将在最高水平的科研中承担中心任务,不过也不用吃惊,你会发现它们也会落入 LabVIEW 的实现范围内。

在过去的几十年中,发展出了一个基于消息的通信标准,通过这个标准独立仪器可由个人计算机通过软件控制。在这个通信框架下,一个特定的仪器遵守一个由厂商定义的 ASCII 字符数组命令,它表示了所有可能手动操作前面板的方法,包括按压按钮,旋转旋钮,观察输出数据。尽管这些 ASCII 信息在 PC 和实验室仪器之间传播的硬件管道(称为接口总线)可以有多种外观(包括 RS-232,GPIB,以太网,以及 USB),但是有一个单一 LabVIEW 函数集来控制这个通信过程。这个函数集被称为 VISA(它是虚拟仪器软件构架的简称),可以从 **Functions** ≫ **Instrument I/O** ≫ **VISA**(函数 ≫ 仪器 I/O ≫ VISA)中找到。

在本章中，我们将学会如何使用 VISA 函数来控制一个独立仪器和计算机之间的基于消息的通信。我们将探索这个通信过程的一般性的特性，比如可编程仪器的标准命令（SCPI）语言，以及使用两种接口总线——通用目的接口总线（GPIB）和统一串行总线（USB）来编写代码控制一个特定独立仪器的各种同步方法。这个特定仪器是安捷伦 34410A 数字万用表。

13.2　VISA 会话

在使用 VISA 函数实现计算机和一个特定独立仪器进行基于消息的通信时，仪器被称为 VISA 资源，通信活动被称为 VISA 会话。为了查询一个 VISA 资源（即给它发送一个命令并接收它的响应），所需的 VISA 会话包括如下 4 个步骤：打开会话，向资源写命令消息，读取从资源返回的响应，关闭会话。在 Functions ≫ Instrument I/O ≫ VISA（以及它的子选板 VISA Advanced）中，有如下 4 个可用的函数来实现 4 个给定的步骤，它们是 VISA Open（VISA 打开），VISA Write（VISA 写入），VISA Read（VISA 读取），以及 VISA Close（VISA 关闭）。为了理解如何将这 4 个函数用线连接起来以查询一个仪器，我们首先将简要地描述一下每个函数的功能。在如下的帮助窗口中，记住必须的、推荐的、可选的输入分别是黑体字符、正常字符和浅色字符。

VISA Open 的帮助窗口如图 13.1 所示，这个函数的工作是打开一个在计算机与由 VISA resource name（VISA 资源名称）输入所定义的资源之间的 VISA 会话。这个 VISA resource name 包括所用的接口类型（比如 GPIB 或 USB），接下来是资源信息（在 GPIB 的情况下，仪器地址是我们即将在几分钟内要讨论的一个数字），以资源类型作为结束。对于我们的工作，资源类型将用 INSTR 来表示一个独立的仪器。为了将 VISA resource name 传递到其他的 VISA 图标，可以从 VISA resource name out（VISA 资源名称输出）输出端找到这些项。

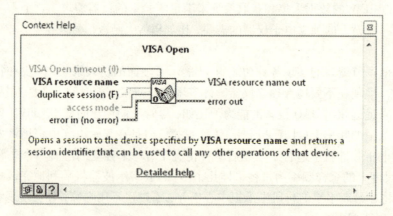

图 13.1　VISA Open 的帮助窗口

VISA Write 将执行从计算机到独立仪器之间的实际的 ASCII 信息传递，它的帮助窗口如图 13.2 所示。一旦出现打开会话的 VISA resource name，这个图标就会将 write buffer（写入缓冲区）内的 ASCII 字符串输入到仪器。这个字符串是由仪器所识别的某一个命令，当它被仪器接收到后，会根据所需的数据测量来正确地配置仪器。此外，VISA 资源名可以从 VISA resource name out 输出端找到。

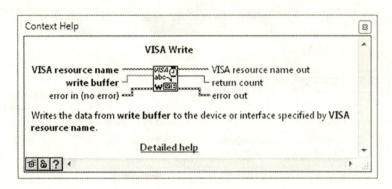

图 13.2 VISA Write 的帮助窗口

接下来，**VISA Read** 的帮助窗口如图 13.3 所示。这个图标将从独立仪器得到的响应消息传递到计算机的内存中。当给出打开会话的 **VISA resource name** 后，这个图标接收包含（最多）**byte count**（字节总数）个字节的 ASCII 响应字符串，并将这个字符串输出到 **read buffer**（读取缓冲区）接线端。这个字符串通常包括由仪器执行的数据测量的结果。此外，VISA 资源名也可以从 **VISA resource name out** 输出端得到。

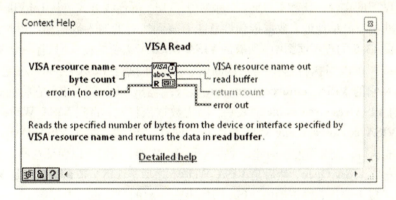

图 13.3 VISA Read 的帮助窗口

最终，**VISA Close** 的帮助窗口由图 13.4 给出。这个函数关闭由 **VISA resource name** 输入给出的 VISA 会话。

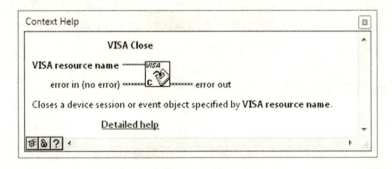

图 13.4 VISA Close 的帮助窗口

注意这 4 个 VISA 图标都通过一个错误簇包含错误报告，错误报告出现在 **error in**（错误输入）和 **error out**（错误输出）接线端上。

通过如图 13.5 所示将这 4 个 VISA 图标连接在一起，完成这个查询一个仪器的四步 VISA 会话过程。

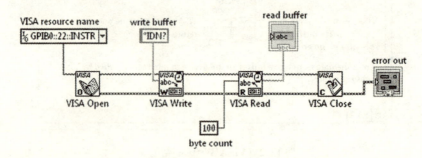

图 13.5　查询仪器过程

在这个例子中，消息 *IDN? 将通过 GPIB 接口送到地址为 22 的仪器上。这个消息被大多数仪器所识别，将指示仪器来标识自己。在接收到这个命令以后，仪器的响应（它通常是一个含有标识信息的 ASCII 字符串）通过 GPIB 被计算机收到，并将它显示在名为 read buffer 的前面板字符串显示控件中。

与之前所学习的文件 I/O 和 DAQmx 图标类似，VISA 的连线方式也从 LabVIEW 编程的数据依赖性原则中获益。简单地说，数据依赖性意味着直到所有的输入数据都可用时，图标才能执行。在之前即图 13.5 的程序框图中，所有的 **VISA Open** 所需要的输入（只有一个 **VISA resource name**）都有连线。所以当执行这个程序框图时，会立即执行 **VISA Open**。在它执行完毕后，**VISA Open** 会在它的 **VISA resource name out** 接线端输出 VISA 资源名，它将通过连线被送到 **VISA Write** 的 **VISA resource name** 输入端。因为数据依赖性，直到 **VISA Write** 收到从 **VISA Open** 发来的 **VISA resource name** 后才能执行。同样的道理，直到 **VISA Write** 运行完毕后 **VISA Read** 才能执行，依次类推。因此，通过这个编程构架，我们可以保证这些函数将按照期望的顺序执行：先是 **VISA Open**，然后是 **VISA Write**，之后是 **VISA Read**，最后是 **VISA Close**。

同样，为了报告错误，将正确的 VISA 图标串在一起的模式也可参见图 13.5。如果一个错误在这个链上的某一点出现，那么后续的函数将不会执行，并且错误消息将被送到 **error out** 显示控件簇上。

因为基于 VISA 的编程是非常鲁棒的，所以可以编写刚才已经展现了高度数据依赖性的数据读取程序。然而，在这个基于消息的通信构架中，如果能再有多一点的背景知识，就可以编写出更加完善的程序。在接下来的内容中，本书将在独立仪器控制中引导读者学习复杂的控制技术。

13.3　IEEE 488.2 标准

当远程控制实验室仪器变得可能时，一开始有一个混乱的时期。在这个时期中，每个仪器制造商都自己定义各自的通信协议，这些协议是并行的或者是串行的，正极性的或者负极性的，以及带有各种握手信号。在 1965 年，惠普（现在名为安捷伦）终结了这个不和谐的时代，它设计了通用的仪器总线，命名为惠普接口总线（HP-IB），并且在它提供的新的计算机可编程的仪器上，这是唯一的选项。由于 HP-IB 具有高速的传输速率，因此它迅速在其他仪器制造商间变得流行起来。在 1975 年，它被接收为一个工业标准，这就是 IEEE-488，或者更熟悉的名字是通用接口总线(GPIB)。在1987年，这个标准的改进版本(名为IEEE-488.2)被采纳了。它在以下几个方面增强了基于消息的通信：详细地定义了一个仪器的最小所需的通信能力；一个消息交换的协议；一个通用的所需的命令集，还有一个状态报告系统。今天，绝大部分计算机控制的实验室仪器都是IEEE 488.2兼容的，即使是那些不通过GPIB接口总线通信的仪器(比如，它们通过以太网或USB)。

13.4 通用的命令

IEEE 488.2标准的一个重要创新就是给许多仪器都必须执行的通用操作引入了一个名为通用命令的标准集。记忆这些通用命令的窍门是，它们都以一个 * 号开始，它将和其他由某个设备辨识的设备特有的命令相区分。所有的IEEE 488.2兼容的仪器至少都需要识别由表13.1给出的13个通用命令子集。很多命令与事件报告相关，这些事件使用两个状态寄存器，名为状态字节寄存器(SBR)和标准事件状态寄存器(SESR)，下面将继续讨论。

表13.1 IEEE 488.2兼容仪器的通用命令

强制的通用命令	功　能
*IDN?	报告仪器的标识串
*RST	将仪器复位
*TST?	进行自测并报告状态
*OPC	当命令完成后，设置SESR中的操作完成位(OPC)
*OPC?	当命令完成后，在输出缓冲区中返回"1"
*WAI	在所有挂起的操作完成之前等待
*CLS	清除状态寄存器
*ESE	使能SESR中的事件记录位
*ESE?	报告SESR中的事件记录位状态
*ESR?	报告SESR的状态
*SRE	使能一个SBR位，用于进行SRQ线的断言
*SRE?	报告SBR位的状态以激活SRQ线的断言
*STB?	报告SBR的内容

13.5 状态报告

另一个IEEE 488.2的创新就是状态报告的标准框架。这个状态报告系统将重要的发生在每个连接在总线上的仪器事件通知用户。在这个框架中，一个仪器配备有两个状态寄存器，即状态字节寄存器(SBR)和标准事件状态寄存器(SESR)。这些寄存器的每一位都记录一种特定类型的事件。这些事件可能会在仪器使用时发生，比如出现执行错误或者完成一个操作。当一种给定类型的事件发生时，仪器将相关的状态寄存器位设置为1，如果这一位已经预先被使能(这一问题将在之后的章节中描述)，那么，通过读取状态寄存器，就能确定发生了什么事件。

标准事件状态寄存器记录了在读取数据仪器时会发生的8种事件，它的结构如图13.6所示。

与SESR的8位相关联的8种事件在表13.2中描述。在我们的工作中，OPC位将最有用。

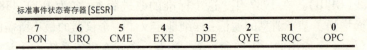

标准事件状态寄存器(SESR)

7	6	5	4	3	2	1	0
PON	URQ	CME	EXE	DDE	QYE	RQC	OPC

图 13.6 SESR 寄存器

表 13.2 SESR 中的 8 种标准事件

位	SESR 中相关的事件
7(MSB)	PON(电源打开)：自上次事件寄存器被读取或清除之后的仪器的电源是开还是关
6	URQ(用户请求)：前面板的按钮被按下
5	CME(命令错误)：仪器收到了一个语法不适当的命令
4	EXE(执行错误)：当仪器执行一个命令时发生了错误
3	DDE(设备错误)：仪器出故障了
2	QYE(查询错误)：试图读取时，仪器的输出缓冲区没有数据，或者前一个命令所请求的数据还没有被读取时又收到新的命令
1	RQC(请求控制)：仪器需要人工操作
0(LSB)	OPC(操作完成)：在所有的命令之前，并且包括了一个已经被执行的 * OPC 命令

对用户来说，SESR 将在程序中作为一种事件信号工具。然而，这个状态寄存器完全缺乏初始状态，并且直到用户去询问它时它才动作。因此，当和一个仪器进行初次通信时，一个希望发送的消息是指激活感兴趣的事件报告 SESR 位的子集。对于服从 IEEE 488.2 标准的仪器来说，这个激活过程是通过 * ESE(事件状态使能)命令来完成的。例如，假设你希望激活 QYE 位来在 SESR 的第 2 位上记录所有的执行错误。既然 $00000100_2 = 4_{10}$，可以通过执行 **VISA Write** 将 ASCII 命令 * ESE 4 写入仪器中。在即将到来的工作中，我们将使用命令 * ESE 1 来使能 OPC 位。

状态字节寄存器记录了仪器输出缓存中的数据是否可用，仪器是否请求服务，以及 SESR 是否记录了事件，它的结构如图 13.7 所示。

状态字节寄存器(SBR)

7	6	5	4	3	2	1	0
—	RQS	ESB	MAV	—	—	—	—

图 13.7 SBR 的结构

SBR 的 8 位功能在表 13.3 中给出。SBR 位是非常好用的，不需要查询，它也会执行它的状态报告工作。

表 13.3 SBR 位的功能

位	SBR 位的功能
7(MSB)	可由仪器制造商定义
6	RQS(请求服务)：仪器进行了一个 SRQ 断言，因为它需要 GPIB 控制器上的服务
5	ESB(事件状态位)：发生了与 SESR 位相关的事件
4	MAV(消息可用)：在仪器的输出缓冲区中的数据可用
3 - 0	可由仪器制造厂商定义

一个仪器可以被配置为在两种事件的返回值中确定一个服务请求(SRQ)。这两种事件或者是由标准事件状态寄存器所探测的事件，或者是在仪器输出缓存中之前请求数据的事件，也

就是说,分别是事件状态位(ESB)或者消息可用(MAV)位的断言。在 IEEE 488.2 中,这个配置过程使用 *SRE(服务需要使能)命令来完成。例如,如果希望通过 SESR 的检测事件来触发仪器的服务请求,那么就将 ASCII 命令 *SRE 32 写入来初始化这个仪器。既然 00100000_2 = 32_{10},SBR 第 5 位(ESB)的设置将成为仪器确定 SRQ 的标准。反之,如果希望由输出缓存中的数据来触发一个 SRQ(由 MAV 位确定),那么就向仪器写入 *SRE 16。最后,*SRE 0 将禁用仪器判断 SRQ 的能力。

标准事件状态寄存器、仪器输出缓存及状态字节寄存器(还包括配置和每次查询的通用命令)之间的关系在图 13.8 中展示。

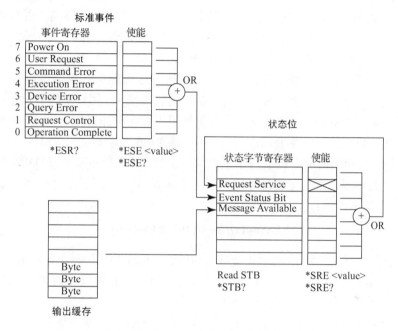

图 13.8　SESR、输出缓存和 SBR 之间的关系

作为使用 SRQ 的替代品,串行轮询也是确定一个仪器状态的常用方法。在一个串行轮询过程中,接口总线查询一个仪器,这个仪器根据状态字节寄存器中的位的值返回。一个串行轮询很容易通过 LabVIEW 中的 **VISA Read STB**(VISA 读取 STB)完成,它可以在 **Functions** ≫ **Instrument I/O** ≫ **VISA** 中找到,它的帮助窗口如图 13.9 所示。

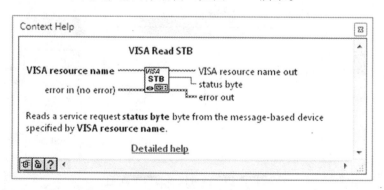

图 13.9　**VISA Read STB** 的帮助窗口

13.6 设备特有的命令

最终,每个独立仪器都为一个特定的目的设计,都有完成自己目标的一套特定的方法。因此,每个可编程的仪器都会带来一套设备特有的命令,它允许用户远程地控制仪器的功能并将仪器产生的信息传送到计算机的内存中。仪器设备所特有的命令集会在它的用户手册中列出。这组命令由仪器制造商定义,但是其中有一个问题。在浏览多种型号和制造商的可编程仪器的用户手册后,你会发现有各种风格的多种命令集。某些(特别是那些与旧仪器型号相关的)命令集是神秘的单或双字符串的按字母顺序的集合(设计者的想法明显是"更短的命令产生得更快,因此,将产生更好的计算机-仪器通信")。另一个极端是用户友好的命令集,相似的命令逻辑性地组合在一起,每种表示都易于读写和记忆。

随着可编程的仪器得到广泛应用,很明显可以通过尽可能简化仪器编程者的任务来减少开发成本和未预计的延迟。因此,对于现阶段制造的仪器来说,用户友好的设备的特有命令是一种规则而不仅是一种期望。通常,这些命令集被组织成一种体系树的形式,类似于计算机上所用的文件系统。每个仪器的主要功能,像激活、感知(或者说测量)、计算以及显示,都被定义为根,所有和它们相关的命令构成一个子系统。比如,为了将安捷伦 34410A 数字万用表配置为测量一个直流电压,这个直流电压被期望落在 ± 10 V 的范围内(是在感知子系统中的活动),合适的命令如下所示:

$$SENSe:VOLTage:DC:RANGe\ 10$$

这里,SENSe 是根关键字,冒号表示接下来是更低一级的 VOLTage,下来是 DC,最低级是 RANGe 关键字。最后,10 是一个与 RANGe 有关的参数。尽管可以将有助于记忆的完整命令送到仪器,其实只需要将大写字符发过去就可以了。

在 20 世纪 90 年代,一个仪器制造商联盟定义了可编程仪器的标准命令(SCPI),它是标准化计算机可控的仪器设备特有命令集的一种尝试。尽管这个标准并未广泛被采用,但是 20 世纪 90 年代后期的仪器多是 SCPI 兼容的。作为一种通用命令组归类的方法,SCPI 标准为通用可编程仪器给出了如下的模型。一个测量输入信号的仪器被假定具有图 13.10 所示的根函数。例如,SENSe 包括将一个输入信号转换成内部数据的动作,如设置测量范围、分辨率、综合时间。同时,INPut 包括适应转换之前的信号的相关动作,比如过滤、偏移及衰减。

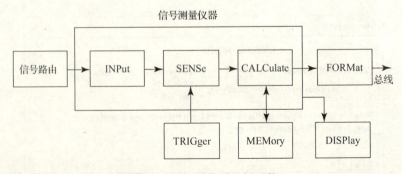

图 13.10　测量仪器的根函数

另外,产生信号的仪器由图 13.11 所示的模型表示。

第 13 章 独立仪器的控制

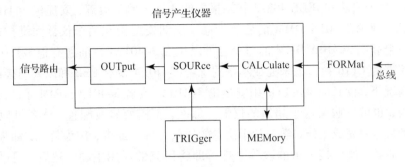

图 13.11 信号产生仪器的根函数

SCPI 命令集是由一个层次化的树结构来组织，它使用如前所示的语法：SENSe:VOLTage:DC:RANGe 10。通过本章的练习，读者将会学习更多有关 SCPI 命令的语法。但也许现在是一个开始学习真实控制一个仪器的好时间。

13.7 本章所用的特有硬件

在设计本章时，我遇到了如下的问题。有数以千计的计算机可控制的独立仪器可以从多家科学仪器制造商买到。每一个仪器使用一种（或者几种，更多的）可用的接口总线进行通信。在我的实验室中有这些仪器的一个小子集，可以使用它们来实践基于消息的通信。读者肯定希望在实验室也有一个这样仪器的一个小子集可用。但问题在哪里？因为这样仪器通常很昂贵而且特殊，所以能够负担且通用的仪器很可能非常少。关于这种情况的一个问题就是每个独立仪器进行特定的测量操作，也只理解它自己特有的 ASCII 命令（由它的制造商定义并在用户手册中列出）。那么，在尝试通过接口总线控制一个特定的仪器之前，程序员必须详细理解以下事项：仪器能完成的测量，实现工作的过程，它能够识别的命令。所有这些考虑极大地限制了编写适合每人可以完成的一个通用实验项目。

这样，必须要选择一个特定的仪器和接口总线来完成章节练习。考虑到接口总线，GPIB 是必需的。它是在基于计算机的实验室工作中总是要遇到的总线，也是目前（迄今为止）在实验室设备中使用最广泛的总线接口。估计在世界范围的科研和工业中有 1000 万个配有 GPIB 的仪器，GPIB 很可能在未来的数年中仍将维持它的流行性。然而，近年来每一个新的计算机都配备了 USB 和以太网端口，这些接口对于用户来说很熟悉且事实上不需要任何费用。所以，USB 和以太网在科学仪器制造商那里得到了广泛应用，我也想至少演示它们这些新接口中的一种。幸运的是，大多数实验室仪器最新的型号都使用多个接口总线进行通信，因此单个的这种设备就可以演示 GPIB 和某种如 USB 接口的使用。

因为以下原因，安捷伦 34410A 数字万用表（DMM）的很多特征使它成为适合我们工作的理想仪器，我选择它作为章节练习的"实践仪器"。首先，这台仪器可以测量电压、电流及电阻，这些量不需要特殊的知识就可以理解（不同于分光仪的光栅倾斜角和缝隙大小）。其次，这台仪器可以通过三种可能的接口通信，即 GPIB、USB 和以太网（在本章中，我们将使用前两种）。第三，对于这样的一个高质量并标配有几种通信接口的仪器，它的价格只有大约 $1300，一般用户都可以支付得起（至少在科研仪器标准下），每一个实验室都应该有一到多台。第四，这个仪器既兼容 IEEE 488.2 又兼容 SCPI，因此可以使用它获得广泛采用的通信框架,例如 SCPI 命令语法和 IEEE 488.2 状态报告的通用经验。第五,安捷伦 34410A 是一个长时间工业标准安捷伦 34401A DMM 的后续产品。感谢安捷伦在两个仪器间维护向后兼容性。我所选择的适合新的 34410A DMM 的命令也可以用在 34401A(目前还有很多)中。34401A 也可以在它们仪器的 GPIB 接口上来完成本章的练习(34401A 没有 USB 和以太网接口)。

在最佳情况下,读者应该可以使用安捷伦 34410A(或者 34401A)DMM 了。或者,作为一个适度的投资,也可以购买这个超值的仪器。那么,不需要修改配置,读者可以一直向后学习,通过指定的练习完成工作,学习基于消息的通信基础。或者,作为替代,如果有其他配有接口的仪器,请尝试阅读接下来的段落来理解即将研究的通用主题。然后,通过阅读用户手册,使用接口合适的 **VISA resource name**,并将 ASCII 命令串进行各种替换来适合特定目的的仪器和接口总线,这样完成章节练习也许会相当简单。如果不属于以上两种情况,可以简单阅读接下来的章节。我相信读者将学习到很多有价值的仪器控制特性,这些特性将在以后的工作中有所帮助。

13.8 测量及自动化浏览器(MAX)

为了运行本章中的练习,必须有一个配有 GPIB 或者 USB 接口的独立仪器。为了在 GPIB 之上进行通信,必须还有一块 NI 公司的和计算机相连的 GPIB 设备(比如 PC-GPIB),它将通过一根 GPIB 电缆轮流与独立仪器相连。为了使用 USB,只需简单地在独立仪器的 USB 端口和计算机的 USB 端口之间用 USB 线缆连接即可。另外,NI 公司的 NI 设备驱动软件(LabVIEW 安装盘里包括)必须被正确地安装。为了确认已经满足这些条件,我们将使用一个方便的工具 Measurement & Automation Explorer(测量及自动化浏览器),也被称为 MAX。

为了打开 MAX,可以在菜单中选择 **Tools » Measurement & Automation Explorer...**(如果已经打开了一个 VI 或者在 **Getting Started** 窗口中),或者双击计算机桌面上的 MAX 图标。当 MAX 打开后,在左边标题处 **My System**(我的系统)中的 **Devices and Interfaces**(设备与接口)上双击。这一操作将命令 MAX 确定在计算机系统里所有的 NI 公司设备(见图 13.12)。

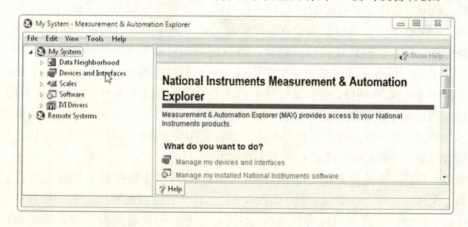

图 13.12 MAX 窗口

MAX 将会以层次化的树的形式列出找到的设备总览,如图 13.13 所示。如果一个 GPIB 设备已经正确地和计算机相连,一个名为 **GPIB0** 的文件夹将会出现在结果列表中(也许在系统中文件夹标签的数字不是 0)。为了找到所有连接到这个设备的独立仪器,在 **GPIB0** 文件夹上单击鼠标右键,并在弹出菜单里选择 **Scan for Instruments**(搜索仪器)。或者,也可以单击窗口顶端工具栏上的 **Scan for Instruments** 图标。

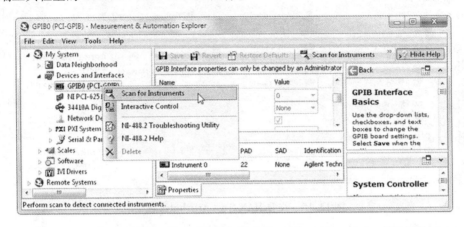

图 13.13 列出设备的 MAX 窗口

等待一会儿,MAX 将完成扫描。为了观察结果,双击 **GPIB0** 文件夹。在如图 13.14 所示的情况下,找到了一个独立的仪器,关于它的信息被保存在名为 **Instrument 0** 的文件夹中。

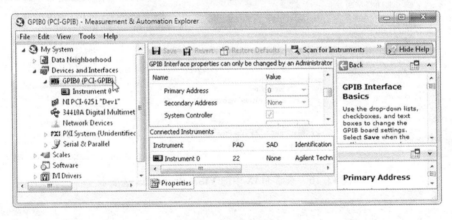

图 13.14 完成扫描的 MAX

因为单个 GPIB 设备可以连接至多 15 台仪器,所以每台仪器有一个名为 GPIB 地址的标识数字。一个 GPIB 地址可以是从 0 到 30 之间的任意整数,它通常由一个仪器内部的硬件 DIP(双列直插)开关设置,或者在仪器的前面板上通过单击按钮和旋转旋钮来设置。仪器的用户手册将描述设置地址的方法。

通过在 **Instrument 0** 上双击,可以观察由 **Scan for Instruments** 操作找到的仪器的 GPIB 地址。双击以后,在 **Attributes**(属性)选项卡上,我们会发现仪器的 GPIB 地址是 22(不同设备的地址也许会不同),也会出现描述该仪器的文本(见图 13.15)。

在 **VISA Properties** 选项卡上单击,我们会发现这个仪器正确的 **VISA resource name** 是 GPIB0::22:INSTR,并且告诉我们(在 **Device Status** 中)这个仪器目前工作(通信)正常(见图 13.16)。

为了确认这个仪器通过 GPIB 的通信实际上正常,单击靠近窗口顶部的工具栏上的 **Open VISA Test Panel**(打开 VISA 测试面板)按钮(见图 13.17)。

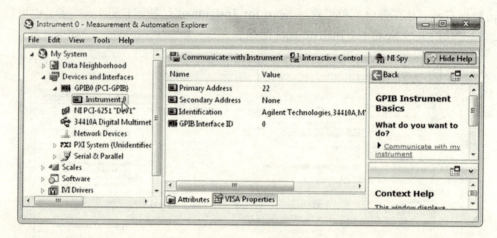

图 13.15　查看 MAX 中的 **Attributes** 选项卡

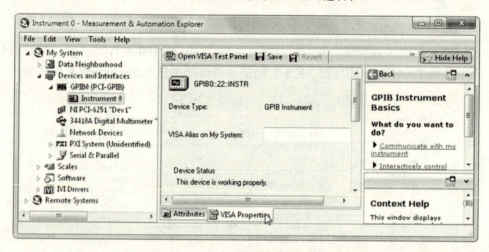

图 13.16　查看 MAX 中的 **VISA Properties** 选项卡

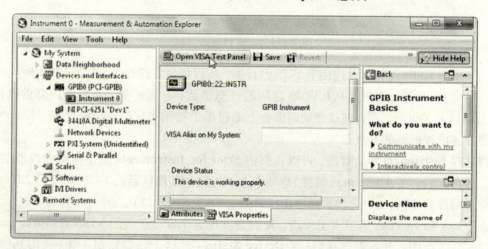

图 13.17　单击 MAX 中的 **Open VISA Test Panel** 按钮

接下来将会出现一个交互的对话框面板。读者也许希望花一点时间通过选择不同的窗口

(比如 **Configuration**)和相关的选项卡来探究这个面板上和接口相联系的一些信息。在探究之后，单击 **Input/Output** 窗口(见图 13.18)。

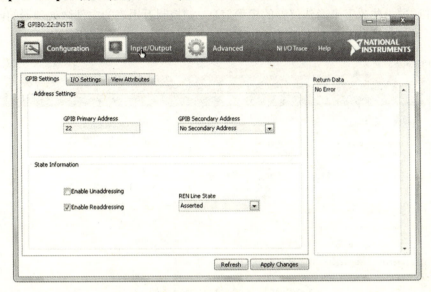

图 13.18　单击 MAX 中的 **Input/Output** 窗口

在 **Input/Output** 窗口中，可以选择它的 **Basic I/O** 选项卡。这里，在 **Enter or Select Command**(输入或选择命令)下拉列表框中输入一个 ASCII 命令，单击 **Query** 按钮，将执行一个写-读的活动(见图 13.19)。也就是说，在 **Enter or Select Command** 中输入的消息将通过 GPIB 写入某个有地址的仪器中，然后通过 GPIB 将仪器的 ASCII 响应读回到计算机里并显示在窗口底部偏左的大矩形文本框里。当 **Input/Output** 窗口打开时，其中的 **Enter or Select Command** 下拉列表框预先放置了 *IDN?。它是 IEEE 488.2 的通用命令，用来让一个仪器表明自身(还包括反斜杠消息结束符\n；后面还有更多介绍)。

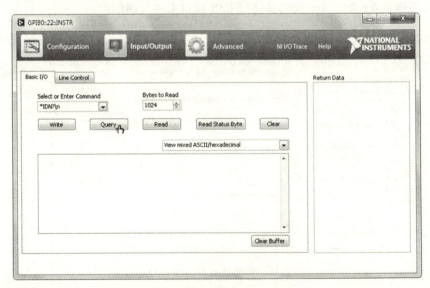

图 13.19　单击 **Query** 按钮

单击 **Query** 按钮，如果 GPIB 通信配置正确，那么从仪器收到的标识串就会显示在这个大的矩形框中(见图 13.20)。对于这里使用的安捷伦 34410A DMM，这个标识串可以表示仪器的制造商，并通过一些数字来确认仪器的模型信息，如控制万用表的内部微处理器的已安装固件的版本号。注意这个标识串的长度为 60 字节。

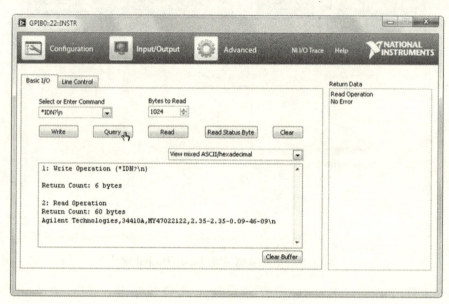

图 13.20　给出仪器的各种信息

为将来参考，这个交互对话框对用户来说是一个方便的工具。它在为一个新仪器开发基于消息的通信程序时用来确定正确的命令语法。

或者，如果仪器被配置为通过 USB 进行通信，在通过双击 **Devices and Interfaces**(设备与接口)来初始化设备检测后，它的名字会出现在结果列表中。如图 13.21 所示，在它名字之前，海神的三叉戟标识 说明这个仪器是通过 USB 接口来进行通信的。

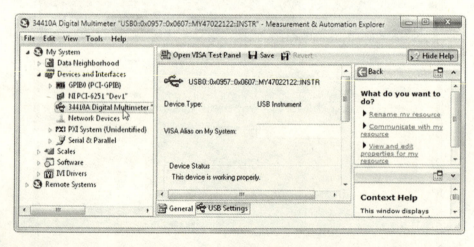

图 13.21　找到 USB 设备的 MAX 窗口

同之前描述关于 GPIB 的步骤类似，可以找到与仪器 USB 相关的 **VISA resource name**(如图 13.22 所示，在我的系统上 DMM 名为 USB0::0x0957::0x0607::MY47022122::INSTR)。在

打开一个 **VISA Test Panel** 后,试着通过 USB 查询仪器的标识串。当然,应该得到一个与通过 GPIB 查询相同的结果。

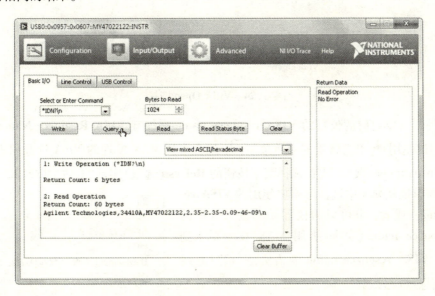

图 13.22　通过 USB 查询设备后的 MAX 窗口

在完成操作之后,退出这个对话框窗口并关闭 MAX。

13.9　简单的基于 VISA 的查询操作

让我们开始编写一个基于 VISA 的程序,它执行一个与刚刚使用的 MAX 完成相同的查询(即写然后读)操作。

在空 VI 的前面板上,放置一个 **String Control**(字符串输入控件)和一个 **String Indicator**(字符串显示控件)(可以在 **Functions » Programming » String** 找到)。将它们分别命名为 Command 和 Response。正如图 13.23 所示,也可以改变这些对象的大小。以使它们看起来比默认大小要大得多。使用 **File » Save** 命令,在 YourName 文件夹下创建新的文件夹名为 Chapter 13。并在 YourName\Chapter 13 下把 VI 保存为 Simple VISA Query。

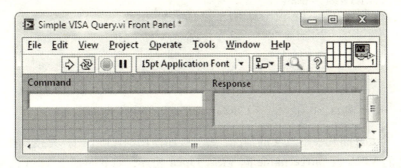

图 13.23　Simple VISA Query 的前面板

切换到程序框图并在那里放置一个 **VISA Open** 图标[可在 **Functions » Instrument I/O » VISA » VISA Advanced**(函数 » 仪器 I/O » VISA » 高级 VISA)中找到](见图 13.24)。在

它的 **VISA resource name** 输入上单击鼠标右键，从弹出的快捷菜单中选择 **Create** ≫ **Constant** 来创建一个 **VISA Resource Name Constant**（VISA 资源名常量）。

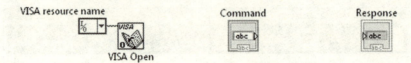

图 13.24　**VISA Open** 图标

必须使用需要通信的仪器的 **VISA resource name** 来加载 **VISA Resource Name Constant**。通过使用单击常量的菜单按钮，就会得到 MAX 发现的 VISA 资源列表，它是由 **Scan for Instruments** 操作（或者选择菜单按钮的 **Refresh** 选项）实现的，如图 13.25 所示。

可以简单地从列表中选择你希望使用的 **VISA resource name**。或者，也可以为仪器手动输入合适的 **VISA resource name**（如同使用 MAX 找到的）到中。**VISA resource name** 的语法是"接口总线名:资源信息:资源类型"。

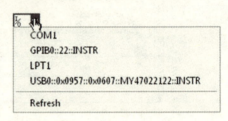

图 13.25　选择 **VISA resource name**

这里，从菜单按钮的列表中，我们选择使用 GPIB 和 DMM 进行通信所适合的 **VISA resource name**（见图 13.26）。

图 13.26　选择适合 GPIB 和 DMM 通信的 **VISA resource name**

或者，如果想通过 USB 和 DMM 进行通信，则可以从菜单按钮的列表中选择如下的 **VISA resource name**（见图 13.27）。

图 13.27　选择适合 USB 和 DMM 通信的 **VISA resource name**

这里有一个太好而几乎不真实的情况：编写程序使用的 VISA 图标是接口独立的。也就是说，一旦合适的 **VISA resource name** 同 **VISA Open** 相连，剩下的基于 VISA 的框图将是相同的，而无论是使用 GPIB、USB 或者其他几种可能的接口总线（包括以太网、RS-232、PXI、VXI）进行通信。所以这些与特定接口总线相关的底层细节都被"引擎盖之下"的 VISA 图标负责维护了。我们只剩下在一个相对高的层次上简单地指挥仪器和 PC 进行通信。比如，精心策划在什么时间写和读什么数据。在本章剩下的框图中,我们选择的 **VISA resource name** 适合 GPIB 通信。正如刚才所描述的,如果愿意,改变 **VISA resource name** 的选择来将通信方式切换到 USB 是一件简单的事情。

使用在 **Functions ≫ Instrument I/O ≫ VISA**(以及它的子选板 **VISA Advanced**)找到的 VISA 图标来完成如图 13.28 所示的框图。将 Command 输入控件连接到 **VISA Write** 的 **write buffer** 输入上,将 Response 显示控件连接到 **VISA Read** 的 **read buffer** 上。当执行后,**VISA Read** 将从选择的资源上读取 N 个字节。这里 N 是一个连接到其 **byte count** 输入上的整数。后面,我们将读到安捷伦 34410A 的标识串。使用之前的 VISA 测试面板,我们看到这个标识符有 60 个字符。这样将 **byte count** 输入连接到一个大于等于 60 的整数(**U32**,作者经常使用 100)上。从弹出的快捷菜单中选择 **Create ≫ Indicator** 来创建一个 **error out** 显示控件。

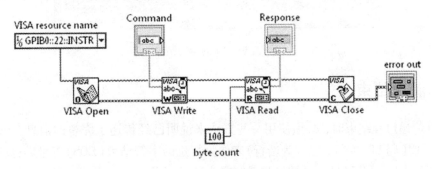

图 13.28 最终的程序框图

回到前面板,将对象布局好,然后保存相关的工作(见图 13.29)。

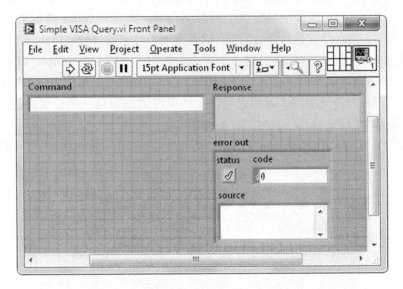

图 13.29 最终的前面板

在 Command 输入控件中输入 *IDN?,然后运行 VI。如果顺利,Response 显示控件在 VI 完成执行后将显示仪器的标识串,如图 13.30 所示。

Simple VISA Query 使用"空闲"的触发电路将把万用表放置在远程模式中。也可以通过在仪器的前面板上按下 Shift/Local 键让它回到本地模式,这将持续地"触发"测量活动。

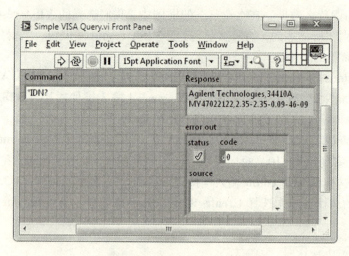

图 13.30　VI 的运行结果

13.10　消息结束

在消息传递过程结束时,必须使用一些方法来说明已经传递了完整的消息。IEEE 488.2 标准指定 ASCII 码 LF(换行,也称为新行)来作为特定的字符结束(EOS)符号。也就是说,当接收一个消息串时,LF 符号总是被接收者解释为这是消息的结束字节。因此,在命令字符串尾部加入一个 LF 是一种标识 IEEE 488.2 通信过程消息结束的方法。或者,IEEE 488.2 标准允许使用标识结束(EOI)断言,在这种方法中,传递串中的最后一个字符,作为另一种可接受的终止方法。EOI 是 GPIB 线缆中特定线上的数字信号。当使用 VISA 图标来控制一个 IEEE 488.2 兼容仪器时,消息结束是自动处理的,读者可以不必了解这种底层活动的细节。

如果想观察这种(通常不可见)消息结束活动的例子,那么在 **Simple VISA Query** 前面板的 Response 显示控件上弹出快捷菜单,选择 **' \ ' Code Display**。那么将会在标识串结尾处看到\n 符号,它是 LF 的转义字符。万用表将这个结束符附加到自己的标识串的尾部来提醒接收者(这里就是 GPIB 设备)消息已经结束(见图 13.31)。

为了不显示 '\' 代码,在 Response 上弹出快捷菜单并选择 **Normal Display**(正常显示)即可。

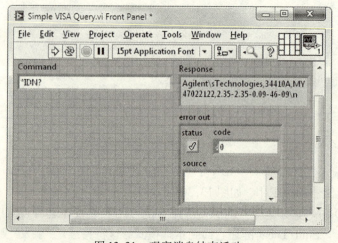

图 13.31　观察消息结束活动

13.11 使用属性节点来获得和设置通信属性

除了消息结束标志,还有其他与基于消息的通信过程相关的底层功能。许多这些底层功能有一个相关的参数设置,它被称为 VISA 属性。VISA 给这些属性赋予了初值,只要编写的基于 VISA 的程序落在这些默认设置的范围之内,VISA 图标将自动接管这些底层的函数(正如之前所展示的消息结束符的例子)。然而,偶尔可能会编写默认的 VISA 属性设置之外的程序,所以需要给这些量赋予非默认的值。读(获得)和写(设置)属性节点值可以在程序中使用属性节点(Property Node)来完成(经常也可以在 MAX 中完成)。

作为 VISA 属性的一个具体例子,可以考虑 VISA Read 超时,它是 VISA Read 的一个防止错误的属性,防止一个程序在错误出现时无休止地运行。比如,假设一个正在被查询的仪器看起来似乎没有响应(也许是某个匿名的实验员忘记打开电源开关),VISA Read 将在终止读操作并显示一个错误消息之前,对于仪器的响应仅仅等待一个确定的毫秒数(由 VISA 属性 Timeout 给出的值确定)。

系统中 VISA Read 默认的超时值可以使用一个 Property Node 确定。Property Node 的帮助窗口如图 13.32 所示。

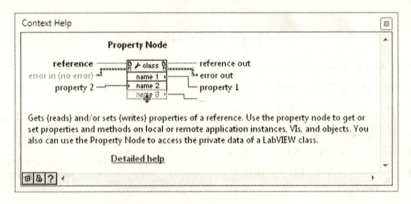

图 13.32　Property Node 的帮助窗口

编写一个如下的 VI,它读取系统上当前的超时值。打开一个新的 VI,并把它保存在 YourName\Chapter 13 目录下名为 Get Timeout Value 的文件中。切换到程序框图,放置一个 VISA Property Node(可以在 Functions ≫ Instrument I/O ≫ VISA ≫ VISA Advanced 中找到)。然后,使用 Create ≫ Constant,将仪器的 VISA resource name 和属性节点的 reference 输入如图 13.33 所示相连。

接下来,使用 工具,在 Property 接线端上单击并选择 General Settings ≫ Timeout Value(通用设置 ≫ 超时值),你也许想探究显示在这个菜单中的其他属性值,它们中的许多是针对特有的接口总线的(见图 13.34)。

图 13.33　连接属性节点的 reference 输入

注意在 Timeout 接线端内部,右端的一个小箭头从端口内部朝外。这个朝外的箭头说明 Timeout 接线端被配置为一个显示控件,也就是说,它读取(获得)当前的 Timeout 值。使用 Create ≫ Indicator,创建将在前面板上显示 Timeout 值的显示控件(见图 13.35)。

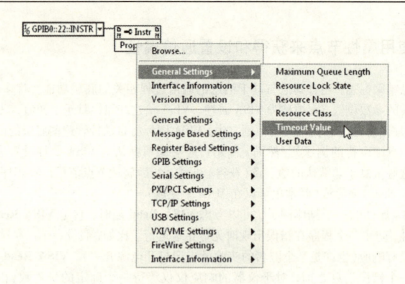

图 13.34　属性节点的菜单

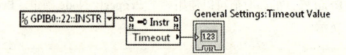

图 13.35　创建显示 **Timeout** 值的显示控件

切换到前面板，把显示控件的标签改名为 Timeout Value(ms)，然后保存工作。运行这个 VI。如图 13.36 所示，计算机上的默认 **Timeout** 值是 3000 ms = 3 秒。

也可以使用一个属性节点来设置 VISA 属性的值。为了演示这个过程，在打开的 Get Timeout Value 里使用 **Save As…** 来创建一个名为 Set Timeout Value 的程序，并把它保存到 YourName\Chapter 13 目录下。当执行时，Set Timeout Value 将从前面板读入 **VISA Read** 的超时值。

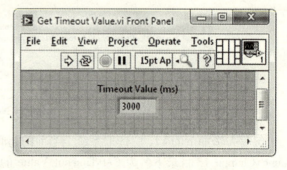

图 13.36　Get Timeout Value 前面板

在 Set Timeout Value 的程序框图中，在 **Timeout** 接线端弹出快捷菜单，选择 **Change To Write**(见图 13.37)。

注意到在 **Timeout** 接线端内部，现在小箭头在左边，并在端口内部朝内指向。这个朝内的箭头说明 **Timeout** 接线端被配置为一个输入控件，也就是说，它写入(设置)当前的 **Timeout** 值。删除 Timeout Value(ms)显示控件，并使用 **Create** ≫ **Control** 在前面板上创建一个名为 Timeout Value(ms)的输入控件(见图 13.38)。

回到前面板并保存相关的工作(见图 13.39)。

将 Timeout Value(ms)设置为 1000，然后运行 Set Timeout Value 程序。现在超时值是否为 1000 ms = 1 秒？尝试将 Timeout Value(ms)设置为 2500。你会发现只能设置某些超时值。LabVIEW 将输入的 Set Timeout Value 值当做一种建议(而不是命令)。并将超时值设置为最接近的允许值。最后一次运行 Set Timeout Value，把超时值设置为 3000。

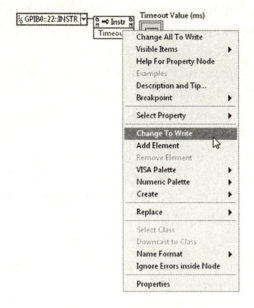

图 13.37　Timeout 的弹出菜单

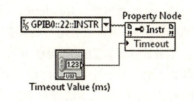

图 13.38　创建 **Timeout** 的输入控件

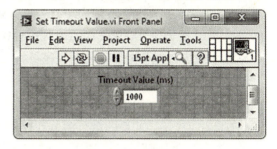

图 13.39　最终的前面板

13.12　在接口总线上测量

现在，Simple VISA Query 给我们提供了一个 VISA 查询过程的模板，让我们尝试控制一个真实的测量。考虑一下在安捷伦 34410A（或者是 34401A）数字万用表的低和高电压输入之间某些已知的直流电源电压，比如说 5 V 或者 6 V。这个仪器的用户手册告诉我们，如下的 ASCII 命令将导致采集到一个直流电压样本并把它加载到仪器的输出缓存中（是其内部电路的一部分）：

CONF:VOLT:DC<Space>10,0.00001
INIT
FETC?

这个代码的含义如下：首先，安捷伦 34410A 可以被编程来实现 14 种不同类型的测量功能，包括测量直流电压、交流电压、直流电流、交流电流、电阻、频率、电容值和温度。考虑到这些选项，第一个命令指示仪器将进行一个直流电压测量。完整的命令是 CONFigure：VOLTage：DC ＜Space＞＜Range＞，＜Resolution＞（这条命令实际上执行了一系列从安捷伦 34410A 的 **INPut**、**SENSe**、**TRIGger** 和 **CALCulate** 根文件系统中得到的命令）。这个具体命令 CONFigure：VOLTage：DC 是以层次化的树结构建立的，可以看出是一个典型的 SCPI 兼容仪器。CONFigure 是一个根关键字，冒号表示接下来是下一级的 VOLTage，然后是最后的 DC 关键字。尽管可以将完整的命令送到仪器，但其实仅仅发送大写字符就足够了。＜Space＞将命令 CONF：VOLT：DC 和数字隔开，它指定了两个测量参数＜Range＞和＜Resolution＞。＜Range＞在仪器的 5 个可选的测量范围内选择。每个范围根据＜Range＞给出的在一个特定范围内的最大测量值提供了不同的精度。5 个可能的范围包括：100 mV，1 V，10 V，100 V，以及 1000 V。在测量 5 V 信号的情况下，10 V 范围是合适的。＜Resolution＞指明了测量的精度。34410A 万用表有 8 档可用的精度。为了使我们的程序能够兼容 34410A 和老型号的 34401A 数字万用表，我们在工作中将仅使用两种精度。这些分辨率将有 5 1/2 和 6 1/2 的数字精度（这里 1/2 数字是指最高的数字位仅仅取"0"和"1"值）。那么，在 10 V 的范围中，电压可以分别达到

0.0001 V或者0.00001 V的分辨率。在上面的命令序列中,最高的6 1/2的数字精度是在<Range>为10时通过将<Resolution>设置为0.00001来得到的。注意到CONF命令的语法服从SCPI语言的惯例:一个逗号将参数互相分开,一个<Space>将参数和命令分开。

一旦万用表被配置为如前面章节所描述的所需的测量功能,通过给仪器发送INITiate命令(在**TRIGger**根子系统中)就可以启动数据采集过程。接收到INIT以后,万用表就获取所请求的电压采样,然后将这个值储存在它内部的存储器中。最后,FETCh?命令(在**MEMory**根子系统中)指示仪器把内存中读到的数据传递到和接口相关的输出缓存中。

现在,我们将把这个命令序列放到Simple VISA Query中。既然这里有三个要发送的命令,显然必须将VI改为包含顺序实现三个**VISA Write**的序列。尽管可以这么做,但是还有一个更容易的解决方案。SCPI语言允许程序员将几个命令串在一起,变成一个长得多的命令串,然后把它送到一个单独的**VISA Write**语句中。串接过程的语法如下:

- 使用分号来分开串中的两个命令。
- 如果有一个不同的根的命令需要处理,那么就以冒号表示一个命令的开始。串中的第一个命令和IEEE 488.2通用命令(以星号开始)不需要以冒号开始。

既然我们的三个命令的根不同,使用上面所述的规则后,我们得到了如下的连接串。

CONF:VOLT:DC<Space>10,0.00001;:INIT;:FETC?

如图13.40所示,在Simple VISA Query前面板的Command输入控件里键入这个命令。运行这个VI。计算机将指示万用表在10 V的范围内以6 1/2数字位的电压读取,得到这个值后,将其显示在前面板的Response显示控件中。

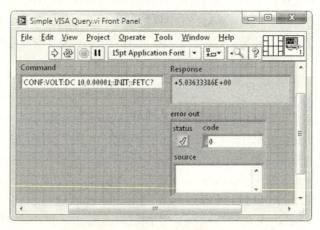

图13.40 命令的执行结果

注意到尽管显示了额外的数字位,Response中的值仅精确到5位小数。

如前面所示,安捷伦数字万用表将它的数字采样报告为一个ASCII字符串的形式。它以指数格式SD.DDDDDDDDESDD表示,其中S表示正负号,D是一个数字位,E是一个指数。为了用做将来的参考,注意到表示一个数字采样的字符串有15字节长。如果想使用这个读数作为一个数学计算器的输入(通常情况下),则需要把这个字符串表示转换成一个数学格式。这样的转换操作在LabVIEW中很容易通过**Functions ≫ Programming ≫ String**中的系列转换图标完成。在目前的情况下,使用**Functions ≫ Programming ≫ String ≫ String/Number**

Conversion(函数≫编程≫字符串≫字符串/数值转换)中的 **Fract/Exp String To Number**(分数/指数字符串到数值转换)图标。这个图标的帮助窗口如图 13.41 所示。

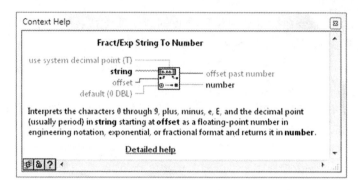

图 13.41　**Fract/Exp String To Number** 的帮助窗口

在 Simple VISA Query 的前面板上放置一个数值显示控件,将其命名为 Numeric Voltage。在这个显示控件的弹出菜单上选择 **Display Format...** 使其 **Digits of precision**(数字精度)为 5 并将 **Hide trailing zeros**(忽略尾部的 0)设置为"不使能"。然后,程序框图如图 13.42 所示。

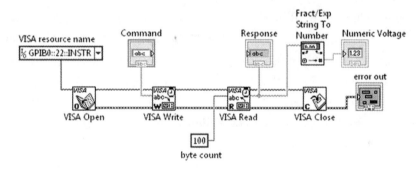

图 13.42　更新后的程序框图

运行这个 VI,验证这个字符串到数字的转换图标能够执行期望的功能(见图 13.43)。

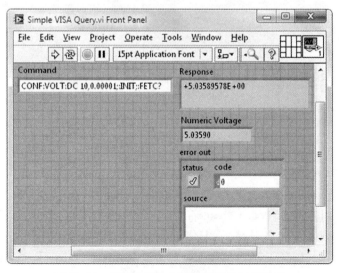

图 13.43　字符串到数字转换操作的运行结果

13.13 同步方法

尽管大部分 ASCII 命令在被可编程仪器接收到后快速完成，但是某些命令会启动一个需要很长时间的过程（比如读取一大段数据或者从点 A 到点 B 移动一个目标）。在编写一个数据采样程序时，如果程序在执行时数据还没有到来就请求数据，将会导致不想要的变动或者造成其他的混乱输出，我们必须要考虑这种过程所需的时间。

作为一个例子，在它的默认配置中，安捷伦 34410A 万用表在接收到 INITiate 命令后立即获得了一个数据采样，然后把这个测量值储存在它的内存中。然而，通过使用 SAMPle:COUNt <Space> <Value> 命令，可以指示万用表在收到 INITiate 命令后读取并存储多个数据采样。通过如下的串接命令字，安捷伦 34410A 可以配置为获得 1500 个有 6 1/2 位精度的直流电压采样。

CONF:VOLT:DC<Space>10,0.00001;:SAMP:COUN<Space>1500;:INIT;:FETC?

FETCh? 命令将把获得的 1500 个采样从万用表的内存中加载到仪器和接口相关的输出缓存中（34410A 的内存可以最多存放 50 000 个测量值，而 34401A 仅能存放 512 个值）。

让我们编写一个 VI，使用给出的命令来收集 1500 个电压采样值序列。打开 Simple VISA Query，并使用 Save As... 来创建一个新的 VI，名为 Simple VISA Query(Long Delay)。在前面板上删除 Numeric Voltage 并把 Response 变大，以使它可以显示一个非常长的字符串（由 1500 个电压值串接），并在它的弹出菜单上选择 **Visible Items** ≫ **Vertical Scrollbar**（显示项 ≫ 垂直滚动条）来激活它的滚动条。在 Command 输入控件中键入上面给出的命令（对于安捷伦 34401A 的用户，数字万用表的动作很慢，因此把它配置为采集 15 个样本，而不是 1500，可以在命令串中使用 SAMP:COUN <Space> 15 命令）。一旦在 Command 输入控件中输入了信息，就可以通过菜单选择 **Edit** ≫ **Make Current Values Default** 来永久地将这个命令放在那里（见图 13.44）。

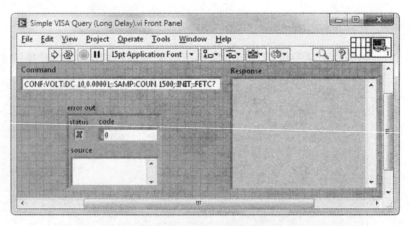

图 13.44 修改后的程序的前面板

切换到程序框图。删除 **Fract/Exp String To Number** 图标。再把给出的命令串通过 **VISA Write** 将其写入到万用表，**VISA Read** 将收到一个包含有 1500 个电压采样的串。既然每个电压采样值由一个 15 字节的串表示，而且需要一个（单个）ASCII 分隔符来分隔每个采样，这个 1500 采样串需要大约（1500 × 15）+ 1500 = 24 000 字节长。如图 13.45 所示，在 **byte count** 上输入一个大于 24 000 的整数。

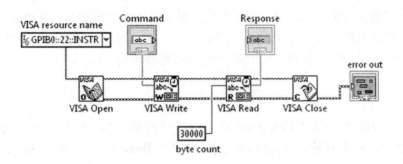

图 13.45　修改后的程序框图

运行 Simple VISA Query(Long Delay)。倒计时读秒，3…2…1。很令人失望，你会发现 VI 仅仅输出了期望的 1500 个值的一个子集并产生了一个错误(见图 13.46)。

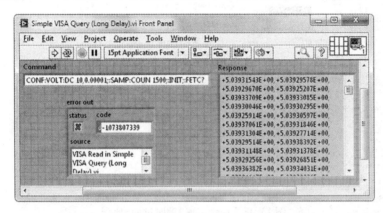

图 13.46　仅输出 1500 个值的子集且有错误

为了找到是什么原因产生了这个错误，在 error out 簇的 code 显示控件上弹出快捷菜单并选择 **Explain Error**(解释错误)(见图 13.47)。

接下来会出现一个对话框窗口，在那里我们被告知在所请求的操作(即读取 1500 个数据采样)完成之前出现了一个 **VISA Read** 的"超时过期"错误(见图 13.48)。

在经过一些思索和检查安捷伦 34410A 的用户手册后，我们对观察到的运行 Simple VISA Query(Long Delay)出现的错误有如下的解释。简单地说，电压采样需要时间。当安捷伦 34410A 被配置为 6 1/2 位精度时，它对每个电压采集需要 0.2 个电源线周期(PLC)。此外，安捷伦 34410A 还有一个可选的自动归零特性，它是如下操作的：在每个电压测量之后，万用表内部断开输入信号并读入一个 0 读数。然后仪器从之前的测量值中减去这个 0 读数以防止万用表内部电路的偏置电压会影响测量精度。既然 0 读数也要同正常的电压测量采样一样消耗相同数量的 PLC，那么与没有激活自动归零特性时相比，每次万用表完整的电压采样测量需要消耗两倍的

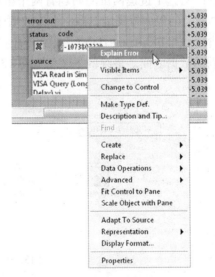

图 13.47　在弹出的快捷菜单上选择**Explain Error**

时间。通过查阅数字万用表的用户手册,我们发现在选择的分辨率下,自动归零特性是关闭的。那么每个电压采样需要花费 0.2(而不是 0.4)个 PLC。假设这个仪器是插到一个 60 Hz 的电源上(也就是说,每秒 60 个 PLC),1500 个电压采样将花费

$$1500 \times \left(\frac{0.2 \text{ PLC}}{60 \text{ PLC/s}} \right) = 5 \text{ s}$$

有一个问题,之前我们发现 **VISA Read** 默认的超时值是 3 秒,但我们进行的测量大约花费 5 秒。那么,在所有请求的数据到来之前,**VISA Read** 会终止执行 Simple VISA Query (Long Delay)。

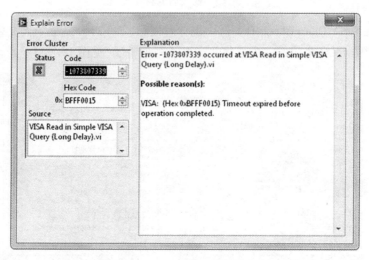

图 13.48　提示出现"超时过期"错误

对于 34401A 的用户而言,数字万用表的每个数据采样需要花费 10 个 PLC,而且自动归零默认是打开的。因此,15 个采样需要 15 × (20 PLC/60 PLC/s) = 5 秒的时间。

对这个进退两难的问题有两个粗糙的解决方法。第一个方法是在 Simple VISA Query(Long Delay)的程序框图上,将一个单帧顺序结构插入到 VISA 执行链中。这个顺序结构只简单地包含了一个 **Wait(ms)** 图标,让它产生一个大于 5 秒的延迟,插入到数据采样命令与读取已采集到的数据之间。最终的框图将如图 13.49 所示。

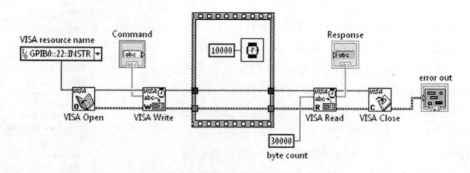

图 13.49　第一种方法修改后的程序框图

第二种是一种更加优化的修改方式。可以使用一个 **Property Node** 来改变 **VISA Read** 的 **Timeout** 值,将其从默认的 3000 毫秒(我的系统中)改为大于 5 秒的某个值。使用这个方法来

更改 Simple VISA Query(Long Delay)的程序框图，让它如图 13.50 所示。这里，**Timeout** 值被选为 10 秒。

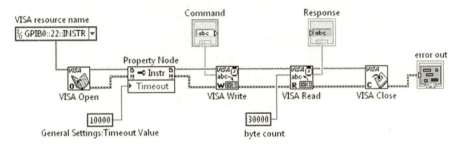

图 13.50　第二种方法修改后的程序框图

回到 Simple VISA Query(Long Delay)的前面板上。把数字万用表关闭，然后再次打开来清除上次未成功运行的在缓冲区中未读取的数据。然后，使用 Command 控件中实现 1500 个采样的命令，运行 VI(对于 34401A 的用户，请求 15 个采样，而不是 1500 个)。大约 5 秒后，应该看到如图 13.51所示的前面板。注意，安捷伦数字万用表用来分离相邻数据值的分隔符是逗号。

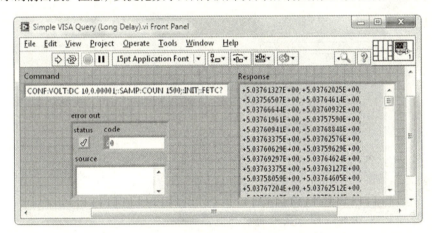

图 13.51　最终的运行结果

在这个处理例子中，我们发现在了解测量过程实现细节的帮助下，定位一个基于 VISA 的 VI 错误是可能的。请注意缺乏相互通信(在这个例子中，接口总线不知道什么时候仪器的数据已准备好)是导致这个故障的根本问题。

幸运的是，存在强大的工具来让我们检测这个可编程仪器执行任务的状态。对于 IEEE 488.2 兼容的仪器，这些工具是我们在本章开始处讨论的标准事件状态寄存器(SESR)和状态字节寄存器(SBR)。在合理使用 SESR 和 SBR 后，许多可能的数据采集冲突(像我们刚才经历的)都可以被避免。

SESR 和 SBR 的状态报告功能可以通过很多种方式实现。我们将探索两种通用的技巧——串行池和服务请求方法。这两种方法的核心是相同的——完成一个预先的任务将触发标准事件状态寄存器中的任务完成(OPC)位，然后再依次设置状态字节寄存器的事件状态(ESB)位。

在串行池方法中，通过直接检查状态字节寄存器的 ESB 位设置与否，这个状态可由仪器的串行池得到。图 13.52 显示了这个方法完整的单步处理过程。

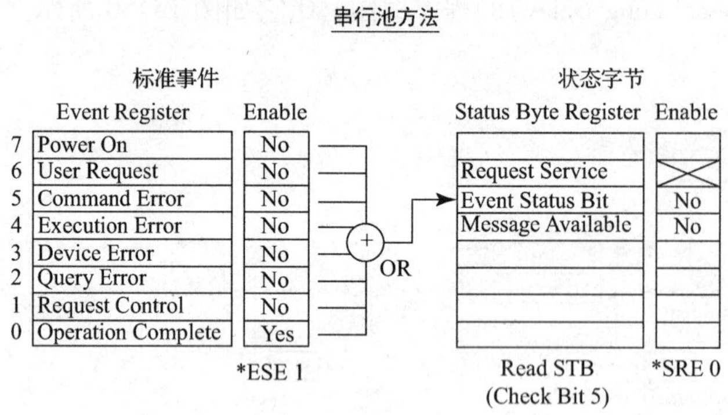

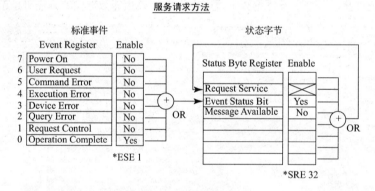

图 13.52　串行池方法

在服务请求方法中，状态寄存器是这样配置的，当 ESB 被设置后，服务请求位也随之被设置了。然后这个活动导致仪器发出一个 SRQ 断言，它将警告接口总线这个请求的操作已经完成了。图 13.53 给出了这个方法。

图 13.53　服务请求方法

我们将编写 VI 来实现两种方法进行状态报告。

13.14　基于串行池方法的测量 VI

让我们首先尝试一下串行池方法。为了将安捷伦 34410A（或 34401A）数字万用表配置为使用串行池进行状态报告，编写如下的 Status Config(Serial Poll) 程序并将其保存到 YourName\Chapter 13 目录下。首先编写如图 13.54 所示的程序框图。使用弹出菜单中的自动创建特性来创建所有的常量、输入控件和显示控件。

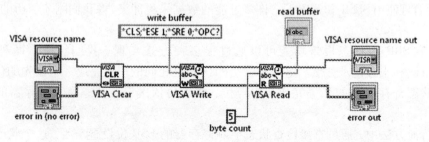

图 13.54　串行池方法测量 VI 的程序框图

切换到前面板（见图 13.55），按顺序地安排各个对象。设计一个图标，并将连接器面板的接线端设置同图 13.56 所示的帮助窗口一致。

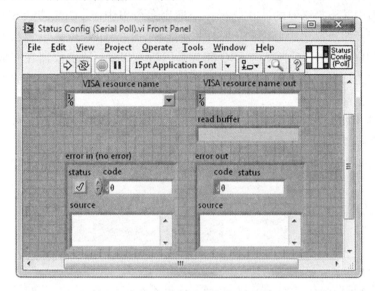

图 13.55　串行池方法测量 VI 的前面板

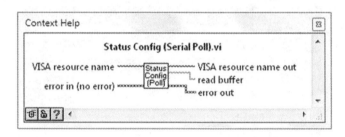

图 13.56　Status Config(Serial Poll)的帮助窗口

现在说明一下这个 VI 如何工作，假设由 **VISA resource name** 给出的仪器是 IEEE 488.2 兼容的。在这个 VISA 图标链中，**VISA Clear**（可在 **Functions ≫ Instrument I/O ≫ GPIB** 中找到）首先被执行。这个图标的帮助窗口如图 13.57 所示。

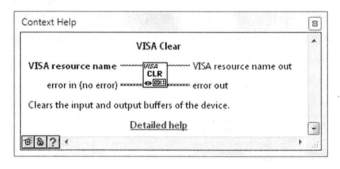

图 13.57　**VISA Clear** 的帮助窗口

尽管它在 Status Config(Serial Poll)中不是必要的，但是这个 VI 执行了预防性的清除仪器的操作。**VISA Clear** 指示仪器停止所有正在进行的测量，使触发电路失效，清除它与接口相关的输出缓存，并准备接收一个新的命令串。

接下来，**VISA Write** 送出链接在一起的命令串 ∗CLS；∗ESE 1；∗SRE 0；∗OPC？，用来配置仪器使用串行池方式报告状态。注意，既然每一个子串都是 IEEE 488.2 的通用命令，起始的分号在链接串中并不是必要的。在这样一个通用命令串中，∗CLS 清除 SESR 和 SBR 的内容。正如在本章开始所描述的那样，∗ESE 1 使能 SESR 的 OPC 位来设置状态字节寄存器的 ESB 位，∗SRE 0 使得仪器不能发送 SRQ 断言。然后 ∗OPC？请求仪器在完成这个命令后返回一个 1 到仪器的输出缓存中。最后的命令(∗OPC？)只包括一个检查整个命令串是否被执行的简单方法。

最后，**VISA Read** 读取仪器输出缓存中的内容。如果一切正常，计算机应该读取到一个单一的 ASCII 字符"1"。

按照图 13.58 测试一下 VI。使用🖱单击 **VISA resource name** 输入控件的菜单按钮。

图 13.58　测试 VI

然后，从计算机控制的、目前列出的仪器中选择合适的 **VISA resource name**（见图 13.59）。

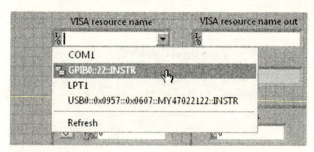

图 13.59　选择合适的 **VISA resource name**

然后，运行 Status Config(Serial Poll)。执行完毕后，Buffer Reading 字符串显示控件是否显示了 ASCII 字符"1"？

接下来，创建一个名为 Serial Poll 的 VI。它将持续读取一个仪器的状态字节寄存器直到一个给定的位被设置。一个建议的 Serial Poll 编码方法如图 13.60 的程序框图所示（前面板如图 13.61 所示，帮助窗口如图 13.62 所示）。对于不熟悉的图标，将在后续的章节中进行解释。将 Serial Poll 保存到 YourName\Chapter 13 目录下。

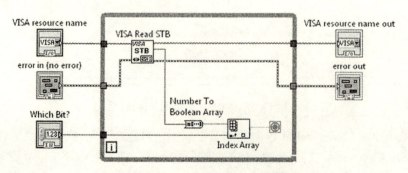

图 13.60　Serial Poll 的程序框图

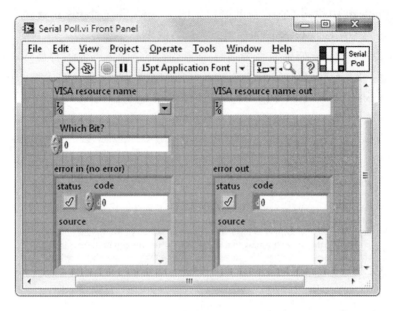

图 13.61　Serial Poll 的前面板

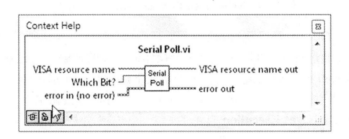

图 13.62　Serial Poll 的帮助窗口

可以从 **Functions ≫ Instrument I/O ≫ VISA** 中找到 **VISA Read STB**，它是这个 VI 的核心。在 While 循环的每一次迭代中，它的 **status byte**（状态字节）输出以整数形式返回 SBR 的 8 位现值。比如，如果 SBR 的第 5 位（ESB）被设置，那么 **status byte** 将输出整数 32，因为 $00100000_2 = 32_{10}$。**VISA Read STB** 的帮助窗口如图 13.63 所示。

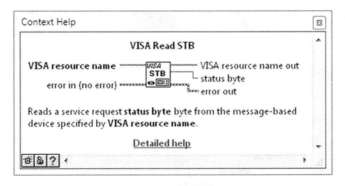

图 13.63　VISA Read STB 的帮助窗口

可以使用 **Number To Boolean Array**（数值至布尔数组转换）图标（在 **Functions ≫ Pro-**

gramming » Boolean 中找到，它的帮助窗口见图 13.64)检查 **status byte** 的每一位。这个 VI 将创建一个元素为 TRUE 或 FALSE 的数组，它是将输入数字表示为二进制的一串 1 和 0 的镜像(从最低位开始)。比如，如果数字为整数 48，那么布尔数组的输出将是[F, F, F, F, T, T, F, F]，这是因为 $48_{10} = 0011000_2$。**Index Array**(索引数组)用来确定这个数组中某个特定元素的值。当 Which Bit? 变为 TRUE 时，While 循环将停止运行。

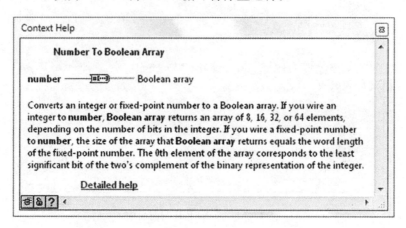

图 13.64 **Number To Boolean Array** 的帮助窗口

在 **Highlight Execution**(高亮执行)模式下运行 Serial Poll(高亮执行通过单击工具栏上的灯泡按钮来激活)。通过观察，可以获得对这个操作的更好的理解。请记住前面板上的 VISA resource name 和 Which Bit? 输入值。当在这种模式下运行时，VI 很可能永远不能退出 While 循环。因此不得不使用工具栏上的 **Abort Execution**(停止执行)按钮来停止它。同样，可以单击灯泡按钮来关闭 **Highlight Execution** 模式。

最终，我们准备编写 VISA Query(Serial Poll)。这个顶层的程序将实现通过串行池同步接口总线的活动，这在使用安捷伦 34410A 万用表获得 1500 个电压采样时是必要的。

打开 Simple VISA Query(Long Delay)，然后使用 **Save As...** 来创建 VISA Query(Serial Poll)。前面板保持不变。在 Command 输入控件中键入如下的命令，其中在输入控件中已经有默认的一部分。请确保包含 *OPC(在较老型号的 34401A 数组万用表上，使用 15 来代替 1500)。

*CONF:VOLT:DC\<Space\>10,0.00001;:SAMP:COUN\<Space\>1500;:INIT;*OPC;:FETC?*

切换到程序框图，将其改为如图 13.65 所示，并使用 Status Config(Serial Poll)和 Serial Poll 作为子 VI。

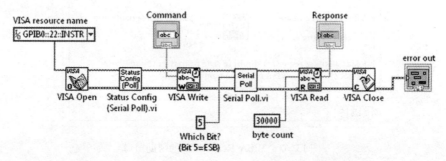

图 13.65 Status Config(Serial Poll)的程序框图

下面是这个框图的工作原理：使用 **VISA Write** 来将链接命令字符串送到仪器。在把万用表配置为所需的直流电压测量功能以后，通过 INIT 命令来开始这个采样过程。持续地获得 1500 个采样并暂时存放在万用表的内存中。在获得 1500 个采样以后，∗OPC 命令指示仪器设置 SESR 的 OPC 位（接下来，设置 SBR 的 ESB 位），然后 FETC？命令将仪器内存中的内容加载到仪器的输出缓存中。在这个 VI 中，如果 Serial Poll 检测到 ESB 位已经被设置，那么这就意味着仪器的输出缓存可以被 **VISA Read** 读取了。一种可行的方法是将 ∗OPC 放在 FETC？之后，而不是像现在把它放在 INIT 和 FETC？之间。然而，目前这种方式是最好的，它避免了在一个查询之后发送 ∗OPC 命令（查询是指以？结束的命令，如同 FETC？）。这个查询命令将导致一个消息被加载到仪器的输出缓存中。如果这个消息超过输出缓存的大小，则查询操作必须马上使用 **VISA Read**，这样才能让程序通过总线成功地读取到长消息。

回到前面板，保存相关的工作，然后运行 VISA Query（Serial Poll）。这个 VI 是否成功地获得所请求的 1500 个直流电压采样？如果是这样，那么在 VISA Query（Serial Poll）上和它的子 VI Serial Poll 上使用 **Highlight Execution** 模式再次运行。这个练习将向你展示串行池方法的弱点，即这个方法需要大量的总线数据交互。当正在采集 1500 个数据时，5 秒内仪器通过接口总线轮询了很多次来保证能够持续地监控仪器的状态。尽管可用，串行池方法是相当低效的，因为它大量占用了接口总线和处理器时间。

13.15　基于服务请求方法的测量 VI

服务请求方法使用一个接口总线占用最小的方法来提供状态报告。为了将 IEEE 488.2 兼容仪器配置为使用服务请求方法进行状态报告，打开 Status Config（Serial Poll），使用 **Save As...** 命令来创建 Status Config（SRQ）并把它保存在 YourName\Chapter 13 目录下。前面板和接线端保持不变，但图标需要按图 13.66 进行重新设计。

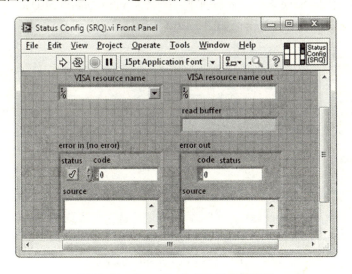

图 13.66　Status Config（SRQ）的前面板

仅仅需要在程序框图中修改两处。第一是在送到仪器的命令串中，将 ∗SRE 0 改为 ∗SRE 32，仪器将在 SBR 的第 5 位（ESB 位）被设置时发送一个 SRQ 断言。已有的 ∗ESE 1 将指示仪器当 SESR 的 OPC（操作完成）被设置时来设置 ESB 位。第二，为了使 VISA 函数能够在这个 VISA 会话中检测到服务请求(SRQ)事件，框图中必须包括如图所示的 **VISA Enable Event**，它的 **event type** 输入必须连接到 **Service Request** 上。**VISA Enable Event** 可以在 **Functions》Instrument I/O》VISA》VISA Advanced》Event Handling**(函数》仪器 I/O》VISA》高级 VISA》事件处理)中找到。Status Config(SRQ)的帮助窗口如图 13.67 所示，程序框图如图 13.68 所示。

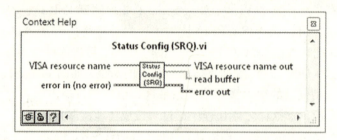

图 13.67　Status Config(SRQ)的帮助窗口

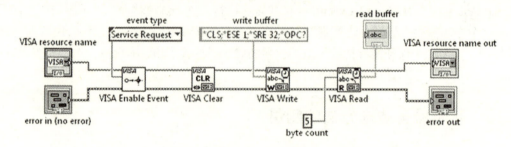

图 13.68　Status Config(SRQ)的程序框图

保存相关的工作并关闭这个 VI。

现在，让我们使用服务请求方法，从安捷伦 34410A 中获得 1500 个电压采样。打开 VISA Query(Serial Poll)，使用 **Save As...** 命令创建一个名为 VISA Query(SRQ)的 VI，并把它保存在 YourName\Chapter 13 目录下。前面板如图 13.69 所示。

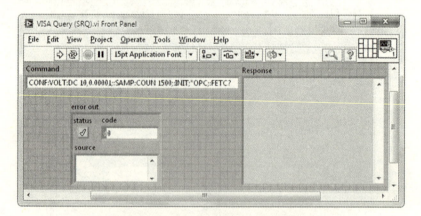

图 13.69　VISA Query(SRQ)的前面板

切换到程序框图，把它修改为如图 13.70 所示。

这里，必须包括 **VISA Disable Event** 图标，它可以在 **Functions》Instrument I/O》VISA》VISA Advanced》Event Handling** 中找到，可用来在 VISA 会话关闭之前失效关于 SRQ 事件的 VISA 服务。

第 13 章　独立仪器的控制

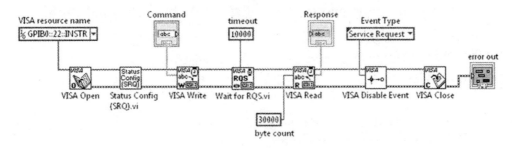

图 13.70　修改后的程序框图

Wait for RQS. vi 也在 **Functions ≫ Instrument I/O ≫ VISA ≫ VISA Advanced ≫ Event Handling** 中，它的帮助窗口如图 13.71 所示，它等待由 **VISA resource name** 指定的仪器发出一个 SRQ 断言。然而，这个函数的等待时间有限，最多等待 **timeout** 时间，默认值是 25 000 ms = 25 秒。因为我们的测量仅仅需要 5 秒，所以通过不连接 **timeout** 输入端来保持这个默认值，正如图 13.70 所示。

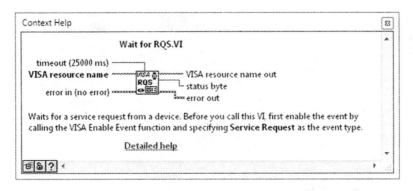

图 13.71　**Wait for RQS. vi** 的帮助窗口

保存相关的工作，然后运行 VISA Query(SRQ)。它是否从数字万用表中成功地获得了所请求的 1500 个直流电压采样？你是否理解了这个程序的操作？服务请求方法如何以一个最小的接口总线活动方式工作？

为了简化 VISA Query(SRQ)的程序框图，可以考虑将 **VISA Disable Event** 和 **VISA Close** 压缩到一个名为 Close(SRQ)的子 VI 中。这是因为两个函数都涉及关闭基于服务请求的 VISA 会话。

为了较容易地实现这种处理，简单地使用 ▶ 创建一个高亮的矩形框，并将这两个图标包含在内(见图 13.72)。

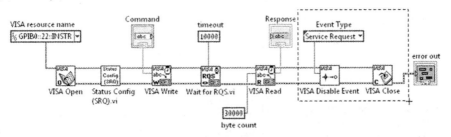

图 13.72　创建高亮的矩形框

然后,使用 **Edit ≫ Create subVI** 命令,一个新的子 VI 图标就出现在框图(见图 13.73)中,并且自动连线。

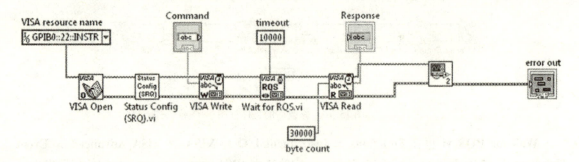

图 13.73 增加子 VI 后的程序框图

双击这个新图标来打开它。然后重新命名前面板的对象(见图 13.74),设计一个图标,并将连接器面板的接线端设置为帮助窗口所示(使用 4×2×2×4 模板)(见图 13.75)。在 Your-Name\Chapter 13 目录下保存这个 VI,并命名为 Close(SRQ)。

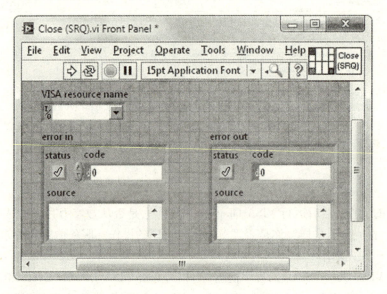

图 13.74 Close(SRQ)的前面板

切换到 Close(SRQ)的程序框图,如图 13.76 所示。

关闭 Close(SRQ),并回到 VISA Query (SRQ)的程序框图中。你也许不得不删除先前创建的子 VI 并使用 **Functions ≫ Select a VI…** 来加载 Close(SRQ)的一个新的副本。在这之后,最终的 VISA Query(SRQ)的框图如图 13.77 所示。尝试运行这个 VI 来验证它的功能是否正常。

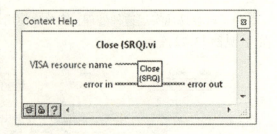

图 13.75 Close(SRQ)的帮助窗口

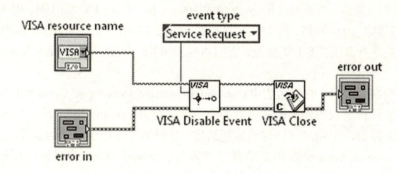

图 13.76　Close(SRQ)的程序框图

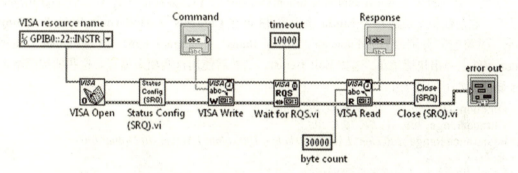

图 13.77　最终的 VISA Query(SRQ)的程序框图

13.16　创建一个仪器驱动

仪器驱动是指执行计算机控制的一个可编程仪器的所需操作的模块化软件集合。这些操作包括配置，触发，状态检查，向仪器发送命令，从仪器接收数据。之前，Status Config(Serial Poll)和 Status Config(SRQ)是用 VI 配置仪器的例子，把它们包含在安捷伦 34410A 仪器驱动中是非常有用的。现在我们将编写另一个配置用的 VI，这一次这个 VI 将使万用表作为任意的测量工具。

安捷伦 34410A 有能力实现 14 种测量功能，包括直流和交流电压，直流和交流电流，2 端和 4 端电阻(2 端是测量电阻常用的方法，更深入的 4 端测量技术只有当测量电阻非常小的样本时才需要)，交流信号的频率和周期，连续性，二极管测试，电容，以及温度。为了获得使用某些可用的 LabVIEW 工具来开发仪器驱动的经验，让我们编写一个驱动，它提供了将安捷伦 34410A 配置为直流电压、交流电压和 2 端电阻测量的选择。当然你也可以有更大的决心来编写控制全部 14 种可能测量功能的仪器驱动。

参考了安捷伦 34410A 的用户手册，我们发现我们的驱动必须允许用户选择下列 3 种可能的命令之一来将仪器配置为所需的测量功能：

CONFigure:*VOLTage*:*DC* < Space > < Range > , < Resolution >

CONFigure:*VOLTage*:*AC* < Space > < Range > , < Resolution >

CONFigure:*RESistance* < Space > < Range > , < Resolution >

对于直流电压和交流电压而言，这里可能的 < Range > 值是 0.1 V、1 V、10 V 和 100 V (忽略了最高的量程，因为对直流电压和交流电压测量，最高的量程不同，分别是 1000 V 和

750 V)。对于电阻测量,可能的<Range>值是100、1 K、10 K、100 K、1 M、10 M 和100 M 欧姆(这里,我们忽略了1G 欧姆,因为这个量程在老型号34401A 上不可用)。在所有的情况下,测量精度可以是5 1/2 或者6 1/2 数位,它们对应着<Resolution>分别是<Range>值的10^{-5} 或10^{-6}倍。

我们将编写两个程序,它们名为 Range and Resolution Decoder 和 Command String,它们可以让用户使用前面板输入控件来创建所需的命令串。在 Range and Resolution Decoder 中,给定的范围和精度选择由一个用户友好的前面板给出,它列出了万用表可用的选择,程序将把这些选择转化为 Command String 所需的双精度浮点数。Command String 将根据前面板输入控件中的选择来生成合适的 ASCII 命令串并送到安捷伦数字万用表中。

创建一个新的名为 Range and Resolution Decoder 的 VI,将其保存到 YourName\Chapter 13 目录下。在前面板上放置4 个 **Enum** 输入控件(可在 **Controls** ≫ **Modern** ≫ **Ring & Enum** 中找到),并将它们分别命名为 Function、Voltage Range、Resistance Range 和 Resolution。在每个 **Enum** 控件上弹出快捷菜单,选择 **Edit Items...**,然后使用这些项来编程。这些项按照给定的顺序显示在如下的列表中。

Function: *DC Voltage, AC Voltage, Resistance*
Voltage Range: *100 mV, 1 V, 10 V, 100 V*
Resistance Range: *100 ohm, 1 kohm, 10 kohm, 100 kohm, 1 Mohm, 10 Mohm, 100 Mohm*
Resolution: *5 1/2 Digits, 6 1/2 Digits*

然后将4 个 **Enum** 控件放在一个簇框架中(可在 **Controls** ≫ **Modern** ≫ **Array, Matrix & Cluster** 中找到),并将其如图 13.78 所示命名为 Function Parameters。

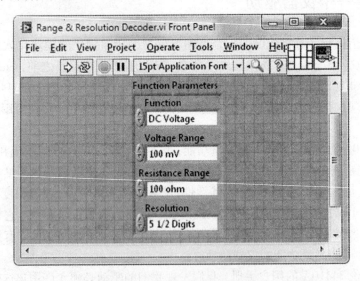

图 13.78 Function Parameters 簇

切换到程序框图,在那里放置一个 **Case Structure**(条件结构),并按照如图 13.79 所示完成相关的代码。在条件结构的弹出菜单上选择 **Add Case for Every Value**(为每个值添加分支),并验证三个分支是否被命名为 DC Voltage、AC Voltage 和 Resistance。

选择 DC Voltage 分支,并在其中放置一个 **Index Array**(索引数组)图标。在索引数组的 **n-dimension array** 输入上单击鼠标右键,从弹出的快捷菜单中选择 **Create** ≫ **Constant** 来创建一个数组常量并把它命名为 Voltage Ranges。接下来，将这个数组常量的下标 0~3 分别赋为 0.1，1.0，10.0，100.0。这个数组常量将被看成是一个万用表允许的电压范围的查找表，它以双精度浮点数形式给出。如图 13.80 所示完成这个 DC Voltage 分支的代码。这里，与前面板上的 **Enum** 控件 Voltage Range 相关联的整数提供了所需查找表项的索引。从 **Index Array** 输出这个项目。

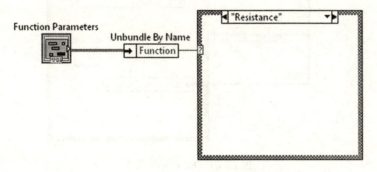

图 13.79 放置条件结构的程序框图

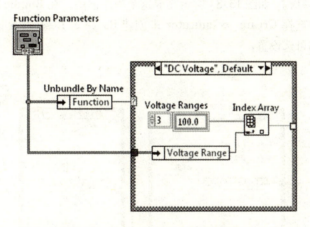

图 13.80 增加索引数组的程序框图

复制一下 **Voltage Ranges** 数组常量(按着 <Ctrl> 键单击鼠标)，并把它放在程序框图中的某处。然后，切换到 AC Voltage 分支(使用复制的 Voltage Ranges)并编写如图 13.81 所示的代码。

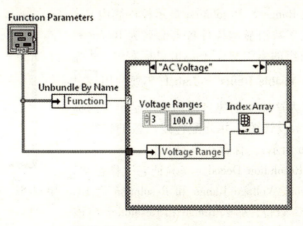

图 13.81 复制 Voltage Ranges

最后，切换到 Resistance 分支，如图 13.82 所示编写代码。这里 Resistance Ranges 数组常量的从 0 到 6 的下标分别对应着 1.0E2、1.0E3、1.0E4、1.0E5、1.0E6、1.0E7、1.0E8。

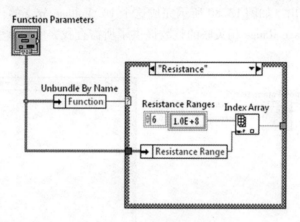

图 13.82　Resistance 分支

加入第二个条件结构，如图 13.83 所示完成这个程序框图。在 **Bundle** 图标上单击鼠标右键，从弹出的快捷菜单中选择 **Create ≫ Indicator** 来创建 Range & Resolution 显示控件簇。图 13.84 给出了第二个分支的可选设置。

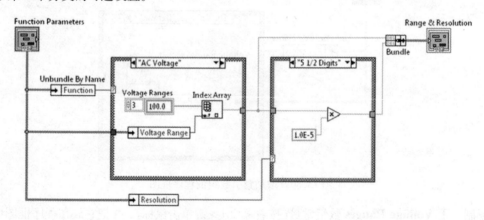

图 13.83　创建显示控件簇

回到前面板。在 Range & Resolution 显示控件簇内，分别将顶部和底部的数字数组显示控件各自命名为 Range 和 Resolution。在每个数组的索引显示上单击鼠标右键，从弹出的快捷菜单中选择 **Visible Items ≫ Label**（不要使用 A 来执行命名操作，因为这样将创建自由的而不是定义的标签）。如图 13.85 所示设计图标并分配连线面板的接线端（帮助窗口如图 13.86 所示）。保存相关的工作。

运行 Range and Resolution Decoder 来验证它工作正常。例如，分别令 Function、Voltage Range 和 Resolution 为 DC Voltage、10 V 和 6 1/2 数位，那么 Range 和 Resolution 应该为 10.0 和 0.00001。

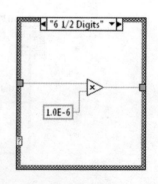

图 13.84　条件结构的另一个分支

第 13 章 独立仪器的控制

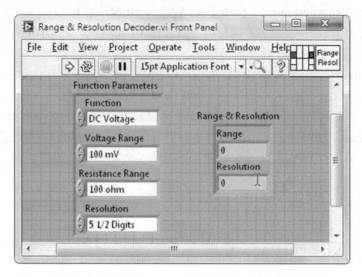

图 13.85　Range & Resolution Decoder 的程序框图

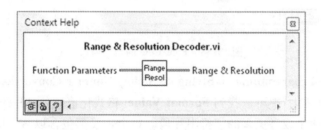

图 13.86　Range & Resolution Decoder 的帮助窗口

接下来，打开一个空白 VI，命名为 Command String，并把它放在 YourName\Chapter 13 目录下。切换到程序框图，并编写如图 13.87 所示的代码，它将创建所需的 ASCII 的命令串。使用弹出菜单中的自动创建特性来创建 Function Parameters 控件簇和 output string 字符串显示控件。

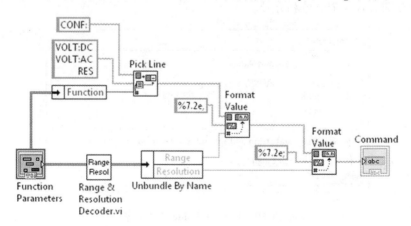

图 13.87　Command String 的程序框图

这个框图使用一个三步过程来产生所需的命令串。首先，因为所有 3 个可能的命令都以关键词 CONF:开始，所以这个 ASCII 字符序列被连接到 **Pick Line**（选行并添加至字符串）[可

以在 **Functions** ≫ **Programming** ≫ **String** ≫ **Additional String Functions**(函数 ≫ 编程 ≫ 字符串 ≫ 附加字符串函数)中找到,它的帮助窗口如图 13.88 所示]的 **string** 输入端。**line index** 输入值(是由前面板的 Function 枚举控件给出的整数值)选择了可能的三行字符串,并将这个多行 **String Constant**(字符串常量)附加到 CONF:之后。使用如下顺序的键位来创建这个三行字符串常量:VOLT:DC<Space><Enter>VOLT:AC<Space><Enter>RES<Space>。确保在每一个命令串的末尾是一个<Space>符号。可以通过在字符串常量上弹出快捷菜单并选择"\"Codes Display,使得这个不可见的空格和换行符可以显示出来。然后这个正确项将显示为 VOLT:DC\s\nVOLT:AC\s \nRES\s,其中\s 和\n 分别是空格和换行的转义字符。

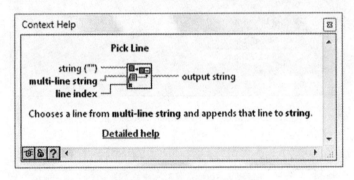

图 13.88　**Pick Line** 的帮助窗口

从 **Functions** ≫ **Programming** ≫ **String** ≫ **String/Number Conversion**(函数 ≫ 编程 ≫ 字符串 ≫ 字符串/数值转化)中可以找到 **Format Value**(格式化值)(图 13.89 显示了它的帮助窗口),然后用它连接两个或者更多的字符串片段。每个片段都包含以 ASCII 码编码的数字,将利用它们进行<Range>和<Resolution>编程来设置万用表。**Format Value** 图标在它的 **value** 输入端取值,并将其转化为以一个定义在其 **format string** 输入中的格式所表示的 ASCII 字符串。这个 ASCII 字符串将附加在 **string** 之后并在 **output string** 中输出。在上面的程序框图中,<Range>和<Resolution>都使用科学记号格式%7.2e(见 5.6 节)。注意<Range>和<Resolution>后面分别跟有一个逗号和分号。

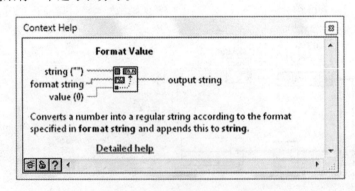

图 13.89　**Format Value** 的帮助窗口

切换到前面板并将 **ouput string** 字符串显示控件的标签改为 Command。使用在 Function Parameters 中某个控件的给定选择来运行 VI,并验证在 Command 显示控件中是否出现了正确的命令字符串。保存相关的工作(见图 13.90)。

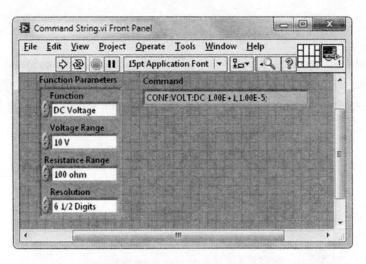

图 13.90　Command String 的前面板

接下来将增加控制万用表自动归零特性的功能，并能对所需采集的数据样本数进行编程控制。在前面板上增加一个 **Push Button**（开关按钮）（可在 **Controls ≫ Modern ≫ Boolean** 中找到）和一个 **Numeric Control**（数值输入控件），并将其分别命名为 Autozero 和 Sample Count。把 Sample Count 的数字表示改为 **U16**。

切换到程序框图，然后如图 13.91 所示包含自动归零和样本数量的代码。在 SAMPLe：COUNt 命令中的%5d 格式表示了一个 5 位十进制整数，这是因为 SAMPLe：COUNt（根据安捷伦 34410A 的用户手册）中的最大允许值是 50 000。这个命令的格式字符串项应该是：SAMP：COUN＜Space＞%5d。

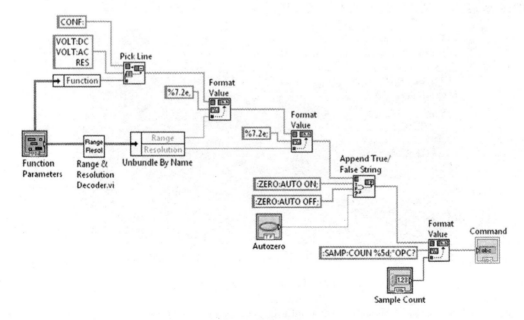

图 13.91　Command String 的程序框图

使用如下的命令串使自动归零功能打开或者关闭。

:ZERO:AUTO<Space>ON
:ZERO:AUTO<Space>OFF

Append True/False String(添加真/假字符串)(可在 **Functions** ≫ **Programming** ≫ **String Additional String Functions** 中找到)的帮助窗口如图 13.92 所示,它提供了在两种选择中选择一种串接到命令串末尾的简单方法。记住在 **false string** 和 **true string** 中包括开始的分号和结束的冒号来保证合适的命令串接。

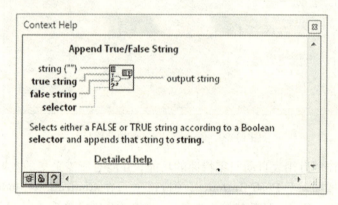

图 13.92　Append True/False String 的帮助窗口

为了保证这个仪器在退出这个配置 VI 前能够完整地执行送入的命令,因此这个命令串将以 *OPC? 结束。

回到前面板。运行这个 VI,在前面板上输入控件将输入某个给定的值,验证在 Command 显示控件中是否显示了正确的命令串(见图 13.93)。然后如图 13.94 所示设计图标和连线面板的接线端。在关闭 VI 时,保存相关的工作。

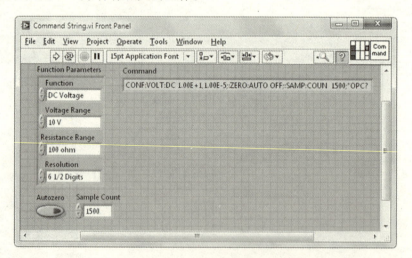

图 13.93　Command String 的运行结果

最终,创建一个名为 Measurement Config 的 VI,并将其保存到 YourName\Chapter 13 目录下。切换到程序框图并按图 13.95 进行编程。这个 VI 将把命令串写入到仪器中。当这个框图运行时,如果命令串由这个仪器成功地读取了,那么 **read buffer** 显示控件将显示一个 ASCII 的"1"。

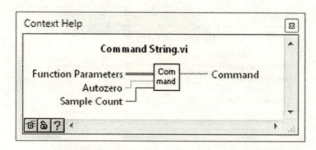

图 13.94　Command String 的帮助窗口

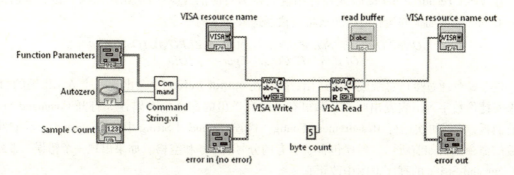

图 13.95　Measurement Config 的程序框图

切换到前面板，并以你希望的方式安排各个对象。然后如图 13.96 所示设计图标并分配连线面板的接线端，它的帮助窗口如图 13.97 所示。通过 **Edit ≫ Make Current Values Default** 将 Sample Count 的默认值设置为 1。保存相关工作。

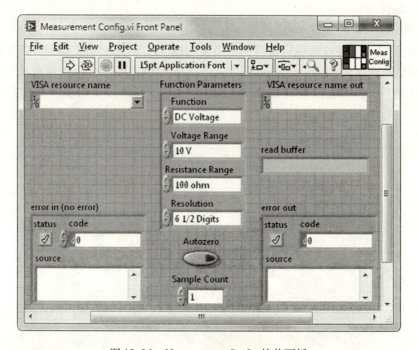

图 13.96　Measurement Config 的前面板

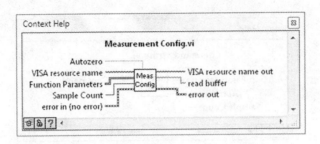

图 13.97　Measurement Config 的帮助窗口

在 **VISA resource name** 输入控件中输入仪器对应的 VISA resource name。设置 Measurement Config 的前面板并运行它，那么将给仪器送入如下的命令：

CONF:VOLT:DC<Space>1.00E+1,1.00E-5;:ZERO:AUTO<Space>
OFF;:SAMP:COUN<Space> 1;*OPC?

如果这个命令通过接口总线成功地送出，那么在 **output buffer** 中会出现一个 ASCII 码的"1"。如果安捷伦数字万用表发出叫声，那很有可能在送出的命令中有错误。打开 Command String 的前面板，然后再次运行 Measurement Config。检查 Command String 中的 Command 显示控件中串接的命令是否如前所示。确保包含了所有的分号、冒号和空格。如果出现一个错误，那么就在 Command String 的程序框图中改正它。

在运行 Measurement Config 后，万用表将停留在远程模式。可以通过按下仪器前面板上的 **Shift/Local** 按钮来切换到本地模式。安捷伦 34410A 可以用触发按钮来触发（等效于通过接口总线送入 INIT 命令）。在仪器采样每个电压样本时，仪器前面板上会出现一个闪烁的星号。将 Sample Count 设置为 5，运行 VI，并在本地模式中按下触发按钮。在松开触发按钮后，星号是否闪烁了 Sample Count 次？

当关闭 Measurement Config 时选择保存它。

为安捷伦数字万用表仪器编写最后一个模块化的 VI，如图 13.98 所示，将其命名为 Take Data，并将其保存到 YourName\Chapter 13 目录下。开始的 *CLS 命令确保在每个获取数据前 SESR 和 SBR 的所有位都被设置为 0。Take Data 的前面板、帮助窗口和程序框图如图 13.98、图 13.99 和图 13.100 所示。

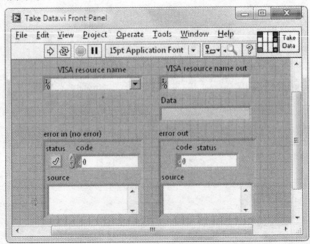

图 13.98　Take Data 的前面板

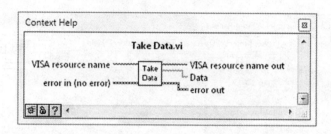

图 13.99　Take Data 的帮助窗口

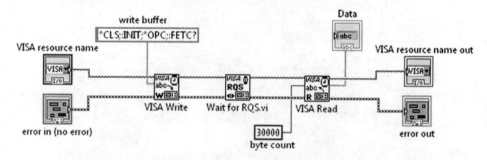

图 13.100　Take Data 的程序框图

注意：Take Data 不能独立运行，否则会产生一个错误。然后，如果之前运行了已经编写的其他 VI，那么 Take Data 就可以成功地运行。

13.17　使用仪器驱动来编写一个应用程序

从根本上说，一个仪器驱动的价值是由通过它编写一个满足实验室某些特定需求的程序的容易程度来判定的。让我们快速编写一个名为 Data Sampler 的应用程序，利用它可以进行一个多样本的电压或电阻测量。

在 VISA Query(SRQ)打开时，使用 **File ≫ Save As...** 创建 Data Sampler，并将它保存到 YourName\Chapter 13 目录下。使用模块化的软件来重新编写程序框图，使它如图 13.101 所示。

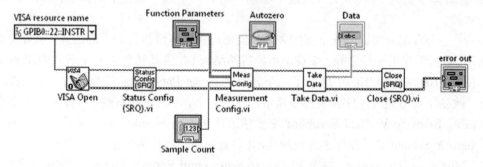

图 13.101　Data Sampler 的程序框图

回到前面板，将目标安排成需要的布局样式。保存相关的工作（见图 13.102）。利用几种前面板的设定规则（或者几种接口总线）来运行 Data Sampler。

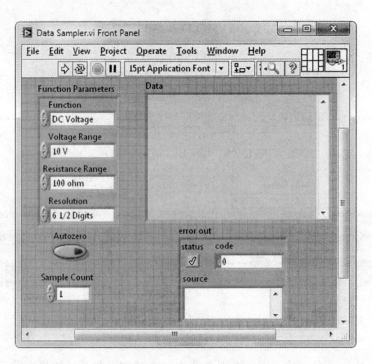

图 13.102　Data Sampler 的前面板

现在我们已经知道编写仪器驱动的一些深入的知识，这里还有一些很好的消息。在很多情况下，实验室中某个特定仪器所需的 LabVIEW 仪器驱动已经写好了而且可以免费使用。NI 公司在 http://www.natinst.com/idnet/中提供了大量的一个可下载仪器驱动的库。也可以在 LabVIEW 内通过 Tools ≫ Instrumentation ≫ Find Instrument Drivers...（工具 ≫ 仪器 ≫ 查找仪器驱动）来获取这个资源。因为这些驱动的大部分都使用 VISA 图标编写，所以在给仪器使用了合适接口的 VISA resource name 后，它可以在多种接口总线上进行通信，包括 RS-232、GPIB、以太网和 USB。如果有兴趣，可以尝试使用 Tools ≫ Instrumentation ≫ Find Instrument Drivers... 来下载安捷伦 34410A 数字万用表的仪器驱动。退出 LabVIEW 然后再进入，可以在 Functions ≫ Instrument I/O ≫ Instrument Drivers ≫ Agilent 34410（函数 ≫ 仪器 I/O ≫ 仪器驱动 ≫ 安捷伦 34410）下找到这个驱动。请看一下这个选板上的某些图标并试着对它们进行解读。

最后，一个有用的安捷伦数字万用表的仪器驱动程序应该执行如下的任务：采集仪器的数据字符串（数据采样由逗号分开，字符串由换行符结束）并将其转化为一个数字数组和工作表格式。图 13.103~图 13.105 中展示了一个名为 Reformat Data String 的程序的工作过程。在前面板上，改变字符串输入控件和字符串显示控件的大小，单击鼠标右键，从弹出的快捷菜单中选择 Visible Items ≫ Vertical Scrollbar 来激活滚动条。当 Sample Count 被设置为 1 时，使用 Single Numeric Sample 显示控件来方便地显示（将数组格式转化为单个双精度数）。

编写 Reformat Data String。这个 VI 将使用 Search and Replace String（搜索替换字符串）图标（可在 Functions ≫ Programming ≫ String 中找到，它的帮助窗口如图 13.106 所示）将原始的数据串强制转化为工作表格式（分别将逗号分隔符和换行结束符替换为制表符和 EOL）。你能理解它是怎样工作的吗？

第 13 章 独立仪器的控制

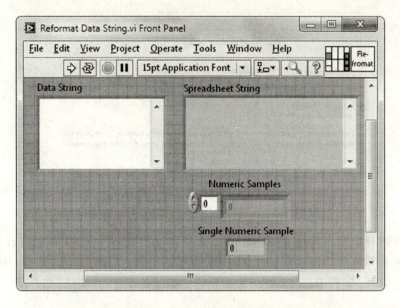

图 13.103　Reformat Data String 的前面板

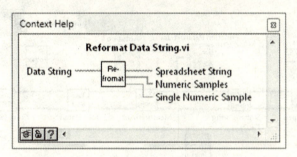

图 13.104　Reformat Data String 的帮助窗口

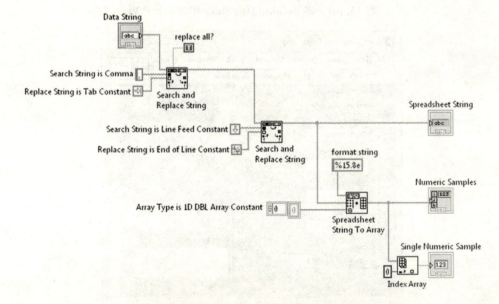

图 13.105　Reformat Data String 的程序框图

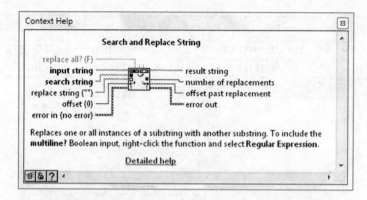

图 13.106　Search and Replace String 的帮助窗口

最后，回到 Data Sampler。将 Reformat Data String 变成一个子 VI 并包含在程序框图（见图 13.107）中。并将前面板改成如图 13.108 所示的布局，帮助窗口如图 13.109 所示。

一旦完成编写，运行 Data Sampler 并观察它是如何实现它的"魔法"的。

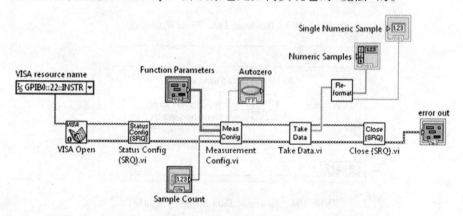

图 13.107　将 Reformat Data String 作为一个子 VI

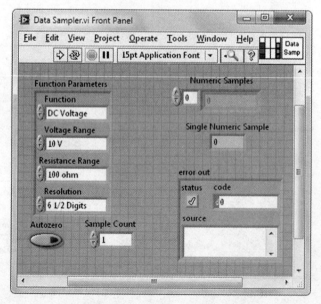

图 13.108　改进后的 Data Sampler 的前面板

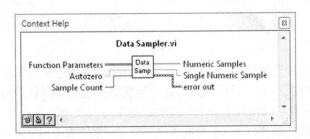

图 13.109　Data Sampler 的帮助窗口

自己动手

假设你在实验室中有一个小工具，它可以向你提供关于 X 的某些有趣的信息，其中 X 可以是某个目标的位置或者某个光源的强度。此外，我们假设，这个小工具以一种"电压代码"的方式提供关于 X 的信息，也就是说，它产生了一个输出电压 V，V 是 X 的某个已知的函数。那么，使用一个安捷伦 34410A 万用表和一个合适的应用 VI（将其命名为 Time Evolution of X），就可以通过时间的函数形式来监测 X（通过测量 V）。

使用安捷伦 34410A 仪器驱动程序作为子 VI，编写 Time Evolution of X。当它运行时，顶层的 VI 每隔 Wait Time 秒（其中 Wait Time 由前面板上相似命名的输入控件提供）持续地采集一个单一直流电压样本，直到前面板上的 **Stop** 按钮被按下。在它运行的时候，VI 在波形图表上提供了一个实时的电压与时间的数据，图中的时间轴已被仔细校准。前面板还提供了将所有采集到的数据保存为一个工作表文件的选项，这个工作表中的时间和电压分别是其中的第一列和第二列。当采集到第一个电压样本时，定义此时为 Time = 0。

Time Evolution of X 的前面板应该如图 13.110 所示。所有前面板上没有相应输入控件的参数应该在程序框图中输入。在完成这个 VI 后，运行它来观察一个万用表上与时间相关的电压输入（例如，观察一个函数发生器的输出），并把结果电压与时间的数据保存为工作表文件。使用关于数字万用表获得一个电压样本所需时间的知识来确定 Wait Time(second) 的最小允许值。

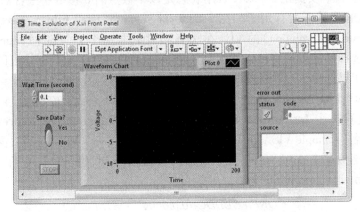

图 13.110　Time Evolution of X 的前面板

一个有用的提示：波形图表的时间轴可由一个属性节点来校准。在波形图表的图标连线端上单击鼠标右键弹出快捷菜单，并选择 **Create** ≫ **Property Node** ≫ **X Scale** ≫ **Offset and Multiplier** ≫ **Multiplier**（创建 ≫ 属性节点 ≫ X Scale ≫ 偏移和倍数 ≫ 倍数）。然后将 **Multiplier** 设置为合适的值。

习题

1. 热电偶是广泛使用的温度传感器。一个热电偶是由端点互相连接的两种不同的金属组成。铜和康铜连接在一起构成一个 T 形热电偶。这个连接将产生一个毫伏的电压,它的温度依赖特性十分明确,这样温度可以相对于一个"冷连接"的参考温度来测量。为了方便,这个冷连接可以由一个名为冷连接补偿器(CJC)小型电子设备提供,它使参考温度方便地等于 0 度。

   将一个热电偶连接到 CJC 上,然后将 CJC 的正极和负极输出到安捷伦 34410A 万用表的 HI 和 LO 电压输入上。然后,编写一个名为 Thermocouple Thermometer(VISA)的程序,令它每 250 毫秒读一下热电偶的电压值,直到按下 **Stop** 按钮。将这个电压值转化为相应的摄氏度,然后在前面板显示控件上显示这个温度。

   为了将热电偶电压转化为相应的温度,使用 **Convert Thermocouple Reading. vi**,它可以在 **Programming ≫ Numeric ≫ Scaling** 中找到,将 **CJC Voltage** 的输入连接到 0。(**CJC Sensor** 和 **Type of Excitation** 输入可以保持为不连线)将 **Thermocouple Type** 编程为特定的热电偶类型(比如是 T)。

   运行 Thermocouple Thermometer(VISA),并使用它来测量房间和皮肤的温度。

2. 正如在本章中所写的那样,Serial Poll 有一个瑕疵。如果状态字节寄存器所检测的位从未被设置,这个 VI 将无休止地循环。在 Serial Poll 打开时,使用 **Save As...** 创建一个新的 VI,名为 Serial Poll with Timeout。并更改程序框图让程序的行为变成如果所检测的位在 10 秒内没有被设置,While 循环将被停止。

3. 使用 **Tools ≫ Instrumentation ≫ Find Instrument Drivers...** 来下载安捷伦 34410A 数字万用表的仪器驱动。退出 LabVIEW 之后再进入,可以在 **Functions ≫ Instrument I/O ≫ Instrument Drivers ≫ Agilent 34410** 下找到这个驱动。使用这个"内置"的驱动来编写一个名为 Time Evolution of X(Built-in Driver)的程序,它执行在本章"自己动手"小节中所描述的任务。这个 VI 树给出了关于内置驱动一个有用的总结。

4. 不管所选择的精度,安捷伦 34410A 万用表总是以小数点后 8 位数字报告数据样本值。那么某些十进制位的值就不太有用了。在 Take Data 打开时,使用 **File ≫ Save As...** 创建名为 Take Data(Accurate Resolution)的 VI。在这个 VI 中增加一个 Function Parameters 前面板输入控件(以使所选择的精度设置可以输入),然后修改程序框图,使数据输出以真实、所选的精度来报告值(如果选择 5 1/2 则输出 5 1/2 数位)。

5. 使用 **Instrument I/O Assistant**(仪器 I/O 助手)Express VI 来查询安捷伦 34410A 万用表。在程序框图中放置一个 **Instrument I/O Assistant**(可在 **Functions ≫ Express ≫ Input** 中找到),把 VI 命名为 Simple VISA Query(Express)。当这 Express VI 的对话框窗口打开时,选择所需的仪器,然后单击 **Add Step**。在所显示的 **Add Step** 对话框窗口中,在 **Query and Parse** 上双击。在 **Enter a command** 文本框中输入

   CONF:VOLT:DC 10,0.00001;:INIT;:FETC?

   并单击 **Run this step**。这个命令将被送到安捷伦 34410A 万用表中,它的字符串响应也将被显示出来。在 **Auto parse** 按钮上单击来将这个响应串转化为数字格式,然后通过单击 **OK** 按钮关闭这个对话框。当回到程序框图后,在图标的 **token** 输出端上简单地创建一个显示控件。

   运行 Simple VISA Query(Express)并证明它成功地从安捷伦 34410A 万用表获得了一个直流电压采样。

附录 A 温度控制系统的构建

为了实现第 12 章中的项目，你需要一个实验装置，由它通过热电(TE)装置来控制一个小物体的温度。当然有很多方法可以构建这个所需的器件。在本附录中，作者提供了一个工作得很好的设计(总成本大约 100 美元)。

首先使用一个尺寸为 2″×1.5″×5/16″的长方体铝块作为被控制温度的目标物体。从此以后将把这个目标物体称为"块"。为了精确测量块的温度，在它的某边上钻了一个直径为 3/16″、长度为 1/2″的小孔。一个热敏电阻(被热油所包裹，参见下文)可以插入这个孔中并被附加的一个 1/4″长的#6-32 尼龙螺钉固定。关于这个热敏电阻，使用了一个便宜的 Epcos 10 kΩ 型(部件号 B57863S0103F040，可以从 Digikey 网址 http://www.digikey.com 买到，花费 \$3)，它有 12″长已经焊好的引线，这样很容易与一个固定电流的电路相连。最后，在块上钻了两个 #8-32 的螺纹孔，如图 A.1 所示。设置它们之间距离为 1.450″，这样正好适合一个 30 cm 宽的热电模块。

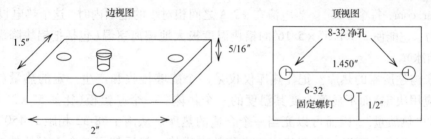

图 A.1 铝块设计

通过将块的一面与热电模块相接触来提供所需的对块进行加热或降温的操作。一个热电模块是一个紧凑的固态设备，由于 Peltier 效应，在本系统中充当一个热泵。当通过热电设备的电流朝某个方向流动时，所接触的块的热被吸收，就对其降温，如图 A.2 所示。

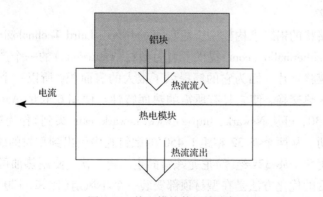

图 A.2 热电模块使铝块冷却

当电流朝相反的方向流动时，热被泵向块，然后就对其加热，如图 A.3 所示。

注意，因为热电设备是一个热泵，在图 A.2 和图 A.3 中，都必须有一个热库(图中没有画出)在热电设备底部与之接触。随着热电设备温度的巨大变化,热库在块降温(加热)时通过热电模块来接收(释放)热量。

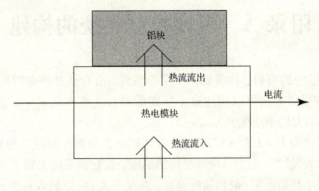

图 A.3　热电模块使铝块加热

Laird Technologies(http://www.lairdtech.com)生产超过 200 种热电设备的标准型号。实际的热电型号的选择由所需的热泵容量和系统中的电源限制所确定。对我们的项目,使用了一个 Laird Technologies 的 CP1.0-127-05L 型电热设备(可以从 Mouser Electronics 买到,http://www.mouser.com,每个 $25)。当电流在 ±2 A 之间相对小的范围内时,这个热电设备有足够的热泵能力,它能使 2″×1.5″×5/16″的铝块温度极大地偏离室温(包括把铝块降温到 0℃ 以下,使其结冰)。

怎样来构建所需的热库? 记住热库仅仅是一个能够接收和产生一定的热量(其最大值由实际的应用决定)而不显著改变其温度的一个物体。一个厚铝板(比如 5″×3″×3″)拥有一个很大的"热质量",因而可以充当一个合适的热库。从两个#8-32 相距 1.450″的螺钉孔中引出到一个铝板,可以在块和热库中夹住热电模块。然后使用两个 3/4″长的#8-32 尼龙(绝缘)螺钉,可以把上面这三层固定在一起,并且在接触表面上得到良好的热接触。为了保证得到有效的热流,在夹紧三层之前,在热电设备的热泵面上涂上热油(比如说,可以从 Laird Technologies 和 Jameco 中获得)。这种实现一个热库的方法虽然不会很昂贵但却不完美。如果热电模块长期中度使用,厚铝板的温度将大范围地偏离室温,这是因为它与周围环境的传热效率很差。

可以使用含有鳍状的铝罐来构建一个更稳固的热库。Laird Technologies 和 Aavid Thermalloy(http://www.aavidthermalloy.com)提供了名为型材(extrusions)的一个产品线,它是一个有很多无缝连接鳍的碟状铝片。因为它的鳍提供了很大的表面积,所以一个型材能够同周围的室内空气进行有效的热交换,使它具有所需的热库特性。使用 6″长的 Aavid Thermalloy 78780 型的型材(每 6″需 $30,可从 Newark,http://www.newark.com 买到)作为第 12 章温度控制系统的热库获得了成功。从两个#8-32 相距 1.450″的螺钉孔中引出到型材的碟状表面,顶上有铝块的热电模块可以用两个#8-32(绝缘)尼龙螺钉固定。再一次,使用热油可以增加铝块和热库之间的热传导。最后的优化方法是在型材顶部安装一个小风扇(比如,120 VAC 4″风扇,Radio Shack 273-238 型,花费 $20),它强迫空气流过型材的鳍阵列。用于连接型材和风扇之间小角度的托架与风扇的"腿"可以使用 1/16″铝条来设计。使用风扇的安装孔来把这些铝条连接到风扇上。一幅手工制作的腿和支架的风扇照片可见图 A.4。

图 A.5 和图 A.6 提供了整个已经安装好的温度控制系统的照片(从两个不同的角度)。连接到碟型区域的一个型材上的小铝条将减少热电模块连线的拉力。

图 A.4　冷却风扇安装

图 A.5　完全安装好的温度控制系统硬件 I

作为替代，可以从 Laird Technologies（例如 DA-014-12-02 型）购买一个完整系统，它与图 A.6 所示的东西相似，大约需要 $150。

图 A.7 中画出了热电模块的双向电流驱动电路。为了简单起见，TIP 晶体管在框图中仅表示为双极型晶体管，但实际上它是达林顿晶体管。关于外部连接，达林顿晶体管与简单的双极型晶体管是相同的，只是它有一个非常大的增益 β（这里采用了一个可接受的简化表示）。达林顿晶体管的大 β（在 1000 的数量级上）是由于它内部的两个晶体管所造成的，其中

图 A.6　完全安装好的温度控制系统硬件 II

一个晶体管的集电极电流为另一个晶体管提供了基电流。在它的导通状态，达林顿晶体管的基极-发射极电压是两个二极管压降（≈ 1.2 V）。因为达林顿晶体管由两个内部的晶体管组合而成，所以它特别容易遭受热不稳定，需要为这些组件提供合适的散热片来保证它可靠工作。

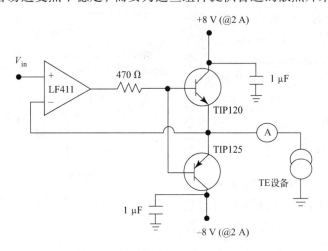

图 A.7　电压控制的双向电流驱动

连接到 TIP 晶体管集电极的 ±10 V 电源必须有能力提供大约 2 A 的电流。（这些电源的地必须与电路的其他部分共地，即这些地必须通过如电缆连接起来。）由几家电气设备制造商销售的实验室直流电源（比如安捷伦 E3610A PS280 或者 BK Precision 1760A）包含两个相同的直流电源，是一个提供正、负电压的理想仪器。这些实验室直流电源通常都有内置的安培计，在

这样的电路中,可用来监视通过热电设备的电流。图 A.7 中的 1 μF 电容可以去除电源电压中的任意高频噪声。

在这个电路工作时,TIP 功率晶体管将产生很多热量。这些热的晶体管会带来如下的问题:(1)如果触碰它们,会烫着你的手指。(2)如果这个电路是在一个没有焊接的面包板上搭建的,那么它们会熔化面包板的塑料(这是经验之谈)。(3)如果晶体管很烫,它们会变得热不稳定并可能烧坏(再一次,经验之谈)。晶体管上合适的散热片将避免这些问题。因为这个过程有些复杂,所以我给学生提供的是一个小部件,它包含装在散热片上的两个晶体管。抑制噪声的 1 μF 电容也被包含在内。这个小部件(总共大约花费 \$30)的顶视图和底视图在图 A.8 中给出。

图 A.8 小部件的顶视图和底视图

这两个 TIP 晶体管有 TO-220 的封装。然而,我把它们装在一个 TO-3 的散热片上(Wakefield Engineering,部件号 401 K,可从 Newark Electronics 购买,成本 \$15)。在散热片鳍上的安装孔的模式(适合单个 TO-3 封装的功率晶体管)允许两个 TIP 晶体管并行地贴在散热片上,也给走线提供了方便的空间。在安装每个 TIP 晶体管时,必须使用一个 TO-220 型的散热片安装套件(Jameco,部件号 34121,http://www.jameco.com,成本每个套件 \$4)来保证它的集电极同散热片绝缘。接着散热片连接到一个自制的底盘上,它在 1/16″的铝片上制作。此外,为了提供必要的电连接,香蕉插头和接线柱也被安装在这个底盘上。

接下来,这个小部件根据图 A.9 进行硬件连线,此框图中的所有部件都可以从 Newark Electronics 或者绝大部分电子元件制造商那里买到。

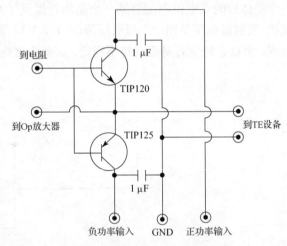

图 A.9 小部件的电路图

附录 B 程序交叉索引表

程序[创建它的章节]	在以下的 VI 中被用做一个组件[章节]
Sine Wave Chart(While Loop)[1.1~1.12]	Sine Wave Chart(While Loop with Runtime Options)[7.2]
Waveform Simulator[3.4~3.15]	Waveform Generator(Express)[4.12~4.15], Spreadsheet Storage[5.1~5.7], Spreadsheet Storage(OpenWriteClose)[5.8~5.10]
	FFT of Sinusoids [10.6], FFT (Magnitude Only) [10.8~10.14], Waveform Generator (DAQmx) [11.8]
Spreadsheet Storage[5.1~5.7]	SpreadSheet Read[第5章的自己动手]
Power Function Simulator[6.4]	Trapezoidal Test[6.6], Power Function Derivative[6.8~6.9], Simpson Test [7.8], Convergence Study(Trap vs. Simp)[7.9]
Trapezoidal Rule[6.6]	Trapezoidal Test[6.6], Power Function Derivative[6.8~6.9], Even Ends[7.7], Convergence Study(Trap vs. Simp)[7.9]
Trapezoidal Test [6.6]	Convergence Study (Trap) [6.7]
Simpson's Rule[7.5~7.8]	Simpson Test[7.8], Convergence Study(Trap vs. Simp)[7.9]
FFT(Magnitude Only)[10.8~10.14]	Spectrum Analyzer[第10章的自己动手]

LabVIEW 键盘快捷键

Ctrl + B	去除破碎的连线
Ctrl + C	复制对象
Ctrl + E	在前面板和程序框图之间切换
Ctrl + H	激活/隐藏上下文帮助窗口
Ctrl + N	创建新的 VI
Ctrl + O	打开 VI
Ctrl + Q	退出 LabVIEW
Ctrl + R	运行 VI
Ctrl + S	保存 VI
Ctrl + V	粘贴对象
Ctrl + W	关闭 VI
Ctrl + X	剪切对象
Ctrl + Z	撤销上次操作
Ctrl + Click	复制对象
Shift + Click	朝某个方向拖动对象
Right-Click	激活弹出菜单
Spacebar	在两个最常用的工具间切换
Shift + Tab	使能自动工具选择
Tab	如果没有使能自动工具选择,可在工具间切换

输入控件和显示控件接线端

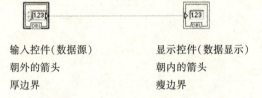

输入控件(数据源)　　　　显示控件(数据显示)
朝外的箭头　　　　　　　朝内的箭头
厚边界　　　　　　　　　瘦边界

数值型图标和数据类型接线端

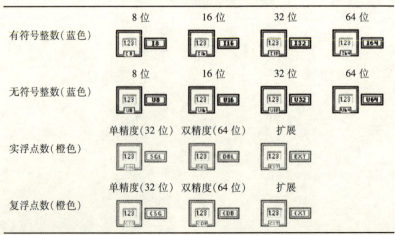

其他的图标和数据类型接线端

布尔	字符串	枚举类型(Emum)	波形	动态数据类型
簇(仅标量数值)	簇(混合类型)	簇数组	错误簇	
一维双精度数组(细括号)	二维双精度数组(粗括号)	文件路径	参考数值	
波形图表	波形图	XY 图		

多维连线数据类型

	标 量	一维数组	二维数组
整数(蓝色)			
浮点数(橙色)			
布尔(绿色)			
字符串(粉色)			

其他连线类型

簇,仅标量数(褐色)	簇,混合类型(粉色)	错误簇(暗黄色)	波形(褐色)	动态数据类型(暗蓝色)
文件路径(浅绿色)	参考数值(浅绿色)			

反侵权盗版声明

电子工业出版社依法对本作品享有专有出版权。任何未经权利人书面许可，复制、销售或通过信息网络传播本作品的行为；歪曲、篡改、剽窃本作品的行为，均违反《中华人民共和国著作权法》，其行为人应承担相应的民事责任和行政责任，构成犯罪的，将被依法追究刑事责任。

为了维护市场秩序，保护权利人的合法权益，我社将依法查处和打击侵权盗版的单位和个人。欢迎社会各界人士积极举报侵权盗版行为，本社将奖励举报有功人员，并保证举报人的信息不被泄露。

举报电话：（010）88254396；（010）88258888
传　　真：（010）88254397
E-mail：　dbqq@phei.com.cn
通信地址：北京市海淀区万寿路173信箱
　　　　　电子工业出版社总编办公室
邮　　编：100036